黑龙江省“十四五”职业教育规划教材

中国特色高水平高职学校项目建设成果

液压与气动技术

主　编　雍丽英　赵　丹
副主编　关　彤　张鑫龙
参　编　陈　秀　张金柱
主　审　王晓勇

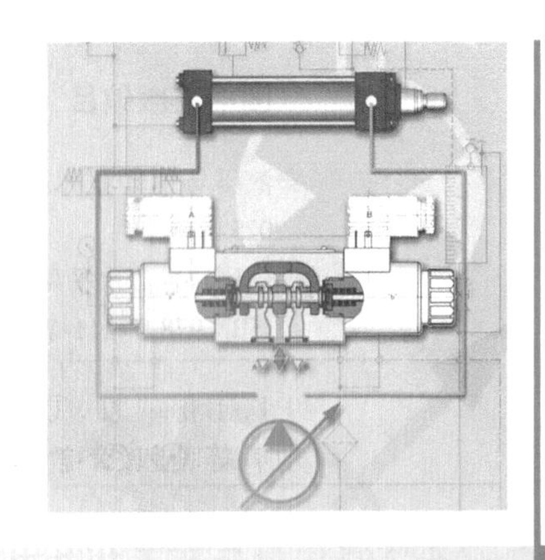

本书是依据国家职业教育机电类专业本科层次人才培养定位要求，结合液压与气动技术在装备制造领域中的实际应用，以项目教学进行课程改革的配套教材，是与液压与气动行业人员共同研究、合作开发编写的。

本书包括磨床工作台液压系统分析与搭建、组合机床动力滑台液压系统分析与搭建、数控车床液压系统分析与搭建、卧式多轴钻孔机床液压系统设计、气动剪板机气动系统分析与搭建、数控加工中心气动换刀系统分析与搭建、液压与气动系统常见故障分析及排除七个项目。在编写过程中，编者将液压与气动技术和电气控制技术有机融合，满足工业生产中液压与气动系统实际岗位能力的要求。

本书既可作为职业教育机电类专业本科层次的学生用书，也可作为相关工程技术人员培训和进修参考用书；舍去数控车床液压系统分析与搭建和卧式多轴钻孔机床液压系统设计两部分内容，也可作为高等职业院校机电类专业学生用书。

本书融入素质教育元素，体现德技并修育人目标，使素质教育与学科知识学习有机融合，增强对读者进行爱国情怀和工匠精神等的教育。为便于教学，本书在适当知识点位置植入二维码链接，读者扫描二维码，即可观看其中的视频、动画、图片等内容。

本书配套资源丰富，支持线上线下混合教学，配套有微课视频、动画、图片、电子课件、测试题、试题库等丰富的资源，本书支撑的“液压与气动技术”课程在“学银在线”平台和“智慧职教”平台上进行数字化出版，为教师、学生、企业员工及社会学习者提供立体化学习资源。

图书在版编目（CIP）数据

液压与气动技术/雍丽英，赵丹主编. —北京：机械工业出版社，2023.8（2025.1重印）

中国特色高水平高职学校项目建设成果

ISBN 978-7-111-73815-2

Ⅰ.①液…　Ⅱ.①雍…②赵…　Ⅲ.①液压传动-高等职业教育-教材②气压传动-高等职业教育-教材　Ⅳ.①TH137②TH138

中国国家版本馆CIP数据核字（2023）第170886号

机械工业出版社（北京市百万庄大街22号　邮政编码100037）
策划编辑：王海峰　责任编辑：王海峰　赵文婕
责任校对：张婉茹　张　薇　李　婷　封面设计：张　静
责任印制：郜　敏
中煤（北京）印务有限公司印刷
2025年1月第1版第2次印刷
184mm×260mm · 16.5印张 · 406千字
标准书号：ISBN 978-7-111-73815-2
定价：49.00元

电话服务　　网络服务
客服电话：010-88361066　机　工　官　网：www.cmpbook.com
010-88379833　机　工　官　博：weibo.com/cmp1952
010-68326294　金　书　网：www.golden-book.com
封底无防伪标均为盗版　机工教育服务网：www.cmpedu.com

中国特色高水平高职学校项目建设系列教材编审委员会

编写说明

中国特色高水平高职学校和专业建设计划（简称“双高计划”）是我国为建设一批引领改革、支撑发展、中国特色、世界水平的高等职业学校和骨干专业（群）而推出的重大决策建设工程。哈尔滨职业技术学院入选“双高计划”建设单位，对学院中国特色高水平学校建设进行顶层设计，编制了站位高端、理念领先的建设方案和任务书，并扎实开展了人才培养高地、特色专业群、高水平师资队伍与校企合作等项目建设，借鉴国际先进的教育教学理念，开发中国特色、国际水准的专业标准与规范，深入推动“三教改革”，组建模块化教学创新团队，开展“课堂革命”，校企双元开发活页式、工作手册式、新形态教材。为适应智能时代先进教学手段应用需求，学校加大优质在线资源的建设，丰富教材的载体，为开发以工作过程为导向的优质特色教材奠定基础。

按照教育部印发的《职业院校教材管理办法》要求，教材编写总体思路是：依据学校双高建设方案中教材建设规划、国家相关专业教学标准、专业相关职业标准及职业技能等级标准，服务学生成长成才和就业创业，以立德树人为根本任务，融入素质教育内容，对接相关产业发展需求，将企业应用的新技术、新工艺和新规范融入教材之中。教材编写遵循技术技能人才成长规律和学生认知特点，适应相关专业人才培养模式创新和课程体系优化的需要，注重以真实生产项目、典型工作任务及典型工作案例等为载体开发教材内容体系，实现理论与实践有机融合。

本套教材是哈尔滨职业技术学院中国特色高水平高职学校项目建设的重要成果之一，也是哈尔滨职业技术学院教材建设和教法改革成效的集中体现，教材体例新颖，具有以下特色：

第一，教材研发团队组建创新。按照学校教材建设统一要求，遴选教学经验丰富、课程改革成效突出的专业教师担任主编，选取了行业内具有一定知名度的企业作为联合建设单位，形成了一支学校、行业、企业和教育领域高水平专业人才参与的开发团队，共同参与教材编写。

第二，教材内容整体构建创新。精准对接国家专业教学标准、职业标准、职业技能等级标准确定教材内容体系，参照行业企业标准，有机融入新技术、新工艺、新规范，构建基于职业岗位工作需要的体现真实工作任务和流程的内容体系。

第三，教材编写模式形式创新。与课程改革相配套，按照“工作过程系统化”“项目+任务式”“任务驱动式”“CDIO 式”四类课程改革需要设计教材编写模式，创新新形态、活页式及工作手册式教材三大编写形式。

第四，教材编写实施载体创新。依据本专业教学标准和人才培养方案要求，在深入企业调研、岗位工作任务和职业能力分析基础上，按照“做中学、做中教”的编写思路，以企业典型工作任务为载体进行教学内容设计，将企业真实工作任务、业务流程、生产过程融入教材之中。并开发了与教学内容配套的教学资源，以满足教师线上、线下混合式教学的需要，教材配套资源同时在相关教学平台上线，可随时进行下载，以满足学生在线自主学习课程的需要。

第五，教材评价体系构建创新。从培养学生良好的职业道德、综合职业能力与创新创业能力出发，设计并构建评价体系，注重过程考核以及由学生、教师、企业等参与的多元评价，在学生技能评价上借助社会评价组织的“1+X”技能考核评价标准和成绩认定结果进行学分认定，每种教材均根据专业特点设计了综合评价标准。

为确保教材质量，组建了中国特色高水平高职学校项目建设系列教材编审委员会，教材编审委员会由职业教育专家和企业技术专家组成。组织了专业与课程专题研究组，建立了常态化质量监控机制，为提升教材品质提供稳定支持，确保教材的质量。

本套教材是在学校骨干院校教材建设的基础上，经过几轮修订，融入素质教育内容和课堂革命理念，既具积累之深厚，又具改革之创新，凝聚了校企合作编写团队的集体智慧。本套教材的出版，充分展示了课程改革成果，为更好地推进中国特色高水平高职学校项目建设做出积极贡献！

哈尔滨职业技术学院

中国特色高水平高职学校项目建设系列教材编审委员会

前　言

职业教育作为一种类型教育，在得到国家高度重视和社会普遍认可的同时，职教业内也更加注重研究本科层次的人才培养模式，而教材是人才培养中最重要的支撑，是“三教”改革中最为重要的基础。当前，开发编写适用本科层次的职业教育教材是开办职业教育本科专业的急需。哈尔滨职业技术学院在中国特色高水平院校建设中，机电一体化技术专业群与哈尔滨工业大学、东北林业大学、哈尔滨理工大学、哈尔滨电机厂有限责任公司等地方高校名企开展多方合作，进行精英人才培养，总结提炼这些精英人才培养案例，贯彻落实党的二十大报告中提出的“职普融通、产教融合、科教融汇”，形成特色鲜明的高层次人才培养教材。

本书具有以下特色。

1. 突出工程实践能力，构建项目式学习内容。打破了传统液压与气动教材中知识体系的结构，而是按照各知识点、技能点在实际工程中的应用，由简单到复杂设计了7个项目，注重对学生职业能力的培养和对职教本科学生工程设计能力的培养。

2. 注重实际工程经验，组建校企合作团队。和液压与气动行业国际领先企业博世力士乐（中国）有限公司、费斯托（中国）有限公司合作，将企业的工程技术人员吸收到本书编写团队中，在融入国内行业标准的同时，引入德国标准，注重对学生的国际化培养。

3. 加强岗课赛证融通，提升职业综合素质。在编写过程中，编者对机电工程领域相应岗位、国家级技能大赛及证书标准进行了梳理，尤其是将液压与气动行业的新技术、新标准和新规范贯穿到每个项目中，使学生适应智能制造技术发展的趋势，提升技能水平和职业综合素质。

4. 理论实践相结合，实现教学做一体模式。在每个项目中既有对液压与气动元件原理的学习，又有其在实际项目中的应用，学生可对液压气动回路进行设计，又可在实训台上进行回路的搭建，操作指导性强。

5. 融入素质教育元素，体现德技并修育人目标。将素质教育元素与知识点有机融合，培养学生的家国情怀和工匠精神。

6. 配套资源丰富，支持线上线下混合教学。本书配有微课视频、动画、图片、PPT、测试题、试题库等丰富的教学资源。本书支撑的“液压与气动技术”课程在“学银在线”平台和“智慧职教”平台上进行数字化出版，为教师、学生、企业员工及社会学习者提供立体化学习资源。

本书由哈尔滨职业技术学院雍丽英和赵丹任主编，由哈尔滨职业技术学院关彤和东北林业大学张鑫龙任副主编，参加编写的还有哈尔滨职业技术学院陈秀，哈尔滨电机厂有限责任公司技能大师张金柱。编写具体分工为：雍丽英负责编写项目1中1.1、1.2、1.6、项目4和附录B，赵丹负责编写项目1中1.3、1.4和项目2，关彤负责编写项目1中1.5和项目6，张鑫龙负责编写项目7和附录A，陈秀负责编写项目3中3.1~3.6和项目5，张金柱负责编写项目3中3.7和3.8，雍丽英负责全书统稿，南京工业职业技术大学王晓勇教授任主审。本书在编写过程中，得到了哈尔滨职业技术学院副院长孙百鸣、教务处处长杜丽萍的大力支持和悉心指导，得到了博世力士乐（中国）有限公司吴坚、费斯托（中国）有限公司高鹏、哈尔滨博实自动化设备有限公司刘晓春的大力支持，在此表示衷心的感谢！

由于编者的水平有限，书中难免有不足之处，敬请读者批评指正。

编　者

二维码索引

（续）

（续）

目　录

液压技术与大国重器
——中国第二重型机械集团 8 万 t 模锻压力机

在大型模锻压力机领域，中国第二重型机械集团（简称二重）自主设计、制造、安装、调试投用的 8 万 t 大型模锻压力机，使我国成为拥有世界最高等级模锻装备的国家。大型模锻压力机是航空、航天、国防军工及电力、石化等民用行业所需模锻件产品的关键设备。

大型模锻压力机是衡量一个国家工业实力的重要标志。美国、俄罗斯、法国三个国家有类似设备，最大锻造等级为俄罗斯的 7.5 万 t，而我国的可达 8 万 t。

这台 8 万 t 级模锻压力机，地上高 27m、地下 15m，总高 42m，设备总重 2.2 万 t。单件质量在 75t 以上的零件 68 件，压力机尺寸、整体质量和最大单件质量均为世界第一。这是中国二重历时 10 年打造的世界“重装之王”。

中国二重研制的 8 万 t 大型模锻压力机，采用世界先进的操作控制技术，可在 8 万 t 压力以内任意吨位无级实施锻造，最大模锻压制力可达 10 万 t。该 8 万 t 大型模锻压力机投产以来，为国产大飞机 C919、大运工程、无人机、新型海陆直升机、航空发动机、燃气轮机等国家重点项目建设提供了有力支撑。

8 万 t 模锻压力机的万钧之力来自复杂的液压系统。与它参与打造的 C919 等“明星”型号相比，居于幕后的 8 万 t 模锻压力机并不引人瞩目，但是一个国家若要摘取航空工业的桂冠，就离不开一个扎实的、独立自主的工业体系的支撑。所谓“大国重器”，不仅仅“重”在体量和能力，更“重”在它代表着攀登先进制造业最高峰途中的一个坚定足迹。

项目 1

磨床工作台液压系统分析与搭建

【项目导学】

详见表 1-1。

表 1-1　磨床工作台液压系统分析与搭建项目导学表

<table>
<tr><th>项目名称</th><th colspan="2">磨床工作台液压系统分析与搭建</th><th>参考学时</th><th>16 学时</th></tr>
<tr><td>项目导入</td><td colspan="4">磨床是利用磨具对工件表面进行磨削加工的机床。磨削加工属于精加工，在机械加工行业中的应用非常广泛。在平面磨削加工运动中，主运动是砂轮的高速旋转运动，进给运动分为三种：一是工作台带动工件的直线往复运动，二是砂轮向工件深度方向的移动，三是砂轮沿其轴线的间隙运动
工作台带动工件的直线往复运动要求其运动平稳、调速范围广、有过载保护等，与机械传动相比，液压传动在这些方面具有明显的优势，因此平面磨床工作台的运动是由液压系统驱动的</td></tr>
<tr><td rowspan="3">学习目标</td><td>知识目标</td><td colspan="3">1. 能说出磨床工作台液压系统各液压元件的名称
2. 能阐述磨床工作台液压系统各液压元件的工作过程及特性
3. 能使用仿真软件绘制磨床工作台液压系统图</td></tr>
<tr><td>能力目标</td><td colspan="3">1. 能独立识读和手工绘制磨床工作台液压系统原理图
2. 通过小组合作能完成磨床工作台液压系统的搭建与运行
3. 在教师指导下能够进行磨床工作台液压系统的维护</td></tr>
<tr><td>素质目标</td><td colspan="3">1. 能执行液压系统相关国家标准，培养学生有据可依、有章可循的职业习惯
2. 能在实操过程中遵循操作规范，增强学生的安全意识
3. 了解我国在液压技术方面取得的科技成就，培养学生的责任担当意识及民族自豪感</td></tr>
<tr><td>问题引领</td><td colspan="4">1. 磨床工作台运动的动力来源是什么？
2. 驱动磨床工作台运动的部件是什么？
3. 构建一个完整的液压系统需要哪些装置？
4. 如何实现磨床工作台运动方向的变化？
5. 如何控制磨床工作台的运动速度？
6. 绘制一个完整的液压系统图应遵照哪些规范？</td></tr>
<tr><td>项目成果</td><td colspan="4">1. 磨床工作台液压系统原理图
2. 按照原理图搭建液压系统并运行
3. 项目报告
4. 考核及评价表</td></tr>
<tr><td>项目实施</td><td colspan="4">构思：项目分析与液压基础知识学习，参考学时为 10 学时
设计：手工绘制与系统仿真，参考学时为 2 学时
实施：元件选择及系统搭建，参考学时为 2 学时
运行：调试运行与项目评价，参考学时为 2 学时</td></tr>
</table>

【项目构思】

磨床是机械加工车间里常用的机床，图 1-1 所示为 M7150 型平面磨床。磨床运行时，由工作台带动工件做直线往复运动，通过砂轮的高速旋转对工件的表面进行磨削。磨床工作台与液压缸连接在一起，通过液压系统驱动工作台进行运动。

无论是磨床操作人员还是设备维修人员，都要熟悉驱动工作台的液压系统的工作过程，熟悉液压系统相关国家标准，能识读磨床工作台液压系统原理图，掌握系统中所用液压元件的结构和性能，在使用过程中能正确维护液压系统。磨床工作台液压系统是比较简单的液压系统，作为初学者，首先要认真阅读表 1-1 所列内容，明确本项目的学习目标，知悉项目成果和项目实施环节的要求。

磨床工作视频

图 1-1 M7150 型平面磨床

项目实施建议教学方法为：项目引导法、小组教学法、案例教学法、启发式教学法及实物教学法。

教师首先下发项目工单（表 1-2），布置本项目需要完成的任务及控制要求，介绍本项目的应用情况并进行项目分析，引导学生完成项目所需的知识、能力及软硬件准备，讲解液压系统基本构成，液压传动中的压力、流量等重要参数的相关知识。

学生进行小组分工，明确项目内容，小组成员讨论项目实施方法并对任务进行分解，掌握完成项目所需的知识，查找液压系统相关国家标准和磨床工作台液压系统设计的相关资料，制订项目实施计划。

表 1-2 磨床工作台液压系统分析与搭建项目工单

<table>
<tr><th>课程名称</th><th colspan="6">液压与气动技术</th><th>总学时：</th></tr>
<tr><td>项目 1</td><td colspan="6">磨床工作台液压系统分析与搭建</td><td></td></tr>
<tr><td>班级</td><td></td><td>组别</td><td></td><td>小组负责人</td><td></td><td>小组成员</td><td></td></tr>
<tr><td>项目要求</td><td colspan="7">在磨削加工中，平面磨床工作台是用于带动工件做直线往复运动的部件，而工作台的运动由液压系统驱动，这就要求液压系统对工作台的运动控制应包括三个方面：一是运动方向的控制；二是运动力的控制；三是运动速度的控制。同时在液压系统中要具有相应的控制元件及满足控制要求的基本回路。项目具体要求如下：
1. 工作台的运动由液压系统的液压缸驱动，通过改变液压缸两腔的进油和回油方向改变工作台的运动方向
2. 要求系统保持一定的工作压力，使工件得到一定的磨削力
3. 工作台运动速度的快慢是通过改变输入或输出液压缸的基本流量来调节的，调节速度时可采用定量泵供油系统的节流调速回路</td></tr>
<tr><td>项目成果</td><td colspan="7">1. 磨床工作台液压系统原理图
2. 按照原理图搭建液压系统并运行
3. 项目报告
4. 考核及评价表</td></tr>
<tr><td>相关资料及资源</td><td colspan="7">1. 《液压与气动技术》
2. 《液压实训指导书》
3. 国家标准 GB/T 786. 1—2021《流体传动系统及元件 图形符号和回路图 第 1 部分：图形符号》
4. 与本项目相关的微课、动画等数字化资源及网址</td></tr>
<tr><td>注意事项</td><td colspan="7">1. 液压元件有其规定的图形符号，符号的绘制要遵循相关国家标准
2. 液压连接软管的管接头是精密部件，软管较长，掉在地上后会损伤管接头，导致其无法连接
3. 在网孔板上安装元件务必牢固可靠
4. 液压系统的连接与拆卸务必遵守操作规程，严禁在液压系统运行过程中拆卸连接管
5. 液压系统运行结束后清理工作台，对液压元件及连接软管进行有序归位</td></tr>
</table>

1.1 液压系统基础知识

1.1.1 液压传动的工作原理及组成

1. 液压千斤顶的工作过程

液压千斤顶是机械行业中常用于顶起较重物体的小型工具。图 1-2 所示为液压千斤顶的外观与液压千斤顶的工作原理图。

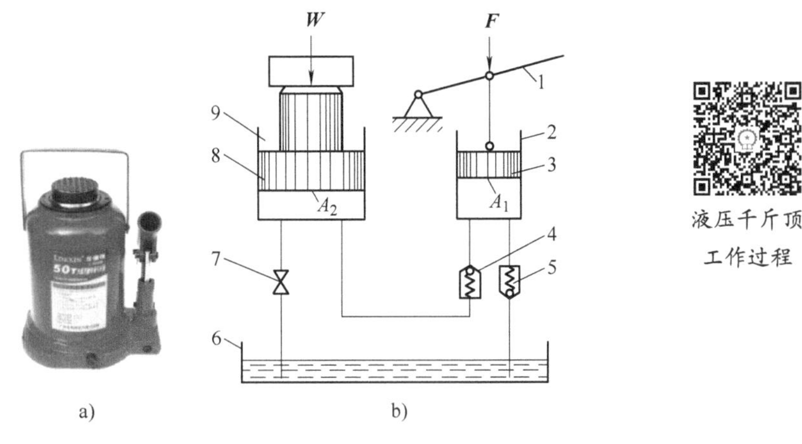

图 1-2 液压千斤顶的外观与工作原理图

1—手柄 2—液压缸（小油缸） 3—小活塞 4、5—单向阀
6—油箱 7—截止阀 8—大活塞 9—液压缸（大油缸）

当抬起手柄 1 时，小活塞 3 上移，液压缸 2 下腔密封容积增大，形成局部真空，单向阀 4 关闭，油箱 6 中的油液在大气压作用下经吸油管顶开单向阀 5 进入液压缸 2 的下腔，完成一次吸油动作。当压下手柄 1 时，小活塞 3 下移，液压缸 2 下腔密封容积减小，油液受挤压，压力升高，关闭单向阀 5，液压缸 2 下腔的液压油顶开单向阀 4，油液经排油管进入液压缸 9 的下腔，推动大活塞 8 上移顶起重物。如此不断上下扳动手柄就可以使重物逐渐被升起，达到起重的目的。

假设液压缸 2 和 9 的面积分别为 A_1 和 A_2，根据流体力学的帕斯卡定律“平衡液体内某一点的压力值能等值地传递到密闭液体内各点”，则有

$$p_1 = p_2 = \frac{F}{A_1} = \frac{W}{A_2} \tag{1-1}$$

由液压千斤顶的工作原理得知，液压缸 2 与单向阀 4、5 一起完成吸油与排油，将手柄的机械能转换为油液的压力能输出。液压缸 9 将油液的压力能转换为机械能输出，抬起重物。有了负载作用力，才产生液体压力。因此，就负载和液体压力两者而言，负载是第一性的，压力是第二性的。液压传动装置实际上是一种能量转换装置，液压缸 2、9 组成了最简单的液压传动系统，实现了力和运动的传递。

2. 液压传动的工作原理

从液压千斤顶的工作过程可以看出如下规律：

1）液压传动是以液体（液压油）作为传递运动和动力的工作介质。

2）液压传动经过两次能量转换，先把机械能转换为便于输送的液体压力能，然后把液体压力能转换为机械能对外做功。

3）液压传动是依靠密封容积（或密封系统）内容积的变化来传递能量的。

3. 液压系统的组成

一个完整的液压系统主要由以下几个部分组成：

（1）工作介质　工作介质是指传动液体，在液压传动系统中通常用液压油作为工作介质。

（2）动力装置　动力装置是指液压泵，是将原动机的机械能转换为液体压力能的装置，液压泵向液压系统提供液压油。

（3）控制调节装置　控制调节装置是用来控制和调节液压系统中工作介质的流动方向、压力和流量的，以保证执行元件和工作机构按要求工作。它包括各种阀类元件。

（4）执行装置　执行装置是指液压缸或液压马达，是将液体压力能转换为机械能的装置，其作用是在工作介质的作用下输出力（或转矩）和速度（或转速），以驱动工作机构做功。

（5）辅助装置　除以上装置外的其他元件都称为辅助装置，例如油箱、过滤器、蓄能器、压力表、油管、管接头以及各种信号转换器等。它们是一些对完成主运动起辅助作用的元件，在液压系统中也是必不可少的，对保证液压系统的正常工作有着重要的作用。

液压系统的各组成元件都有其专门的图形符号即使用国家标准（GB/T 786.1—2021）规定的图形符号来表示液压原理图中的各组成元件和连接管路。

4. 液压传动的特点

液压传动与机械传动、电气传动和气压传动相比，具有以下特点：

（1）液压传动的优点

1）液压传动可在运行过程中进行无级调速，调速方便且调速范围大。

2）在相同功率的情况下，液压传动装置的体积小、质量小、结构紧凑。

3）液压传动工作过程比较平稳，换向冲击小。

4）液压传动设备操作方便、省力，且易于实现自动化。

5）液压传动系统易于实现过载保护，液压元件能够自行润滑。

6）由于液压元件已实现了系列化、标准化和通用化，故液压系统的设计、安装、调试和使用都比较方便。

（2）液压传动的缺点

1）液体的泄漏和可压缩性使液压传动系统难以保证严格的传动比。

2）由于液压油泄漏和摩擦损失，液压传动系统在工作过程中有能量损失，故效率较低。

3）液压传动系统在工作时对油温变化比较敏感，不宜在温度很高或很低的环境下工作。

4）液压传动出现故障时，不易查找故障原因。

1.1.2 液压油及其选用

液压系统所用工作介质一般为矿物型液压油。它不仅是液压系统传递能量的工作介质，还能起到润滑、冷却和防锈的作用。液压油的品质直接影响液压系统的工作性能。

1. 液体的黏性

（1）黏性的含义　液体在外力作用下流动（或有流动趋势）时，液体内分子间的内聚力（称为内摩擦力）要阻止液体分子的相对运动，液体的这种性质称为黏性。

黏性是液体非常重要的特性，是选择液压油的主要依据，其大小可用黏度表示。

（2）液体黏性的表示方法　常用的黏性表示方法有以下三种。

1）动力黏度μ：液体在单位速度梯度流动时，液层间单位面积上产生的内摩擦力。

动力黏度用μ表示，又称绝对黏度，单位为 Pa·s（帕·秒）或 N·s/m^2。

2）运动黏度ν：动力黏度μ和液体密度ρ的比值称为运动黏度ν，即

$$\nu = \frac{\mu}{\rho} \tag{1-2}$$

单位为 m^2/s，通常用 St(斯）表示。1m^2/s = 10^{4}St = 10^{6}cSt（厘斯）。

运动黏度没有确切的物理含义。工程中常用运动黏度作为液体黏度的标志。机械油的牌号就是用机械油在 40℃时的运动黏度的平均值来表示的。例如 64 号机械油就是指其在 40℃的运动黏度ν的平均值为 64cSt。

3）相对黏度$°E_t$：又称条件黏度，它是采用特定的黏度计在规定条件下测量出来的液体黏度。我国采用的是恩氏黏度，恩氏黏度的测量方法是：将 200mL 温度为t（以℃为单位）的被测液体装入黏度计的容器，经其底部直径为 2.8mm 的小孔流出，测出液体流尽所需时间t_1，再测出 200mL 温度为 20℃的蒸馏水在同一黏度计中流尽所需时间t_2；这两个时间的比值为被测液体在温度t下的恩氏黏度，即

$$°E_t = t_1/t_2$$

它是按一定测量条件制定的，工业上常用 40℃作为测定恩氏黏度的标准温度，以相应符号$°E_{40}$表示。

工程中常采用先测出液体的相对黏度，再根据关系式换算出动力黏度或运动黏度的方法。恩氏黏度和运动黏度的换算关系式为

$$\nu = \left(7.31°E_t - \frac{6.31}{°E_t}\right) \times 10^{-6} \tag{1-3}$$

（3）温度和压力对黏性的影响　液体的黏度随液体的压力和温度的改变而变化。对于液压油而言，当压力增大时，其黏度也增大，但在一般液压系统使用的压力范围内，黏度的变化范围很小，可以忽略不计。液压油的黏度对温度的变化十分敏感，温度升高，黏度快速下降。液体黏度随温度变化的性质称为黏温特性。常见类型液压油的黏温特性曲线如图 1-3 所示。

2. 对液压油的要求

不同的液压传动系统和不同的使用条件对液压工作介质的要求也不相同。为了更好地传递动力和运动，液压传动系统所使用的工作介质应具备以下的基本性能：

1）合适的黏度，良好的润滑性能和黏温特性。

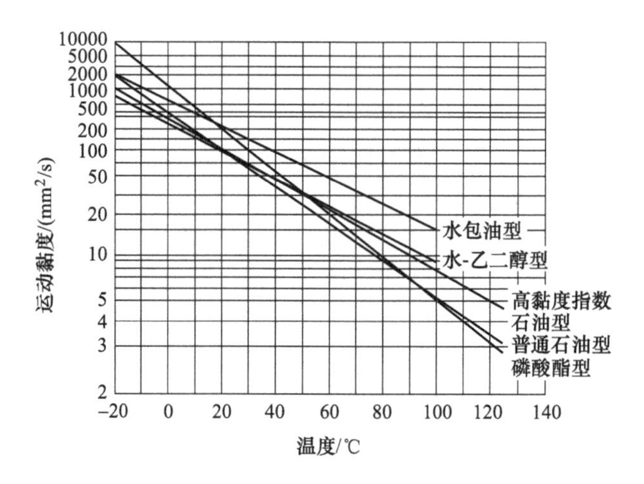

图 1-3　常见类型液压油的黏温特性曲线

2）良好的氧化稳定性。

3）良好的抗泡沫性和空气释放性。

4）在高温环境下有较高的闪点，在低温下有较低的凝点。

5）良好的防腐性、抗磨性和缓蚀性。

6）良好的抗乳化性。

7）质量纯净、杂质少，并对金属和密封件有良好的相容性。

3. 液压油的选用

液压系统通常采用矿物油，常用的有机械油、精密机床液压油、汽轮机油和变压器油等。一般根据液压系统的使用性能和工作环境等因素确定液压油的品种。当品种确定后，主要考虑液压油的黏度。在确定液压油的黏度时主要应考虑液压系统的工作压力、环境温度及工作部件的运动速度。当液压系统的工作压力和环境温度较高、工作部件运动速度较慢时，为了减少泄漏，宜采用黏度较高的液压油；当液压系统的工作压力和环境温度较低、工作部件运动速度较快时，为了减少功率损失，宜采用黏度较低的液压油。

当选购不到合适黏度的液压油时，可采用调和的方法得到满足黏度要求的调和油。当液压油的某些性能指标不能满足液压系统较高的要求时，可在液压油中加入各种改善其性能（抗氧化、抗泡沫、抗磨损、防锈）和改进其黏温特性的添加剂，使之适用于特定的场合。

液压油的牌号及性能指标，可查阅有关液压手册。

4. 液压油的处理

液压油的处理

液压系统对液压油的黏度、黏温特性、稳定性、纯净度等方面都有一定的要求，但是液压油工作一定时间后可能会被污染、乳化，使其性能发生改变，从而使液压系统发生一系列的故障。据统计，液压系统 80% 左右的故障是由液压油污染引起的，因此被污染的液压油或用过一段时间变质的液压油要及时更换。

根据《中华人民共和国固体废物污染环境防治法》《危险废物经营许可管理办法》等规定，废液压油属于国家规定的危险废物，产生危险废物的单位和个人必须向环境保护行政主管部门申报危险废物的种类、产生量、流向、贮存、处置等有关资料，并按国家有关规定处置危险废物。同时，从事危险废物收集、贮存、处置危险废物经营活动的单位，必须向环境保护行政主管部门申请领取经营许可证，由省级环境保护行政主管部门办理。

保护环境，节约资源

废掉的液压油不可以直接倒掉，因其既污染环境，又浪费了资源。习近平总书记讲过“绿水青山就是金山银山”，我们国家在走绿色发展之路，这个理念要扎根于我们每个人的心里，更要践行于具体的行动中。对于废掉的液压油要按照国家有关规定进行处理。

1.1.3 液体的压力及其静力学特性

1. 压力的概念及特性

液体单位面积上所受的法向力，称为压力。它与物理学中压强的概念是相同的，但在液压传动中称为压力，压力用 p 表示，单位为 N/m^2 或 Pa（帕，$1Pa=1N/m^2$），其表达式为

$$p=\frac{F}{A} \tag{1-4}$$

式中 F——液体上的法向作用力；

A——作用面积。

液体的压力有如下两个特性：

1）压力的方向总是与承压面的内法线方向一致。

2）静止液体内任一点处的压力在各个方向上都相等。

2. 压力的表示方法

压力的表示方法有以下三种：

（1）绝对压力　以绝对真空作为基准所表示的压力，称为绝对压力。

（2）相对压力　以大气压作为基准且高出大气压的那部分压力，称为相对压力。

（3）真空度　以大气压作为基准且低于大气压的那部分压力，称为真空度。

绝对压力、相对压力和真空度之间的关系如图1-4所示。

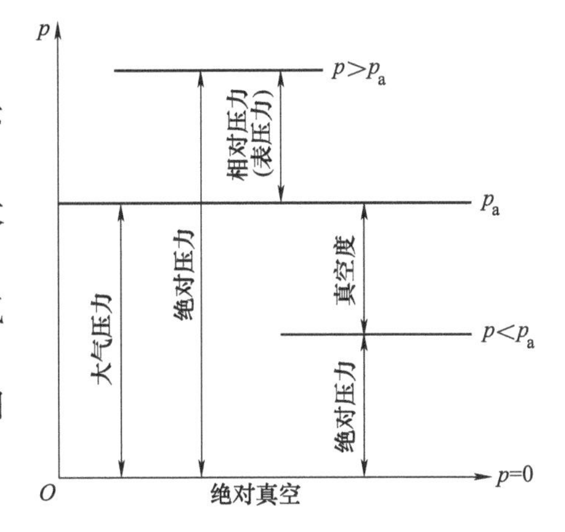

图 1-4　绝对压力、相对压力和真空度之间的关系

3. 压力的单位

在国际单位制（SI）中，压力的单位是 Pa（帕），由于 Pa 的单位太小，工程中常用 kPa（千帕）和 MPa（兆帕）或 bar（巴）表示。

$$1MPa = 10^3kPa = 10^6Pa = 10bar$$

1.1.4 液体的流量及其动力学特性

1. 流量的概念

单位时间流过某通流截面的液体的体积，称为流量，用 q 表示，单位为 m^3/s 或 L/min（$1m^3/s = 60000L/min$），其表达式为

$$q = \frac{V}{t} \tag{1-5}$$

2. 连续性方程

液体在密封管道内做恒定流动时，假设液体不可压缩，则单位时间内流过任意通流截面的质量相等。

如图 1-5 所示，管路的两个通流面积分别为 A_1、A_2，液体流速分别为 v_1、v_2，则有

$$v_1A_1 = v_2A_2 = C\ (C\ \text{为常数}) \tag{1-6}$$

式（1-6）称为液流的连续性方程。它的物理意义是，不可压缩液体在通道中恒定流动时，流过各通流截面的流量相等，而流速和通流面积成反比。因此，当流量一定时，管路细的地方流速大，管路粗的地方流速小。

3. 伯努利方程

理想液体的伯努利方程是能量守恒定律在流体力学中的一种表现形式。理想液体在做恒定流动时，具有势能、压力能和动能三种形式，它们之间可以相互转化，但三种能量的总和保持不变。如图 1-6 所示，截面 A_1 的流速为 v_1，压力为 p_1，位置高度为 h_1；截面 A_2 的流速为 v_2，压力 p_2，位置高度为 h_2。由理论推导可得到理想液体的伯努利方程为

$$p_1 + \rho gh_1 + \frac{1}{2}\rho v_1^2 = p_2 + \rho gh_2 + \frac{1}{2}\rho v_2^2 = C \tag{1-7}$$

式中 p_1、p_2——单位体积液体的压力能；

ρgh_1、ρgh_2——单位体积液体相对于水平参考面的势能；

$\frac{1}{2}\rho v_1^2$、$\frac{1}{2}\rho v_2^2$——单位体积液体的动能；

C——常数。

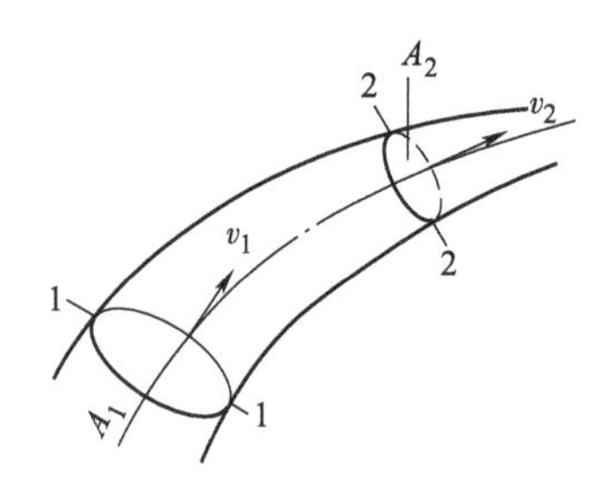

图 1-5 流体连续方程原理

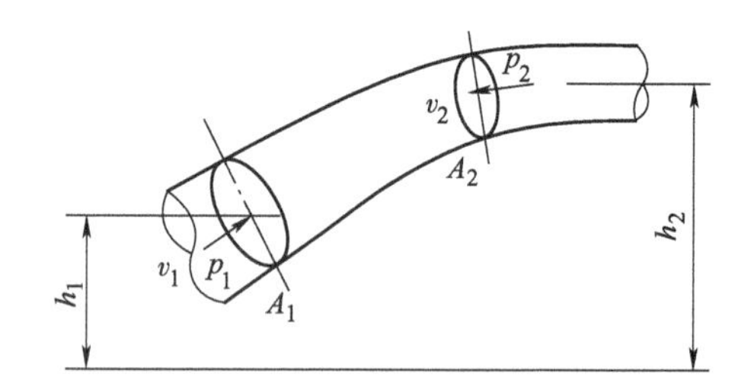

图 1-6 伯努利方程示意

1.2 磨床工作台液压系统液压元件

磨床工作台的运动控制包括运动方向、运动力和运动速度的控制，在液压系统中有对应的

液压控制元件来实现这些功能。图 1-7 所示为磨床工作台液压系统工作原理，搬动换向阀 7 的手柄，可对工作台的运动方向进行控制；调节节流阀 6 的旋钮，可控制工作台的运动速度；调节溢流阀 4 的旋钮，可控制工作台磨削时的最大负载力。以上三个液压元件是磨床工作台液压系统中的主要控制元件。此外，液压泵 3、液压缸 8 分别作为液压系统中的动力元件和执行元件，其类型和性能对液压系统的影响很大，还有油箱、过滤器、油管及液压油都是必不可少的组成部分。

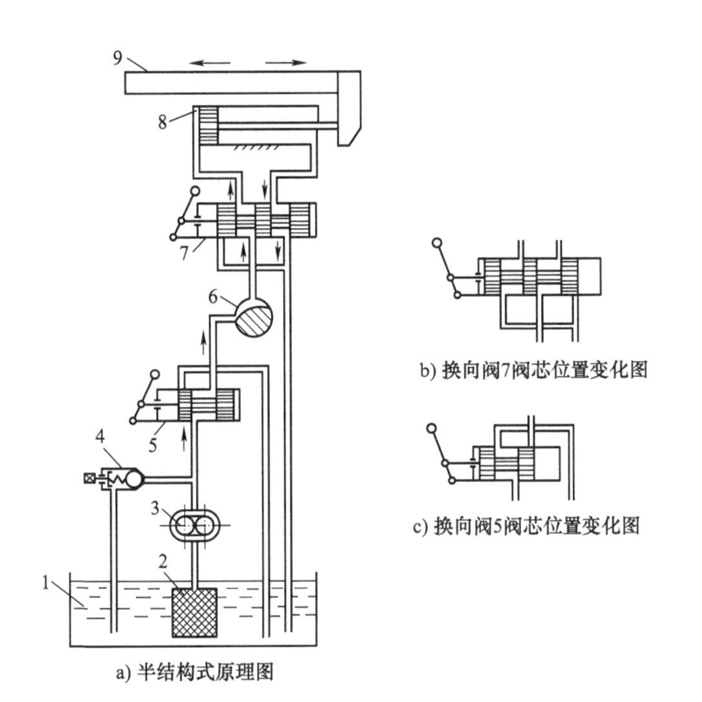

a) 半结构式原理图

b) 换向阀7阀芯位置变化图

c) 换向阀5阀芯位置变化图

磨床工作台液压系统

图 1-7 磨床工作台液压系统工作原理

1—油箱 2—过滤器 3—液压泵 4—溢流阀 5、7—换向阀 6—节流阀 8—液压缸 9—工作台

1.2.1 磨床工作台液压系统液压泵

在磨床工作台液压系统中，由液压泵将油箱中的液压油供给到液压系统中，液压泵外接电动机，通常液压泵的轴与电动机的轴通过联轴器连接在一起，液压泵在电动机的带动下进行有效的吸油和压油。

1. 液压泵的工作原理

通常液压传动系统中的液压泵为容积式液压泵，它是依靠密闭容积的周期性变化来工作的。

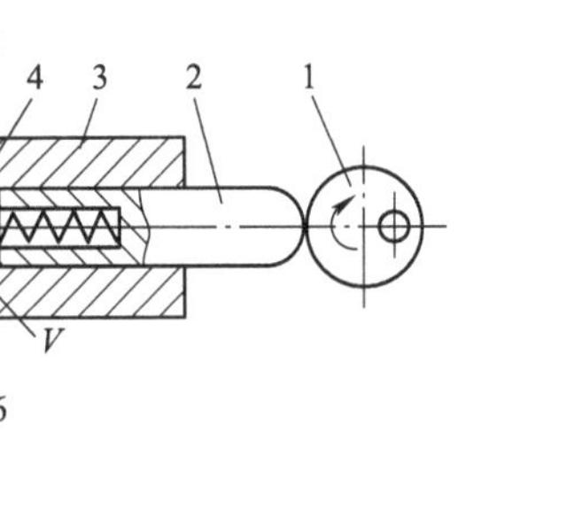

图 1-8 容积式液压泵的工作原理

1—偏心轮 2—柱塞 3—缸体 4—弹簧 5、6—单向阀

容积式液压泵工作原理

图 1-8 所示为容积式液压泵的工作原理，将柱塞 2 安装在缸体 3 中形成一个密封容积 V，柱塞在弹簧 4 的作用下始终压紧偏心轮 1。原动机驱动偏心轮旋转使柱塞 2 做往复运动，使密封容积 V 的大小发生周期性的变化。当柱塞

向右移动时，密封容积 V 由小变大，就形成局部真空，使油箱中的油液在大气压力的作用下，经吸油管顶开单向阀 6 进入密封容积 V 而实现吸油；当柱塞向左移动时，密封容积 V 由大变小，迫使其中的油液顶开单向阀 5 流入系统而实现压油。这样液压泵就将原动机输入的机械能转换成液体的压力能，原动机驱动偏心轮不断旋转，液压泵就不断地吸油和压油。

由此可见，液压泵是靠密封容积的变化来实现吸油和压油的，其排油量的大小取决于密封腔容积变化的大小。

构成容积式泵须满足以下两个条件：

1）有周期性的密封容积变化。密封容积由小变大时吸油，由大变小时压油。

2）有配流装置。它保证密封容积由小变大时只与吸油管连通；密封容积由大变小时只与压油管连通。图 1-8 所示单向阀 5、6 就是起配流作用的。

容积式液压泵有齿轮泵、叶片泵、柱塞泵等类型。液压泵的结构不同，其性能和应用场合也不相同。在磨床工作台液压系统中，其磨削负载较小、速度大小的变化不突出，项目选用的是结构简单、性价比较高的齿轮泵。

2. 齿轮泵的结构及工作原理

齿轮泵按结构不同，可分为外啮合齿轮泵和内啮合齿轮泵，外啮合齿轮泵较为常用。图 1-9 所示为某型号外啮合齿轮泵外观，图 1-10 所示为其图形符号，液压元件图形符号的画法遵循 GB/T 786. 1—2021《流体传动系统及元件 图形符号和回路图 第 1 部分：图形符号》。

图 1-9 外啮合齿轮泵外观

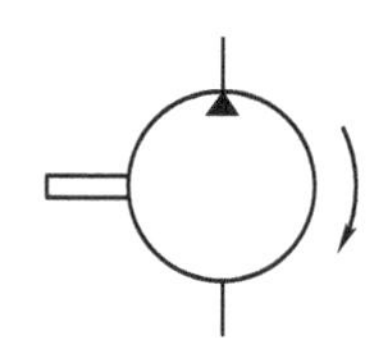

图 1-10 单向定量泵的图形符号

齿轮泵拆装

齿轮泵工作原理

图 1-11 所示为外啮合齿轮泵内部结构，在泵体内有一对渐开线直齿轮 7、8，齿轮的两端有前端盖 2 和后端盖 6。泵体、泵的前后端盖和两齿轮齿槽组成了多个密封工作腔，轮齿的啮合和脱离形成了变化的密封工作腔；轮齿的啮合线将密封工作腔分为互不连通的两部分，形成压油腔和吸油腔。

当齿轮按图 1-11 所示箭头方向旋转时，左侧齿轮的轮齿逐渐脱离啮合，使密闭工作腔容积逐渐增大而形成局部真空，油箱内的油液在大气压力的作用下被吸入并充满齿槽，齿轮泵实现吸油。充满油液的密封工作腔被旋转的齿轮泵带到右侧。右侧齿轮的轮齿逐渐进入啮合，密闭工作腔容积逐渐减小，齿槽中的油液被挤压输往系统，齿轮泵实现压油。

3. 齿轮泵的特性

齿轮泵是液压系统中被广泛采用的一种液压泵，除了具有结构简单、质量小、造价低、工作可靠的特点，齿轮泵还具有如下特性。

（1）存在径向不平衡力　径向不平衡力产生的原因是齿轮泵工作时，吸油腔和压油腔之间存在压力差，从吸油腔到压油腔，沿着齿轮圆周，压力逐渐增大，其分布如图 1-12 所

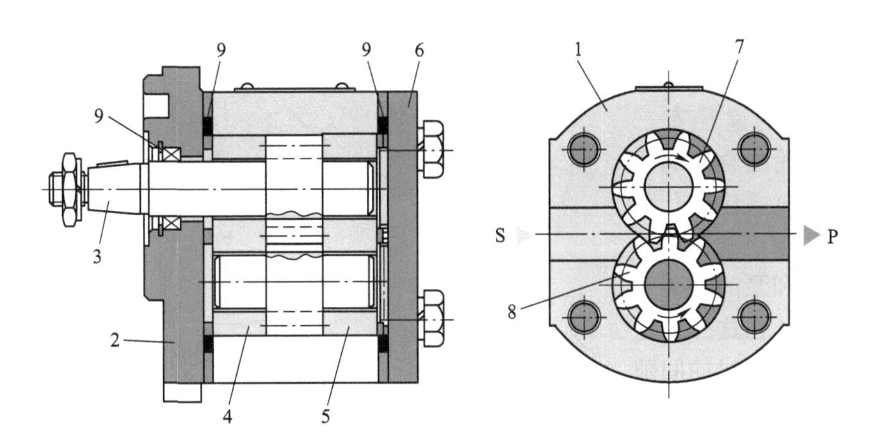

图 1-11 外啮合齿轮泵内部结构

1—泵体 2—前端盖 3—传动轴 4、5—轴承套 6—后端盖 7—主动齿轮 8—从动齿轮 9—密封圈

示，因此齿轮和轴受到径向不平衡力的作用，压力越大，径向不平衡力越大。当径向不平衡力很大时能引起泵轴弯曲，导致齿顶接触泵体，产生摩擦和碰撞，同时加速轴承的磨损，缩短轴承寿命。径向不平衡力是齿轮泵自身结构所产生的，只能设法减小，不能消除。

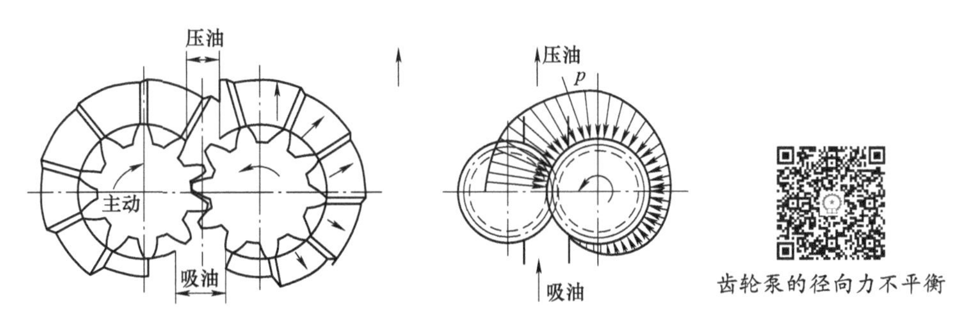

图 1-12 齿轮泵的径向不平衡力

减小径向不平衡力常采用以下两种措施：一是缩小压油口直径，使高压油仅作用在齿轮 1~2 个齿的范围内，减小液压油的作用面积，同时适当增大齿轮泵径向间隙，避免轮齿与泵体发生碰撞。二是在盖板上开设压力平衡槽。

（2）易产生困油现象 为保证齿轮传动的平稳性，齿轮泵的齿轮重叠系数 ε 必须大于 1，即在前一对轮齿尚未脱离啮合时，后一对轮齿已进入啮合。在两对轮齿同时啮合时就形成了一个与吸、压油腔均不相通的独立密封容积，如图 1-13 所示。

独立的密封容积，随着齿轮旋转，先由大变小，后由小变大。当独立密封容积由大变小时，如图 1-13b 所示，密封容积内的油液受挤压致使压力急剧上升，产生液压冲击，齿轮轴受到瞬时的压力冲击；同时，受挤压的油液从缝隙中流出，导致油液发热。当独立密封容积由小变大时，如图 1-13c 所示，因其内无油液补充，形成局部真空，产生气穴现象，引起噪声、振动和气蚀。

这种因独立密封容积发生变化而引起的液压冲击和气穴现象，称为困油现象。由于困油现象严重影响液压泵的使用寿命，因此必须予以消除。消除困油现象的常用方法是在齿轮泵的前、后端盖或浮动轴套（浮动侧板）上开设卸荷槽。

（3）易泄漏　由于齿轮泵自身的结构特点，油液从压油腔向吸油腔泄漏的途径有三个：一是通过齿轮啮合线的间隙泄漏，二是通过泵体内孔和齿顶间的径向间隙泄漏，三是通过齿轮两端面和泵的端盖间的轴向间隙泄漏。在这三种泄漏途径中，齿轮啮合线的间隙泄漏量最小；径向间隙泄漏量较小，占总泄漏量的 15%～20%；轴向间隙泄漏量最大，占总泄漏量的 75%～80%。齿轮泵的轴向间隙泄漏是导致压力降低的主要因素，因此一般齿轮泵只适应于低压系统，而且容积效率较低。为减少泄漏，提高齿轮泵的工作压力，常采用端面自动补偿法和二次密封结构。

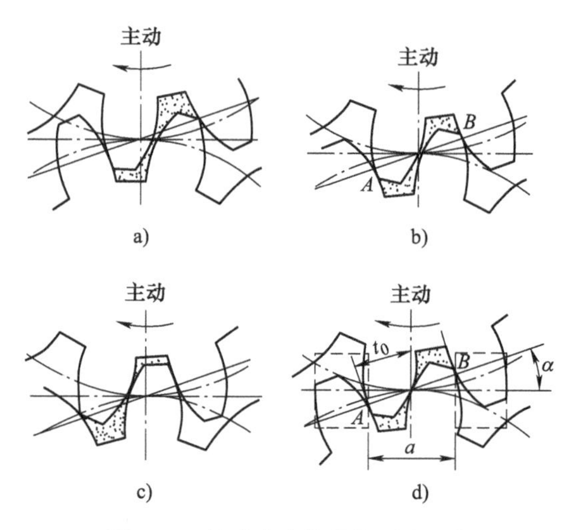

图 1-13　外啮合齿轮泵的困油现象

齿轮泵
困油现象

4. 液压泵的性能参数

液压泵的主要性能参数有压力、排量、流量、功率和效率。

（1）压力

1）工作压力 p：液压泵实际工作时的输出压力称为工作压力。工作压力的大小取决于工作负载的大小，工作负载增大，液压泵的工作压力也随之增大。

2）额定压力 p_n：液压泵在正常工作条件下，按试验标准规定连续运转中允许达到的最高工作压力，称为额定压力。液压泵额定压力的大小受泵本身泄漏情况和结构强度等因素制约，当泵的工作压力超过额定压力时，泵就会过载。

由于液压系统的用途不同，系统所需的压力也不相同。为了便于液压元件的设计、生产和使用，常将压力分为几个等级，见表 1-3。

表 1-3　压力等级

压力等级	低压	中压	中高压	高压	超高压
压力范围/MPa	≤2.5	>2.5～8	>8～16	>16～32	>32

（2）排量和流量

1）排量 V：液压泵每转一周，由其密封容积变化计算而得出的排出液体的体积，称为排量。排量可调节的液压泵称为变量泵；排量为常数的液压泵称为定量泵。

2）理论流量 q_i：在不考虑泄漏的情况下，液压泵在单位时间内所排出的液体体积，称为理论流量。显然，如果液压泵的排量为 V，其主轴转速为 n，则该液压泵的理论流量 q_i 为

$$q_i = Vn \tag{1-8}$$

3）实际流量 q：液压泵在某一具体工况下，单位时间内所排出的实际液体体积，称为实际流量。它等于理论流量 q_i 减去泄漏流量 Δq，即

$$q = q_i - \Delta q$$

4）额定流量 q_n：液压泵在正常工作条件下，按试验标准规定（如在额定压力和额定转速下）必须保证的流量，称为额定流量。

（3）功率和效率

1）输入功率 P_i：作用在液压泵主动轴上的机械功率，称为液压泵的输入功率。当输入转矩为 T_i，角速度为 ω 时，有

$$P_i = T_i\omega \tag{1-9}$$

2）输出功率 P_o：液压泵实际输出的功率，称为液压泵的输出功率，即液压泵在工作过程中的实际吸、压油口间的压力差 Δp 和输出流量 q 的乘积。

$$P_o = \Delta pq \tag{1-10}$$

式中　Δp——液压泵吸、压油口之间的压力差（N/m^2）；

q——液压泵的实际流量（m^3/s）；

P_o——液压泵的输出功率（N · m/s 或 W）。

在实际的计算中，若油箱通大气，液压泵吸、压油的压力差往往用液压泵的工作压力 p 代入式（1-10）。

3）液压泵的总效率 η：液压泵的输出功率与其输入功率的比值，称为液压泵的总效率，即

$$\eta = \frac{P_o}{P_i} = \eta_V\eta_m \tag{1-11}$$

由式（1-11）可知，液压泵的总效率等于其容积效率与机械效率的乘积，因此液压泵的输入功率也可写成：

$$P_i = \frac{\Delta pq}{\eta}$$

5. 识读齿轮泵的铭牌

在液压泵的铭牌上会标注出型号，型号的具体含义要查阅生产厂家提供的说明书，铭牌上一般还会标注出其额定压力、额定转速、排量或流量旋向等，如图 1-14 所示。

大多齿轮泵的旋向是单向的，单向齿轮泵旋向唯一，使用时旋错旋向会破坏齿轮泵内部零部件，因此使用前必须正确判断其旋向。铭牌上关于旋向的标注有两种方式：一种是直接用文字“左”或“右”标出其是左旋还是右旋；另一种是用箭头标注，将齿轮泵的铭牌正对自己，观察铭牌箭头标识，若箭头方向指向左边，则齿轮泵旋向为右旋，若箭头方向指向右边，则齿轮泵旋向为左旋。

从轴端看，右旋齿轮泵是沿顺时针方向旋转，左旋齿轮泵是沿逆时针方向旋转。因此，右旋泵也称正向泵，左旋泵也称反向泵，如图 1-15 所示。

1.2.2　磨床工作台液压系统液压缸

在磨床工作台液压系统中，液压缸与工作台连接在一起，液压缸的运动直接带动着工作台的运动，而液压缸是在液压油的驱动下进行动作的。在磨床工作台液压系统中所用的是双作用式单杆活塞液压缸。图 1-16 所示为某型号单杆活塞液压缸的外观和图形符号。

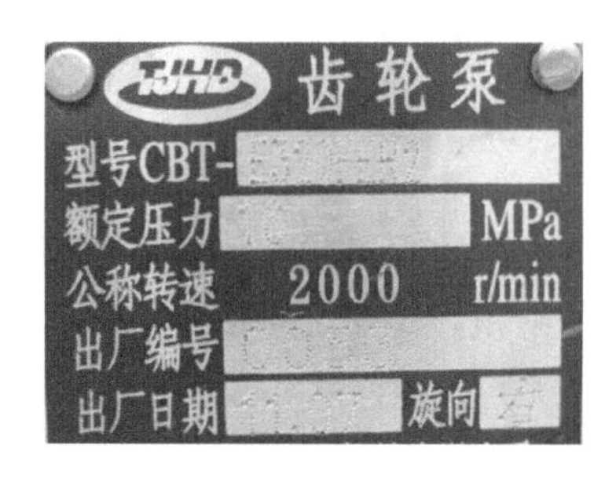

图 1-14　某厂家齿轮泵铭牌

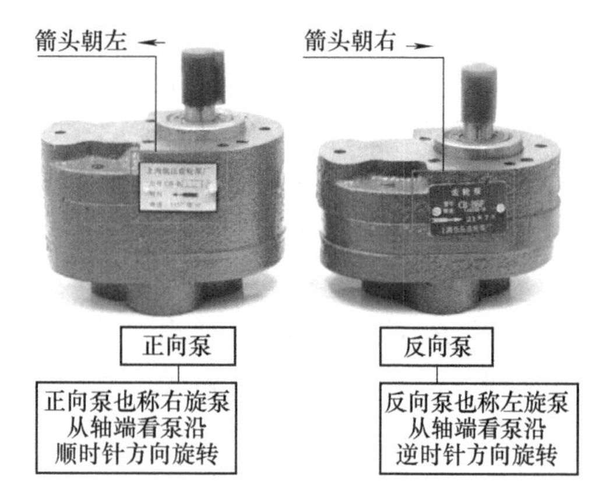

图 1-15　齿轮泵铭牌旋向图

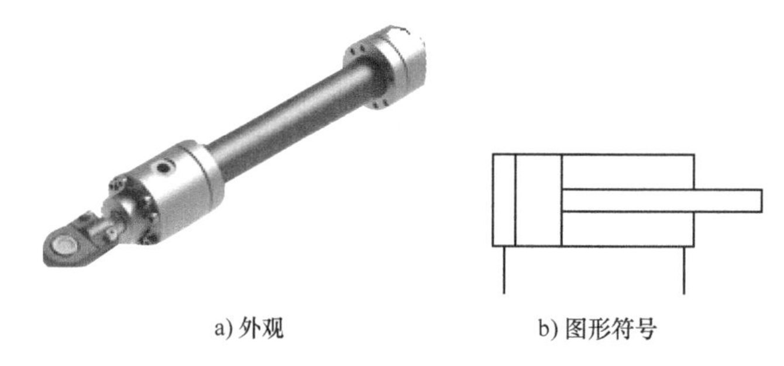

a) 外观　　b) 图形符号

图 1-16　单杆活塞液压缸的外观及图形符号

1. 单杆活塞液压缸的结构

图 1-17 所示为一个较常用的单杆活塞液压缸。它是由缸底 20、缸筒 10、缸盖兼导向套 9、活塞 11 和活塞杆 18 组成。缸筒一端与缸底焊接，另一端缸盖（导向套）与缸筒用卡键 6、套 5 和弹簧挡圈 4 固定，以便拆装和检修，两端设有油口 A 和 B。活塞 11 与活塞杆 18 利用卡键 15、卡键帽 16 和弹簧挡圈 17 连在一起。活塞与缸孔的密封采用的是一对 Y 形密封圈 12，由于活塞与缸孔有一定间隙，采用由尼龙制成的耐磨环（又称支承环）13 定心导向。活塞杆 18 和活塞 11 的内孔由 O 形密封圈 14 密封。较长的导向套 9 则可保证活塞杆不偏离中心，导向套外径由 O 形密封圈 7 密封，而其内孔则由 Y 形密封圈 8 和防尘圈 3 分别防止油液外漏和外界灰尘带入缸内。缸通过杆端销孔与外界连接，销孔内有抗磨的尼龙衬套。

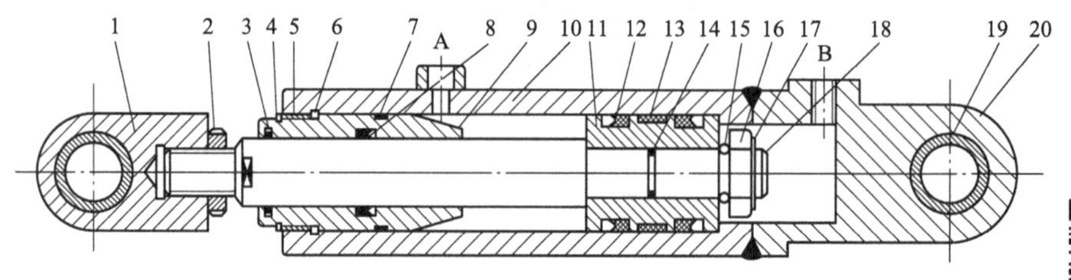

图 1-17　双作用单杆活塞液压缸

1—耳环　2—螺母　3—防尘圈　4、17—弹簧挡圈　5—套　6、15—卡键　7、14—O 形密封圈　8、12—Y 形密封圈　9—缸盖兼导向套　10—缸筒　11—活塞　13—耐磨环　16—卡键帽　18—活塞杆　19—衬套　20—缸底

双作用单杆活塞液压缸

从上面所述的液压缸典型结构中可以看到，液压缸的结构基本上包括缸筒和缸盖、活塞和活塞杆以及密封装置。有些液压缸还包括缓冲装置和排气装置。

2. 单杆活塞液压缸的特性

单杆活塞液压缸的安装方式分为缸体固定式和活塞杆固定式两种形式，无论采用哪一种固定形式，其工作台移动的范围都是活塞有效行程的两倍。

单杆活塞液压缸只有一端带活塞杆，另一端没有活塞杆，因此活塞两侧的有效工作面积不同。当进油路和回油路改变时，其工作特性是不同的。

（1）无杆腔进油　如图 1-18 所示，无杆腔进油，有杆腔回油，推动活塞杆向右移动，假设回油压力 $p_2=0$，则活塞杆所得到的速度 v_1 和推力 F_1 分别为

$$v_1=\frac{q}{A_1}=\frac{4q}{\pi D^2} \tag{1-12}$$

$$F_1=p_1A_1-p_2A_2=\frac{\pi}{4}D^2p_1 \tag{1-13}$$

（2）有杆腔进油　如图 1-19 所示，有杆腔进油，无杆腔回油，推动活塞杆向左移动，假设回油压力 $p_2=0$，则活塞杆所得到的速度 v_2 和推力 F_2 分别为

$$v_2=\frac{q}{A_2}=\frac{4q}{\pi(D^2-d^2)} \tag{1-14}$$

$$F_2=p_1A_2-p_2A_1=\frac{\pi}{4}(D^2-d^2)p_1 \tag{1-15}$$

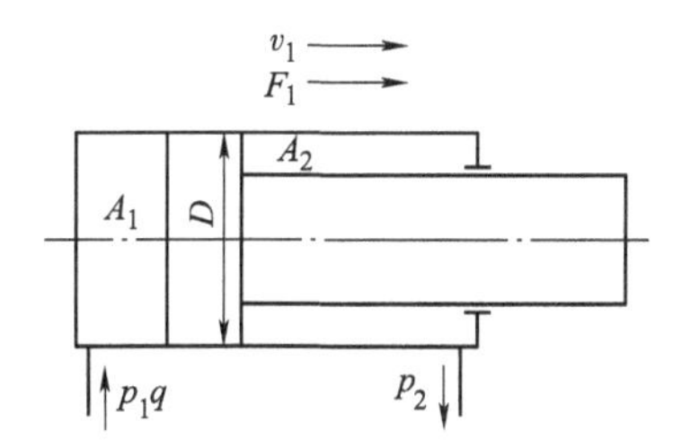

图 1-18　单杆活塞液压缸无杆腔进油

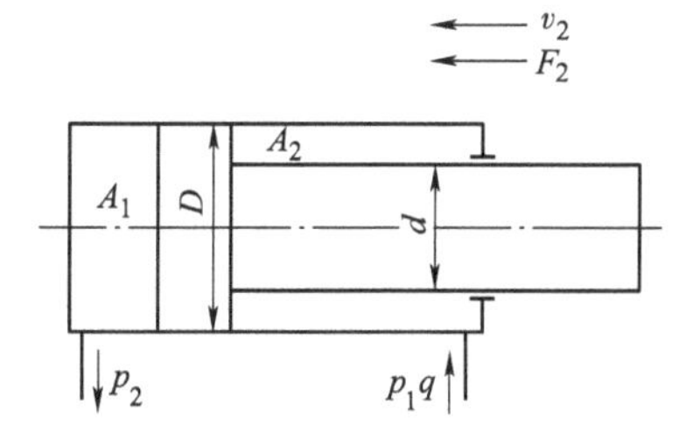

图 1-19　单杆活塞液压缸有杆腔进油

（3）液压缸差动连接　如图 1-20 所示，单杆活塞液压缸在其左、右两腔相互接通并同时输入压力油时，称为差动连接。差动连接时，液压缸左、右两腔的油液压力相同，但是由于左腔（无杆腔）的有效面积大于右腔（有杆腔）的有效面积，故活塞向右运动，同时使右腔中排出的油液（流量为 q'）也进入左腔，加大了流入左腔的流量（$q+q'$），从而加快了活塞移动的速度。差动连接时活塞杆所得到的速度 v_3 和推力 F_3 分别为

图 1-20　液压缸差动连接

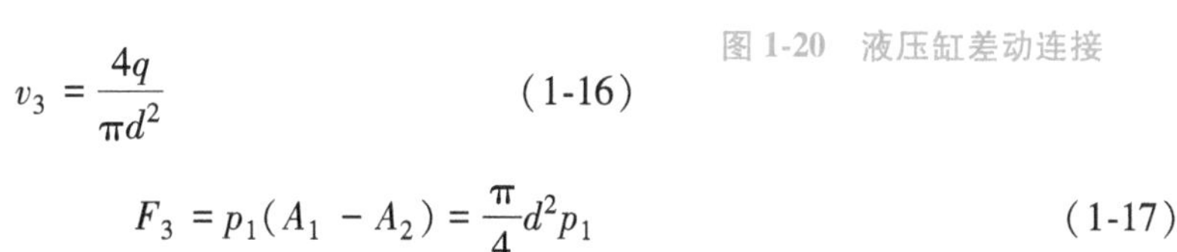

$$v_3=\frac{4q}{\pi d^2} \tag{1-16}$$

$$F_3=p_1(A_1-A_2)=\frac{\pi}{4}d^2p_1 \tag{1-17}$$

对比以上三种连接方式时速度和推力的大小，不难看出：液压缸差动连接时，可以获得较大的速度，但推力较小，适应空载快速运动的场合；无杆腔进油、有杆腔回油时，液压缸可获得较大的推力，适合负载加工的场合；有杆腔进油、无杆腔回油时，液压缸反向快速运动，适合快速退回的场合。

3. 液压缸的类型

液压缸的类型见表 1-4。

表 1-4 液压缸的类型

分类	名称	符号	说明
单作用液压缸	柱塞式液压缸	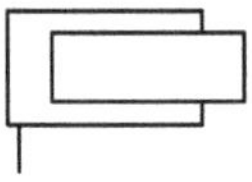	柱塞仅单向液压驱动，返回行程通常利用自重、负载或其他外力
	单杆活塞液压缸	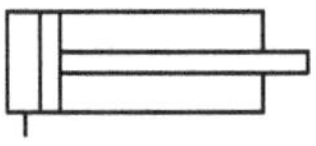	活塞仅单向液压驱动，返回行程利用自重或负载将活塞推回
	伸缩液压缸	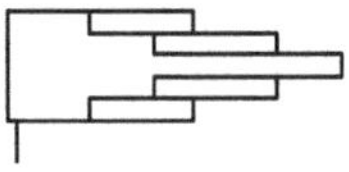	以短缸获得长行程，利用液压油从大到小逐节推出，靠外力由小到大逐节缩回
双作用液压缸	单杆活塞液压缸	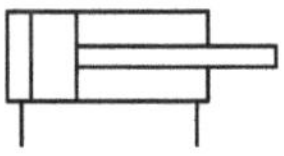	单边有活塞杆，双向液压驱动，两向推力和速度不等
	双杆活塞液压缸	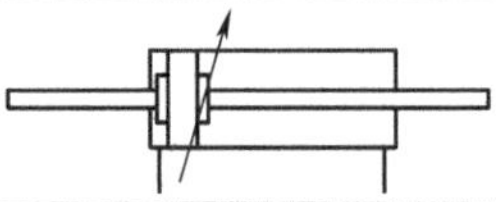	双边有活塞杆，双向液压驱动，可实现等速往复运动
	伸缩液压缸	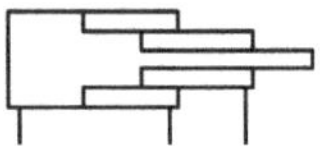	柱塞为多段套筒形式，伸出由大到小逐节推出，由小到大逐节缩回
组合液压缸	弹簧复位液压缸	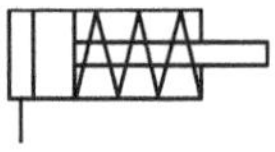	单向液压驱动，由弹簧力复位
	增压缸（增压器）	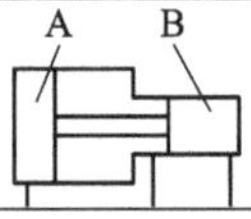 A B	大小油缸串联组成，由低压大缸 A 驱动，使小缸 B 获得高压
	齿条传动液压缸	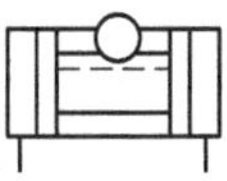	活塞的往复运动，经齿条传动使与之啮合的齿轮获得双向回转运动

1.2.3 磨床工作台液压系统方向控制阀

在磨床磨削加工过程中，工作台往复运动方向的改变是靠液压系统中的方向控制阀来实现的。方向控制阀也称换向阀，是利用阀芯与阀体相对位置的改变，使油路接通、关闭或改变油液的流动方向，从而控制执行元件的起动、停止及运动方向。换向阀的类型很多，为了准确描述某个换向阀是哪一种类，需要表述清楚是几位几通何种操作方式，如果是三位阀还需表述清楚是哪种中位机能。

1. 换向阀的种类

按阀芯位置不同，可将换向阀分为二位、三位、多位换向阀；按阀体上主油路进、出油口数目不同，可将换向阀分为二通、三通、四通、五通。换向阀的结构原理和图形符号见表1-5。

表 1-5 换向阀的结构原理和图形符号

名称	结构原理图	图形符号
二位二通阀	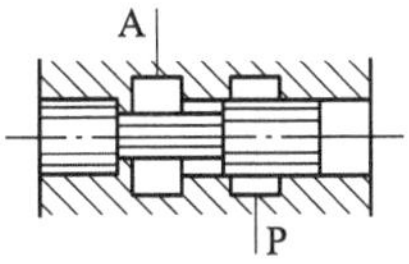 A P	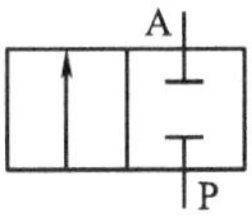 A P
二位三通阀	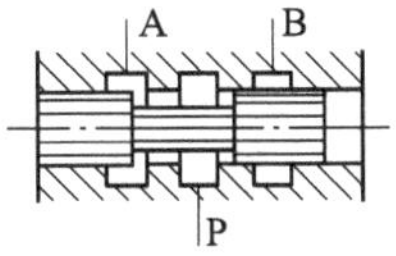 A B P	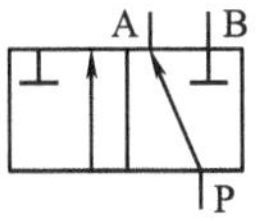 A B P
二位四通阀	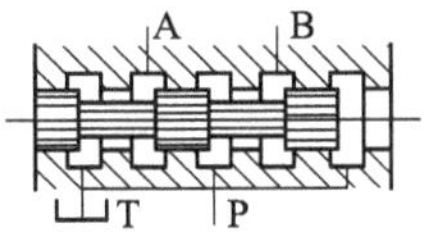 A B T P	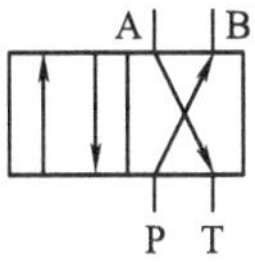 A B P T
二位五通阀	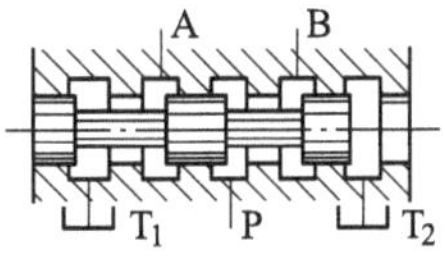 A B T_1 P T_2	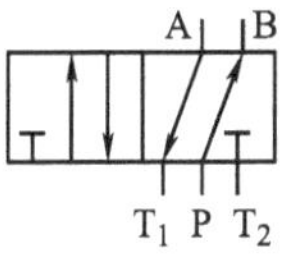 A B T_1 P T_2
三位四通阀	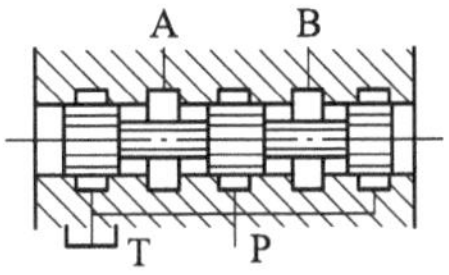 A B T P	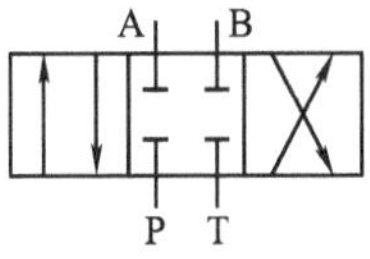 A B P T
三位五通阀	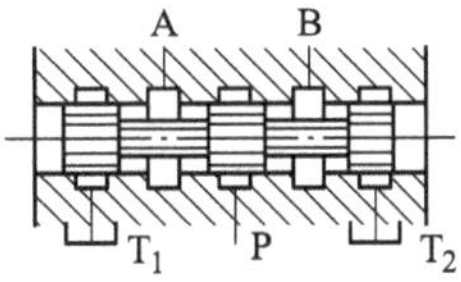 A B T_1 P T_2	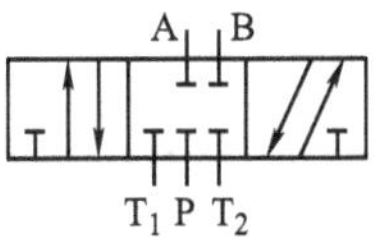 A B T_1 P T_2

2. 换向阀的操纵方式

按操纵方式的不同，可将换向阀分为手动型、机动型、电磁动型、弹簧复位型、液动型、液动外控型、电液动型，其操纵符号如图1-21所示。

1）手动换向阀。手动换向阀是利用手动杠杆来改变阀芯位置实现换向的。

2）机动换向阀。机动换向阀又称行程阀，主要用来控制机械运动部件的行程。它是借助于安装在工作台上的挡铁或凸轮来迫使阀芯移动，从而控制油液的流动方向。

3）电磁换向阀。电磁换向阀是利用电磁铁的通电吸合与断电释放而直接推动阀芯来控制液流方向的。按使用电源的不同，可将电磁铁分为交流和直流两种。

4）液动换向阀。液动换向阀是利用油液的压力来推动阀芯的移动。相比电磁阀，液动阀换向更平稳。

5）电液换向阀。电液换向阀是电磁阀和液动阀的组合阀，电磁阀作为先导阀控制液动阀的控制油的方向，液动阀是主阀，用来控制主油路油液的方向。

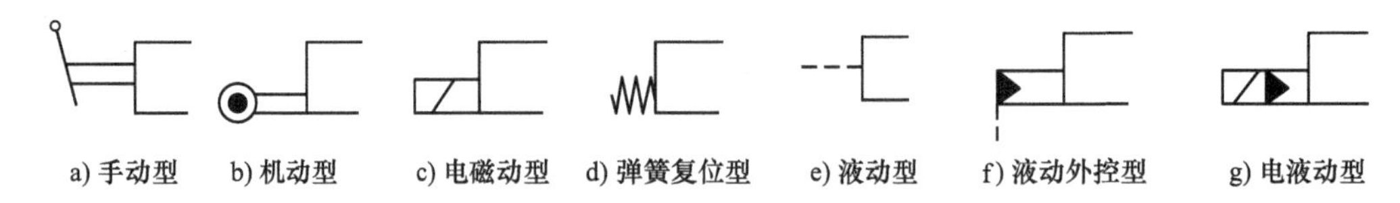

a) 手动型　b) 机动型　c) 电磁动型　d) 弹簧复位型　e) 液动型　f) 液动外控型　g) 电液动型

图 1-21　换向阀的操纵方式符号

3. 换向阀的图形符号

换向阀的图形符号按照国家标准 GB/T 786.1—2021 有以下规定。

1）位数即图形符号中的方格数，表示阀芯在阀体内的工作位置数，有几个方格就表示有几个工作位置。

2）通数即油口通路数，箭头表示两油口连通，但不表示流向。“⊥”表示油口不通。在每个方格内，箭头两端和“⊥”符号与方格的交点数为油口的通路数。几通就表示有几根油管与阀相通。P 表示液压油的进油口，T 或 O 表示与油箱连通的回油口，A 和 B 表示连接其他工作油路或执行元件的油口。另外，可能有泄油口 L、控制油口 K，在符号中用虚线表示。

3）常态位是指阀芯未被外力驱动时的位置。对于弹簧复位的两位阀，弹簧复位为常态位；三位阀的中间位为常态位。

4）将手柄、滚轮、液控油、电磁铁、弹簧等绘制在方格的两侧，表示方向阀的不同操纵方式。

4. 三位阀的中位机能

三位换向阀的阀芯在中间位置时，各通口间的连通方式所表现出的性能，称为它的中位机能。三位阀中位机能不同，中位时对系统的控制性能也不同。表 1-6 所列为常用三位四通换向阀的中位机能。

表 1-6　三位四通换向阀的中位机能

类型	符　号	中位油口状况、特点及应用
O 型	A B P T	P、A、B、T 四个油口全封闭；液压泵不卸荷，液压缸闭锁，可用于多个换向阀的并联工作
H 型	A B P T	四个油口全串通；活塞处于浮动状态；在外力作用下可移动，泵卸荷

（续）

类型	符　号	中位油口状况、特点及应用
Y型	A B P T	P油口封闭，A、B、T三个油口相通；活塞浮动，在外力作用下可移动，泵不卸荷
K型	A B P T	P、A、T三个油口相通，B油口封闭；活塞处于闭锁状态，泵卸荷
M型	A B P T	P、T两个油口相通，A、B油口均封闭；活塞闭锁不动，泵卸荷，也可用多个M型换向阀并联工作
P型	A B P T	P、A、B三个油口相通，T油口封闭；泵与缸两腔相通，可组成差动回路
X型	A B P T	四个油口处于半开启状态，泵基本上卸荷，但仍保持一定压力
J型	A B P T	P、A油口封闭，B、T油口相通；活塞停止，但在外力作用下可向一边移动，泵不卸荷
C型	A B P T	P、A油口相通，B、T油口封闭；活塞处于停止位置
N型	A B P T	P、B油口封闭，A、T油口相通；与J型换向阀机能相似，只是A与B互换了，功能也类似
U型	A B P T	P、T油口封闭，A、B油口相通；活塞浮动，在外力作用下可移动，泵不卸荷

5. 磨床工作台液压系统手动换向阀

手动换向阀是手动杠杆操作的方向控制阀，在液压系统中起改变液流方向和接通或切断液流的作用。图 1-22 所示为手动换向阀及其图形符号。

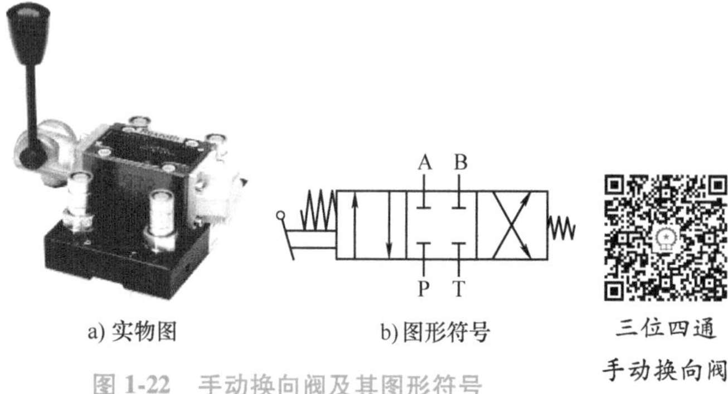

a) 实物图　　b) 图形符号　　三位四通手动换向阀

图 1-22　手动换向阀及其图形符号

此阀为三位四通手动换向阀，O 型中位机能。在不操纵手柄时，阀芯处于中间位置，进油口 P、回油口 T 以及两个工作油口 A 和 B 各不相通；当驱动手柄向右运动时，阀芯向右移动，使换向阀左位工作，这时进油口 P 和左侧的工作油口 A 相通，右侧的工作油口 B 与回油口 T 相通；当驱动手柄向左运动时，阀芯向左移动，使换向阀右位工作，这时进油口 P 和右侧的工作油口 B 相通，左侧的工作油口 A 与回油口 T 相通。

1.2.4　磨床工作台液压系统压力控制阀

1. 压力控制阀的类型

在液压系统中，用来控制油液压力或利用油液压力来控制油路通断的阀，统称为压力控制阀。这类阀的共同特点是利用液压力和弹簧力相平衡的原理进行工作。压力控制阀主要有溢流阀、减压阀、顺序阀和压力继电器。

2. 磨床工作台液压系统中的溢流阀

溢流阀就是一种压力控制阀，它的作用是控制液压系统中的压力基本恒定，实现稳压、调压和限压。常用的溢流阀有直动式和先导式两种，如图 1-23 所示。

a) 直动式溢流阀

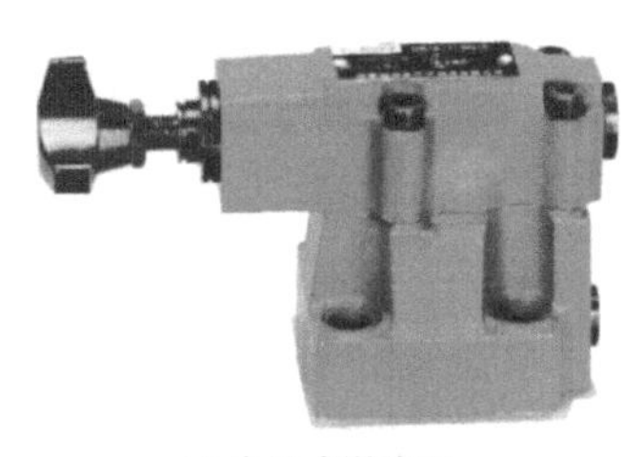

b) 先导式溢流阀

图 1-23　溢流阀

（1）直动式溢流阀　直动式溢流阀的结构和图形符号如图 1-24 所示。阀芯 3 在弹簧力的作用下压在阀座 4 上，阀体 5 上开有进油口 P 和回油口 T。油液的压力从进油口 P 作用在阀芯上。当液压力小于弹簧力时，阀芯压在阀座上不动，阀口关闭；当液压力超过弹簧力时，阀芯离开阀座，阀口打开，油液便从回油口 T 流回油箱，从而保证进油口压力基本恒定。调节调压弹簧 2 的预紧力，便可调整溢流压力。

直动式溢流阀工作原理

直动式溢流阀的结构简单，灵敏度高。但其调定压力受溢流量影响较大，因为当溢流量的变化引起阀口开度即弹簧压缩量发生变化时，弹簧力变化较大，溢流阀进油口压力也随之发生较大变化，故直动式溢流阀调压稳定性较差。

（2）先导式溢流阀　图 1-25 所示为先导式溢流阀。它由先导阀和主阀两部分组成。进

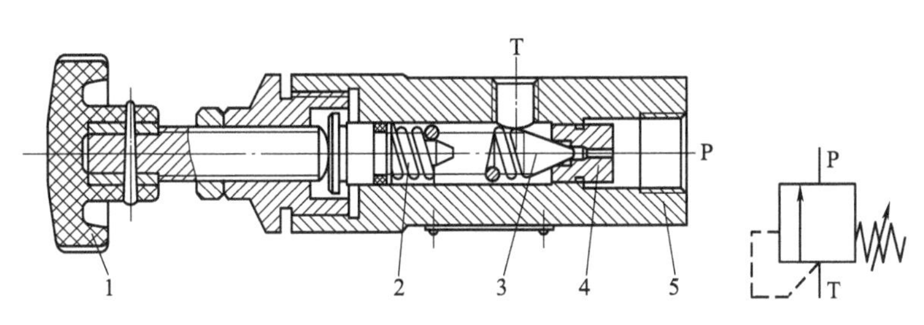

图 1-24　直动式溢流阀结构与图形符号

1—手轮　2—调压弹簧　3—阀芯　4—阀座　5—阀体

油口 P 的液压油进入阀体，并经孔 g 进入阀芯下腔；同时经阻尼孔 e 进入阀芯上腔；而主阀芯 5 上腔的液压油由先导式阀来调整并控制。先导阀由调压手柄 1、调压弹簧 2、锥阀 3 组成，当液体对锥阀 3 的推力低于先导阀调定值时，先导阀关闭，阀内无油液流动，主阀芯上、下腔油压相等，因而在主阀弹簧 4 作用下使阀口关闭，阀不溢流。当进油口 P 的压力升高时，先导阀进油腔油压也增大，直至达到先导阀弹簧的调定压力时，先导阀被打开，主阀芯 5 上腔的油液经先导阀口和阀体上的孔道 h 及回油口 T 流回油箱。经孔 e 的油液因流动产生压降，使主阀芯 5 两端产生压力差，当此压差大于主阀弹簧 4 的作用力时，主阀芯 5 抬起，实现溢流稳压。调节先导式溢流阀的调压手柄 1，便可调整溢流阀的工作压力。

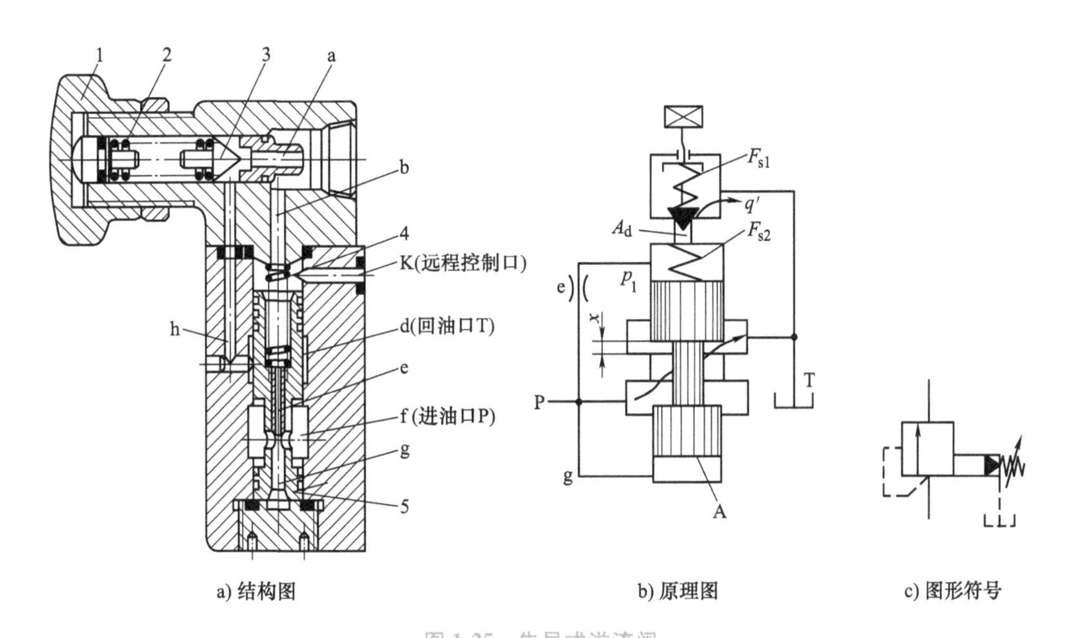

图 1-25　先导式溢流阀

1—调压手柄　2—调压弹簧　3—锥阀　4—主阀弹簧　5—主阀芯

由于主阀芯开度是靠上下面压差形成的液压力与弹簧力相互作用来调节，因此弹簧 4 的刚度很小。这样在阀的开度随溢流量发生变化时，调节压力的波动很小。在先导式溢流阀的主阀芯上腔另外开有一油口 K（称为远程控制口）与外界相通。不用时可用螺塞堵住。这时主阀芯上腔的油压只能由自身的先导阀来控制。当用一油管将远程控制口 K 与其他压力控制阀相连时，主阀芯上腔的油压就可以由安装在别处的另一个压力阀控制，而不受自身的先导阀调控，从而实现溢流阀的远程控制，但此时远程控制阀的调整压力要低于自身先导阀的调整压力。

1.2.5 磨床工作台液压系统流量控制阀

1. 流量控制阀的类型

流量控制阀是靠改变阀口通流截面积的大小来控制流量，达到调节执行机构运动速度的目的。常用的流量控制阀有节流阀和调速阀。

2. 磨床工作台液压系统中的节流阀

节流阀的作用是控制液压系统中液体的流量，它通过改变通流截面积或节流长度以控制液体流量，从而达到调节执行机构运动速度的目的。

节流阀的结构和图形符号如图 1-26 所示。液压油从进油口 P_1 流入，经节流口从出油口 P_2 流出。节流口的形式为轴向三角槽式。调节手轮可使阀芯轴向移动，以改变节流口的通流截面积，从而达到调节流量的目的。通过节流阀的流量可用下式来描述：

$$q = CA_T\Delta p^m \tag{1-18}$$

式中 C——由节流口的形状、油液流动状态、油液性质等因素决定的系数；

A_T——节流口的通流截面积；

Δp——节流阀进、出油口的压力差；

m——由节流口形状决定的节流阀的指数，薄壁孔为 0.5，细长孔为 1。

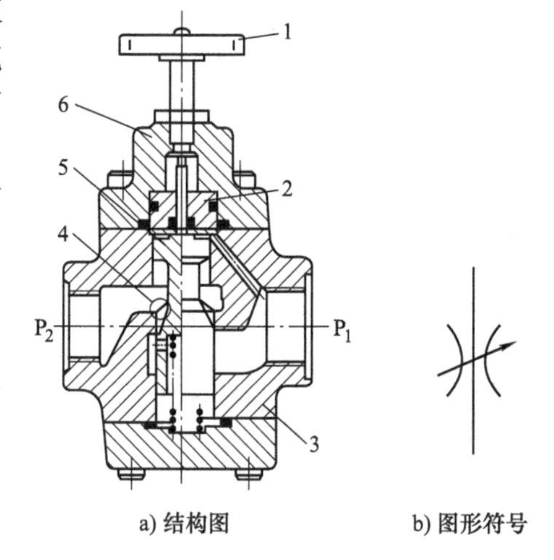

图 1-26 节流阀的结构和图形符号

1—手轮 2—导套 3—阀体

4—节流口 5—阀芯 6—顶盖

由式（1-18）可知，通过节流阀的流量与节流阀的通流截面积、节流阀进出油口的压力差以及油温等因素有关。在使用中，当节流阀的通流截面积调整好后，希望其流量是固定的，但是当负载发生变化时，节流阀进出油口的压力差也会发生变化，造成流量不稳定。节流阀没有流量负反馈功能，不能补偿因负载变化而造成的速度不稳定，一般仅用于负载变化不大或对速度稳定性要求不高的场合。

【项目分析与仿真】

1.3 磨床工作台液压系统的分析

1.3.1 液压系统原理图的绘制原则

液压系统原理图是液压系统结构设计乃至整个液压设备制造、调试和使用的重要依据，因此在绘制液压系统原理图时，有以下注意事项：1）严格遵守国家标准对液压元件图形符号的规定（我国现行液压图形符号标准为 GB/T 786.1—2021）。2）元件图形符号只表示其功能、操作（控制）方法及外部连接口，并不表示具体结构、性能参数、连接口的实际位置和元件的安装位置。3）元件图形符号的大小可根据图纸幅面大小按适当比例增大或缩小绘制，以清晰美观为原则。4）元件一般以静态或零位（例如电磁换向阀应为断电后的工作位置）画出。5）元件的方向可视具体情况进行水平、垂直或反转 180°绘制，但液压油箱必须水平绘制且开口向上。

1.3.2 液压系统原理图的分析步骤

典型的液压传动系统都是由不同的基本回路所组成，在分析液压传动系统原理图时，一般按照以下步骤进行：

1）了解液压设备的功能及对液压传动系统动作和性能的要求。

2）初步分析液压系统原理图，并按照执行元件将系统分解为若干个子系统。

3）对每个子系统进行分析，分析组成子系统的基本回路及各液压元件的作用。

4）根据液压系统对子系统之间的顺序、压力切换、互锁、联动等要求分析它们之间的关系，掌握整个液压系统的工作原理。

5）归纳液压设备液压传动系统的特点和使设备正常工作的要领，进一步加深对整个液压系统的理解。

1.3.3 磨床工作台液压系统原理图的分析

如图 1-27 所示，平面磨床工作台在工作中由液压传动系统带动，进行水平往复运动，且要求往复运动的速度可以调节并一致，同时要求在任意位置都能锁定且防止窜动。平面磨床工作台液压系统中的液压泵是齿轮泵，执行元件采用双作用双杆活塞液压缸来满足工作台往复运动时，对速度和推力大小的要求是一致的。基于这些因素，平面磨床工作台液压系统需要进行方向控制、速度控制和压力控制。

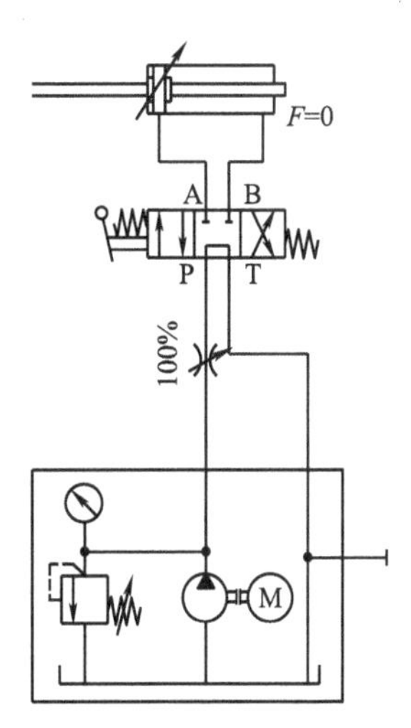

图 1-27 平面磨床工作台液压系统原理图

在平面磨床工作台液压系统中选用三位四通手动换向阀，通过控制操作手柄来改变液压传动系统中油液流动的方向、油路的接通和断开，从而控制工作台的换向或工作台在任意位置的停止。在回路中加入节流阀，通过调节节流阀阀口开度的大小，改变阀口通流截面积控制流量，进而控制工作台运动速度的快慢。液压系统中的溢流阀是压力控制元件，在定量泵中主要的作用是调压、稳压。溢流阀并联在液压系统中，进入液压缸的流量由节流阀调节。由于定量泵的流量大于液压缸所需的流量，液压系统油压增大，此时溢流阀打开，多余的油液经溢流阀流回油箱。因此，这里溢流阀的作用就是在不断地溢流液压泵的多余油液的过程中，保持液压系统的压力基本不变。

1.4 磨床工作台液压系统的 FluidSIM 仿真

1.4.1 FluidSIM 软件介绍

FluidSIM 由德国费斯托（Festo）公司和帕德博恩（Paderborn）大学联合开发，专门用于液压、气压传动及电液压、电气动的教学培训软件。FluidSIM 分为 FluidSIM-H 和 FluidSIM-P 两个软件，其中 FluidSIM-H 用于液压传动技术的模拟仿真与排障，而 FluidSIM-P 用于气压传动。

1.4.2 FluidSIM 仿真软件的特点

1. 专业的绘图功能

FluidSIM 软件的 CAI 功能是和回路的仿真功能紧密联系在一起的。FluidSIM 图库中有 100 多种标准液压、电气、气动元件。在绘图时可把图库中的元件直接拖到制图区生成该元件的图形符号。各种元件接口间回路的链接，只需在两个连接点之间按住鼠标左键并移动，即可生成所需的回路。该软件还具有查错功能，在绘图过程中，FluidSIM 软件将检查各元件之间的连接是否可行，较大地提高了绘制原理图的工作效率。

2. 系统的仿真功能

FluidSIM 软件可以对绘制好的回路进行仿真，通过强大的仿真功能可以实现显示和控制回路的动作，因此可以及时发现设计中存在的错误，帮助我们设计出结构简单、工作可靠、效率较高的最优回路。在仿真中可以观察各元件的数值，例如液压缸的运动速度、输出力、节流阀的开度等，能够预先了解回路的动态特性，从而正确估计回路实际运行时的工作状态。另外，该软件在仿真时还可显示回路中关键元件的状态，例如液压缸活塞杆的位置、换向阀的位置、压力表的压力、流量计的流量。这些参数对设计液压电气控制系统非常重要。

3. 综合演示功能

FluidSIM 软件包含了丰富的教学资料，提供了各种液压电气元件的符号、实物图片、工作原理剖视图和详细的功能描述。对一些重要元器件的剖视图可以进行动画播放，逼真地模拟这些元器件的工作过程及原理。该软件还包含多个教学影片，用于演示重要液压电气回路和液压电气元件的使用方法及应用场合，有利于对液压电气技术的理解和掌握。

1.4.3 磨床工作台液压系统的仿真过程

利用 FluidSIM-H 软件绘制磨床工作台液压系统回路，并模拟仿真。打开 FluidSIM-H 软件主界面，如图 1-28 所示。FluidSIM-H 软件设计界面简单易懂，窗口顶部的菜单栏列出仿真和新建回路图所需的功能，工具栏给出了常用菜单功能，窗口左边显示出 FluidSIM 的整个元件库。状态栏位于窗口底部，用于显示操作 FluidSIM 软件期间的当前计算和活动信息。在 FluidSIM 软件中，操作按钮、滚动条和菜单栏与大多数 Microsoft Windows 应用软件类似。

（1）新建文件　通过单击“新建”按钮□或在“文件”菜单下，执行“新建”命令，新建空白绘图区域，以打开一个新窗口，如图 1-29 所示。

（2）选取元件　根据图 1-27 所示平面磨床工作台液压系统原理图，在该液压系统中采

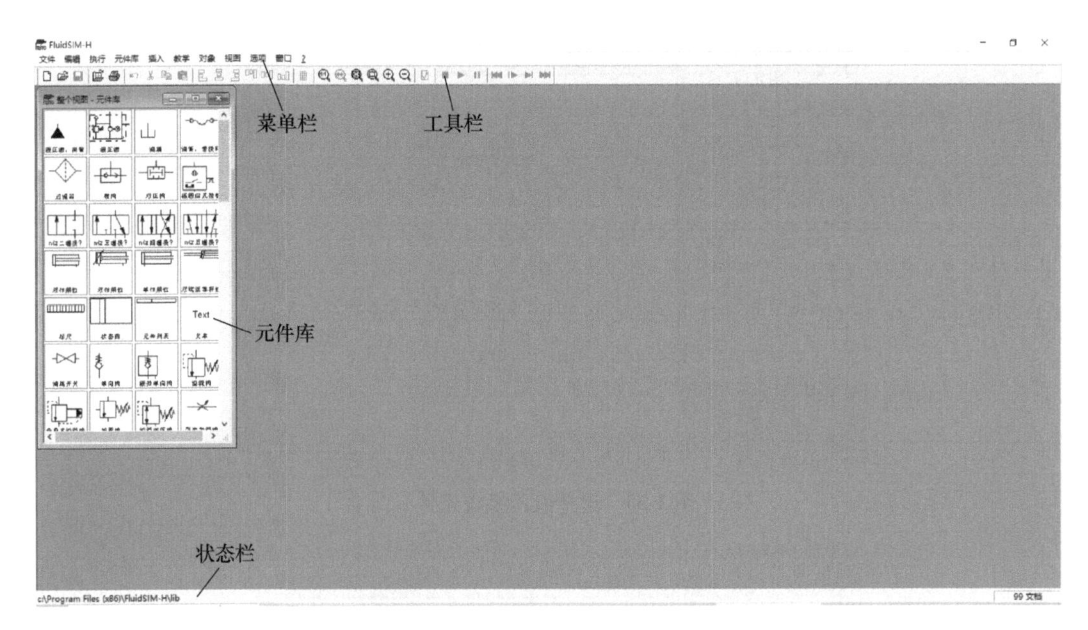

图 1-28　FluidSIM-H 软件主界面

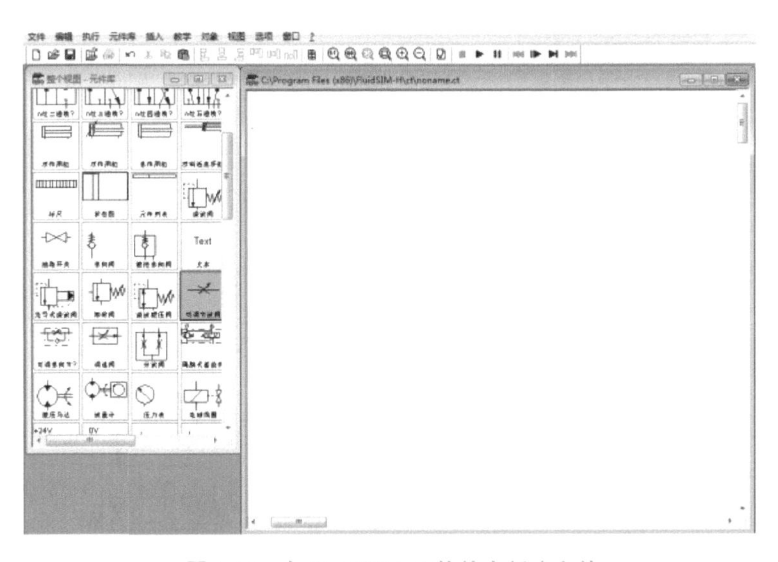

图 1-29　在 FluidSIM-H 软件中新建文件

用了一个双作用双杆活塞液压缸、一个三位四通的手动换向阀、一个节流阀、一个溢流阀和液压泵源。从左侧的元件库中选择需要的液压元件并将其拖至绘图区域，如图 1-30 所示。

（3）设置元件属性　双击三位四通换向阀，设置它的属性，例如左右两端的驱动方式，弹簧复位，阀芯在阀体左、中、右三个位置的接通状态及静止位置，如图 1-31 所示。再将以上液压元件连接好，如图 1-32 所示。

双击节流阀设置其参数，通过调节节流阀阀口的开度大小，可以改变执行元件运动速度的快慢，如图 1-33 所示。双击液压泵源可以设定溢流阀的工作压力和液压泵的流量，如图 1-34 所示。

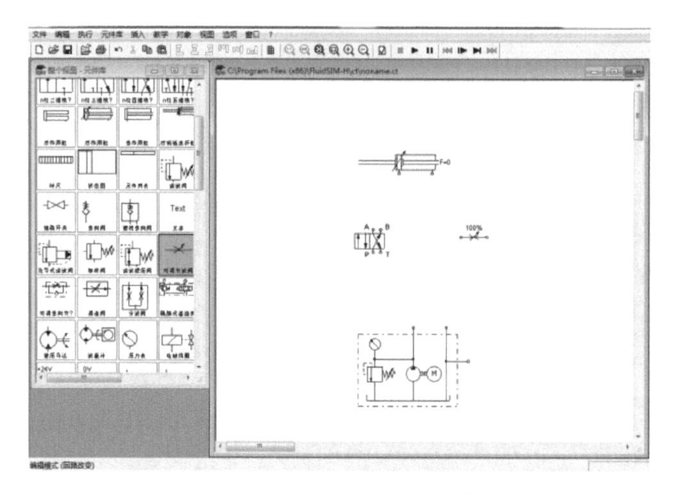

图 1-30　选择液压系统元件

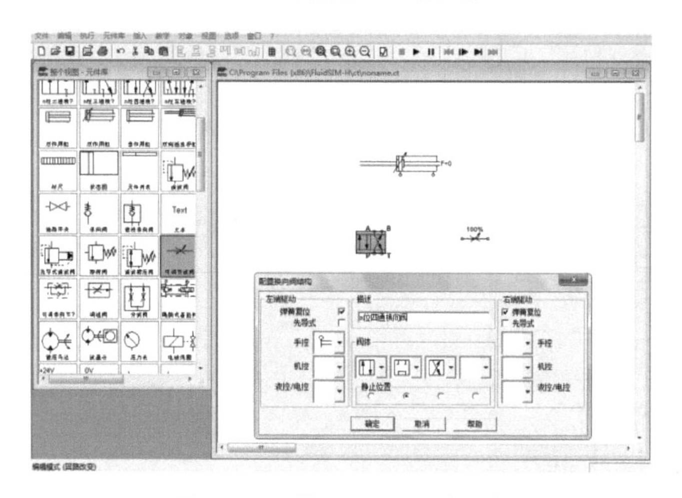

图 1-31　设置三位四通阀的属性

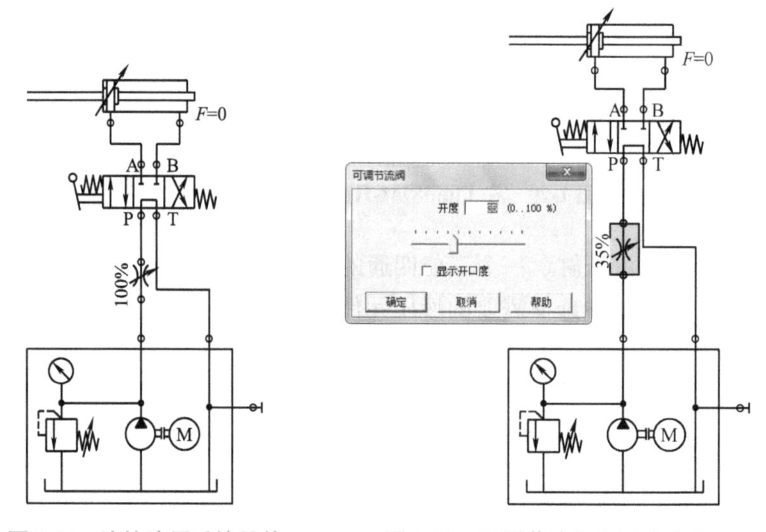

图 1-32　连接液压系统元件　　图 1-33　设置节流阀开口度大小

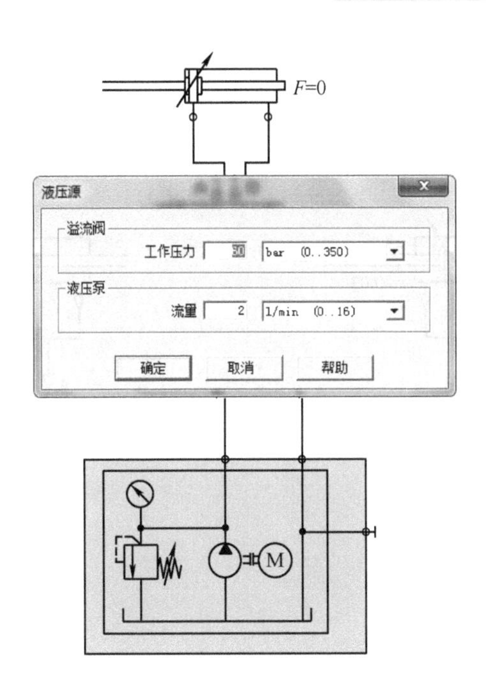

图 1-34　设置液压泵源参数

（4）仿真运行　完成液压系统元件的设置，关闭不需要的管接头（图 1-35），连接好各元件，就可以进行液压系统的仿真运行。单击工具栏中的黑色三角形仿真按钮▶进行仿真。软件的仿真功能可以实时显示液压缸活塞杆的伸出与收回动作。此时液压泵开启，三位四通手动换向阀处于中位，液压油通过换向阀中位进行自动卸荷，如图 1-36 所示。

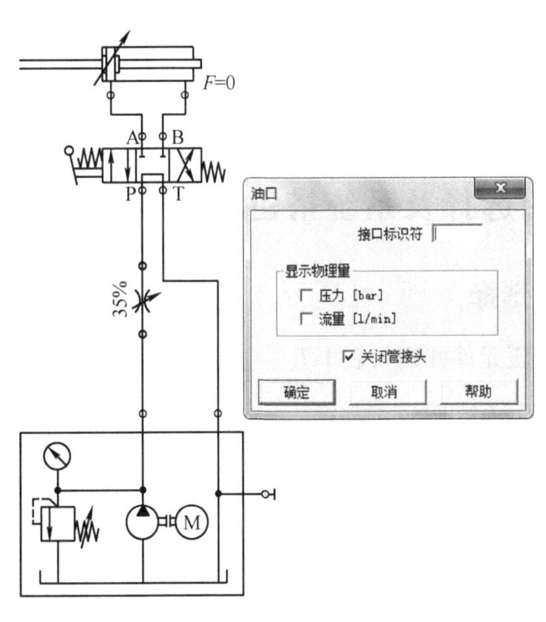

图 1-35　关闭不需要的管接头

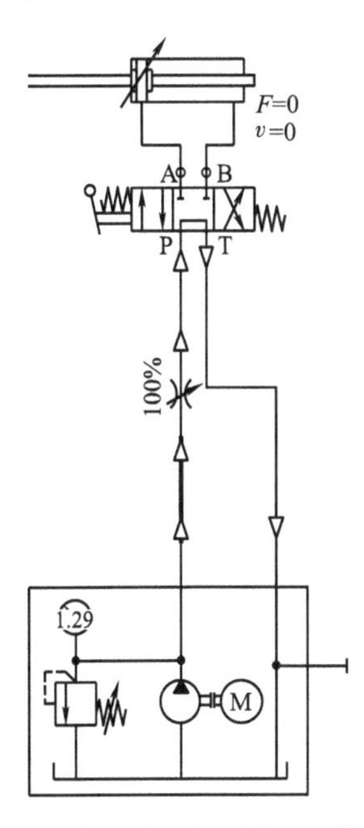

图 1-36　开启仿真运行后液压系统状态图

单击手动换向阀左端，液压油经过节流阀、换向阀左位阀口 P 到阀口 A，进入液压缸左腔，使液压缸活塞杆伸出，液压缸右腔的油液经换向阀口 B 到阀口 T，流回油箱，如图 1-37 所示。单击手动换向阀右端，液压油经过节流阀、换向阀右位阀口 P 到阀口 B，进入液压缸右腔，使液压缸活塞杆收回，液压缸左腔的油液经换向阀口 A 到阀口 T，流回油箱，如图 1-38 所示。

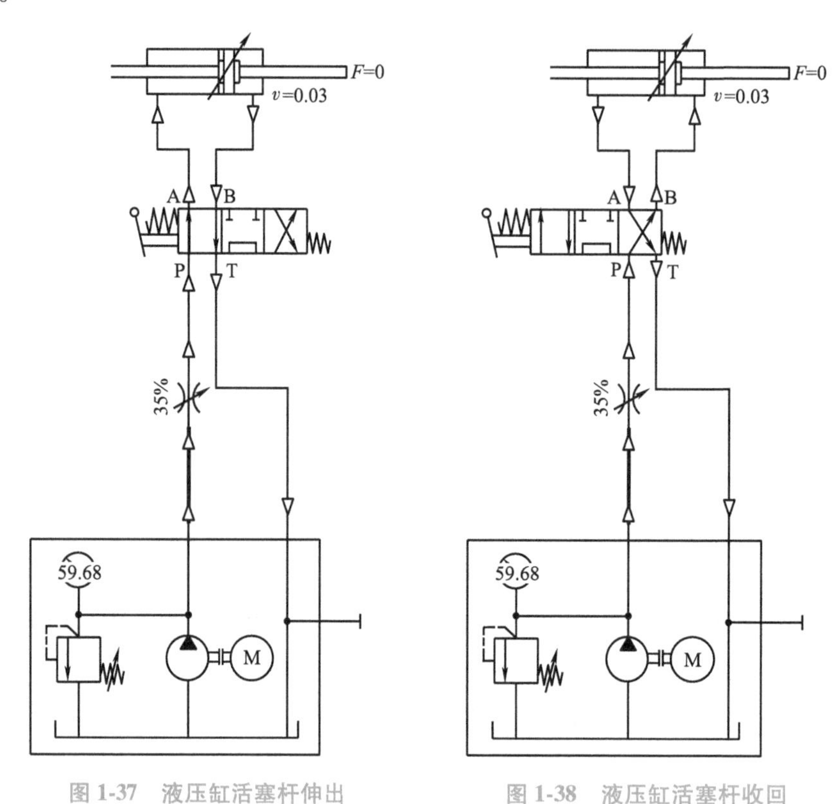

图 1-37　液压缸活塞杆伸出　　　图 1-38　液压缸活塞杆收回

【项目实施与运行】

1.5　磨床工作台液压系统元件的选择及系统搭建与运行

1.5.1　磨床工作台液压系统液压元件的选择

根据项目要求和液压系统原理图，选择液压元件并列入表 1-7。

表 1-7　磨床工作台液压系统液压元件明细

序号	元件外观图	元件名称及类型	图形符号	数量
1		手动换向阀，三位四通，M 型中位机能	A B P T	1

（续）

序号	元件外观图	元件名称及类型	图形符号	数量
2		直动式溢流阀	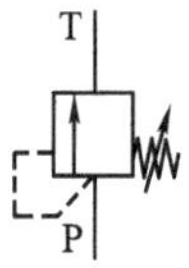 T P	1
3		双向节流阀	 B A	1
4		双作用单杆活塞液压缸	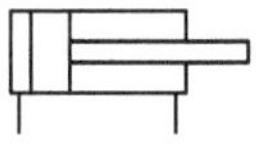	1
5		压力表，带软管及小型测量接口		2
6		橡胶油管，带小型测量接口		2
7		橡胶油管，不带小型测量接口		若干

1.5.2 磨床工作台液压系统的搭建

1）确定所有元件的名称及数量，将其合理布置在液压实训台上，如图1-39所示。

2）根据液压回路图，在关闭液压泵及稳压电源的情况下，用液压软管连接相应的液压元件，连接时注意查看每个元件各油口的标号。

注意：连接回路时，须用带小型测量接口的油管与压力表的测量接头连接起来，手动旋紧液压软管上相应的测量接头。

警告：务必确保液压油管已经与所有管接口相连，防止油液泄漏造成人员滑倒。

1.5.3 磨床工作台液压系统的运行与调试

确保液压回路已经正确连接完毕后，可以开始液压系统的运行与调试。

注意：在开始运行之前，应检查并确保已将所有的压力阀都调至最低压力，所有的节流阀口都出于开启状态。

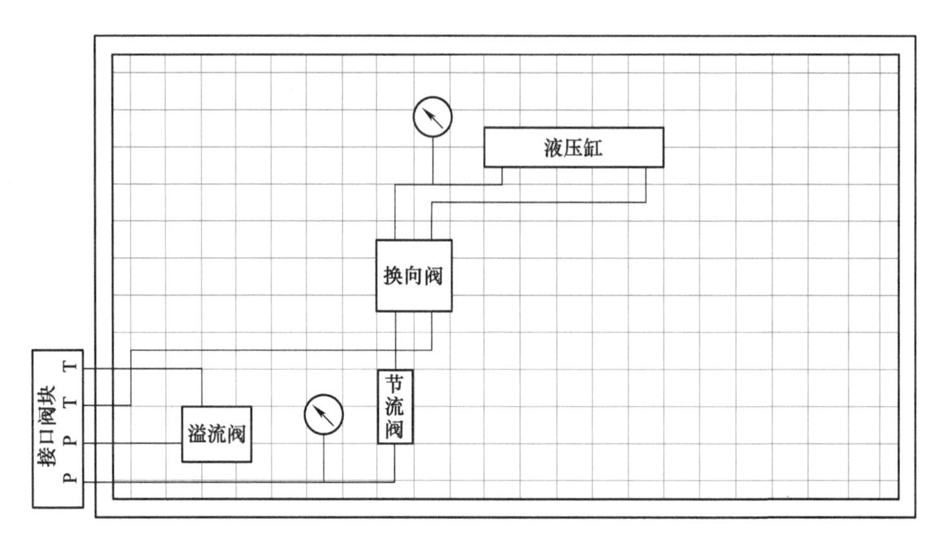

图 1-39 元件推荐布置

1）先开通电源，然后起动液压泵，检查所有装置有无泄漏。

2）通过溢流阀调节液压系统压力。

3）手动控制换向阀，使液压缸活塞实现伸出和收回动作。

4）通过调节节流阀，改变液压缸的速度。

5）分别记录压力调节和速度调节时所对应的压力表的数值。

6）在完成液压系统的运行与调试后，应及时关闭液压泵。将溢流阀调到最低压力。

注意：拆卸回路之前，须确保所有液压元件的压力已释放，任何一只压力表的读数都必须为 0，才能拔掉液压接头。

【知识拓展】

1.6 液压冲击与气穴现象

1.6.1 液压冲击

由于液压系统中某一元件工作状态的突然改变，引起液体压力在瞬间突然升高，产生很高的压力峰值，从而出现压力动荡一段时间再趋于平衡的现象，称为液压冲击。

1. 产生的原因

1）阀门突然关闭引起液压冲击。

2）运动部件突然制动或换向时引起液压冲击。

上述原因都可归结为液流惯性力和运动部件惯性力引起的。

2. 液压冲击的危害

1）巨大的瞬时压力值使液压元件，尤其是液压密封件遭受破坏。

2）系统产生强烈振动和噪声，并使油温升高。

3）使压力控制元件产生误动作。

3. 减小液压冲击的措施

1）延长阀门关闭时间和运动部件换向制动时间。

2）限制管道内液体的流速和运动部件速度。

3）适当加大管道内径或采用橡胶软管。

4）在液压冲击源附近设置蓄能器。

1.6.2 气穴现象

在液流中，由于压力降低到一定程度，形成气泡的现象，称为气穴现象。

1. 危害性

1）影响运动平稳性。

2）使液压系统动态性能变差。

3）造成气蚀，缩短元件寿命。

4）产生冲击和振动。

2. 产生部位

液压泵的吸油口、油液流经节流部位、突然启闭的阀门、带大惯性负载的液压缸、液压马达在运转中突然停止或换向等。

3. 预防措施

1）减小流经节流口及缝隙前后的压力差。

2）正确设计管路，限制液压泵的吸油口距离油面的高度。

3）提高管道的密封性能，防止空气渗入。

4）采用抗腐蚀能力强的金属材料。

【工程训练】

训练题目：铸造升降震实平台液压系统识图

工程背景：大批量精密生产的气缸套采用负压干砂消失模铸造流水线生产，如图 1-40 所示。工作时，负压铸造砂箱须在生产线轨道上不停地运转，造型时须使砂箱停止运转，在震实平台（图 1-41）上使砂箱内的砂子得到充分震实，以保证浇注出合格的缸套产品。

图 1-40 负压干砂消失模铸造流水线

图 1-41 铸造升降震实平台

工作过程：为完成负压铸造砂箱的震实，必须将砂箱举升离开轨道之后实施震实。此套可实现升降的高速微震平台（4 个）采用了液压传动，可使每个砂箱顺时而动，5min 之内实现落底砂→造型→落干砂→震实→合箱→密封等几个过程，满足生产线的流水作业要求。

工程图样：铸造升降震实平台液压系统原理图如图 1-42 所示。其中 7 是系统的执行机构，为 4 个驱动震动平台的液压缸，6 为双液控单向阀。

查阅资料：请查阅相关资料，说明液控单向阀 6 的原理和作用。

识图训练：

1）请识读该液压系统原理图，说明组成该系统的液压元件的名称。

2）说明每个液压元件在系统中的功用。

3）利用 FluidSIM-H 软件进行系统仿真。调节液压系统的压力及节流阀开度的大小，记录仿真过程。

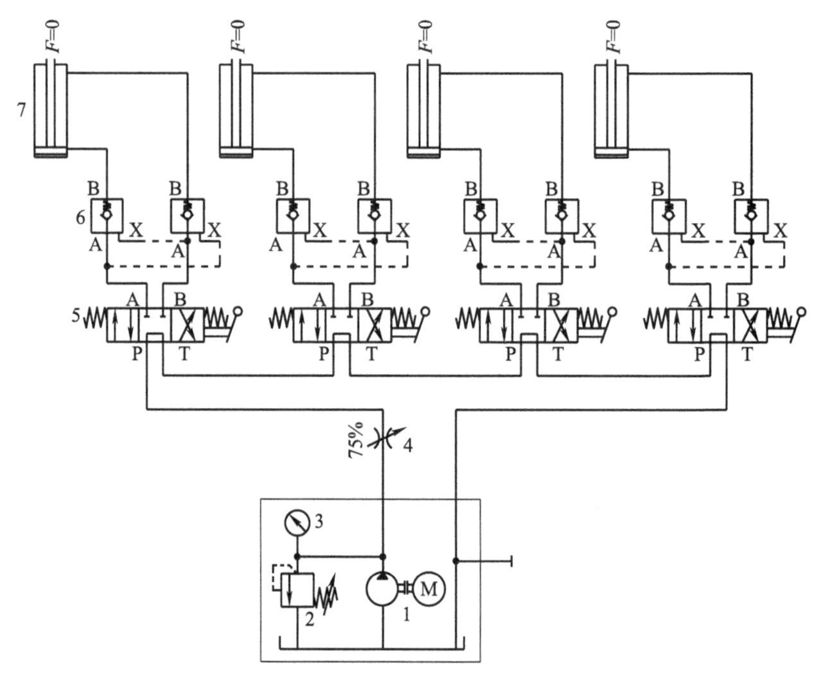

图 1-42 三维升降震实台液压系统原理图

1—定量液压泵 2—溢流阀 3—压力表 4—节流阀

5—三位四通手动换向阀 6—液压锁（双液控单向阀） 7—液压缸

1-1 液压传动的工作原理是什么？液压系统是由哪几部分组成的？

1-2 简述液压传动的特点。

1-3 液压油的黏度有几种表示方法？它们各自用什么符号表示？

1-4 液压油的选用应考虑哪几个方面？

1-5 什么是压力？压力有哪几种表示方法？

1-6 说明伯努利方程的物理意义，并指出理想液体伯努利方程和实际液体的伯努利方程的区别。

1-7 绘制以下液压元件的图形符号：(1) 定量泵；(2) 节流阀；(3) 三位四通手动换向阀（O 型中位机能）；(4) 直动式溢流阀；(5) 单杆活塞液压缸。选用以上元件绘制一个液压系统原理图。

1-8 如图 1-43 所示，在两个相互连通的液压缸中，已知大缸内径 $D=100\text{mm}$，小缸内径 $d=20\text{mm}$，大缸活塞上放置的物体质量为 5000kg。问：在小缸活塞上所加的力 F 有多大才能使大活塞顶起重物？

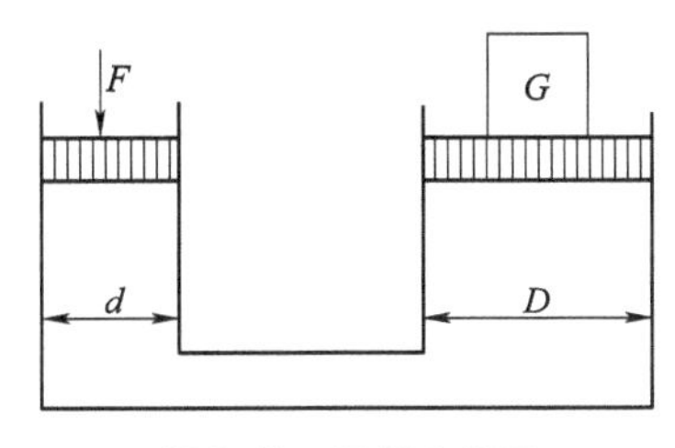

图 1-43 习题 1-8 图

项目 2

组合机床动力滑台液压系统分析与搭建

见表 2-1。

表 2-1 组合机床动力滑台液压系统分析与搭建项目导学表

<table>
<tr><th>项目名称</th><th colspan="2">组合机床动力滑台液压系统分析与搭建</th><th>参考学时</th><th>12 学时</th></tr>
<tr><td>项目导入</td><td colspan="4">组合机床是指以系列化、标准化的通用部件为基础，再配以少量专用部件而组成的专用机床。它适宜在大批、大量生产中，对一种或几种类似零件的一道或几道工序进行加工。组合机床具有专用机床具备的结构简单、生产率高和自动化程度较高的特点
动力滑台是组合机床用以实现进给运动的通用部件，其运动由液压缸驱动。在滑台上可根据加工工艺要求安装各类动力箱和切削头，以完成车、铣、镗、钻、扩、铰、攻螺纹等加工工序，并能按多种进给方式实现自动工作循环</td></tr>
<tr><td rowspan="3">学习目标</td><td>知识目标</td><td colspan="3">1. 能说出组合机床动力滑台液压系统各液压元件的名称
2. 能阐述组合机床动力滑台液压系统各液压元件、电气元件的工作过程及特性
3. 能使用仿真软件绘制组合机床动力滑台液压系统图和电气控制图</td></tr>
<tr><td>能力目标</td><td colspan="3">1. 能独立识读和手工绘制组合机床动力滑台液压系统原理图
2. 通过小组合作能完成组合机床动力滑台液压系统的搭建与运行
3. 在教师指导下能够进行组合机床动力滑台液压系统的维护</td></tr>
<tr><td>素质目标</td><td colspan="3">1. 能执行液压系统相关国家标准，培养学生有据可依、有章可循的职业习惯
2. 能在实操过程中遵循操作规范，增强学生的安全意识
3. 了解我国在液压传动技术中有关节能减排的做法，增强学生的环保意识和工程意识，学习工匠精神</td></tr>
<tr><td>问题引领</td><td colspan="4">1. 驱动动力滑台运动的部件是什么？
2. 换向回路的作用是什么？
3. 快速运动回路是如何实现的？
4. 快进与工进的速度换接回路是如何实现的？
5. 什么是卸荷回路？
6. 动力滑台如何在止挡铁处停留后实现快退？
7. 什么是容积节流调试回路？
8. 绘制一个电气控制回路图应遵照哪些规范？</td></tr>
<tr><td>项目成果</td><td colspan="4">1. 组合机床动力滑台液压系统原理图
2. 按照原理图搭建液压系统并运行
3. 项目报告
4. 考核及评价表</td></tr>
<tr><td>项目实施</td><td colspan="4">构思：项目分析与项目基础知识学习，参考学时为 6 学时
设计：手工绘制与系统仿真，参考学时为 2 学时
实施：元件选择及系统搭建，参考学时为 2 学时
运行：调试运行与项目评价，参考学时为 2 学时</td></tr>
</table>

【项目构思】

组合机床是由通用部件和某些专用部件所组成的高效率和自动化程度较高的专用机床，是机械加工车间里常用的机床。图 2-1 所示为连杆精镗孔组合机床，其中的动力滑台是一种通用部件。在滑台上可以配置各种工艺用途的切削头，例如安装动力箱和主轴箱、钻削头、铣削头等。

YT4543 型动力滑台根据加工需要可以实现不同的工作循环，其中比较典型的工作循环是：快进→一工进→二工进→止挡铁停留→快退→原位停止。动力滑台的运动是由液压系统驱动的。

无论是组合机床的操作人员还是设备维修人员，都要熟悉动力滑台液压系统的工作过程，熟悉液压系统相关国家标准，能识读动力滑台液压系统原理图，掌握系统中所用液压元件的结构和性能，电气控制元件的工作特性，在使用过程中能正确维护液压系统。YT4543 型动力滑台液压系统是比较典型的速度控制液压系统，学习该项目时，首先要认真阅读表 2-1 所列内容，明确本项目的学习目标，知悉项目成果和项目实施环节的要求。

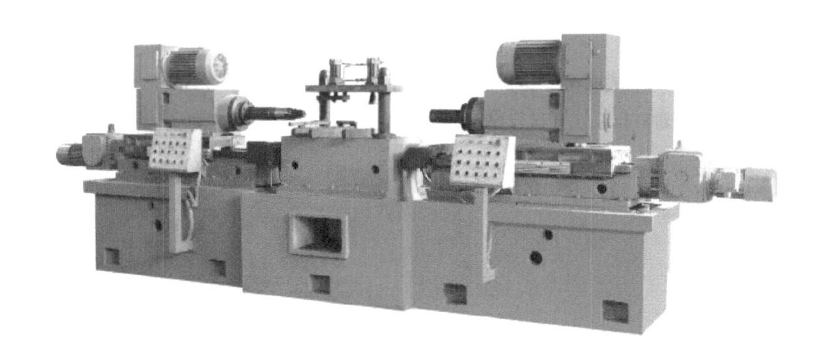

图 2-1 连杆精镗孔组合机床

项目实施建议教学方法为：项目引导法、小组教学法、案例教学法、启发式教学法及实物教学法。

教师首先下发项目工单（表 2-2），布置本项目需要完成的任务及控制要求，介绍本项目的应用情况并进行项目分析，引导学生完成项目所需的知识、能力及软硬件准备，讲解动力滑台液压系统的液压元件、基本回路、电气控制元件等相关知识。

学生进行小组分工，明确项目内容，小组成员讨论项目实施方法，并对任务进行分解，掌握完成项目所需的知识，查找液压系统相关国家标准和动力滑台液压系统设计的相关资料，制订项目实施计划。

表 2-2　组合机床动力滑台液压系统分析与搭建项目工单

课程名称	液压与气动技术						总学时：
项目 2	组合机床动力滑台液压系统分析与搭建						
班级		组别		小组负责人		小组成员	
项目要求	根据组合机床的加工特点，动力滑台液压系统应该具备的性能要求是：在变载荷或断续负载的条件下工作时，能够保证动力滑台的进给速度稳定，特别是最小进给速度的稳定性；能够承受规定的最大负载，并具有较大的工进调速范围，以适应不同工序的需要；能实现快速进给和快速退回；效率高、发热少，并能合理利用能量以解决工进速度和快进速度之间的矛盾；在其他元件的配合下，可以方便地实现多种工作循环 本项目以 YT4543 型动力滑台为例进行液压系统的分析与搭建。YT4543 型动力滑台要求进给速度范围为 6.6~660mm/min，最大移动速度为 0.12m/s，最大进给力为 4.5×10^{4}N。该液压系统的动力元件和执行元件为限压式变量叶片泵和单杆活塞液压缸，系统中有换向回路、速度回路、快速运动回路、速度换接回路、卸荷回路等基本回路							
项目成果	1. 动力滑台液压系统原理图 2. 按照原理图搭建液压系统并运行 3. 项目报告 4. 考核及评价表						
相关资料及资源	1.《液压与气动技术》 2.《液压实训指导书》 3. 国家标准 GB/T 786.1—2021《流体传动系统及元件 图形符号和回路图 第 1 部分：图形符号》 4. 与本项目相关的微课、动画等数字化资源及网址						
注意事项	1. 液压元件有其规定的图形符号，符号的绘制要遵循相关国家标准 2. 液压连接软管的管接头是精密部件，软管较长，掉在地上后会损伤管接头，导致其无法连接 3. 在网孔板上安装元件务必牢固可靠 4. 液压系统的连接与拆卸务必遵守操作规程，严禁在液压系统运行过程中拆卸连接管 5. 液压系统运行结束后清理工作台，对液压元件及连接软管进行有序归位						

【知识准备】

2.1 组合机床动力滑台液压系统液压元件

2.1.1 动力滑台液压系统方向控制阀

1. 机动换向阀

机动换向阀又称行程阀，主要用来控制机械运动部件的行程。它是借助安装在工作台上的挡铁或凸轮迫使阀芯移动，从而控制油液的流动方向。行程阀通常是二位阀，有二通、三通、四通、五通几种类型。图 2-2 所示为二位二通机动换向阀的外观、结构及图形符号。

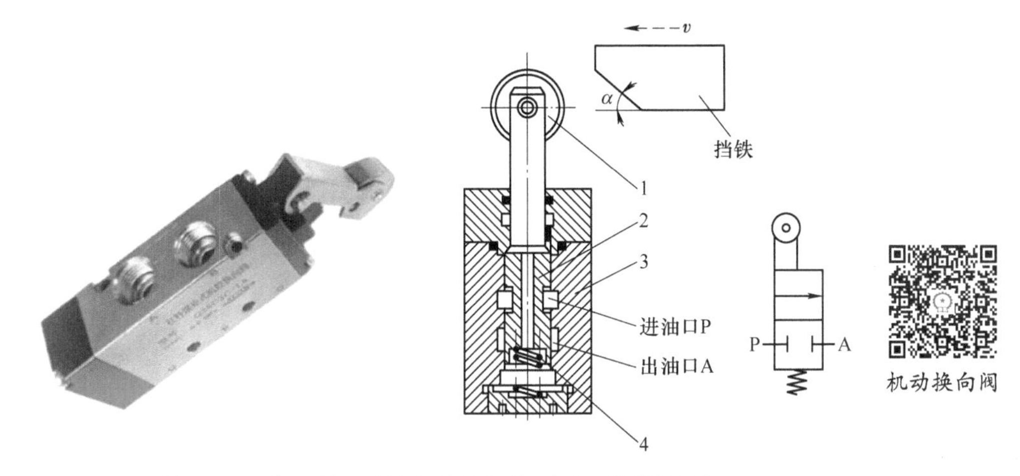

图 2-2 二位二通机动换向阀的外观、结构及图形符号

1—滚轮 2—阀芯 3—阀体 4—弹簧

2. 电磁换向阀

电磁换向阀是利用电磁铁的通电吸合与断电释放直接推动阀芯来控制液流方向的。电磁换向阀的种类繁多，按照电磁铁使用电源的不同，可分为交流和直流两种；按照衔铁工作腔是否有油液，可分为“干式”和“湿式”；按照电磁线圈的个数，可分为单电控和双电控等。换向阀采用电控方式，更有利于提高设备的自动化程度，例如液压缸的自动顺序动作等，在液压系统中须配有按钮开关、限位开关、行程开关等电气元件，以便能发出电气信号来控制电磁铁的通电或断电。因为电磁铁动作较快，所以切换油路时平稳性较差。图 2-3 所示为三位四通电磁换向阀的外观及图形符号。

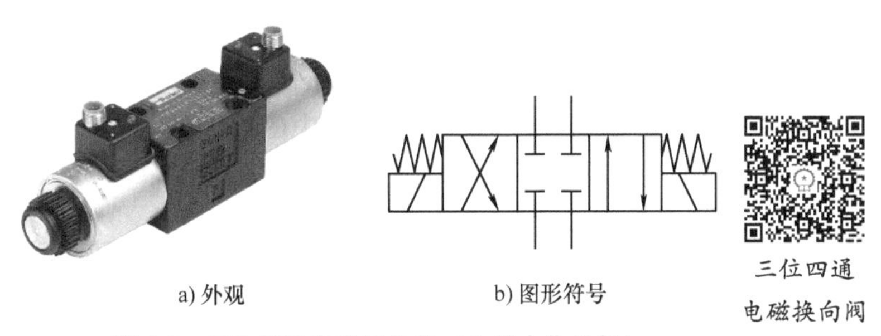

a) 外观 b) 图形符号

图 2-3 三位四通电磁换向阀（O 型中位机能）

3. 电液换向阀

电液换向阀是由电磁操纵的先导阀和液动换向阀组成的组合阀，通过控制油路中的液压油来推动阀芯。电液换向阀和液动换向阀主要用在流量超过电磁换向阀正常工作允许范围的液压系统中，对执行元件的动作进行控制或对油液的流动方向进行控制。

电液换向阀既能实现换向缓冲，又能用较小的电磁铁控制大流量的液流，从而方便地实现自动控制，故在大流量液压系统中宜选用电液换向阀换向。图 2-4 所示为电液换向阀外观。

图 2-4　电液换向阀的外观

电液换向阀

图 2-5 所示为弹簧对中型三位四通电液换向阀的工作原理。当电磁先导阀的两个电磁铁均不通电而处于图 2-5a 所示位置时，电磁先导阀阀芯在其对中弹簧的作用下处于中位，此时来自主阀口 P（或外接油口）的控制液压油不能进入主阀阀芯左、右两端的控制腔，主阀阀芯左右两腔的油液通过先导阀中间位置经先导阀的阀口 T 流回油箱。

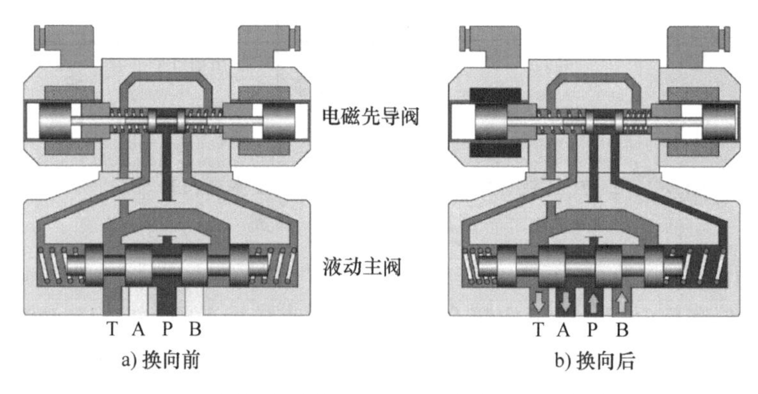

a) 换向前　　b) 换向后

图 2-5　弹簧对中型三位四通电液换向阀工作原理

主阀芯在两端对中弹簧的作用下，依靠阀体定位，准确地处在中间位置，此时主阀口 P、A、B、T 均不相通。当先导阀左边的电磁铁通电后，使其阀芯向右移动，处于图 2-5b 所示位置时，来自主阀口 P（或外接油口）的液压油经先导阀进入主阀右端的控制腔，推动主阀阀芯向左移动，这时主阀阀芯左端控制腔中的油液经先导阀流回油箱，使主阀的阀口 P 与 A、B 与 T 的油路相通；反之，当先导阀右边的电磁铁通电时，可使主阀阀口 P 与 B、A 与 T 的油路相通。图 2-6 所示为电液换向阀的图形符号。

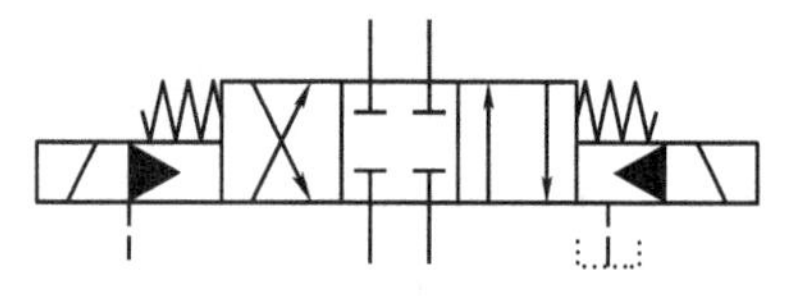

图 2-6　电液换向阀的图形符号

4. 单向阀

在液压系统中，常见的单向阀有普通单向阀和液控单向阀两种类型。

（1）普通单向阀　普通单向阀的作用是控制油液的单向流动。图2-7所示为普通单向阀的外观，其结构如图2-8a所示。液压油从阀体左端的油口P_1流入时，克服弹簧3作用在阀芯2上的力，使阀芯向右移动，打开阀口，并通过阀芯2上的径向孔a、轴向孔b从阀体右端的油口流出。如果液压油从阀体右端的油口P_2流入时，它和弹簧力一起使阀芯锥面压紧阀座，阀口关闭，油液无法通过。图2-8b所示为单向阀的图形符号。

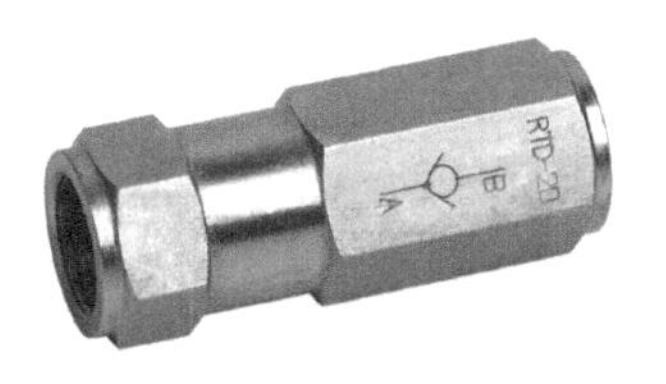

图2-7　普通单向阀的外观

单向阀拆装

（2）液控单向阀　液控单向阀工作原理是利用液控活塞控制阀芯的初始位置，再利用液压力与弹簧力对阀芯作用力方向的不同控制阀芯的启闭。它的特点是有良好的单向密封性，常用于执行元件需要长时间保压、锁紧回路、立式液压缸的平衡回路和速度换接回路等。

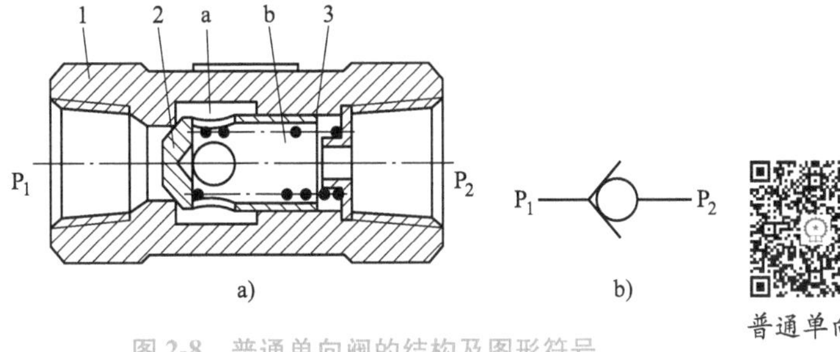

图2-8　普通单向阀的结构及图形符号

1—阀体　2—阀芯　3—弹簧

普通单向阀工作原理

图2-9所示为液控单向阀的外观，其结构和图形符号如图2-10所示。与普通单向阀相比，液控单向阀在结构上增加了控制油腔、控制活塞及控制油口K。当控制油口K无控制液压油通入时，其功能与普通单向阀相同。当控制油口K通入一定控制液压油时，作用在活塞左端的液压力推动活塞使锥阀阀芯右移，阀芯保持开启状态，正、反方向均可通过油液。上述用来控制液压阀工作的油液称为控制油液，一般从主油路上单独引出，其压力应为主油路压力的30%~50%。为了减小控制活塞移动的背压阻力，将控制活塞制成台阶状并增设一个外部泄油口L。

图2-9　液控单向阀的外观

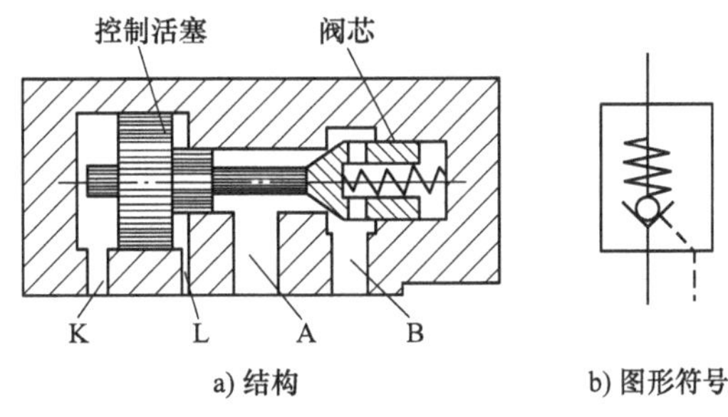

图2-10　液控单向阀的结构及图形符号

液控单向阀工作原理

2.1.2 动力滑台液压系统压力控制阀

1. 顺序阀

顺序阀的作用是利用油路压力的变化作为信号来控制油路的通断。按照控制压力的来源不同，顺序阀可分为内控式和外控式两种。前者用阀的进油口液压油压力控制阀芯的启闭，后者用外来的控制液压油来控制阀芯的启闭。顺序阀也有直动式和先导式两种，前者一般用于低压系统，后者用于中高压系统。

图 2-11 所示为直动式顺序阀的外观，其结构如图 2-12a 所示。当其进油口的压力低于弹簧 6 的调定压力时，控制活塞 3 下端油液向上的推力小，阀芯 5 处于最下端位置，阀口关闭，油液不能通过顺序阀流出。当其进油口的压力达到弹簧的调定压力时，阀芯抬起，阀口开启，液压油便能通过顺序阀流出，使该阀所在油路接通。这种顺序阀利用其进油口压力控制，称为普通顺序阀，也称内控式顺序阀，其图形符号如图 2-12b 所示。由于泄油口要单独接回油箱，这种连接方式称为外泄。

图 2-11 直动式顺序阀的外观

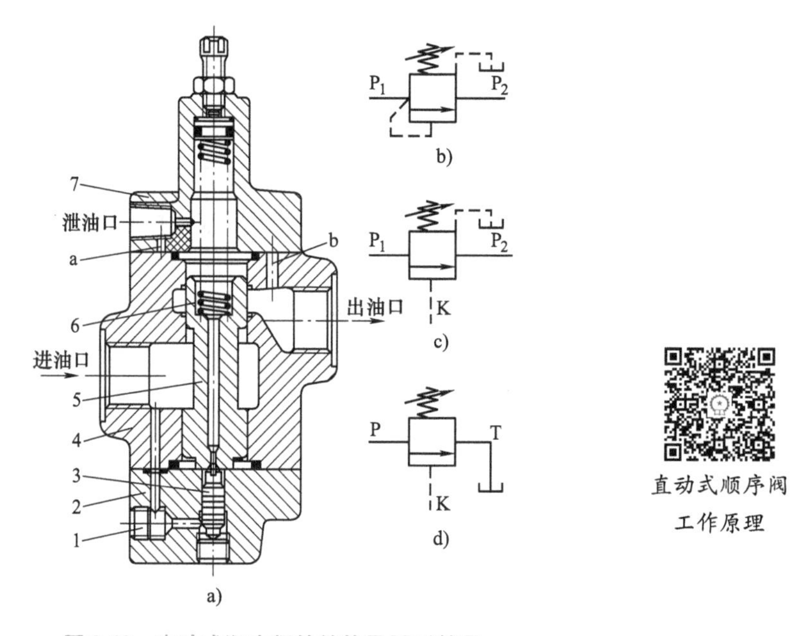

图 2-12 直动式顺序阀的结构及图形符号

1—螺塞 2—下阀盖 3—控制活塞 4—阀体 5—阀芯 6—弹簧 7—上阀盖

直动式顺序阀
工作原理

若将下阀盖 2 相对于阀体转过 90°或 180°，将螺塞 1 拆下，在该处接控制油管并通入控制液压油，则阀的启闭便可由外供控制液压油来控制即外控顺序阀，其图形符号如图 2-12c 所示。若再将上阀盖 7 转过 180°，使泄油口处的小孔 a 与阀体上的小孔 b 连通，将泄油口用螺塞封住，并使顺序阀的出油口与油箱连通，则顺序阀就成为卸荷阀，其泄油可由阀的出油口流回油箱，这种连接方式称为内泄。卸荷阀的图形符号如图 2-12d 所示。

2. 压力开关

压力开关（旧称压力继电器）是一种将油液的压力信号转换成电信号的电液控制元件，当油液压力达到压力开关的调定压力时，即发出电信号，以控制电磁铁、电磁离合器、继电器等元件动作，使油路卸压、换向，执行元件实现顺序动作，或是关闭电动机，使系统停止工作，起安全保护作用等。图 2-13 所示为压力开关的外观。

图 2-14 所示为常用柱塞式压力开关的结构和图形符号。当从压力开关下端进油口通入的油液压力达到调定压力值时，推动柱塞 1 上移，此位移通过杠杆 2 放大后推动开关 4 动作。改变弹簧 3 的压缩量可以调节压力开关的动作压力。

图 2-13　压力开关的外观

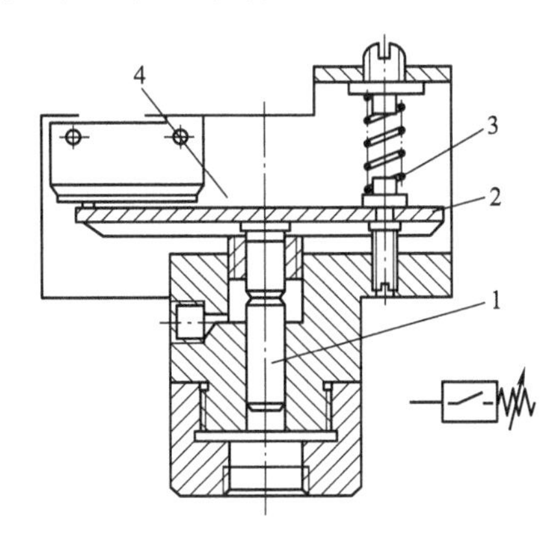

图 2-14　压力开关的结构及图形符号
1—柱塞　2—杠杆　3—弹簧　4—开关

压力开关
工作原理

2.1.3　动力滑台液压系统流量控制阀

在项目 1 中学习了流量控制阀中的节流阀，本项目所用的流量控制阀为调速阀。调速阀是由定差式减压阀与节流阀串联而成的组合阀。

由于调速阀中的节流阀可以调节通过的流量，定差式减压阀能够自动补偿负载变化的影响，使节流阀前后的压差为定值，因此调速阀能消除负载变化对流量的影响。调速阀利用定差式减压阀阀芯的二次平衡，使节流阀进、出油口的压力差保持恒定。图 2-15 所示为调速阀的外观。

如图 2-16a 所示，定差式减压阀 1 与节流阀 2 串联。若定差式减压阀进油口的压力为 p_1，出油口的压力为 p_2，节流阀出油口的压力为 p_3，则定差式减压阀 a、b 腔的油液压力为 p_2，c 腔的油液压力为 p_3。若定差式减压阀 a、b、c 腔的有效工作面积分别为 A_1、A_2、A，则 $A = A_1 + A_2$。节流阀出油口的压力 p_3 由液压缸的负载决定。

当定差式减压阀阀芯在其弹簧力 F_s、油液压力 p_2 和 p_3 的作用下处于某一平衡位置时，则有

$$p_2A_1 + p_2A_2 = p_3A + F_s$$

$$p_2 - p_3 = F_s/A$$

由于弹簧刚度较低，且工作过程中定差式减压阀阀芯位移很小，可以认为 F_s 基本不变，故节流阀两端的压差 $\Delta p = p_2 - p_3$ 也基本保持不变。因此，当节流阀通流截面积 A_T 不变时，通过它的流量为定值 $q(q = CA_T\Delta p^m)$，液压缸的速度就会保持恒定。当负载增加，使 p_3 增大的瞬间，定差式减压阀右腔推力增大，阀芯左移，阀口开大，阀口液阻减小，使 p_2 增大，

但 p_2 与 p_3 的差值 $\Delta p = F_s/A$ 保持不变。当负载减小、p_3 减小时，定差式减压阀阀芯右移，p_2 减小，其差值也保持不变。因此，调速阀适用于负载变化较大，对速度平稳性要求较高的液压系统。

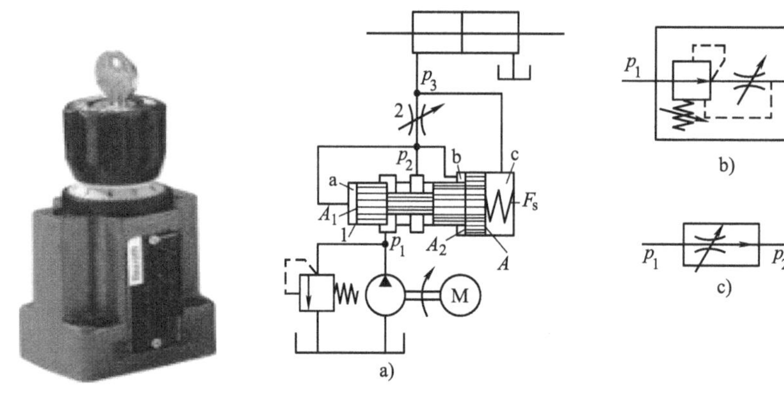

图 2-15 调速阀的外观

图 2-16 调速阀的工作原理

1—减压阀 2—节流阀

调速阀工作原理

2.1.4 动力滑台液压系统液压泵

在项目 1 中学习了齿轮泵，本项目中用到的是叶片泵。叶片泵的结构较齿轮泵复杂，但其工作压力较高，且流量脉动小，工作平稳，噪声较小，寿命较长，因此被广泛用于机械制造中的专用机床、自动线等中低液压系统中。

根据各密封工作容积在转子旋转一周吸、压油液次数的不同，可将叶片泵分为两类：完成一次吸、压油液的单作用式叶片泵和完成两次吸、压油液的双作用式叶片泵。单作用式叶片泵多为变量泵。

1. 单作用式叶片泵

（1）单作用式叶片泵的结构 图 2-17 所示为单作用式叶片泵的外观，其结构和图形符号如图 2-18 所示。单作用式叶片泵由转子 1、定子 2、叶片 3、配油盘 4 和端盖活塞等部件组成。定子的内表面是圆柱孔，转子中心和定子中心之间存在初始偏心距。叶片在转子的槽内可灵活滑动，在转子转动时的离心力以及通入叶片根部液压油的作用下，叶片顶部贴紧定子内表面，于是两相邻叶片、配油盘、定子和转子之间便形成了一个个密封工作腔。当转子沿逆时针方向旋转时，右侧的叶片向外伸出，密封工作腔容积逐渐增大，产生真空，油液通过吸油口和配油盘上的存油槽被输入到系统中；左侧的叶片向内缩进，密封工作腔的容积逐渐减小，油液经配油盘上的压油槽和压油口从系统中输出。

图 2-17 单作用式叶片泵的外观

单作用式叶片泵结构展示

由于这种泵是在转子转过一圈后，密封工作腔完成吸油和压油动作各一次，故称为单作用泵。转子受到径向液压不平衡作用力，故又称非平衡式泵，其轴承负载较大。改变定子中心和转子中心之间的偏心距，便可改变泵的排量，故这种泵都是变量泵。

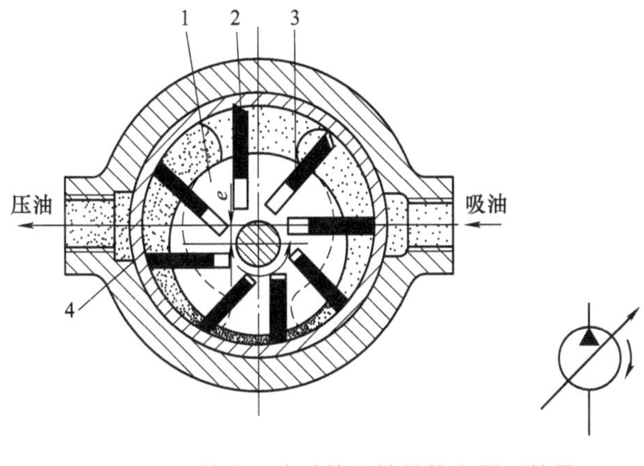

单作用式叶片泵工作原理

图 2-18　单作用式叶片泵的结构和图形符号

1—转子　2—定子　3—叶片　4—配油盘

（2）单作用式叶片泵的实际流量　单作用式叶片泵的实际流量可利用下式计算得出：

$$q = 2\pi BeDn\eta_V \tag{2-1}$$

式中　B ——叶片的宽度；

e ——转子中心与定子中心的偏心距；

D ——定子的内径；

n ——泵的转速；

η_V ——泵的容积效率。

单作用式叶片泵的瞬时流量是脉动的，泵内叶片数越多，流量脉动率越小。此外，奇数叶片泵的脉动率比偶数叶片泵的脉动率小，因此单作用式叶片泵的叶片数一般为 13 或 15 片。

2. 双作用式叶片泵

（1）双作用式叶片泵的结构　图 2-19 所示为双作用式叶片泵的外观，其结构如图 2-20 所示。双作用式叶片泵主要由定子 1、转子 2、叶片 3、配油盘 4、传动轴 5 和泵体构成。

图 2-19　双作用式叶片泵的外观

双作用式叶片泵结构展示

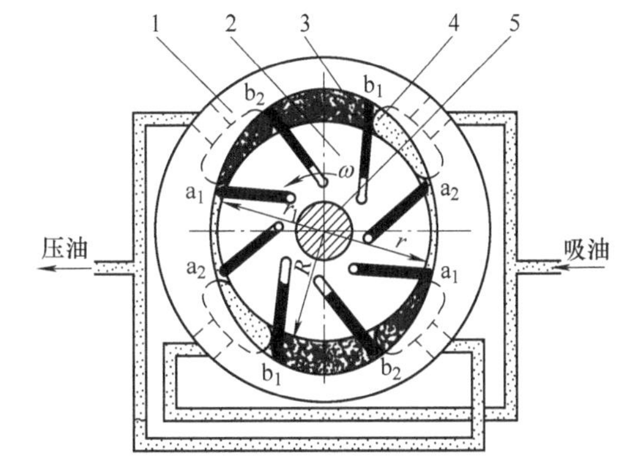

图 2-20　双作用式叶片泵的结构

1—定子　2—转子　3—叶片　4—配油盘　5—传动轴

双作用式叶片泵工作原理

双作用式叶片泵的工作原理与单作用式的相似，不同之处在于双作用式叶片泵定子的内表面是由两段长半径圆弧、两段短半径圆弧和四段过渡曲线组成，且定子和转子是同心配置的。当转子沿逆时针方向旋转时，密封工作腔的容积在右上角和左下角处逐渐增大，为吸油区，在左上角和右下角处逐渐减小，为压油区。吸油区和压油区之间有一段封油区把它们隔开。

由于这种泵的转子每转一转，每个密封工作腔完成吸油和压油动作各两次，所以称为双作用式叶片泵。双作用式叶片泵的两个吸油区和两个压油区是径向对称的，作用在转子上的液压力径向平衡，因此又称平衡式叶片泵。

（2）双作用式叶片泵的实际流量　双作用式叶片泵的实际流量可利用下式计算得出：

$$q = 2B\left[\pi(R^2 - r^2) - \frac{R - r}{\cos\theta}SZ\right]n\eta_V \tag{2-2}$$

式中　R、r——定子圆弧部分的长半径和短半径；

θ——叶片的倾角；

Z——叶片数；

S——叶片的厚度。

其余符号意义同式（2-1）。

双作用式叶片泵的瞬时流量是脉动的，当叶片数为 4 的倍数时脉动率小。为此双作用式叶片泵的叶片数一般都取 12 或 16。双作用式叶片泵只能用作定量泵。

3. 限压式变量叶片泵

限压式变量叶片泵是利用出油口压力的反馈作用实现变量的。图 2-21 所示为外反馈限压式变量叶片泵的外观，其结构如图 2-22 所示，转子 1 的中心 O_1 是固定的，定子 2 可以左右移动，其中心为 O_2。在限压弹簧 3 的作用下，定子被推向左端，使定子中心 O_2 与转子中心 O_1 之间有一初始偏心距 e_0。它决定了泵的最大流量 q_{max}。定子左侧装有反馈液压缸 6，其左腔与泵出口相通。在泵工作过程中，液压缸活塞对定子施加向右的反馈力。设泵的工作压力达到 p_B 时，定子所受的液压力与弹簧力相平衡，则称 p_B 为泵的限定压力。

图 2-21　外反馈限压式变量泵的外观

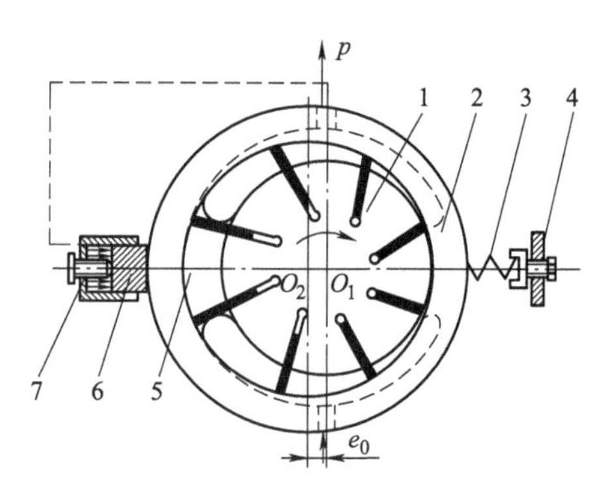

图 2-22　外反馈限压式变量泵的结构

1—转子　2—定子　3—限压弹簧　4、7—调节螺钉

5—配油盘　6—反馈液压缸

当液压泵的工作压力小于调定的限定压力时，泵的供油量最大；当液压泵的工作压力大于调定的限定压力时，反馈缸柱塞推动定子右移，偏心距 e_0 减小，泵的供油量减小，即负载越大，泵的供油量越小；当液压泵的工作压力达到其极限压力时，泵的输出流量仅用于补

偿泵的泄漏，输出流量为零。

2.2 组合机床动力滑台液压系统的电气控制

利用动力滑台液压系统进行工作时，仅需简单操作，液压系统便可自动完成一个工作循环。在液压系统中要用到电气控制元件及电气控制回路，以实现其工作过程的自动化。

2.2.1 动力滑台液压系统电气元件

在电气控制回路中主要用到按钮开关、行程开关、控制继电器等电气元件。

1. 按钮开关

按钮开关是一种结构简单、应用极为广泛的主令电器。在电气控制回路中用来发布指令和执行电气联锁，其外观图如图 2-23 所示。

按钮开关一般由按钮、复位弹簧、动触头、常闭静触头和常开静触头等组成，如图 2-24a 所示，其图形符号如图 2-24b 所示。按钮开关中触头的形式和数量根据需要可配成从一常开一常闭到六常开六常闭等形式。当按下按钮 1 时，常闭静触头 4 先断开，常开静触头 5 后接通；当松开按钮 1 时，在复位弹簧 2 的作用下，常开静触头先断开，常闭静触头后闭合。

图 2-23 按钮开关的外观

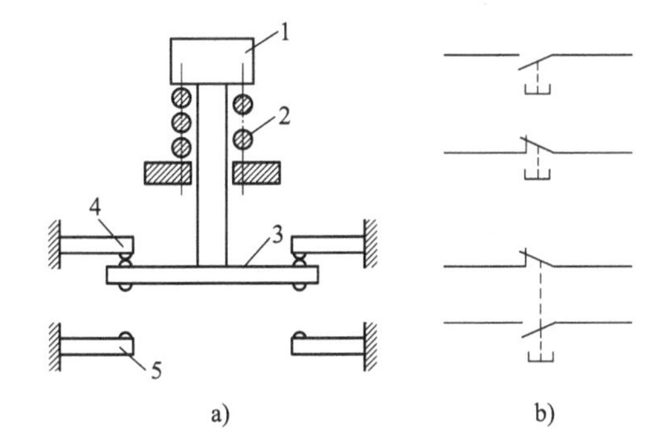

图 2-24 按钮开关的结构与图形符号

1—按钮 2—复位弹簧 3—动触头 4—常闭静触头 5—常开静触头

2. 行程开关

行程开关是用来反映工作机械行程位置，以控制运动方向和行程大小的主令电器。在液压控制系统中，常安装在液压缸行程的终点，用来限制其行程。行程开关的外观如图 2-25 所示。

行程开关由操作头、触头系统和外壳三部分组成，按结构的不同，可将其分为直动式、滚轮式和微动式三种。图 2-26 所示为直动式行程开关的结构。其动作原理与按钮开关相同，不同的是行程开关顶杆的压下是依靠工作机械上的撞块来驱动的。

3. 控制继电器

控制继电器是一种当输入量变化到一定值时，电磁线圈通电励磁，吸合或断开触点，以接通或断开交流或直流小容量控制电路中的自动化电器。它被广泛应用于电力拖动、程序控制和自动检测系统中。控制继电器的种类繁多，常用的有中间继电器、时间继电器、电压继电器、电流继电器、热继电器等。在电气液压控制系统中常使用中间继电器和时间继电器。

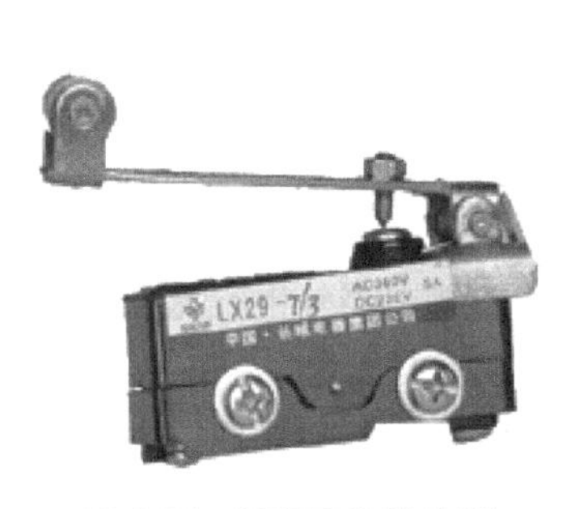

图 2-25　行程开关的外观

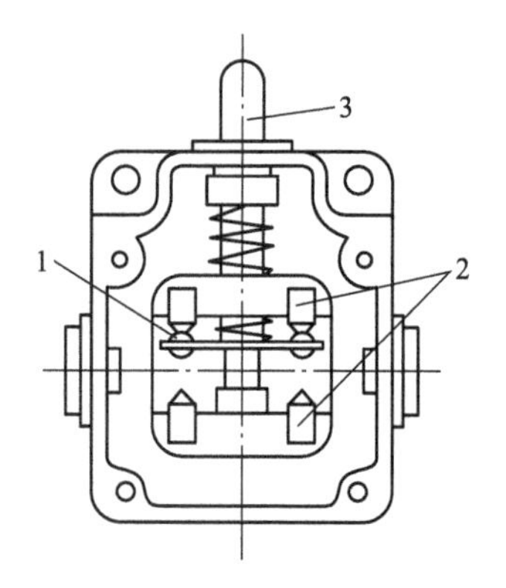

图 2-26　直动式行程开关的结构
1—动触头　2—静触头　3—顶杆

（1）中间继电器　图 2-27 所示为中间继电器的外观，其结构如图 2-28 所示，中间继电器由线圈 2、铁心 1、衔铁 4、复位弹簧 3、触点 5 及端子 6 组成。由线圈产生的磁场用于接通或断开触点，当继电器线圈通电时，衔铁就会在电磁力的作用下克服弹簧拉力，使常闭触点断开，常开触点闭合；当继电器线圈不通电时，电磁力消失，衔铁在返回弹簧的作用下复位，使常开触点断开，常闭触点闭合。在电气回路图中，用统一的电气符号表示继电器线圈及触点，如图 2-29 所示。

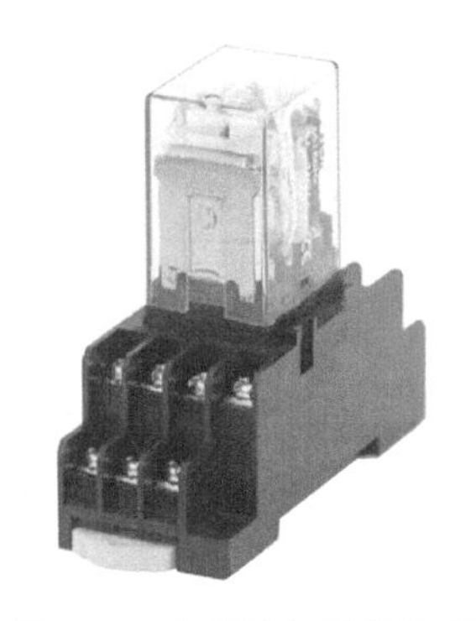

图 2-27　中间继电器的外观

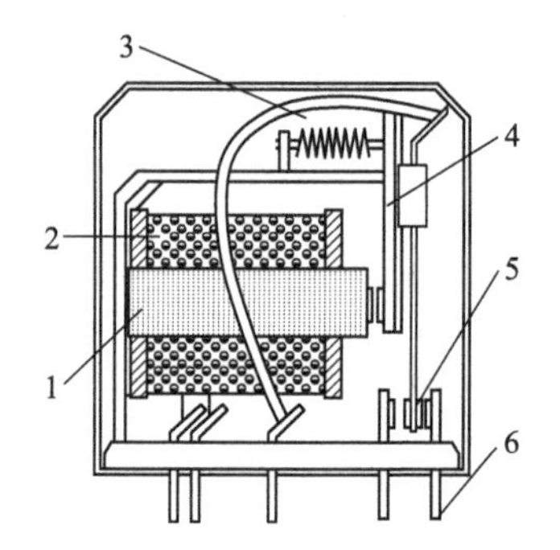

图 2-28　中间继电器的结构
1—铁心　2—线圈　3—复位弹簧
4—衔铁　5—触点　6—端子

（2）时间继电器　时间继电器与中间继电器都是通过线圈的通、断电来改变其触点的状态，不同之处在于在中间继电器中，当输入信号后电路中的触点随即闭合或断开，而在时间继电器中，当输入信号时，电路中的触点要经过一定时间的延时后才闭合或断开。图 2-30 所示为时间继电器的外观。

时间继电器在液压系统的电气控制回路中主要用于通电延时和断电延时，其触点可分为通电延时触点和断电延时触点两类。其图形符号与时序图如图 2-31 所示。

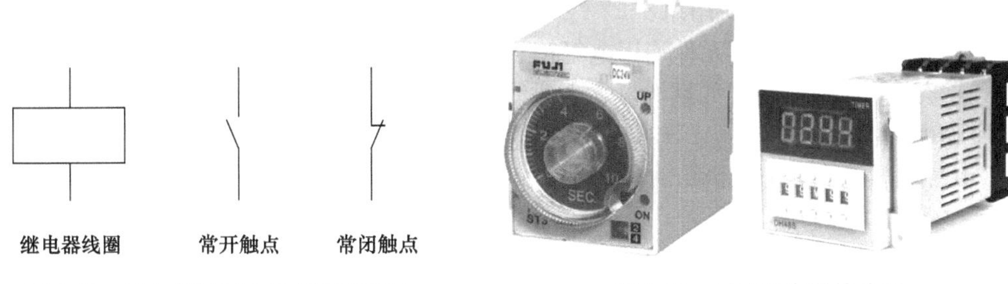

图 2-29　继电器线圈及触点图形符号　　　图 2-30　时间继电器的外观

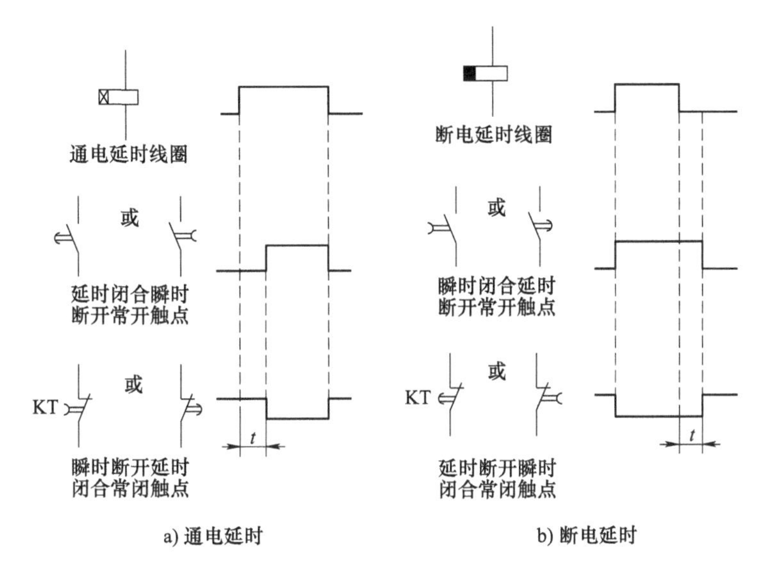

图 2-31　时间继电器线圈及触点的图形符号和时序图

2.2.2　动力滑台液压系统电气基本回路

1. 电气回路图的绘制原则

电气回路图通常以层次分明的控制电路表示，可分为水平型和垂直型两种。图 2-32 所示为水平型，其中的上、下两条平行线代表控制回路的电源线，称为母线。

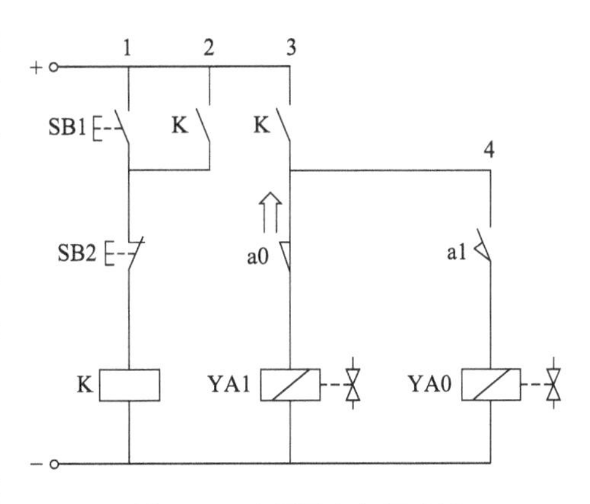

图 2-32　水平型电气回路图

电气回路图的绘制原则如下。

1）绘制水平型电气回路图时，如果电源为交流电源，则图中上母线为火线，下母线为零线；如果电源为直流电源，则图中上母线为“+”极，下母线为“-”极。

2）电路图的构成是按动作顺序由左到右进行的。为便于读图，在连接线上要加上线号。

3）在连接线上，所有的开关、继电器等触点位置由水平型电气回路上面的电源母线开始连接，经输出线圈到下母线结束。

4）连接线上所有连接的元件均用电气符号表示，且绘制其未操作时的状态。

5）连接线上各种负载（如继电器、电磁线圈、指示灯等）的位置通常是输出元素，要放在水平型电气回路的下侧。

6）电气回路图中各元件的电气符号旁需注上文字符号。

2. 常用电气基本回路

（1）“是”门电路　“是”门电路是一种简单的通/断电路，能实现“是”逻辑功能。图 2-33 所示为“是”门电路，按下按钮 SB，电路 1 导通，继电器 K 的线圈得电励磁，其常开触点 K 闭合，电路 2 导通，指示灯 L 亮。若放开按钮 SB，则指示灯 L 熄灭。

（2）“或”门电路　“或”门电路能实现“或”逻辑功能。图 2-34 所示为“或”门电路，只要按下 SB1、SB2 两个按钮中的任何一个，就能使继电器 K 的线圈得电。“或”门电路也称并联电路。

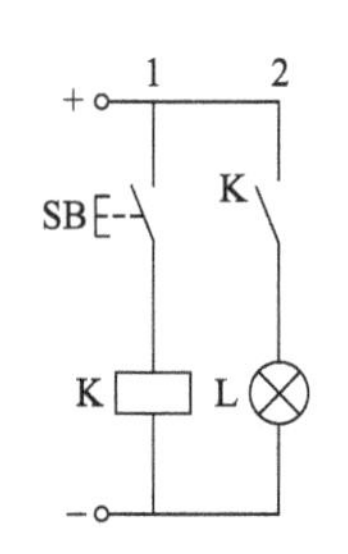

图 2-33　“是”门电路

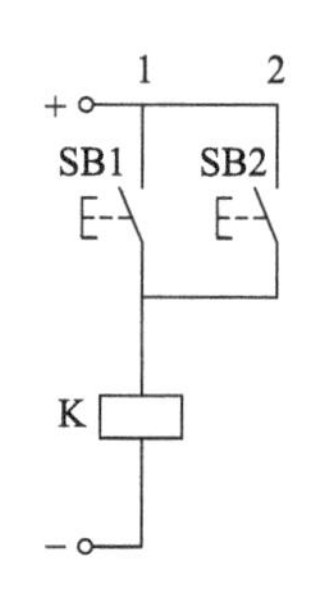

图 2-34　“或”门电路

（3）“与”门电路　“与”门电路能实现“与”逻辑功能。图 2-35 所示为“与”门电路，只有将按钮 SB1、SB2 同时按下，电流才通过继电器 K 的线圈。“与”门电路也称串联电路。

（4）自保持电路　自保持电路又称记忆电路，在使用单电控电磁换向阀的电气回路中经常使用自保持回路。如图 2-36a 所示，按下按钮 SB1，继电器线圈得电，第二条连接线上的常开触点 K 闭合，即使松开按钮 SB1，继电器 K 的线圈也将通过常开触点 K 继续保持得电状态，任何时候只要按下按钮 SB2，即使同时按下按钮 SB1，继电器 K 的线圈也将失电，因此这种回路称为“停止优先”自保持回路；如图 2-36b 所示，在任何时候，只要按下按钮 SB1，即使同时按下按钮 SB2，继电器 K 的线圈也将得电，因此称这种电路为“启动优先”自保持回路。

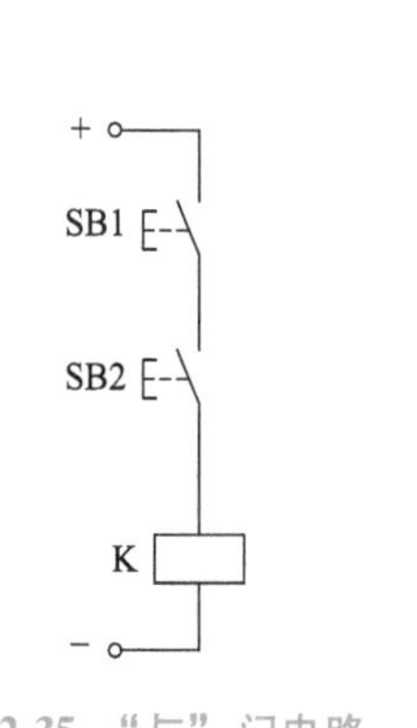

图 2-35　“与”门电路

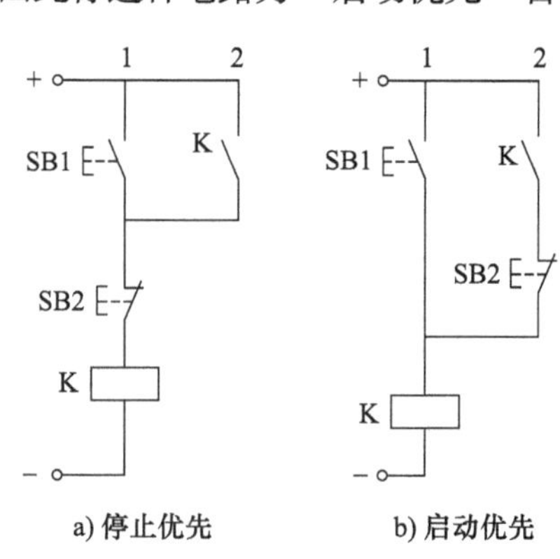

图 2-36　自保持电路

（5）互锁电路　互锁电路用于保证逻辑上的相互锁定关系，在误动作发生时确保设备、人员的安全。在使用双电控电磁阀的电气回路中经常使用互锁电路。图 2-37 所示为互锁电路，此电路能保证继电器 K1 的线圈和继电器 K2 的线圈形成互锁，不能同时得电。按下按钮 SB1，继电器 K1 的线圈得电，第二条连接线上的触点 K1 闭合，形成 K1 的自锁，而第三条连接线上的常闭触点 K1 断开，此时若再按下按钮 SB2，继电器 K2 的线圈也不会得电；同理，若先按下按钮 SB2，则继电器 K2 的线圈得电，继电器 K1 的线圈也不会得电。这样就形成了双方的互锁，确保继电器 K1 的线圈和继电器 K2 的线圈不能同时得电。

（6）延时电路　延时电路分为通电延时和断电延时两种，如图 2-38 所示。在图 2-38a 所示通电延时电路中，当按下按钮 SB 后，延时继电器 KT 开始计时，经过设定的时间后，第二条连接线上的时间继电器常开触点 KT 闭合，指示灯 L 亮；松开按钮 SB 后，延时继电器 KT 的线圈失电，常开触点随即断开，指示灯 L 熄灭。图 2-38b 所示为断电延时电路，当按下按钮 SB 后，时间继电器 KT 常开触点随即闭合，指示灯 L 亮；当松开按钮 SB 后，延时继电器 KT 开始计时，到规定时间后，时间继电器常开触点 KT 延时断开，指示灯 L 熄灭。

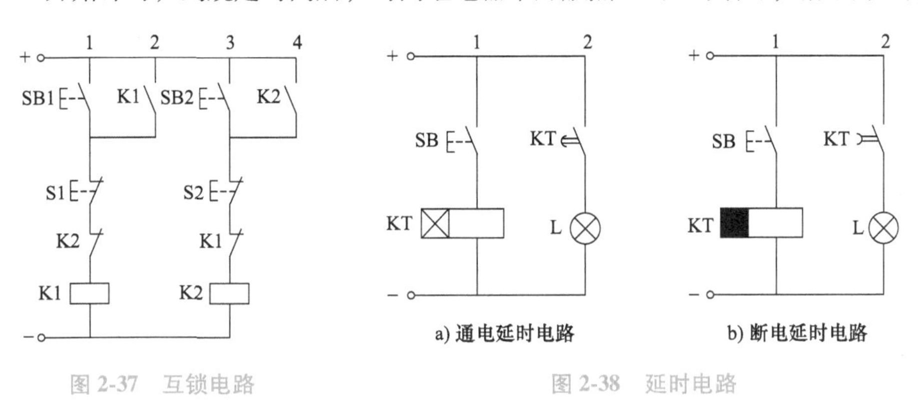

图 2-37　互锁电路

图 2-38　延时电路

2.3　组合机床动力滑台液压系统速度控制回路

在液压系统中，动作非常复杂的控制回路也是由一些基本回路组成的。基本回路是由一些液压元件组成，用以实现某种特定功能的典型油路。根据作用的不同，可将液压回路分为速度控制回路、压力控制回路和方向控制回路。速度控制回路又分为调速回路、快速运动回路和速度换接回路。

2.3.1　动力滑台液压系统的调速回路

1. 调速的方法

调速是为了满足液压执行元件对工作速度的要求，在不考虑液压油的压缩性和泄漏的情况下，液压缸的运动速度为

$$v = \frac{q}{A} \tag{2-3}$$

液压马达的转速为

$$n = \frac{q}{V_M} \tag{2-4}$$

式中　q ——输入液压执行元件的流量；

A ——液压缸的有效面积；

V_M ——液压马达的排量。

由以上两式可知，改变输入液压执行元件的流量 q 或改变液压缸的有效面积 A（或液压马达的排量 V_M）均可以达到改变速度的目的。由于液压缸的工作面积是无法改变的，所以只能通过改变进入液压执行元件的流量或改变液压马达排量的方法来调速。为了改变进入液压执行元件的流量，可采用变量液压泵来供油，也可采用定量泵和流量控制阀，以改变通过流量控制阀流量的方法。采用定量泵和流量控制阀进行调速的方法，称为节流调速；采用改变变量泵或变量液压马达的排量进行调速的方法，称为容积调速；采用变量泵和流量控制阀进行调速的方法，称为容积节流调速。

2. 容积节流调速回路

容积节流调速回路的工作原理是采用压力补偿型变量泵供油，用节流阀或调速阀调定流入或流出液压缸的流量来调节液压缸的运动速度，并使变量泵的输油量自动地与液压缸所需油量相适应。这种调速回路没有溢流损失，效率较高，速度稳定性也比单纯的容积调速回路好，常用在速度范围大的中、小功率场合，例如组合机床的进给系统等。

图 2-39 所示为限压式变量泵和调速阀的容积节流调速回路。空载时，液压泵 1 以最大流量输出，经电磁换向阀 3 进入液压缸使其快速运动。工进时，电磁换向阀 3 通电使其所在油路断开，液压油经调速阀 2 流入缸内。工进结束后，压力开关 5 发出信号，使阀 3 和阀 4 换向，调速阀 2 再次被短接，液压缸快退。

当回路处于工进阶段时，液压缸的运动速度由调速阀中节流阀的通流截面积 A_T 来控制。变量泵的输出流量 q_B 和出口压力 p_B 自动保持恒定，故又称此回路为定压式容积节流调速回路。

这种回路适用于负载变化不大的中、小功率场合，例如组合机床的进给系统等。

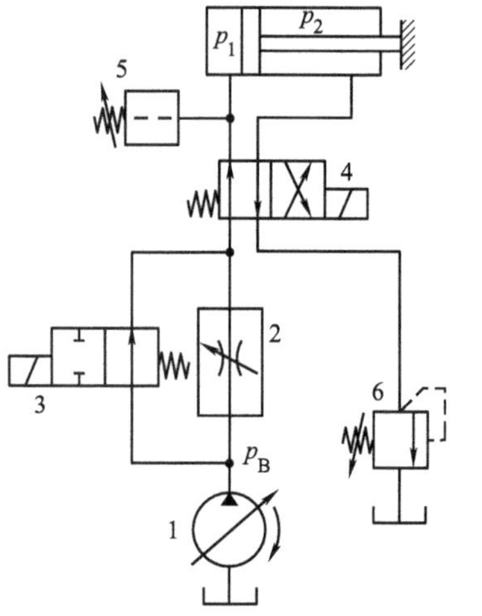

图 2-39　容积节流调速回路

1—液压泵　2—调速阀　3、4—电磁换向阀　5—压力开关　6—溢流阀

2.3.2　动力滑台液压系统的快速运动回路

快速运动回路又称增速回路，其功用是加快执行元件的空载运行速度，以提高系统的工作效率或充分利用功率。实现快速运动的方法有多种，下面介绍几种常见的快速运动回路。

1. 液压缸差动连接回路

图 2-40 所示回路是利用二位三通换向阀实现的液压缸差动连接回路，在这种回路中，当换向阀 1 和换向阀 3 在左位工作时，液压缸差动连接做快速运动，当换向阀 3 的电磁铁通电，差动连接即被切除，液压缸回路经过调速阀 2，实现工进，换向阀 1 切换至右位后，液

压缸快退。这种连接方式可在不增加液压泵流量的情况下提高液压执行元件的运动速度，但是液压泵的流量和有杆腔排出的流量合在一起流过的阀和管路应按合成流量来选择，否则压力损失过大，液压泵的供油压力过大，导致其中的部分液压油从溢流阀流回油箱而达不到差动快进的目的。液压缸的差动连接也可用 P 型中位机能的三位换向阀来实现。

2. 双泵供油快速运动回路

图 2-41 所示为双泵供油快速运动回路，图中 1 为大流量泵，用以实现快速运动；2 为小流量泵，用以实现工作进给。在快速运动时，泵 1 输出的油液经单向阀 4 与泵 2 输出的油液共同向系统供油；工作行程时，系统压力升高，打开卸荷阀 3 使大流量泵 1 卸荷，由泵 2 向系统单独供油。这种系统的压力由溢流阀 5 调整，单向阀 4 在系统液压油作用下关闭，这种双泵供油回路的优点是功率损耗小，系统效率高，应用较为普遍，但系统结构稍复杂。

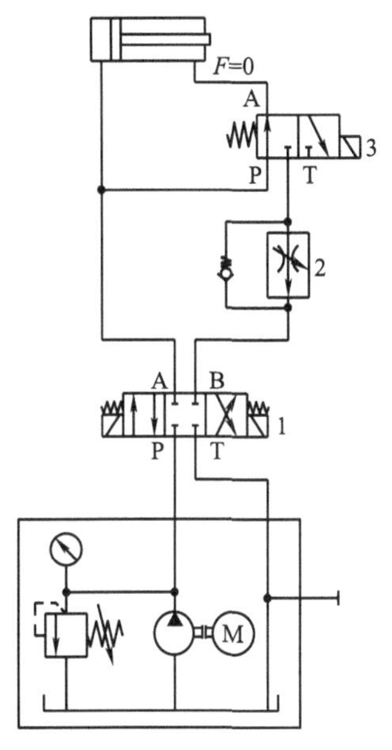

图 2-40 液压缸差动连接回路

1—三位四通换向阀 2—调速阀 3—二位三通换向阀

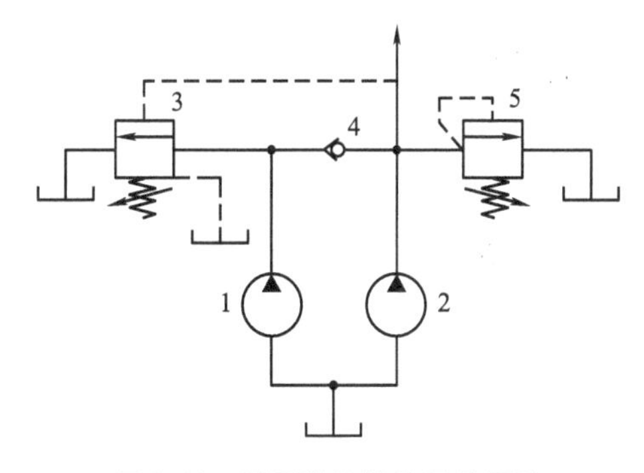

图 2-41 双泵供油快速运动回路

1、2—泵 3—卸荷阀 4—单向阀 5—溢流阀

2.3.3 动力滑台液压系统速度换接回路

速度换接回路的功能是使液压执行机构在一个工作循环中从一种运动速度变换到另一种运动速度。这个转换不仅包括液压执行元件由快速到慢速的换接，还包括两个慢速之间的换接。实现这些功能的回路应该具有较高的速度换接平稳性。

1. 快速与慢速的换接回路

能够实现快速与慢速换接的方法很多，下面介绍一种在组合机床液压系统中常用的行程阀的快慢速换接回路。

图 2-42 所示为用行程阀来实现快慢速换接的回路。在图示状态下，液压缸快进，当活塞所连接的挡块压下行程阀 6 时，行程阀关闭，液压缸右腔的油液必须通过节流阀 5 才能流回油箱，活塞运动速度转变为慢速工进；当换向阀左位接入回路时，液压油经单向阀 4 进入液压缸右腔，活塞快速向左返回。这种回路的快慢速换接过程比较平稳，换接点的位置比较

准确。缺点是行程阀的安装位置不能任意布置，管路连接较为复杂。若将行程阀改为电磁阀，安装连接比较方便，但速度换接的平稳性、可靠性以及换向精度都较差。

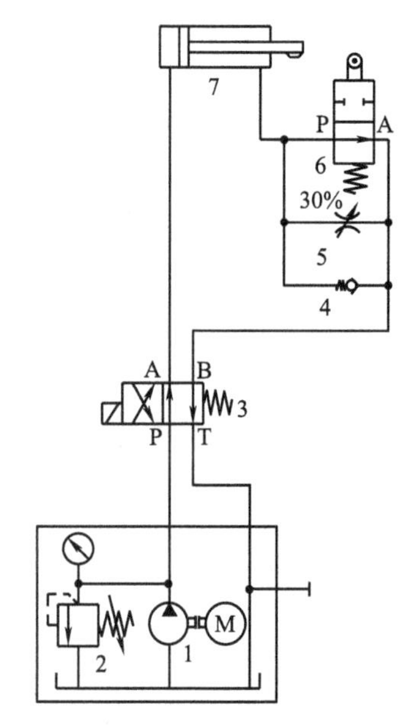

图 2-42　使用行程阀的速度换接回路

1—泵　2—溢流阀　3—换向阀
4—单向阀　5—节流阀　6—行程阀

2. 两种慢速的换接回路

图 2-43 所示为用两个调速阀来实现不同工进速度的换接回路。如图 2-43a 所示，两个调速阀并联，由换向阀实现换接，两个调速阀可以独立地调节各自的流量，互不影响。但是一个调速阀工作时，另一个调速阀内无油通过，它的减压阀处于最大开口位置，在速度换接时大量油液通过该处，会使机床工作部件产生突然前冲现象。因此，它不宜用于在工作过程中的速度换接，只可用在速度预选的场合。

图 2-43b 所示为两个调速阀串联的速度换接回路。当换向阀 1 左位接入系统时，调速阀 2 被换向阀 2 短接，输入液压缸的流量由调速阀 1 控制；当换向阀 2 右位接入回路时，由于通过调速阀 2 的流量调得比调速阀 1 小，所以输入液压缸的流量由调速阀 2 控制。在这种回路中的调速阀 1 一直处于工作状态，它在速度换接时限制着进入调速阀 2 的流量，因此它的速度换接平稳性较好。在该换接回路中，由于油液经过两个调速阀，所以能量损失较大。

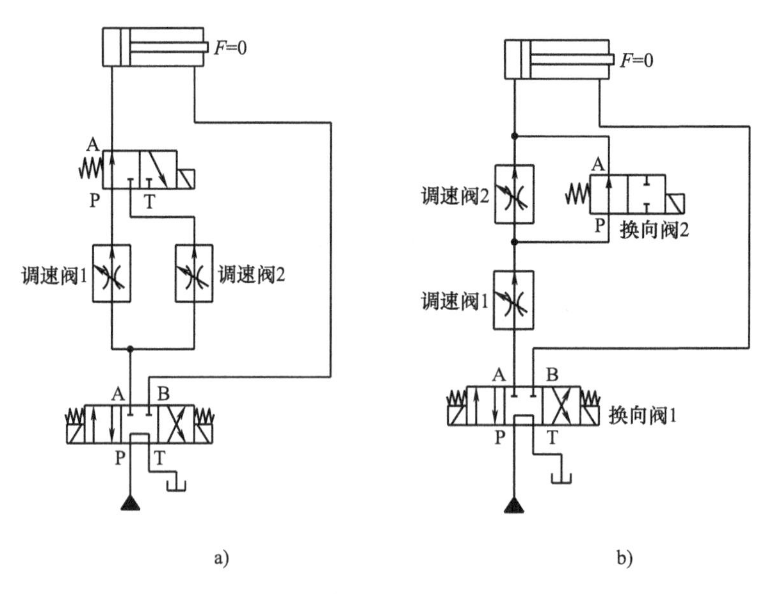

图 2-43　用两个调速阀的速度换接回路

【项目分析与仿真】

2.4 组合机床动力滑台液压系统原理图的分析

2.4.1 动力滑台液压系统的工作原理

图 2-44 所示为 YT4543 型动力滑台液压系统原理图，这个系统用限压式变量叶片泵供油，用电液换向阀换向，同时其中位机能具有卸荷功能。快进由液压缸的差动连接来实现，用行程阀实现快进速度和工进速度的切换，用电磁阀实现两种工进速度的切换，用调速阀稳定进给速度。为了保证进给的尺寸精度，采用了止挡铁停留来限位。在机械和电气装置的配合下，该系统能够实现的工作循环为：“快进→一工进→二工进→止挡铁停留→快退→原位停止”的半自动循环，该系统中电磁铁和行程阀的动作顺序见表 2-3。

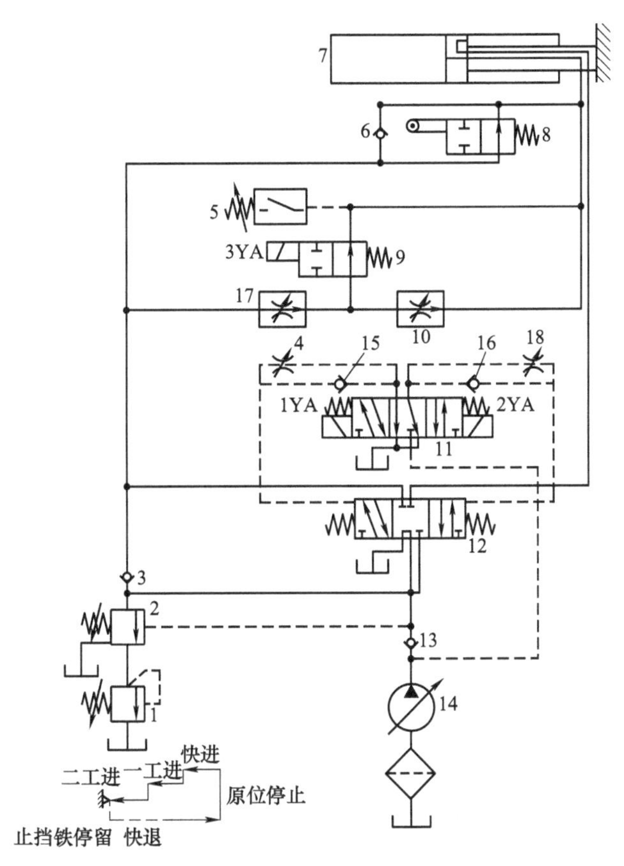

图 2-44 YT4543 型动力滑台液压系统原理图

1—背压阀（溢流阀） 2—液控顺序阀 3、6、13、15、16—单向阀 4、18—节流阀

5—压力开关 7—液压缸 8—行程阀 9—电磁换向阀

10、17—调速阀 11—先导阀 12—液动换向阀 14—液压泵

表 2-3　YT4543 型动力滑台液压系统电磁铁和行程阀动作顺序表

工作循环	元　件			
	1YA	2YA	3YA	行程阀
快进	+	−	−	−
一工进	+	−	−	+
二工进	+	−	+	+
止挡铁停留	+	−	+	+
快退	−	+	−	±
原位停止	−	−	−	−

注：表中“+”表示电磁铁得电或行程阀被压下，“−”表示电磁铁失电或行程阀抬起。

1. 快进

按下起动按钮，电磁铁 1YA 通电吸合，控制油路由液压泵 14 经电磁先导阀 11 左位、单向阀 15 进入液动换向阀 12 的左端油腔，液动换向阀 12 左位接系统，液动换向阀 12 的右端油腔回油经节流阀 18 和先导阀 11 的左位回油箱，液动阀处于左位。

进油路：泵 14→单向阀 13→液动换向阀 12 左位→行程阀 8（常态位）→液压缸左腔（无杆腔）。

回油路：液压缸右腔→阀 12 左位→单向阀 3→行程阀 8→液压缸左腔。

由于动力滑台空载，系统压力低，液控顺序阀 2 关闭，液压缸差动连接，且液压泵 14 有最大的输出流量，滑台向左快进（活塞杆固定，滑台随缸体向左运动）。

2. 一工进

快进到一定位置，滑台上的挡块压下行程阀 8，使原来通过行程阀 8 进入液压缸无杆腔的油路切断。此时电磁换向阀 9 的电磁铁 3YA 处于断电状态，调速阀 17 接入系统进油路，系统压力升高。压力的升高，一方面使液控顺序阀 2 打开，另一方面使限压式变量泵的流量减小，直到与经过调速阀 17 后的流量相同为止。这时进入液压缸无杆腔的流量由调速阀 17 的开口大小决定。液压缸有杆腔的油液则通过液动换向阀 12 后经液控顺序阀 2 和背压阀 1 流回油箱（两侧的压力差使单向阀 3 关闭）。液压缸以第一种工进速度向左运动。

3. 二工进

当滑台以一工进速度行进到一定位置时，挡块压下行程开关，使电磁铁 3YA 通电，经电磁换向阀 9 的通路被切断。此时油液需经调速阀 17、10 才能进入液压缸无杆腔。由于调速阀 10 的开口比阀 17 小，所以滑台的速度变慢，速度大小由调速阀 10 的开口决定。

4. 止挡铁停留

当滑台以二工进速度行进到碰上止挡铁后，滑台停止运动。液压缸无杆腔压力升高，压力开关 5 发出信号给时间继电器（图中未表示），使滑台在止挡铁上停留一定时间后再开始下一步动作。滑台在止挡铁上停留，主要是为了满足加工端面或台阶孔的需要，使其轴向尺寸精度和表面粗糙度达到一定要求。当滑台在止挡铁上停留时，泵的供油压力升高，流量减少，直到限压式变量泵流量减小到仅能满足补偿泵和系统的泄漏量为止，系统这时处于需要保压的流量卸荷状态。

5. 快退

当滑台在止挡铁上停留一定时间（由时间继电器调整）后，时间继电器发出使滑台快退的信号。此时电磁铁1YA断电，电磁铁2YA通电，先导阀11和液动换向阀12处于右位。

进油路：泵14→单向阀13→液动换向阀12右位→液压缸右腔。

回油路：液压缸左腔→单向阀6→液动换向阀12右位→油箱。

由于此时为空载，系统压力很低，泵14输出的流量最大，滑台向右快退。

6. 原位停止

当滑台快退到原位时，挡块压下行程开关，使电磁铁1YA、2YA和3YA都断电，先导阀11和液动换向阀12处于中位，滑台停止运动，泵14通过液动换向阀12中位卸荷（注意，这时系统处于压力卸荷状态）。

2.4.2 动力滑台液压系统特点

YT4543型动力滑台液压系统包括以下一些基本回路：由限压式变量叶片泵和进油路调速阀组成的容积节流调速回路，差动连接快速运动回路，电液换向阀的换向回路，由行程阀、电磁阀和液控顺序阀等联合控制的速度切换回路以及用M型中位机能的电液换向阀的卸荷回路等。液压系统的性能由这些基本回路决定。该系统有以下几个特点：

1）采用了由限压式变量泵和调速阀组成的容积节流调速回路。它既满足系统调速范围大，低速稳定性好的要求，又提高了系统的效率。进给时，在回油路上增加了一个背压阀，一方面改善了速度稳定性（避免空气渗入系统，提高传动刚度），另一方面使滑台能承受一定的与运动方向一致的切削力。

2）采用限压式变量泵和差动连接两个措施实现快进，这样既能得到较高的快进速度，又不会使系统效率过低。动力滑台快进和快退速度均为最大进给速度的10倍，泵的流量自动变化，即在快进时输出最大流量，工进时只输出与液压缸需要相适应的流量，止挡铁停留时只输出补偿系统泄漏所需的流量。系统无溢流损失，效率高。

3）采用行程阀和液控顺序阀使快进转换为工进，动作平稳可靠，转换的位置精度比较高。由于两个工进的速度都比较慢，换接时采用电磁阀完全能保证换接精度。

2.5 组合机床动力滑台液压回路的FluidSIM-H仿真

2.5.1 利用FluidSIM-H软件绘制原理图

利用FluidSIM-H软件绘制YT4543型动力滑台液压系统原理图及控制电路图，并模拟仿真。

（1）新建文件　双击桌面快捷方式图标，打开FluidSIM-H软件，进入FluidSIM-H软件主界面，通过单击“新建”按钮□或在“文件”菜单下，执行“新键”命令，新建空白绘图区域，以打开一个新的绘图窗口，如图2-45所示。

（2）选取元件　根据图2-44所示YT4543型动力滑台液压系统原理图，在该液压系统中采用了一个双作用单杆活塞液压缸（元件库中仅有缸筒固定的方式）、一个标尺、一个二位二通电磁换向阀、一个二位二通机动换向阀、一个三位四通电磁换向阀、一个三位五通液动换向阀、两个调速阀、两个节流阀、一个压力开关、五个单向阀、一个液控顺序阀、一个直动式溢流阀、液压源（元件库中仅有定量泵）及油箱。从左侧的元件库中选择需要的液压元件并将其拖至绘图区域，如图 2-46 所示。

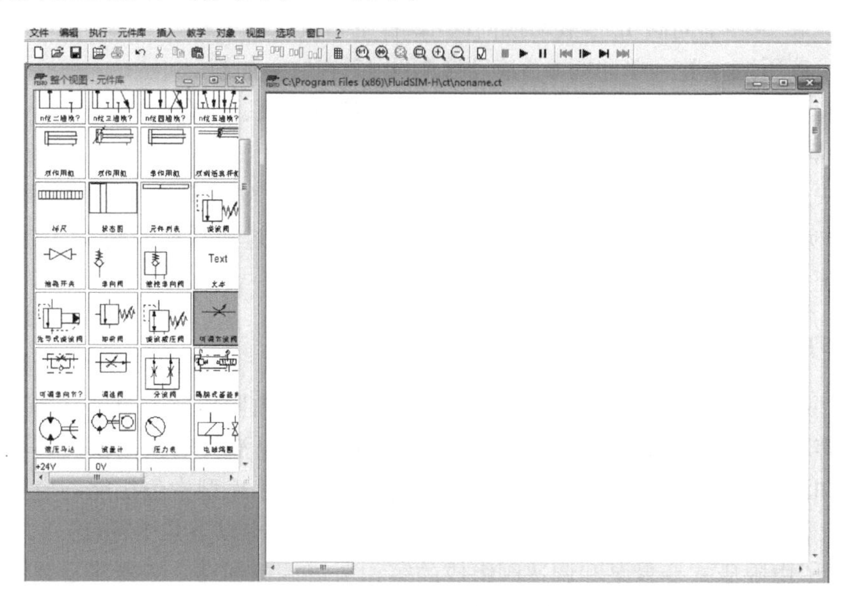

图 2-45　在 FluidSIM-H 软件中新建文件

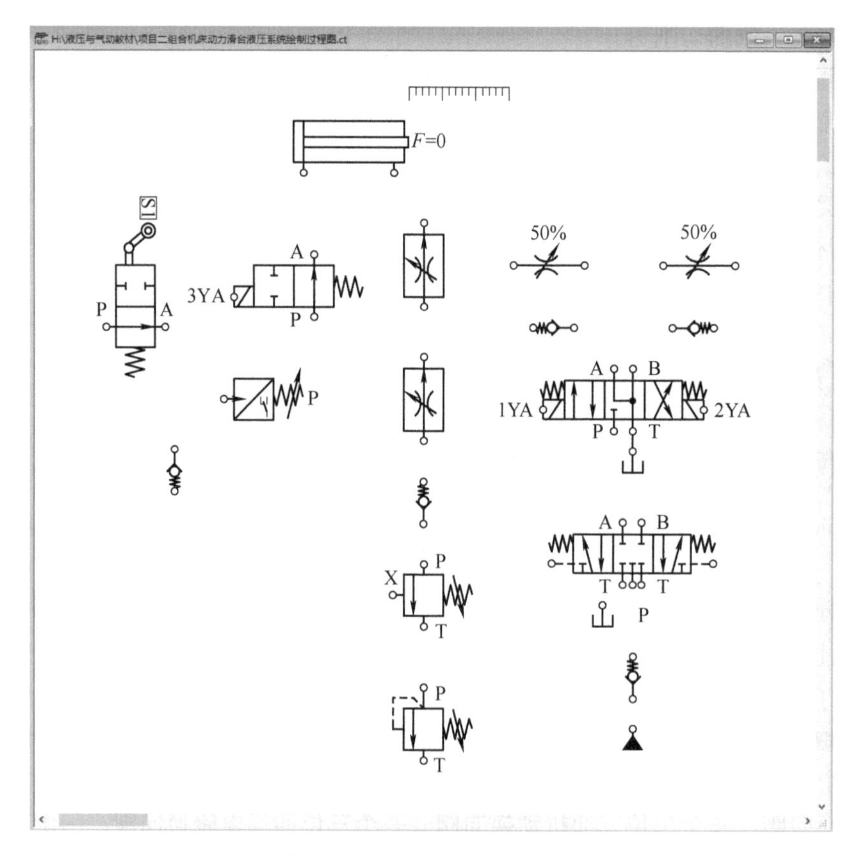

图 2-46　选择 YT4543 型动力滑台液压系统元件

（3）设置元件属性　双击相应液压元件，设置其属性，例如左右两端的驱动方式，弹簧复位，阀芯在阀体左、中、右三个位置的接通状态及静止位置，再将以上液压系统元件连接好，如图 2-47 所示。

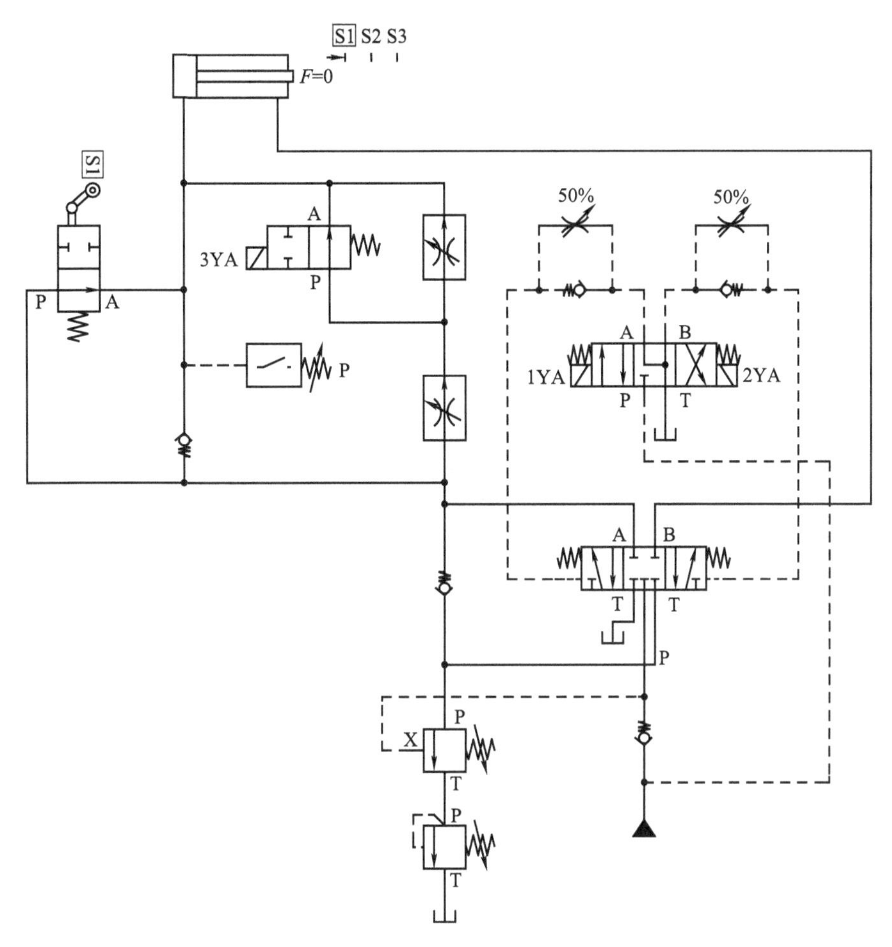

图 2-47　连接 YT4543 型动力滑台液压系统元件

双击标尺设置液压缸一工进、二工进和返回三个位置的坐标，分别用 S1、S2、S3 表示，如图 2-48 所示。双击压力开关，设置其开启压力，如图 2-49 所示。双击液控顺序阀，设置开启压力，如图 2-50 所示。双击液压源，设置工作压力及流量，如图 2-51 所示。

2.5.2　利用 FluidSIM-H 软件仿真

在完成液压系统元件的连接与设置，检查无误以后就可以进行液压系统的仿真运行。单击工具栏中的黑色三角形仿真按钮▶进行仿真。软件的仿真功能可以实时显示液压缸运动到各个位置时，系统中各个液压元件接通的状态。单击开始按钮▶，液压缸从起始位置以快进速度向外伸出，此时液压缸构成差动连接（具体油路讲解可以详见前面分析），其仿真运行过程如图 2-52 所示。

当液压缸活塞杆向外伸出到达 S1 标尺位置时，机动换向阀（行程阀）的滚轮被滑台上的行程挡块压下，使原来通过机动换向阀进入液压缸无杆腔的油路切断。此时液压油经过调速阀

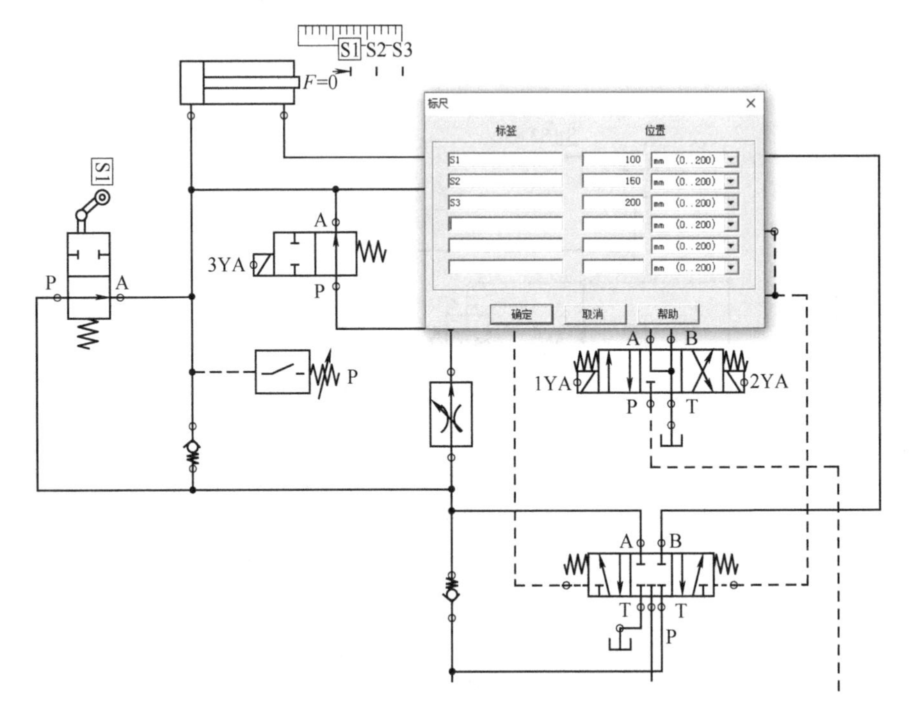

图 2-48 设置标尺位置参数

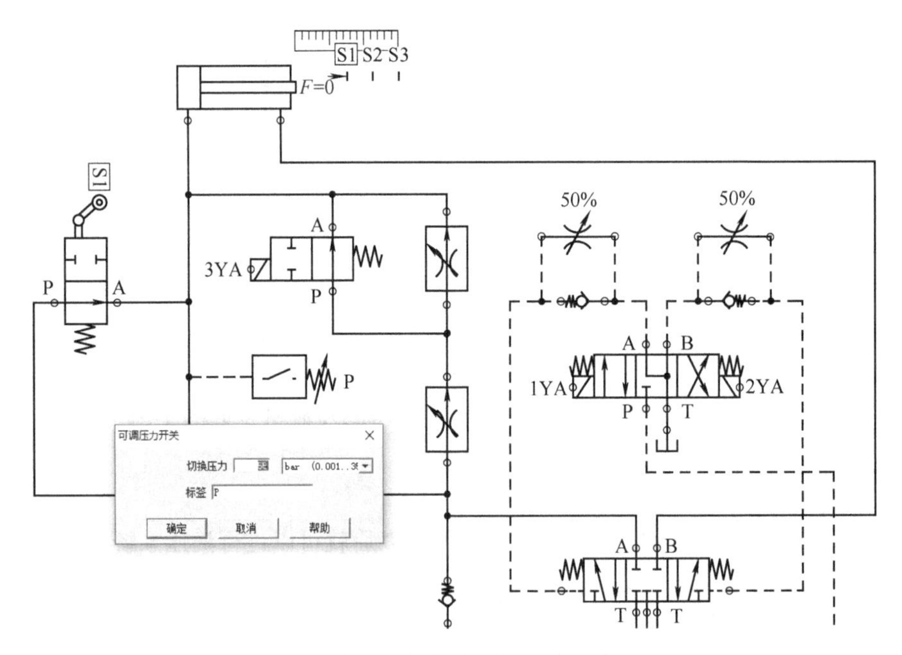

图 2-49 设置压力开关开启压力

17 和电磁换向阀 9 进入液压缸无杆腔，使液压缸活塞杆以一工进速度向外伸出，其仿真运行过程如图 2-53 所示。为了模拟液压缸在一工进 B1→B2、二工进 B2→B3、快退 B3→B1 的过程，

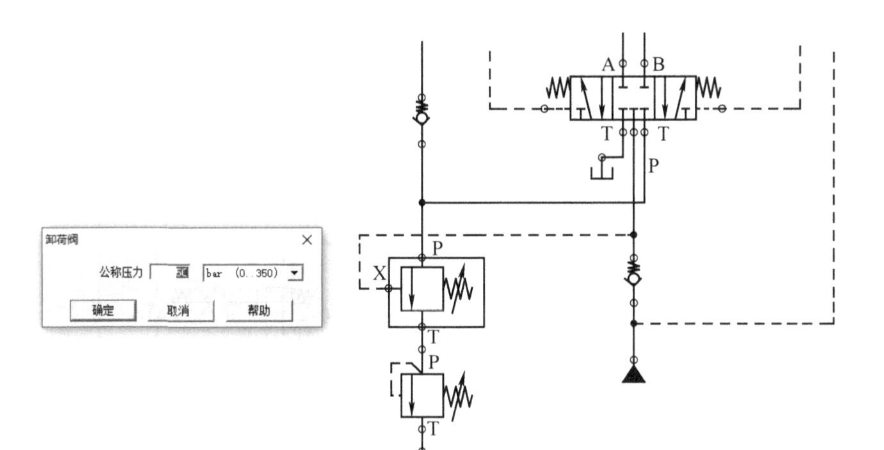

图 2-50 设置液控顺序阀开启压力

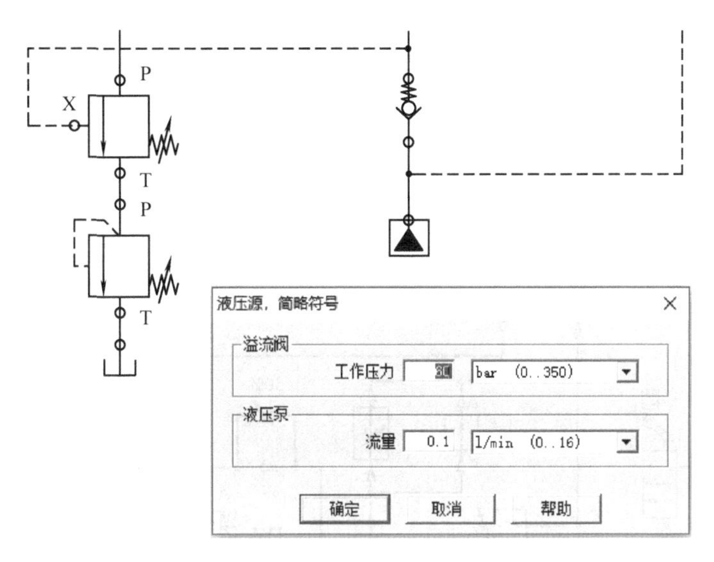

图 2-51 设置液压源工作压力和流量

机动换向阀的滚轮始终是被压下的状态，故将机动换向阀上位的滚轮和下位的弹簧都设置成图 2-54 所示形式。

当液压缸活塞杆向外伸出到达 S2 标尺位置时，挡块压下行程开关，使电磁铁 3YA 通电，经电磁换向阀 9 的通路被切断。此时液压油经过调速阀 17 和 10 进入液压缸无杆腔，使液压缸活塞杆以二工进速度向外伸出，其仿真运行过程如图 2-55 所示。

当液压缸活塞杆运动到 S3 位置时，活塞杆停止运动，使液压缸无杆腔压力升高，当达到压力开关 5 的开启值时，由压力开关发出信号给时间继电器，并等待一定时间（等待时间由时间继电器调节）后，由时间继电器发出信号，使活塞杆快速返回（B3→B1），此时电磁铁 1YA 断电，2YA 通电，3YA 断电，其仿真运行过程如图 2-56 所示。当活塞杆运动到达起始位置 B1 后停止。

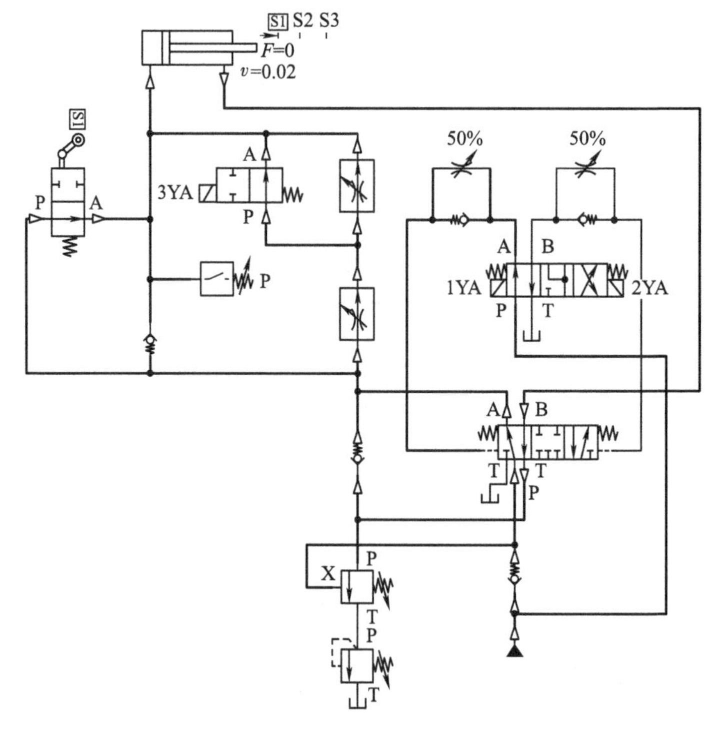

图 2-52　液压缸快进仿真过程

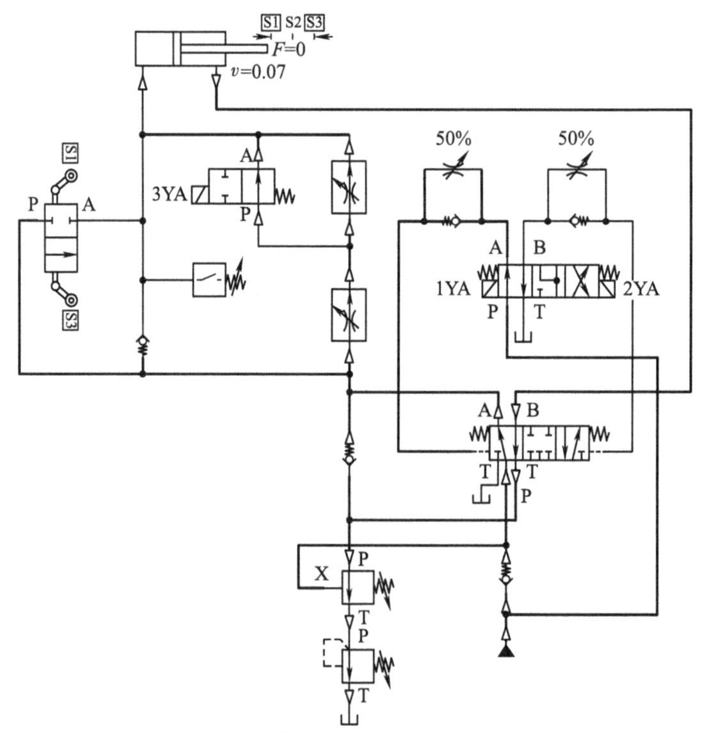

图 2-53　液压缸一工进仿真过程

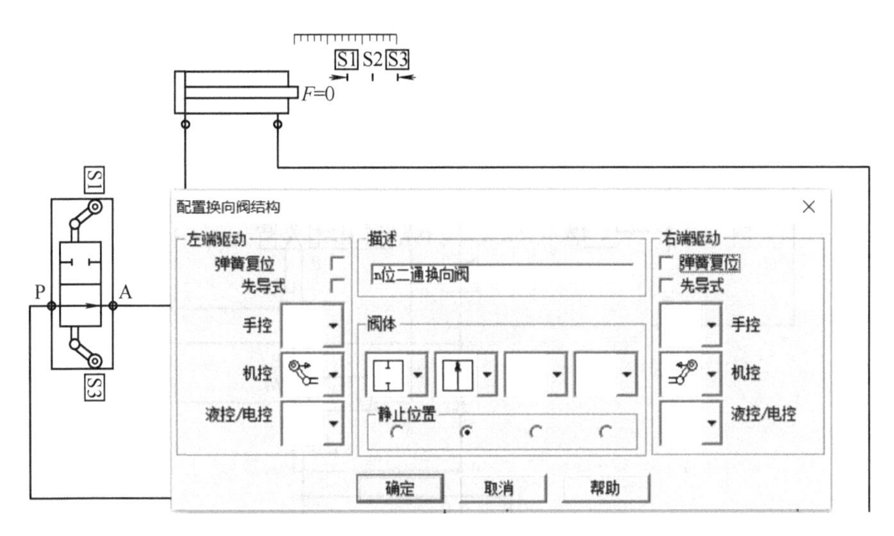

图 2-54　机动换向阀左右两端设置状态

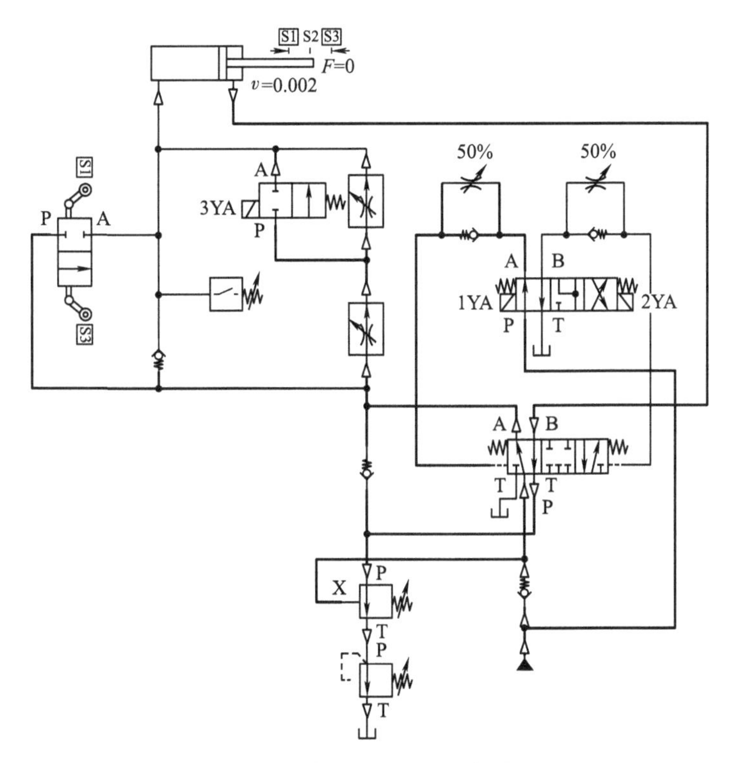

图 2-55　液压缸二工进仿真过程

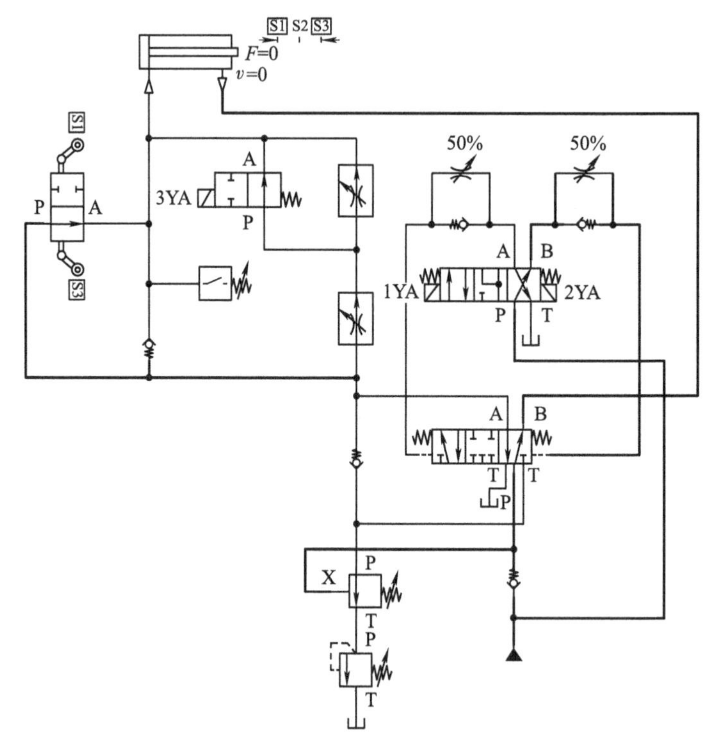

图 2-56　液压缸快退仿真过程

【项目实施与运行】

2.6　组合机床动力滑台液压元件的选择及系统搭建与运行

2.6.1　动力滑台液压元件的选择

根据项目要求和液压系统原理图，将所选液压元件列入表 2-4。

表 2-4　YT4543 型动力滑台液压系统液压元件明细

序号	元件外观图	元件名称及类型	图形符号	数量
1		直动式溢流阀	T P	1
2		顺序阀，外控外泄式		1

（续）

序号	元件外观图	元件名称及类型	图形符号	数量
3		单向阀	 B A	5
4		调速阀		2
5		节流阀		2
6		压力开关		1
7		双作用 单杆活塞液压缸	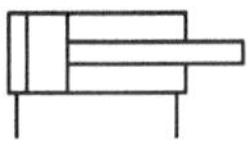	1
8		二位二通行程阀	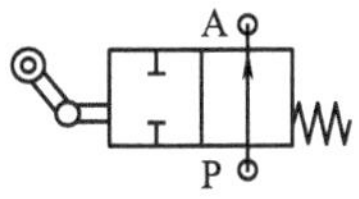 A P	1
9	 Rexroth	二位二通电磁换向阀	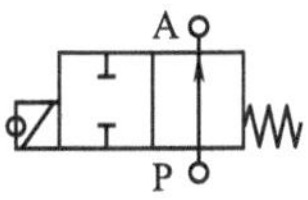 A P	1
10		三位四通电磁换向阀	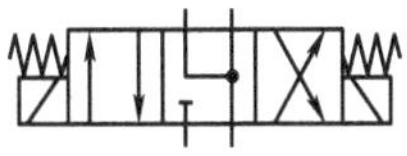	1
11		三位五通液动换向阀	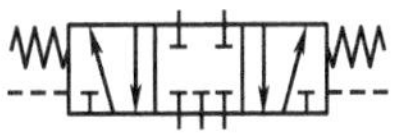	1

（续）

序号	元件外观图	元件名称及类型	图形符号	数量
12		压力表，带软管及小型测量接口		3
13		橡胶油管，带小型测量接口		若干
14		橡胶油管，不带小型测量接口		若干

2.6.2 动力滑台液压系统的搭建

1）确定所有元件的名称及数量，将其合理布置在液压实训台上，如图 2-57 所示。

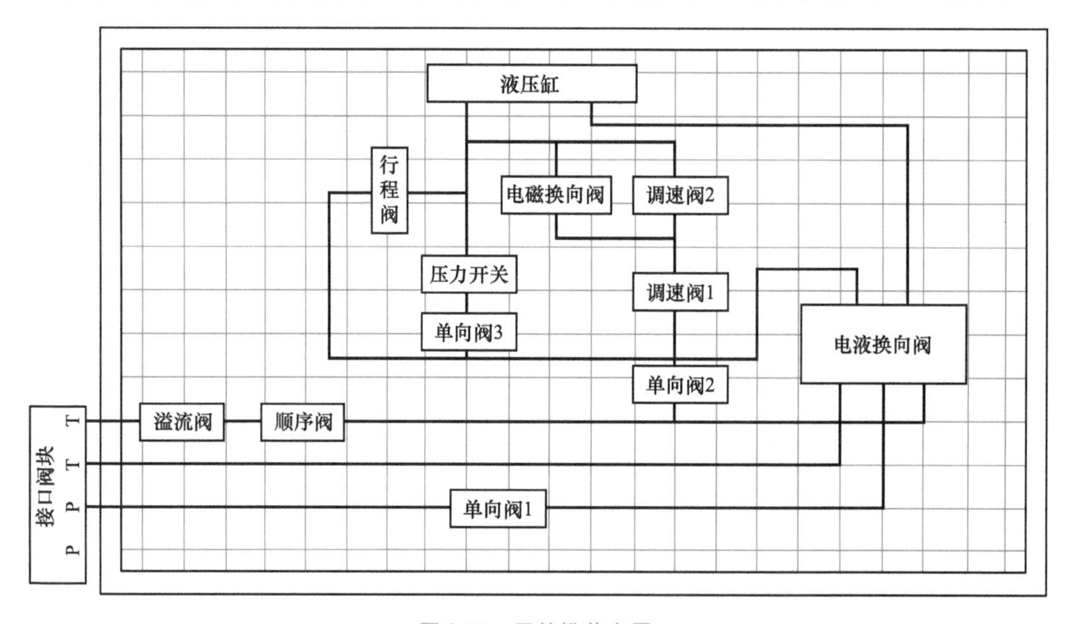

图 2-57 元件推荐布置

2）根据液压回路图，在关闭液压泵及稳压电源的情况下，用液压软管连接相应的液压元件，连接时注意查看每个元件各油口的标号。

注意：连接回路时，须用带小型测量接口的油管与压力表的测量接头连接起来，手动旋紧液压软管上相应的测量接头。

安全警示：为确保设备的可操作性、消除安全隐患，在项目实施之前以及实施期间，务必遵守各项安全法规。

警告：务必确保液压油管已经与所有的管接口相连，防止油液泄漏造成人员滑倒。

注意：在开始操作之前，务必确保液压泵的电气总开关处于按下状态即系统处于关闭状态，检查系统压力表，以确保系统处于失压状态。

2.6.3 动力滑台液压系统的运行与调试

确保液压回路及电气控制回路已经正确连接完毕后，可以开始液压系统的运行与调试。

注意：在运行之前，应检查并确保已将所有的压力阀都调至最低压力，所有的节流阀口都处于开启状态。

1）先起动电源，然后起动液压泵，检查所有装置有无泄漏。

2）通过溢流阀调节液压系统压力。

3）按下起动按钮，液压缸活塞杆向外伸出，依次完成快进→一工进→二工进。

4）通过调节两个调速阀的旋钮，可以改变一工进和二工进的速度，注意调速阀17的阀口开度要大于调速阀10的阀口开度。

5）通过调节时间继电器，可以控制液压缸运动到B3位置后停留的时间。

6）分别记录压力调节和速度调节时所对应的压力表的数值。

7）在完成液压系统的运行与调试后，应及时关闭液压泵。将溢流阀调到最低压力。

注意：拆卸回路之前，须确保所有液压元件的压力已释放，任何一只压力表的度数都必须为0的情况下，才能拔掉液压接头。

某企业“液压工程师”岗位要求

1）在部门负责人的领导下，负责车间的液压技术管理工作。

2）负责及时解决、排除生产过程中液压设备出现的问题和故障等。

3）严格按照有关规定填写并妥善保管液压检修过程中的原始记录，认真复核实验数据，确保检修质量。

4）协助部门负责人制定并落实液压系统的检修管理制度。

5）责任心强，沟通能力强，有团队合作意识。

6）完成领导交办的其他临时性工作。

【知识拓展】

2.7 电液伺服阀

电液伺服阀既是电液转换元件，也是功率放大元件，是电液伺服控制回路中的关键元件之一，它能够将输入的小功率的电信号转换为大功率的液压能输出。电液伺服阀具有动态响应快、控制精度高、使用寿命长等优点，已广泛应用于航空、航天、舰船、冶金、化工等领域的电液伺服控制系统中。图 2-58 所示为电液伺服阀的外观。

电液伺服阀的结构如图 2-59 所示。它由电磁和液压两部分组成，电磁部分是一个动铁式力矩马达，液压部分是一个两级液压放大器：液压放大器的第一级是双喷嘴挡板阀，称为前放大级；第二级是四边滑阀，称为功率放大级。当线圈中没有电流通过时，力矩马达无力矩输出，挡板处于两喷嘴中间位置。当线圈通入电流后，衔铁因受到电磁力矩的作用而偏转一定的角度，由于衔铁固定在弹簧管上，这时弹簧管上的挡板也偏转相应的角度，使挡板与两喷嘴的间隙改变，例如右面间隙增加，左喷嘴腔内压力升高，右腔压力降低，主阀芯（滑阀芯）在此压差作用下右移。位于挡板下端的球头嵌在滑阀的凹槽内，在阀芯移动的同时，带动球头上的挡板一起向右动，使右喷嘴与挡板的间隙逐渐减小。当滑阀上的液压作用力与挡板下端球头因移动而产生弹性反作用力达到平衡时，滑阀便不再移动，并使其阀口一直保持这一开度。通过线圈的控制电流越大，使衔铁偏转的转矩、挡板的扭曲变形、滑阀两端的压差以及滑阀的位移量越大，伺服阀输出的流量也就越大。

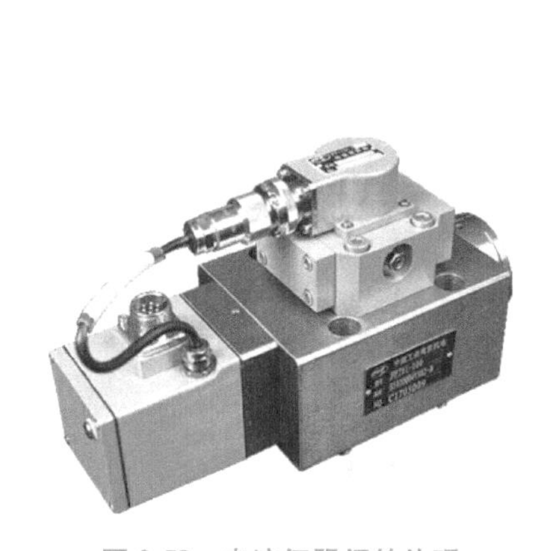

图 2-58　电液伺服阀的外观

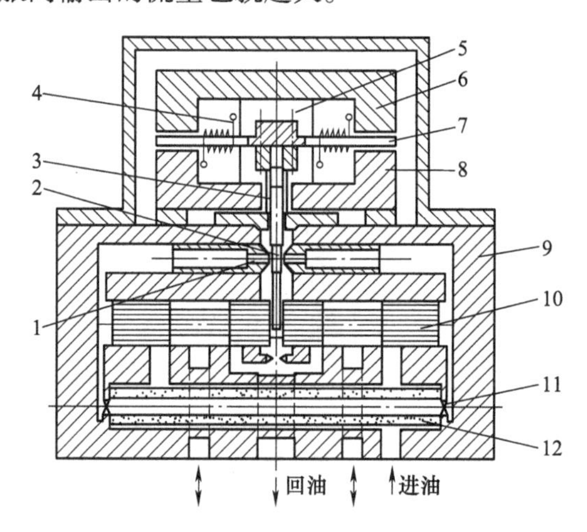

图 2-59　电液伺服阀的结构

1—喷嘴　2—挡板　3—弹簧管　4—线圈　5—永磁铁　6、8—导磁体　7—衔铁　9—阀座　10—滑阀　11—节流孔　12—过滤器

2.8 电液比例控制阀

电液比例控制阀（简称比例阀）是一种将输入的电信号连续按比例对油液的压力、流量和方向进行远距离控制的阀。电液比例控制阀的外观如图 2-60 所示。

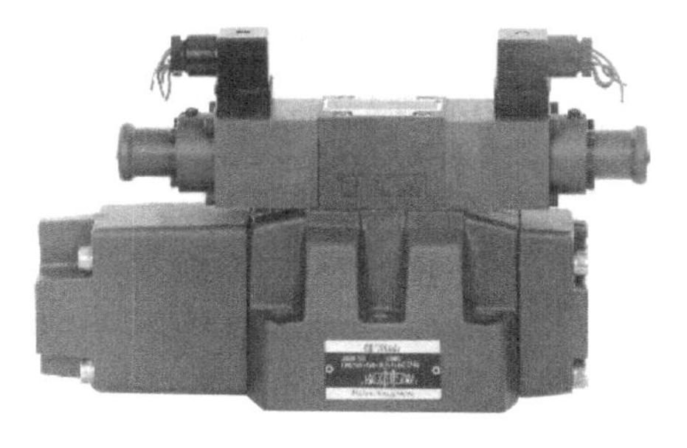

图 2-60　电液比例控制阀的外观

比例阀工作时，将手动调节的普通阀改为电动调节，并使被调整的参数和给定的电流成一定比例。比例阀的工作原理如图 2-61 所示。它的控制精度、响应指标等性能虽不及电液伺服阀，但也能进行电液转换与放大，且结构简单，通用性好。由于比例阀一般具有压力补偿性能，所以它的输出压力和流量可以不受负载变化的影响，其造价比电液伺服阀低，维护和保养也较为经济，抗污染性较好，并能简化液压系统的油路、减少元件的数量，因而被广泛应用。

比例阀可分为比例调速阀、比例压力阀和比例换向阀等。

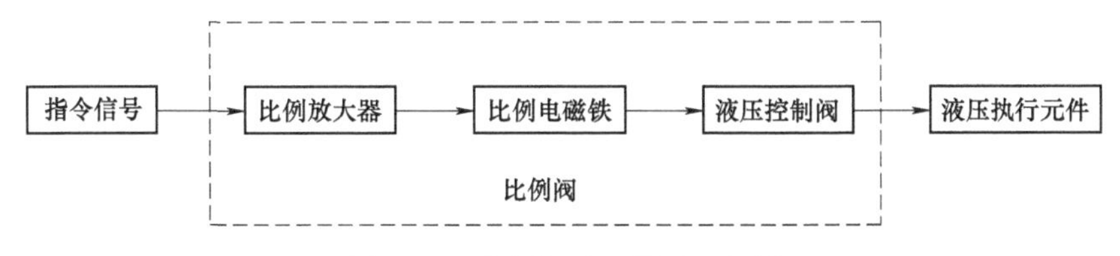

图 2-61　比例阀的工作原理框图

比例电磁铁是比例阀中比例调节机构的主要部分，比例电磁铁吸力与通过其线圈的直流电流强度成正比。输入信号在通入比例电磁铁前，要先经电放大器处理和放大，电放大器大多制成插接式装置与比例阀配套供应。与一般电磁阀所用的电磁铁不同，比例电磁铁是一个直流电磁铁，其吸力或位移与给定的电流成比例，并在铁心的全部工作位置上，总是在磁路中保持一定的气隙。

图 2-62a 所示为比例电磁铁的结构。它主要由极靴 1、线圈 2、壳体 4 和铁心 5 等组成。当线圈通电后产生磁场，隔磁环将磁路切断，使磁力线主要部分在铁心、气隙和极靴中通过，极靴对铁心产生吸力。当线圈中的电流一定时，吸力的大小还取决于极靴与铁心的相对位置。比例电磁铁铁心的吸力通常再通过一个弹簧传送给液压阀，采用比例电磁铁可得到与给定电流成比例的位移输出或吸力输出。

如图 2-62b 所示为比例电磁铁的特性。推杆推力的大小与输入电磁铁的电流大小成正比，其推力的行程特性（曲线几乎水平）大大地优于普通开关电磁铁。

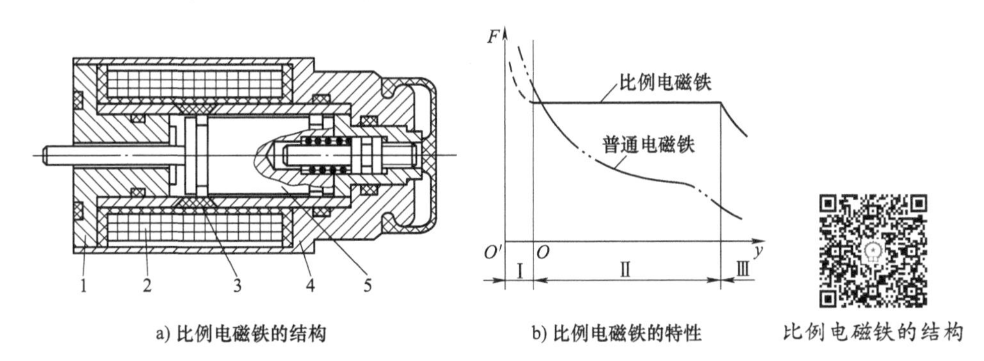

图 2-62　比例电磁铁的结构与特性

1—极靴　2—线圈　3—隔磁环　4—壳体　5—铁心

1. 电磁比例调速阀

用比例电磁铁替代普通节流阀开口调节旋钮便构成电磁比例节流阀或调速阀。图 2-63 所示为一种比例调速阀。工作时，比例电磁铁 5 输入一个电信号时所产生的电磁力经推杆 4 推动节流阀主阀芯 3 并使之左移，直到电磁力与弹簧 2 的作用力平衡为止。此时，调速阀就有一个相应的阀口开度 x，输出一定的流量。当输入的电信号发生变化时，输出的流量将随电信号的变化成比例地变化。当输入信号电流为零时，输出流量也为零。

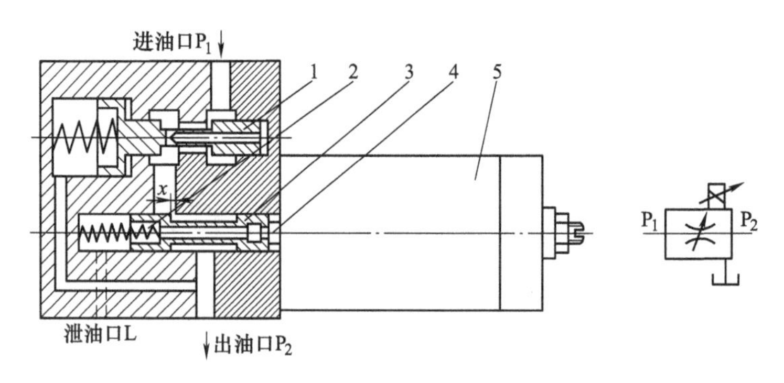

图 2-63　电磁比例调速阀

1—减压阀芯　2—弹簧　3—主阀芯　4—推杆　5—比例电磁铁

2. 电磁比例压力阀

用比例电磁铁替代直动式溢流阀的手调装置，便成直动式电磁比例压力阀，如图 2-64 所示。比例电磁铁的推杆通过弹簧座对调压弹簧施加推力，随着输入信号强度的变化，可改变调压弹簧的压缩量，使阀连续地或按比例地远程控制其输出油液的压力。

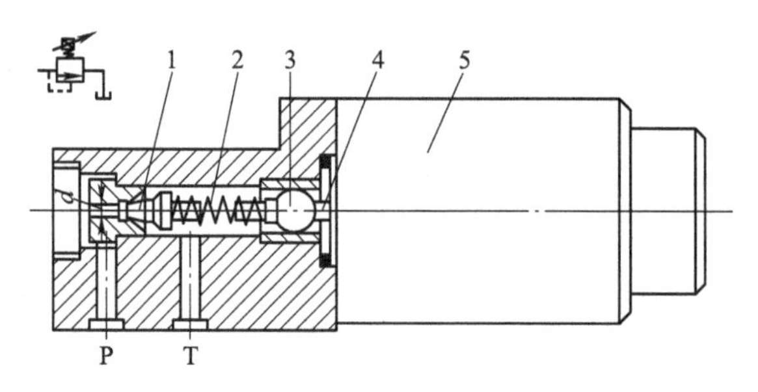

图 2-64　电磁比例压力阀

1—锥阀　2—弹簧　3—钢球　4—推杆　5—电磁力马达

把直动式比例溢流阀作为先导阀与普通压力阀的主阀相配，便可组成先导式比例溢流阀、比例顺序阀和比例减压阀。

3. 电液比例换向阀

电液比例换向阀的结构如图 2-65 所示，它由比例电磁铁、比例减压阀和液动换向阀组成。

当比例电磁铁输入信号电流时，比例电磁铁的推杆推动减压阀阀芯向右移动，使得孔道 2 和 3 连通，液压油 p_s 经阀口减压成 p_1 后流至液动换向阀阀芯的右端，推动其向左移动，使液压油从阀口 P 流入，经阀口 B 流出。

电液比例换向阀不仅可以改变液流方向，还可以控制输出流量。因此，电液比例换向阀不但能作为方向阀使用，还能作为节流阀使用，但其输出流量受到负载的影响。为了避免负载变化对输出流量的影响，往往将比例方向阀与定差减压阀组合成比例复合阀。

在液动换向阀的端盖上装有节流螺钉6和7，它们的作用是可根据需要分别调节换向阀的换向时间。此外，这种换向阀仍与普通换向阀一样，具有不同的中位机能。

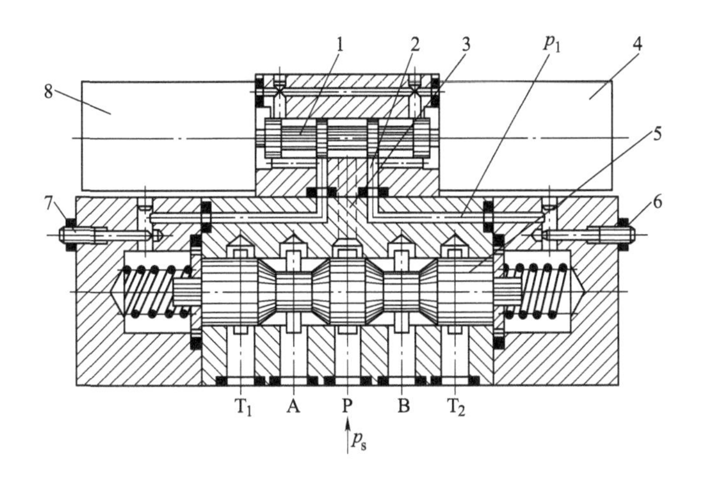

图2-65　电液比例换向阀

1、5—阀芯　2、3—孔道　4、8—比例电磁铁　6、7—节流螺钉

【工程训练】

训练题目：通过接近开关来消除自锁的电气液压回路安装

工程背景：行程开关早已在传统的机床设备中得到广泛应用，但在日常维修中经常会发现行程开关的机械运动部件损坏，这是机床故障率升高的主要原因之一。为了提高机床的可靠性，利用接近开关替代行程开关，实现机床的自动往返控制及相关限位控制，可以减少机械撞击和磨损，从而提高控制的可靠性，降低设备故障率。图2-66和图2-67分别为机床控制中的限位开关和刀塔后方的限位开关。

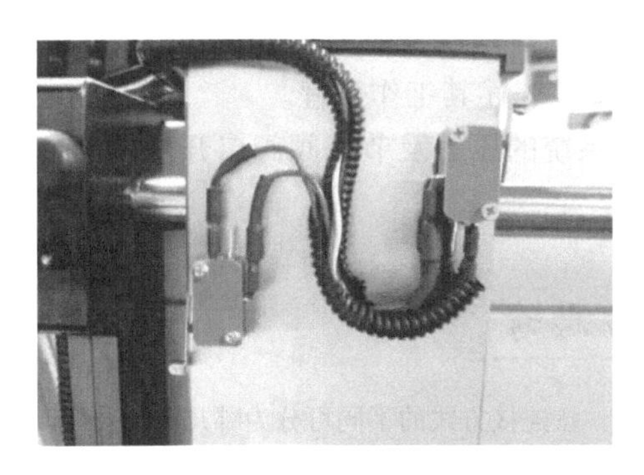

图2-66　机床控制中的限位开关

图2-67　刀塔后方的限位开关

工作过程：设计一个回路，通过点动按钮使液压缸伸出并且使其通过接近开关自动返回。当液压缸在返回过程的任意位置时，通过点动按钮可以使液压缸重新伸出。另外，液压缸的伸出速度应该可以调节，系统压力可调并可以在压力表上读出。

工程图样：图 2-68 和图 2-69 给出了一部分的液压系统回路和电气控制回路。图中 B1 为电感式接近开关，DW9 或 DW12 为液压缸（负载单元），DD1. X 为直动式溢流阀，DZ1. X 为压力表，S5 为起动按钮（常开触点），K1 和 K2 为继电器，Y1 为电磁换向阀的电磁铁线圈。通过行程开关可以将自锁电路断开，通过按下按钮 S5 可使换向阀 Y1 带电。该控制脉冲应该通过自锁电路存储起来。当接近开关 B1 被接通并且借此将自锁电路释放时，液压缸自动返回。

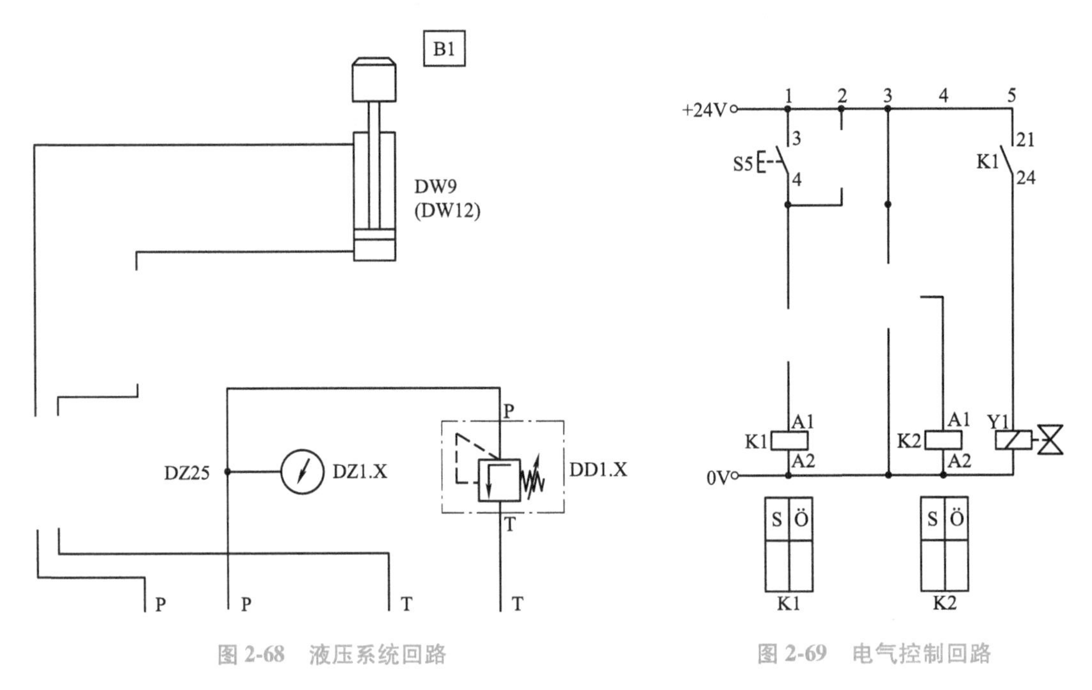

图 2-68　液压系统回路

图 2-69　电气控制回路

查阅资料：请查阅相关资料，说明电感式接近开关的原理和作用。

识图训练：

1）请补充图 2-68 所示液压系统回路图和图 2-69 所示电气控制回路图，并说明组成该系统的液压和电气元件名称。

2）说明每个液压和电气元件在系统中的功用，并表述其工作过程。

3）利用 FluidSIM-H 软件进行系统仿真，调节系统的压力及节流阀阀口开度，记录仿真过程及数据。

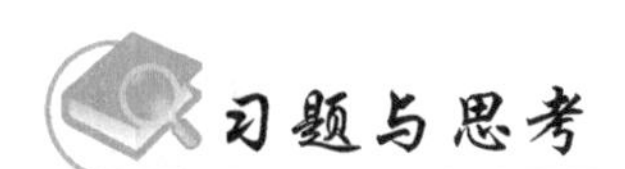

习题与思考

2-1　什么是液压控制阀？按功能的不同可分为哪几类？按连接方式的不同可分为哪几类？

2-2　什么是单向阀？其工作原理如何？开启压力有何要求？当作背压阀时应采取何种措施？

2-3　液控单向阀为什么要有内泄式和外泄式之分？什么情况下采用外泄式？

2-4 什么是换向阀的“位”与“通”？其图形符号应如何表达？

2-5 换向阀的操纵、定位和复位方式有哪些？电液换向阀有哪些特点？

2-6 什么是换向阀的中位机能？选用时应考虑哪些因素？

2-7 影响节流阀流量稳定性的因素有哪些？

2-8 有一使用电磁换向阀的换向回路，当电磁铁通电时，液压缸有时动作，有时不动作。现场检查发现油液太脏，打开换向阀可见阀芯、阀套磨损严重。试分析故障原因并想出解决办法。

2-9 简述中间继电器的工作原理。

2-10 时间继电器按照其输出触点的动作形式不同，可分为哪几种？试画出其符号和时序图。

2-11 请画出自保持电路图和互锁电路图。

项目 3

数控车床液压系统分析与搭建

【项目导学】

见表 3-1。

表 3-1　数控车床液压系统分析与搭建项目导学表

项目名称	数控车床液压系统分析与搭建	参考学时	12 学时
项目导入	数控车床是一种装有程序控制系统的自动化机床，主要用于轴类和盘类等回转体零件的加工。它具有加工精度高、加工质量稳定、自动化和柔性化程度高等特点，是目前国内使用量较大，覆盖面较广的一种数控机床 数控车床由数控装置、床身、主轴箱、刀架进给系统、尾座、液压系统、冷却系统、润滑系统、排屑器等部分组成 由于液压系统具有结构紧凑、精度高、响应快、易于控制和调节等特点，因此被广泛应用于数控车床中。例如数控车床卡盘的夹紧与松开、刀架的夹紧与松开、刀架的正转和反转、尾座套筒的伸出与缩回等		
学习目标	知识目标	1. 能说出数控车床液压系统各液压元件的名称 2. 能阐述数控车床液压系统各液压元件的工作过程及特性 3. 能使用仿真软件绘制数控车床液压系统系统图	
	能力目标	1. 能独立识读和手工绘制数控车床液压系统原理图 2. 通过小组合作能完成数控车床液压系统的搭建与运行 3. 在教师指导下能够进行数控车床液压系统的维护	
	素质目标	1. 能执行液压系统相关国家标准，培养学生有据可依、有章可循的职业习惯 2. 能在实操过程中遵循操作规范，增强学生的安全意识 3. 能与小组成员进行有效的沟通，培养学生的团队意识	
问题引领	1. 数控车床的组成有哪些？要实现哪些动作？ 2. 卡盘的夹紧与松开如何实现？ 3. 刀盘的松开、紧固与刀架正、反转的关系是什么？ 4. 尾座套筒如何实现伸缩运动？ 5. 在液压系统中，当需要一个油源驱动两个或两个以上的执行元件工作的回路时，应如何处理？ 6. 泵供油压力高，若回路中某局部工作系统需要稳定的低压，此时可采用什么回路？		

（续）

项目名称	数控车床液压系统分析与搭建	参考学时	12学时
项目成果	1. 数控车床液压系统原理图 2. 按照原理图搭建液压系统并运行 3. 项目报告 4. 考核及评价表		
项目实施	构思：项目分析与液压元件及基本回路的学习，参考学时为6学时 设计：手工绘制与系统仿真，参考学时为2学时 实施：元件选择及系统搭建，参考学时为2学时 运行：调试运行与项目评价，参考学时为2学时		

【项目构思】

数控车床是现代机械制造业的主流设备，具有加工精度高、自动化程度高、适应性强等特点，尤其能加工普通车床难以加工的复杂曲面零件。图3-1所示为数控车床。

在数控车床中，卡盘的夹紧与松开、刀架的夹紧与松开、刀架的正转与反转、尾座套筒的伸出与缩回，这些动作都是由液压系统驱动的，其中刀架的转动是由液压马达驱动的，其他运动都是直线运动，由液压缸驱动。在夹紧工件时，夹紧力要适当，既要保证夹紧可靠，又不能因用力过大而夹伤工件表面。在数控车床液压系统中，各执行机构运动方向的控制均采用电磁阀，其电磁铁动作是由数控系统中的PLC控制实现的。

无论是数控机床的操作者，还是设备的维修人员，都要熟悉数控车床液压系统的工作过程，能读懂液压系统原理图，掌握每个元件的工作特性，能正确维护液压系统。数控车床液压系统是多个执行元件的液压系统，各执行元件的动作必须合乎一定的顺序。学习该项目时，首先要认真阅读表3-1所列内容，明确本项目的学习目标，知悉项目成果和项目实施环节的要求。

图3-1 数控车床

项目实施建议教学方法为：项目引导法、小组教学法、案例教学法、启发式教学法及实物教学法。

教师首先下发项目工单（表3-2），布置本项目需要完成的任务及控制要求，介绍本项目的应用情况并进行项目分析，引导学生完成项目所需的知识、能力及软硬件准备，讲解数控车床液压系统相关的液压元件、液压基本回路等相关知识。

学生进行小组分工，明确项目内容，小组成员讨论项目实施方法，并对任务进行分解，掌握完成项目所需的知识，查找液压系统相关国家标准和数控车床液压系统的相关资料，制订项目实施计划。

表 3-2　数控车床液压系统分析与搭建项目工单

<table>
<tr><td>课程名称</td><td colspan="6">液压与气动技术</td><td>总学时：</td></tr>
<tr><td>项目 3</td><td colspan="6">数控车床液压系统分析与搭建</td><td></td></tr>
<tr><td>班级</td><td></td><td>组别</td><td></td><td>小组负责人</td><td></td><td>小组成员</td><td></td></tr>
<tr><td>项目要求</td><td colspan="7">在数控车床液压系统中，由液压系统实现的动作有：卡盘的夹紧与松开、刀架的夹紧与松开、刀架的正转与反转、尾座套筒的伸出与缩回。项目具体要求如下：
1. 采用单向变量液压泵向系统供油，能量损失小
2. 用换向阀控制卡盘，实现高压和低压夹紧的转换，分别调节高压夹紧或低压大小，这样可根据工件情况调节夹紧力，操作方便简单
3. 用液压马达驱动刀架的转位，可实现无级调速，并能控制刀架的正、反转
4. 用换向阀控制尾座套筒液压缸的换向，以实现套筒的伸出或缩回，并能调节尾座套筒伸出时预紧力的大小，以适应不同工作的需要
5. 压力计可分别显示系统相应部分的压力，便于故障诊断和调试</td></tr>
<tr><td>项目成果</td><td colspan="7">1. 数控车床液压系统原理图
2. 按照原理图搭建液压系统并运行
3. 项目报告
4. 考核及评价表</td></tr>
<tr><td>相关资料及资源</td><td colspan="7">1.《液压与气动技术》
2.《液压实训指导书》
3. 国家标准 GB/T 786. 1—2021《流体传动系统及元件　图形符号和回路图　第 1 部分：图形符号》
4. 与本项目相关的微课、动画等数字化资源及网址</td></tr>
<tr><td>注意事项</td><td colspan="7">1. 液压元件有其规定的图形符号，符号的绘制要遵循相关国家标准
2. 液压连接软管的管接头是精密部件，软管较长，掉在地上后会损伤管接头，导致其无法连接
3. 在网孔板上安装元件务必牢固可靠
4. 液压系统的连接与拆卸务必遵守操作规程，严禁在液压系统运行过程中拆卸连接管
5. 液压系统运行结束后清理工作台，对液压元件及连接软管进行有序归位</td></tr>
</table>

3.1　数控车床液压系统液压元件

3.1.1　数控车床液压系统减压阀

减压阀是使出油口压力（二次压力）低于进油口压力（一次压力）的一种压力控制阀。当液压系统的某一部分的压力要求比供油压力低时，一般常用减压阀来实现。减压阀在各种液压设备的夹紧系统、润滑系统和控制系统中应用较多。此外，当油液压力不稳定时，在回路中串入一个减压阀，可得到一个恒定的、较低的压力。

减压阀有多种不同的形式，根据控制的压力不同，可将其分为定值减压阀、定差减压阀和定比减压阀。定差减压阀可使进油口压力和出油口压力的差值保持恒定。人们常说的减压阀指的就是定值减压阀，它可以使出油口压力保持恒定，不受进油口压力影响。减压阀是依靠液压力和弹簧力的平衡进行工作的，有直动式和先导式之分，直动式较少单独使用，先导式应用较多。

1. 减压阀的工作原理

如图 3-2 所示，先导式减压阀由先导阀和主阀两部分组成。图 3-3 所示为先导式减压阀的结构和图形符号，液压油从阀的进油口（图中未示出）流入进油腔 P_1，经减压阀阀口 x 减压后，再从出油腔 P_2 和出油口流出。出油腔压力油经小孔 f 进入主阀芯 5 的下端，同时经阻尼小孔 e 流入主阀芯上端，再经孔 c 和 b 作用于锥阀芯 3 上。当出油口压力较低时，先导阀关闭，减压阀不起减压作用。当出油口压力达到先导阀的调定压力时，先导阀开启，此时 P_2 腔的部分压力油经孔 e、c、b、先导阀口、孔 a 和泄油孔 L 流回油箱。由于阻尼小孔 e 的作用，主阀芯两端产生压力差，主阀芯上移，减压阀阀口减小，使出油口压力降低至调定压力。若外界干扰使出油口压力变化，减压阀将会自动调整阀口的开度，以保持出油压力稳定。调节螺母 1 即可调节调压弹簧 2 的预压缩量，从而调定减压阀出油口压力。

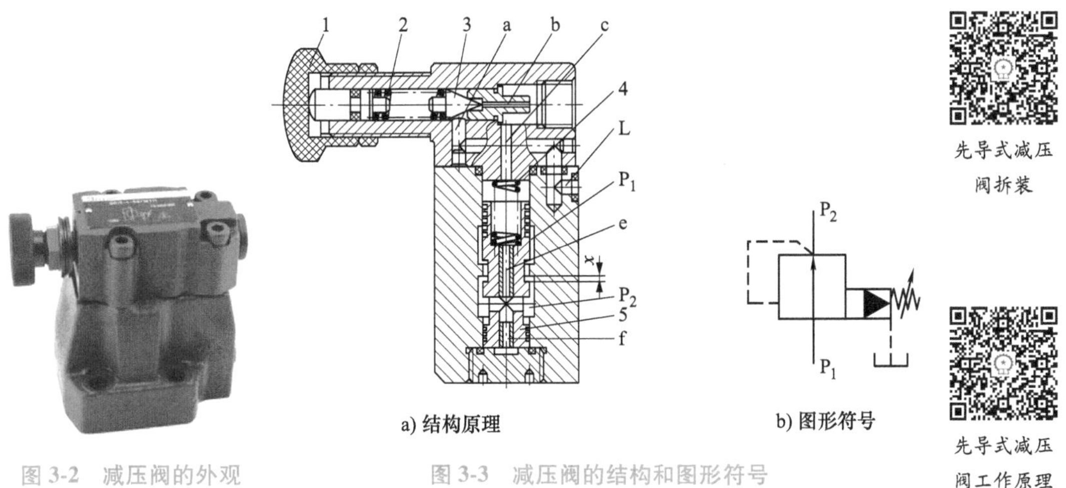

图 3-2　减压阀的外观

图 3-3　减压阀的结构和图形符号

1—调节螺母　2—调压弹簧　3—锥阀芯　4—平衡弹簧　5—主阀芯

2. 减压阀的应用

减压阀主要应用于以下几种情况：

1）降低液压泵输出油液的压力，供给低压回路使用。

2）稳定压力。减压阀输出的二次液压油压力比较稳定，供给执行装置工作可以避免一次液压油压力波动对它产生的影响。

3）当执行元件需要正反向压力不同时，可与单向阀并联，组成单向减压回路，实现单向减压。

4）远程减压。减压阀远程控制口 K 接远程调压阀可以实现远程减压，但必须是远程控制减压后的压力在减压阀压力调定值的范围之内。

3.1.2 数控车床液压系统液压马达

液压马达是做连续旋转运动并输出转矩的液压执行元件，亦称油马达，如图 3-4 所示。它是将液压泵所提供的液压能转变为机械能的能量转换装置。

图 3-4 液压马达的外观

1. 液压马达的类型与特点

液压马达按其排量可否调节，分为定量马达和变量马达；按其输油方式的不同，可分为单向液压马达和双向液压马达；按其结构类型的不同，可分为齿轮式、叶片式和柱塞式等；按其额定转速的不同，可分为高速马达和低速马达。

从能量转换的观点来看，液压泵可以用作液压马达，液压马达也可以用作液压泵。因为它们具有同样的基本结构要素——密封而又可以周期变化的工作容积和相应的配流机构。但事实上，同类型的液压泵和液压马达虽然在结构上相似，但由于两者的工作条件不同，使得两者在结构上仍存在许多差别。

1）由于液压马达一般需要正、反转，所以要求其内部结构对称，而液压泵一般是单方向旋转的，没有这一要求。

2）液压马达的转速范围需要足够大，特别对它的最低稳定转速有一定的要求，一般采用液动轴承或静压轴承，这是因为当液压马达速度很慢时，若采用动压轴承，则不易形成润滑膜。液压泵一般在高速且稳定的环境下工作，其转速很少有变化。

3）由于液压马达在输入液压油条件下工作，因此不必具备自吸能力，但需要一定的初始密封性，才能提供必要的启动转矩。液压泵通常需要自吸能力。

由于存在以上差别，使得许多同类型的液压马达和液压泵虽然在结构上相似，但不能可逆工作。

图 3-5 所示为液压马达的图形符号。

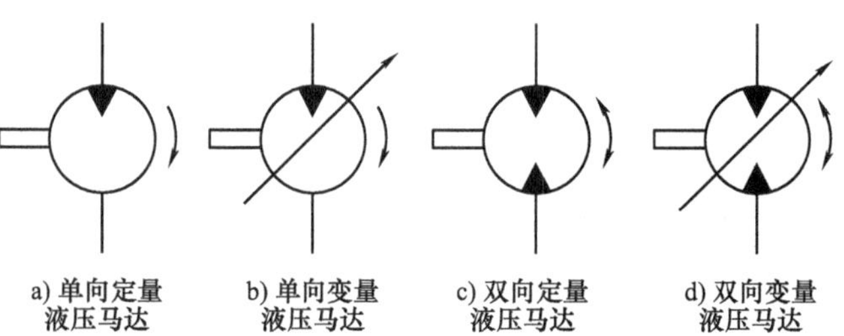

图 3-5 液压马达的图形符号

2. 液压马达的主要性能参数

从液压马达的功用来看，主要性能参数为转速 n、转矩 T 和效率 η。

（1）容积效率和转速　在理想情况下，若液压马达的排量为 V，当转速为 n 时，液压马达需要油液的理论流量为 Vn。由于液压马达可能存在泄漏的情况，所以实际所需的流量要大于理论流量。假设液压马达的泄漏量为 Δq，则实际供给液压马达的流量应为

$$q = Vn + \Delta q \tag{3-1}$$

液压马达的容积效率η_V为

$$\eta_V = \frac{Vn}{q} \tag{3-2}$$

转速为

$$n = \eta_V \frac{q}{V} \tag{3-3}$$

（2）机械效率和转矩　在不考虑液压马达摩擦损失的情况下，液压马达的理论输出转矩T_t为

$$T_t = \frac{pV}{2\pi} \tag{3-4}$$

实际上液压马达存在机械损失，假设摩擦损失的转矩为 ΔT，液压马达实际输出转矩为

$$T = T_t - \Delta T \tag{3-5}$$

机械效率η_m为

$$\eta_m = \frac{T}{T_t} \tag{3-6}$$

液压马达的输出转矩为

$$T = T_t \eta_m = \frac{pV}{2\pi} \eta_m \tag{3-7}$$

（3）液压马达总效率　液压马达的总效率为液压马达的输出功率与输入功率的比值，即

$$\eta = \frac{T_2\pi n}{pq} = \frac{T_2\pi n}{\frac{pVn}{\eta_V}} = \eta_V \frac{T}{\frac{pV}{2\pi}} = \eta_m \eta_V \tag{3-8}$$

由式（3-8）可知，液压马达的总效率为液压马达的机械效率η_m和容积效率η_V的乘积。

3. 液压马达的工作原理

同类型的液压马达和液压泵结构相似，从工作原理上来说是接近一致的，它们都是通过密封工作腔的容积变化来实现能量的转换。

下面以图 3-6 所示轴向柱塞式液压马达为例对其工作原理进行简单介绍。

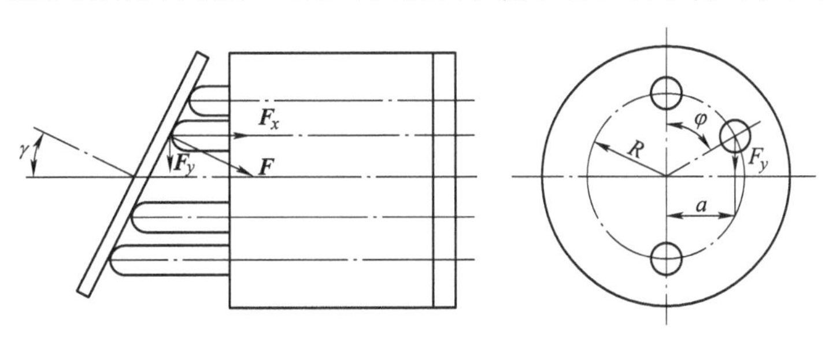

图 3-6　轴向柱塞式液压马达

当液压油进入液压马达的高压腔后，工作柱塞处于进油腔，受到液压力后，活塞被顶

出，通过滑靴压在斜盘上，其反作用力为 $\boldsymbol{F}$，$\boldsymbol{F}$ 可分解为两个分力，一个分力是沿柱塞轴向的力 $\boldsymbol{F}_x$，与柱塞所受液压力平衡，另一分力为$\boldsymbol{F}_y$，与柱塞轴线垂直，这个力产生驱动马达旋转的力矩，其计算公式为

$$F_y = F_x \tan\gamma = \frac{\pi}{4} d^2 p \tan\gamma \tag{3-9}$$

轴向柱塞式液压马达的总转矩是脉动的，柱塞数量越多，其数目为单数时脉动越小。

改变液压马达斜盘倾角 γ 的大小时，其排量会跟着改变；如果改变斜盘倾角的方向，液压马达的旋转方向也会发生改变。

当液压马达的进、出油口互换时，液压马达将反向转动。

4. 液压马达的工作特点

1）由于要求液压马达能正、反运转，因此，在设计时要求液压马达具有结构上的对称性。

2）液压马达内部泄漏不可避免，当液压马达的出油口关闭而进行制动时，仍会有缓慢的滑转。如果需要精确制动，应另行设置防止转动的制动器。

3）在起动液压马达时，液压油黏度过低，会使得液压马达润滑性能下降；黏度过高，会使液压马达得不到有效润滑。

4）液压马达在驱动负载惯量大、转速高并要求急速制动或反转时，会产生较高的液压冲击，应在系统中设置安全阀和缓冲阀，以保证系统正常工作。

3.2 数控车床液压系统压力控制回路

压力控制回路是利用压力控制阀控制回路压力，满足执行元件对力或力矩的要求，使之完成特定功能的回路，是液压系统常见的基本回路。压力控制回路的种类有很多，包括调压、减压、增压、卸荷、保压和平衡等多种。

3.2.1 数控车床液压系统调压回路

在液压系统中，只有压力与负载相适应，才能在满足工作要求的同时减少不必要的动力损耗，这需要调压回路来实现。调压回路是用来调定整个液压系统或系统局部的油液压力，或是为了安全而限定系统的最高压力值的回路。

调压回路分为单级调压回路、二级调压回路、多级调压回路和比例调压回路等。

1. 单级调压回路

图 3-7 所示为单级调压回路，在液压泵 1 的出油口处设置溢流阀 2，溢流阀与液压泵并联，控制回路的最高压力保持恒定。当系统工作压力上升至溢流阀的调定压力时，溢流阀开启溢流；当系统工作压力低于溢流阀的调定压力时，溢流阀关闭，此时系统工作压力取决于负载的情况。溢流阀的调定压力必须大于液压缸最大工作压力和油路上各种压力损失的总和。

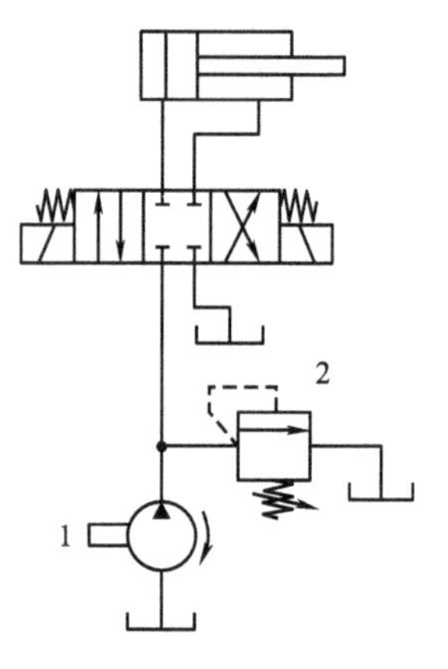

图 3-7 单级调压回路

1—液压泵 2—溢流阀

2. 二级调压回路

图 3-8 所示为二级调压回路，可实现两种不同的系统压力控制。由先导式溢流阀 2 和直动

式溢流阀 4 各调一级，当二位二通电磁换向阀 3 处于图示位置时，系统压力由先导式溢流阀 2 调定，当换向阀 3 得电后处于右位时，系统压力由直动式溢流阀 4 调定，但需要注意的是，直动式溢流阀 4 的调定压力一定要小于先导式溢流阀 2 的调定压力，否则不能实现；当系统压力由直动式溢流阀 4 调定时，先导式溢流阀 2 的先导阀口关闭，但主阀开启，液压泵的溢流量经主阀流回油箱。

3. 多级调压回路

图 3-9 所示为三级调压回路，阀 1、2、3 分别控制系统的压力，溢流阀 1 的远程控制口通过三位四通换向阀分别接远程调压阀（或小流量溢流阀）2 和 3 从而组成了三级调压回路。当两电磁铁均不带电时，系统压力由阀 1 调定；当 1YA 得电时，系统压力由阀 2 调定；当 2YA 得电时，系统压力由阀 3 调定。

回路中，远程调压阀 2 和 3 的调定压力需小于主溢流阀的调定压力（阀 2 和阀 3 的调定压力无特定关系），只有这样远程调压阀才能起作用。如果在溢流阀的远程控制口处通过多位换向阀的不同通口并联多个调压阀，可实现多级调压。

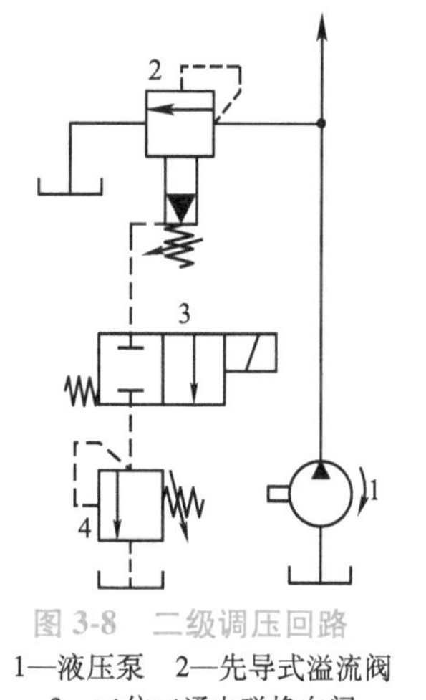

图 3-8 二级调压回路

1—液压泵 2—先导式溢流阀
3—二位二通电磁换向阀
4—直动式溢流阀

二级调压回路

4. 比例调压回路

图 3-10 所示为比例调压回路。利用电液比例溢流阀实现无级调压。调节先导式比例电磁溢流阀的输入电流，即可实现系统压力的无级调节，这样不但回路结构简单，压力切换平稳，而且更容易使系统实现远距离控制或程控。

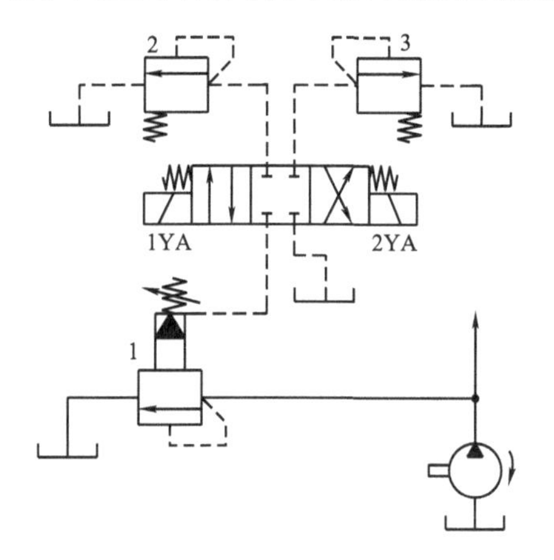

图 3-9 三级调压回路

1—溢流阀 2、3—调压阀

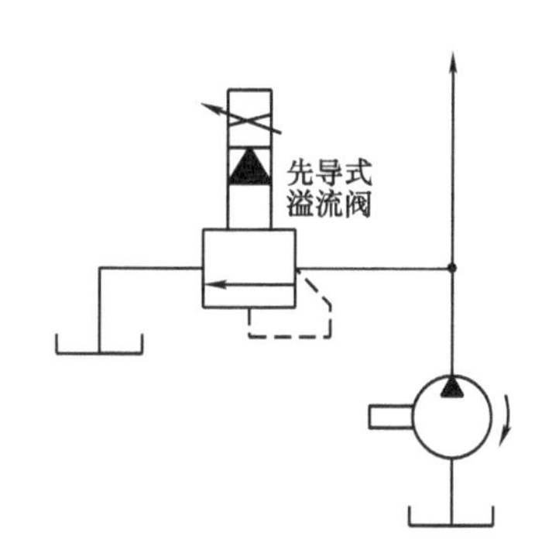

图 3-10 比例调压回路

多级调压回路

比例调速阀的调压回路

3.2.2 数控车床液压系统减压回路

减压回路的功用是使系统中部分油路具有比油源供油压力低的稳定压力。当泵供油源高压，回路中某局部工作系统需要稳定的低压，此时可采用减压回路。液压系统中的定位、夹紧、控制、润滑、制动及各种辅助油路一般采用减压回路。常见的减压回路由溢流阀、减压阀、单向阀等元件组成。

常见的减压回路通过定值减压阀与主油路相连，如图 3-11a 所示。回路中的单向阀用于主油路压力降低（低于减压阀调定压力）时防止油液倒流，起短时保压作用。在减压回路中也可以采用类似两级或多级调压的方法获得两级或多级减压。图 3-11b 所示为利用先导式减压阀 1 的远程控制口接溢流阀 2，则可由阀 1、阀 2 各调得一种低压。需要注意的是，阀 2 的调定压力值一定要低于阀 1 的调定压力值。还可采用比例减压阀来实现无级减压。

为了使减压回路工作可靠，减压阀的最低调定压力不应小于 0.5MPa，最高调定压力至少应比系统压力小 0.5MPa。当减压回路中的执行元件需要调速时，调速元件应放在减压阀的后面，以避免减压阀泄漏（指由减压阀泄油口流回油箱的油液）对执行元件的速度产生影响。

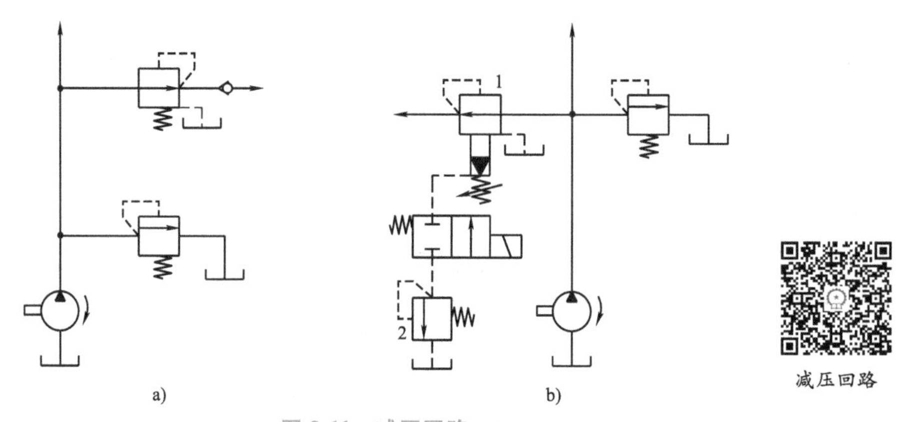

图 3-11　减压回路

1—先导式减压阀　2—溢流阀

3.2.3　数控车床液压系统卸荷回路

液压系统工作时，执行元件如果需要短时间停止工作，不宜采用开停液压泵的方法，因为频繁起闭对电动机和泵的寿命有严重影响；如果让泵在溢流阀调定压力下回油，又会造成很大的浪费，且使油温升高，系统性能下降。此时，可采用卸荷回路。卸荷回路的功用是在液压泵驱动电动机不频繁起闭的情况下，使液压泵在功率损耗接近于零的情况下运转，以减少功率损耗，降低系统发热，延长泵和电动机的寿命。

液压泵的输出功率为其流量和压力的乘积，两者任意一值近似为零，功率损耗即近似为零，因此液压泵的卸荷有流量卸荷和压力卸荷两种。流量卸荷的方法是主要采用变量泵，使泵仅为补偿泄漏而以最小流量运转，此方法比较简单，但泵仍处在高压状态下运行，磨损比较严重。压力卸荷的方法是使泵在接近零压的条件下运转，常见的压力卸荷方式有换向阀卸荷回路、溢流阀卸荷回路和顺序阀作为卸荷阀的卸荷回路等。

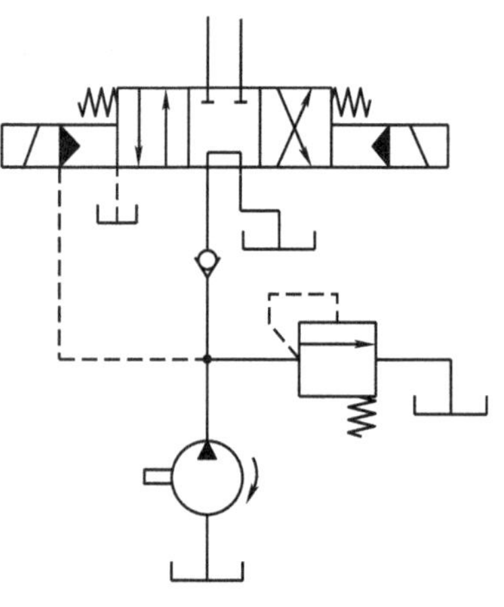

图 3-12　换向阀卸荷回路

1. 利用换向阀的中位机能的卸荷回路

三位换向阀为 M 和 H 型中位机能，当三位换向阀处于中位时泵即卸荷。图 3-12 所示为采用 M 型中位机能的电液换向阀的卸荷回路，由于这种换向阀装有换向时间调节器，所以切换时压力冲击小，但必须在换向阀前设置单向阀（或在换向阀回油口设置背压阀），以使系统压力保持0.3MPa左右，供操纵控制油路之用。

2. 利用先导式溢流阀的卸荷回路

如图3-13所示，将溢流阀1的远程控制口接二位二通电磁换向阀2，当系统压力达到一定值时，压力开关3发出电信号，使二位二通电磁换向阀2得电，液压泵卸荷。这种卸荷回路的卸荷压力小，切换时的压力冲击也小，适用于大流量系统。

3. 利用外控顺序阀作为卸荷阀的卸荷回路

如图3-14所示，当系统达到卸荷阀的调定压力时，液压泵卸荷。

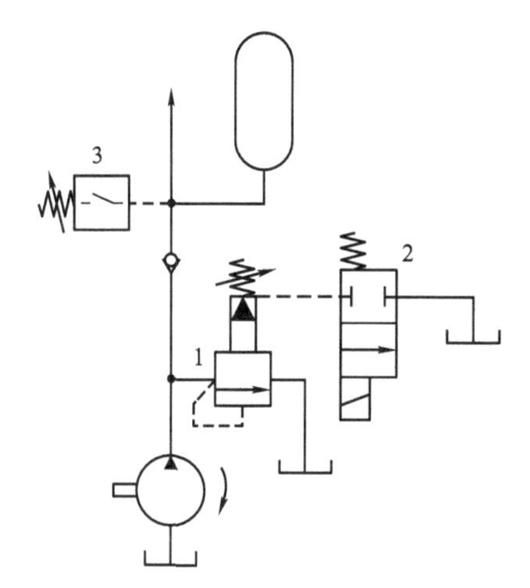

图3-13 先导式溢流阀的卸荷回路
1—溢流阀 2—二位二通电磁换向阀 3—压力开关

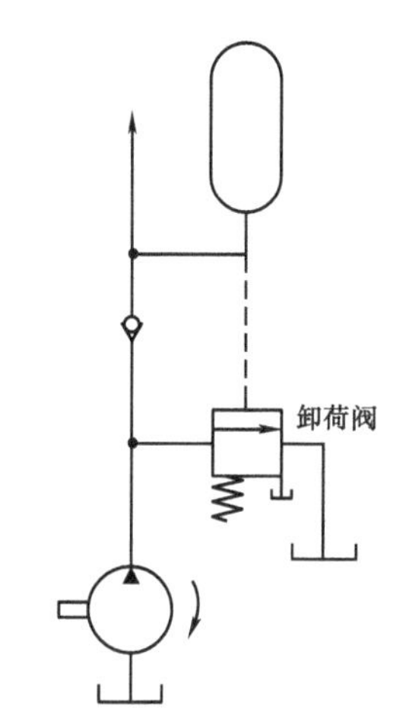

图3-14 外控顺序阀作卸荷阀的卸荷回路

3.3 数控车床液压系统多缸动作控制回路

液压系统中，一个油源驱动两个或两个以上的执行元件工作的回路时，各执行元件会因压力和流量的彼此影响而在动作上相互牵制，为满足工作要求，需要使用多缸工作控制回路实现预定的动作要求。多缸动作控制回路可以分为多缸顺序动作回路、同步回路、多缸快慢速互不干扰回路等。

3.3.1 数控车床液压系统多缸顺序动作回路

多缸顺序动作回路的功用是使多缸液压系统中的各液压缸严格按照规定顺序动作。按控制方式不同，可将多缸顺序动作回路分为行程控制的顺序动作回路、压力控制的顺序动作回路和时间控制的顺序动作回路。

1. 行程控制的顺序动作回路

行程控制顺序动作回路是在液压缸移动一段规定行程后，因机械机构或电气元件作用而改变液流方向，使另一个液压缸移动的回路。

行程阀控制的顺序动作回路

（1）行程阀控制的顺序动作回路 图3-15所示为采用行程阀控制的顺序动作回路。用行程阀与电磁换向阀，实现A、B两液压缸按①-②-③-④的顺序动作。二位四通电磁换向阀3左位通电，液压油由液压泵经电磁换向阀3流入A缸左侧无杆腔，A缸右腔回油，此时活塞杆向右移动，A缸完成①动作。由A缸挡块压下行程阀2，液压油由液压泵流经行程阀2后进入B缸左侧无杆腔，B缸右腔回油，此时活塞杆向右移动，B缸实现②动作。电磁换向阀3断电，在弹簧力的作用下复位到右侧工作位，液压油流入右腔，A缸左侧无杆腔回油，A缸实现③动作。A缸挡块离开行程阀2后，阀体在弹簧力的作用下复位，液压油流入B缸右侧腔内，B缸左腔回油，此时活塞在液压油作用下向左移动，B缸完成动作④。

这种回路工作可靠，但动作顺序确定后，再改变就比较困难，同时管路长，布置较麻烦。

（2）行程开关控制的顺序动作回路　图3-16所示为采用行程开关控制的顺序动作回路。在回路中，用行程开关调整电磁换向阀2、3的通电顺序来实现A、B两个液压缸按①-②-③-④的顺序动作。左侧电磁换向阀3通电时，液压油经电磁换向阀3进入A缸的左腔，A缸右腔回油，活塞向右移动，完成动作①；当A缸活塞右移至终点时，挡块触动行程开关2S，2S发出信号使电磁换向阀2通电换至左位工作，这时液压油进入B缸左腔，B缸右腔回油，活塞向右移动，完成动作②；当B缸工作部件的挡块触动行程开关3S时，3S发出信号使电磁换向阀3断电，换至右位工作，换位后液压油进入A缸右腔，其左腔回油，活塞左移，实现动作③；当A缸工作部件上的挡块触动行程开关1S时，1S发出信号使电磁换向阀2断电，换至右位工作，此时液压油进入B缸右腔，其左腔回油，活塞左移，实现动作④。A、B两液压缸完成①-②-③-④顺序动作。

这种回路的特点是控制方便灵活，动作顺序更换容易，系统回路简单，易于实现自动控制，调整挡块位置可调整液压缸的行程，但在顺序转换时有冲击声，位置精度不高。

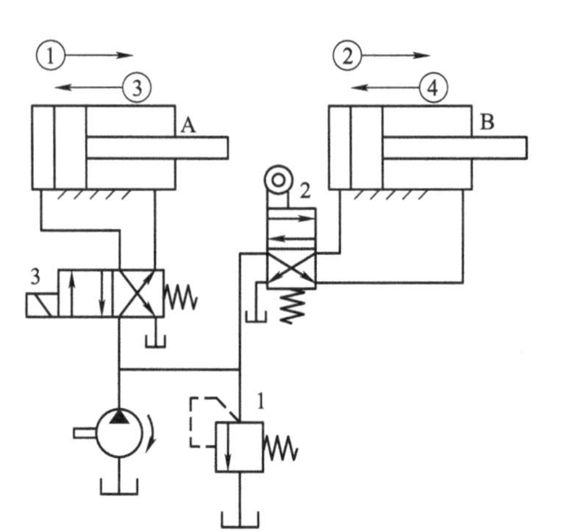

图3-15　行程阀控制的顺序动作回路

A、B—液压缸　1—溢流阀

2—行程阀　3—电磁换向阀

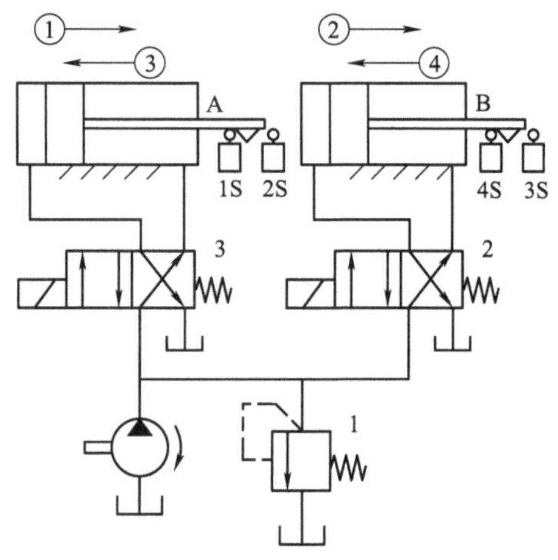

图3-16　行程开关控制的顺序动作回路

A、B—液压缸　1—溢流阀　2、3—电磁换向阀

2. 压力控制的顺序动作回路

压力控制的顺序动作可由压力开关或顺序阀来实现。

（1）压力开关控制的顺序动作回路　图3-17所示为采用压力开关控制的顺序动作回路。压力开关2和5分别控制电磁换向阀1和6。当电磁换向阀6（三位四通）左位通电时，换向阀左位工作，液压油经换向阀流入液压缸 4 左侧无杆腔内，活塞向右移动，实现动作①；动作完成后，油路压力升高，压力开关 2 动作，使三位四通电磁换向阀 1 的左位通电，此时电磁换向阀 1 左位工作，液压缸 3 左侧进油、右侧回油，活塞右移，实现动作②；返回时，电磁换向阀 1、6 左位断电，电磁换向阀 1 右位通电，电磁换向阀 1 工作位换至右位，此时液压缸 3 右侧进油、左侧回油，活塞向左运动，实现动作③；动作完成后，油路压力升高，压力开关 5 动作，换向阀 6 右位通电，液压缸 4 右侧进油、左侧回油，活塞向左运动，实现动作④。两液压缸按照①-②-③-④的顺序完成动作。

（2）顺序阀控制顺序动作回路　图 3-18 所示为采用顺序阀控制的顺序动作回路。当三位四通电磁换向阀左位接入回路且顺序阀 D 的调定压力大于液压缸 A 的最大前进工作压力时，液压油进入液压缸 A 的左腔，实现动作①；液压缸行至终点后，压力上升，液压油打开顺序阀 D 进入液压缸 B 的左腔，实现动作②；同样地，当三位四通电磁换向阀右位接入回路且顺序阀 C 的调定压力大于液压缸 B 的最大返回工作压力时，两液压缸则按③和④的顺序返回。这种回路动作的可靠性取决于顺序阀的性能及压力调定值，即它的调定压力应比前一个动作的压力大 0.8～1.0MPa，否则顺序阀易在系统压力脉动中造成误动作。由此可见，这种回路适用于液压缸数量不多、负载变化不大的场合。顺序阀控制的顺序动作回路的优点是动作灵敏，安装连接较方便；缺点是可靠性不高，位置精度低。

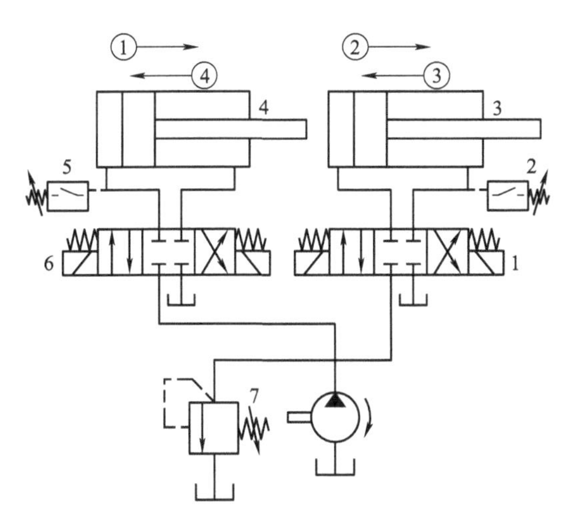

图 3-17　压力开关控制的顺序动作回路

1、6—电磁换向阀　2、5—压力开关　3、4—液压缸

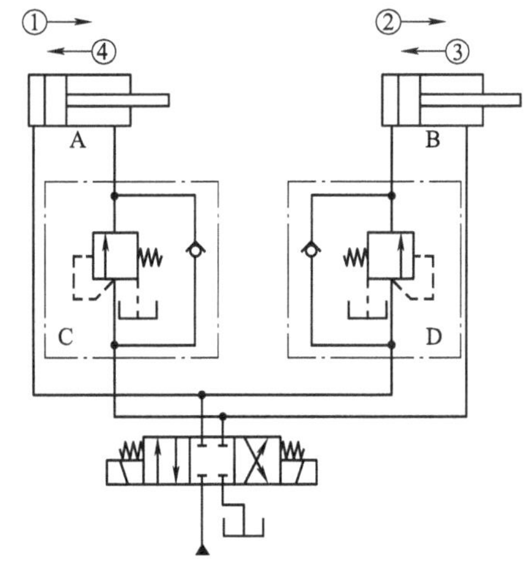

图 3-18　顺序阀控制的顺序动作回路

A、B—液压缸　C、D—顺序阀

3. 时间控制的顺序动作回路

图 3-19 所示为时间控制的顺序动作回路。时间控制的顺序动作回路是利用延时元件（如延时阀、时间继电器等）使多个液压缸按时间完成先后动作的回路。图 3-19 所示为用延时阀来实现液压缸 3、4 工作行程的顺序回路。当电磁换向阀 1 通电并左位接通回路后，液压缸 3 实现动作①；同时，液压油进入延时阀 2 中的节流阀 B，推动换向阀 A 缓慢左移，延续一定时间后，接通 A、B 油路，压力油才进入缸 4，实现动作②。调节节流阀开度，可调节液压缸 3 和 4 先后动作的时间差。当电磁换向阀 1 断电时，阀体在弹簧力的作用下复位，此时电磁换向阀右位工作，液压油同时进入液压缸 3、4 的右侧腔，使两缸返回，实现

动作③和④。由于受节流阀的流量负载和温度的影响，所以延时不准确，一般与行程控制方式配合使用。

3.3.2 数控车床液压系统多缸快慢速互不干扰回路

在多缸的液压系统中，当液压缸快速运动时，系统压力下降，进而影响其他缸工作进给的稳定性。如果要求多缸液压系统有较高的稳定性，可采用快慢速互不干扰回路。多缸快慢速互不干扰回路的功用是使液压系统回路中几个执行元件在完成各自工作循环时彼此互不影响。

图 3-20 所示为双泵供油实现的多缸快慢速互不干扰回路。液压缸 A 和 B 各自要完成“快进→工进→快退”的自动工作循环。

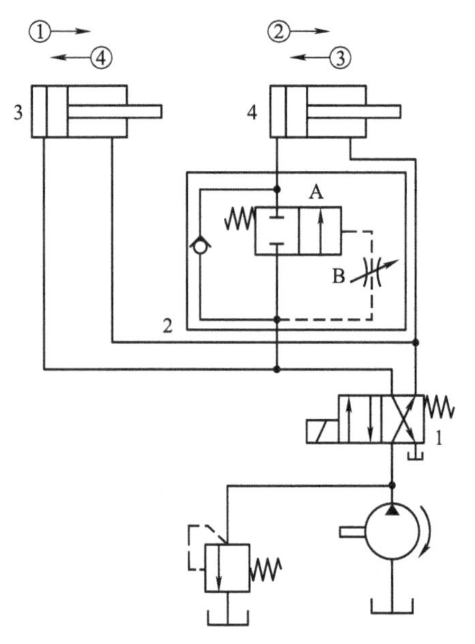

图 3-19 时间控制的顺序动作回路

1—电磁换向阀 2—延时阀 3、4—液压缸

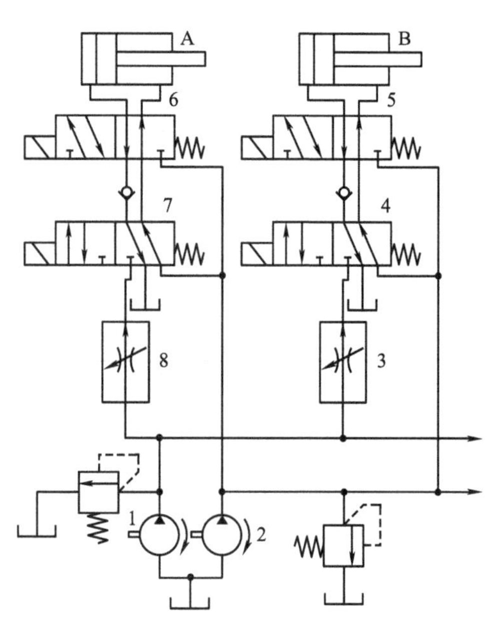

图 3-20 双泵供油实现的多缸快慢速互不干扰回路

1、2—液压泵 3、8—调速阀

4、5、6、7—二位五通电磁换向阀 A、B—液压缸

该回路采用双泵供油，液压泵 1 为小流量泵，液压泵 2 为低压大流量泵。回路中各液压缸快进、快退都由大流量泵 2 供油，且快进时为差动连接；工进则由小流量泵 1 供油，彼此互不干扰。不工作时，各液压缸在原位停止。当阀 5、阀 6 均通电时，各缸均由双联泵中的大流量泵 2 供油并做差动快进，向右运动。这时某一液压缸（例如缸 A）先完成快进动作。由挡块和行程开关使电磁换向阀 7 通电，电磁换向阀 6 断电，此时经大流量泵 2 进入缸 A 的油路被切断，而双联泵中的高压小流量泵 1 进油路被打开，缸 A 由调速阀 8 调速工进。此时缸 B 仍做快进，互不影响。当各缸都转为工进后，由小流量泵 1 供油。此后，若缸 A 又率先完成工进，行程开关应使电磁换向阀 7 和 6 均通电，缸 A 即由大流量泵 2 供油快退。当电磁铁皆断电时，各缸都停止运动，并被锁在相应的位置上。由此可见，这个回路之所以能够防止多缸的快慢运动互不干扰，是由于快速和慢速各由一个液压泵分别供油，再由相应电磁铁进行控制的缘故。

【项目分析与仿真】

3.4 数控车床液压系统原理图的分析

MJ-50型数控车床主要用来加工轴类零件的内外圆柱面、圆锥面、成形回转体表面、内外螺纹等。图3-21所示为数控车床液压系统原理图。液压系统实现零件加工所需的辅助运动有：主轴卡盘的夹紧与松开、卡盘夹紧力高低压转换、刀架夹紧与松开、刀架转位、尾座套筒的伸出与缩回。液压系统所需压力及流量变化较小，主要提供加工零件的夹紧力、预紧力、刀盘的锁紧力和一些液压缸换位动作的平衡，一般采用中低压系统。

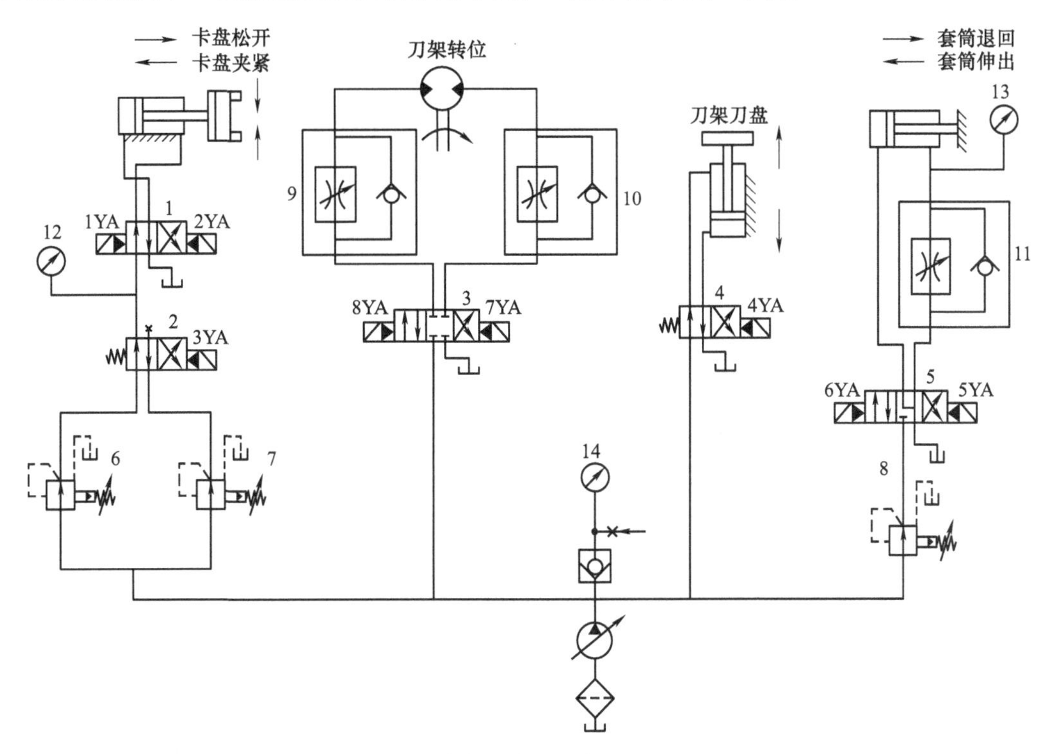

图3-21 数控车床液压系统原理图

1、2、4—二位四通电磁换向阀 3、5—三位四通电磁换向阀

6、7、8—减压阀 9、10、11—调速阀 12、13—压力表

卡盘的夹紧与松开

1. 卡盘的夹紧与松开

主轴卡盘的夹紧与松开，由二位四通电磁换向阀1控制。

卡盘的高压夹紧与低压夹紧的转换，由二位四通电磁换向阀2控制。

（1）高压夹紧松开 当卡盘处于正卡（也称外卡）且在高压夹紧状态下（3YA断电），夹紧力的大小由减压阀6来调整，由压力表12显示卡盘压力。当1YA通电、2YA断电时，活塞杆左移，卡盘夹紧；当1YA断电、2YA通电时，卡盘松开。

（2）低压夹紧松开 当卡盘处于正卡且在低压夹紧状态下（3YA通电），夹紧力的大小由减压阀7来调整。

卡盘反卡（也称内卡）的过程与正卡类似，不同的是卡爪外张为夹紧，内缩为松开。

2. 回转刀盘的动作

回转刀架换刀时，首先刀盘松开，然后刀盘转到指定的刀位，最后刀盘夹紧。

刀盘的夹紧与松开，由一个二位四通电磁阀 4 控制，当 4YA 通电时刀盘松开，断电时刀盘夹紧，消除了加工过程中因突然停电而引发事故的隐患。刀盘的旋转有正转和反转两个方向，它由一个三位四通电磁阀 3 控制，其旋转速度分别由单向调速阀 9 和 10 控制。

当 4YA 通电时，电磁换向阀 4 右位工作，刀盘松开；当 7YA 断电、8YA 通电时，刀架正转；当 7YA 通电、8YA 断电时，刀架反转；当 4YA 断电时，电磁换向阀 4 左位工作，刀盘夹紧。

3. 尾座套筒伸缩动作

尾座套筒的伸出与缩回由三位四通电磁阀 5 控制。

当 5YA 断电、6YA 通电时，系统中的液压油由减压阀 8 经阀 5 左位至无杆腔，套筒伸出。套筒伸出时的工作预紧力大小通过减压阀 8 调整，并由压力表 13 显示，伸出速度由调速阀 11 控制。反之，当 5YA 通电、6YA 断电时，套筒缩回。

具体动作顺序见表 3-3。

表 3-3 数控车床液压系统电磁铁动作顺序

动作顺序			电磁铁状态							
			1YA	2YA	3YA	4YA	5YA	6YA	7YA	8YA
卡盘正卡	高压	夹紧	+	−	−					
		松开	−	+	−					
	低压	夹紧	+	−	+					
		松开	−	+	+					
卡盘反卡	高压	夹紧	−	+	−					
		松开	+	−	−					
	低压	夹紧	−	+	+					
		松开	+	−	+					
回转刀架	刀架正转								−	+
	刀架反转								+	−
	刀盘松开					+				
	刀盘夹紧					−				
尾座	套筒伸出						−	+		
	套筒缩回						+	+		

4. MJ-50 型数控车床液压系统的特点

1）采用变量叶片泵向系统供油，能量损失小。

2）用减压阀调节卡盘高压夹紧或低压夹紧压力的大小以及尾座套筒伸出工作时的预紧力大小，以适应不同工件的需要，操作方便简单。

3）用液压马达实现刀架的转位，可实现无级调速，并能控制刀架正、反转。

3.5 数控车床液压回路的 FluidSIM-H 仿真

用 FluidSIM 软件对绘制好的数控车床液压回路进行仿真，通过软件的仿真功能实现各控制回路的动作，查找错误，优化回路。在仿真过程中可赋予各元件不同的物理量值，预先试验回路动态特性，判断实际运行时的工作状态。

3.5.1 利用 FluidSIM-H 软件绘制原理图

双击桌面快捷方式图标，打开 FluidSIM-H 软件，进入 FluidSIM-H 软件主界面，如图 3-22 所示，单击“新建”按钮，新建空白绘图区域，准备绘图，如图 3-23 所示。

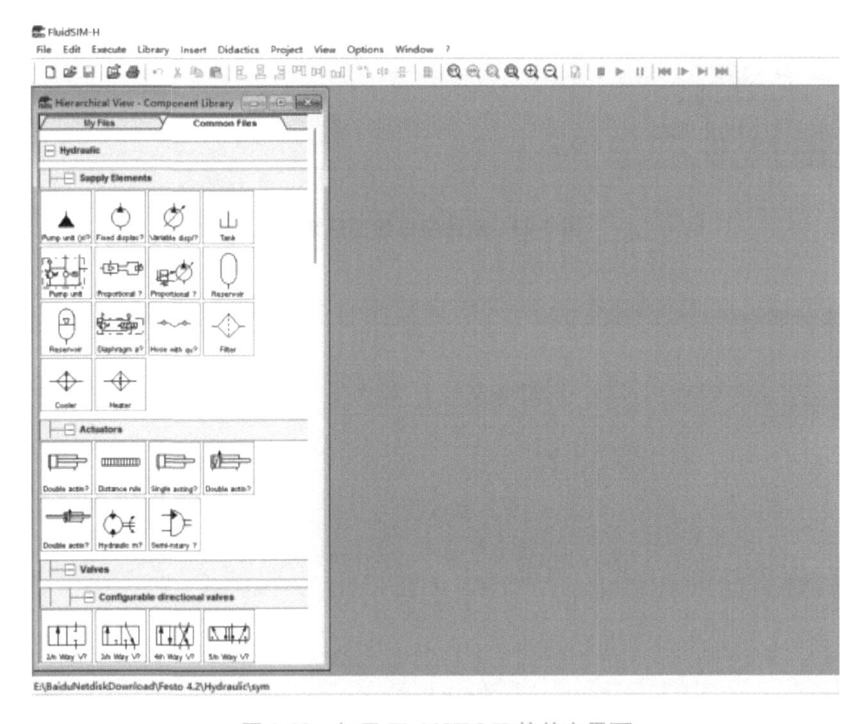

图 3-22 打开 FluidSIM-H 软件主界面

回路的仿真按照以下三个步骤来完成。

1）绘制卡盘支路（卡盘的加紧与松开）。本次绘制需要的元件为两个二位四通电磁换向阀，两个减压阀，一个液压缸，一个油箱，一个压力表。软件左侧界面为元件库，右侧为绘图区，将库内元件按支路需求依次拖至右侧绘图区，并按照原理图进行连接，如图 3-24 所示。

（提示：双击二位四通电磁换向阀，可对它的具体属性进行设置，例如左右两端的驱动方式、弹簧复位、阀芯在阀体的接通状态及静止位置，如图 3-25 所示；双击液压缸可对液压缸属性进行设置，如图 3-26 所示。）

2）绘制回转刀盘支路。本次绘制需要的元件有一个二位四通电磁换向阀，一个三位四通电磁换向阀，两个单向调速阀，一个液压缸，一个液压马达，两个油箱。本次绘制在刀架

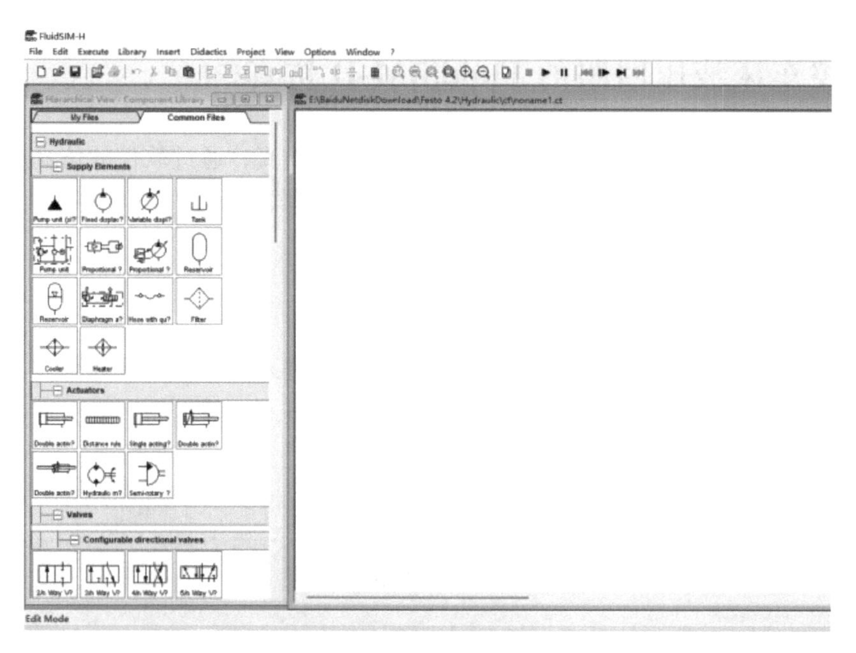

图 3-23　新建空白绘图区域

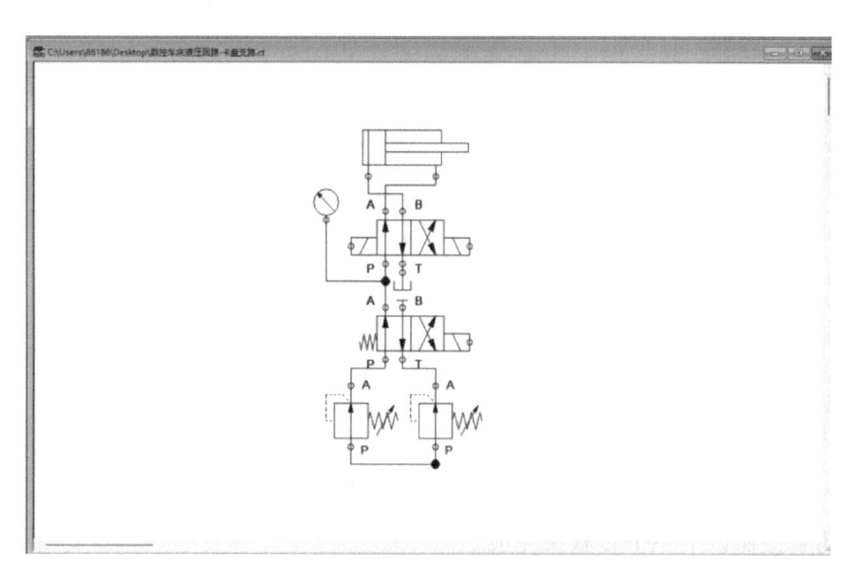

图 3-24　数控车床液压系统原理图绘制步骤 1

转位与刀架刀盘基础上，同时将液压动力源部分绘制出来。液压动力源部分需要的元件有一块压力表、一个液压泵、一个过滤器。将上述需要的元件拖至绘图区，按照图 3-21 所示位置进行摆放，再将元件连接起来，如图 3-27 所示。

（提示：双击液压泵、液压马达、调速阀、单向阀、减压阀、过滤器，可对它们的具体参数进行设置，模拟实际运行时参数，如图 3-28 所示。）

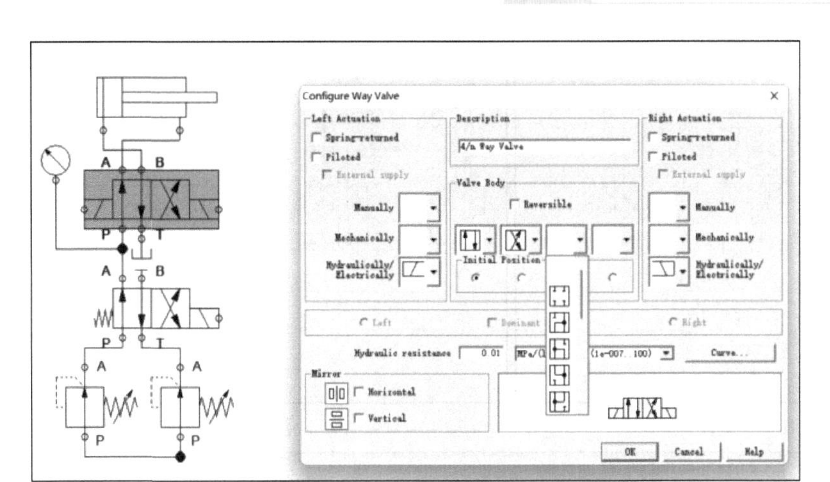

图 3-25 设置二位四通电磁换向阀属性

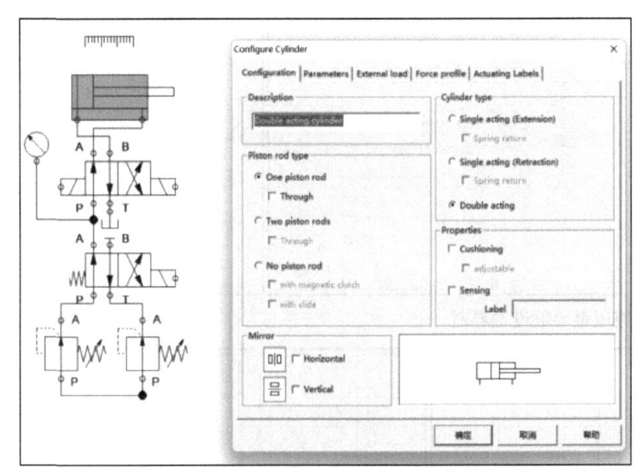

图 3-26 设置液压缸属性

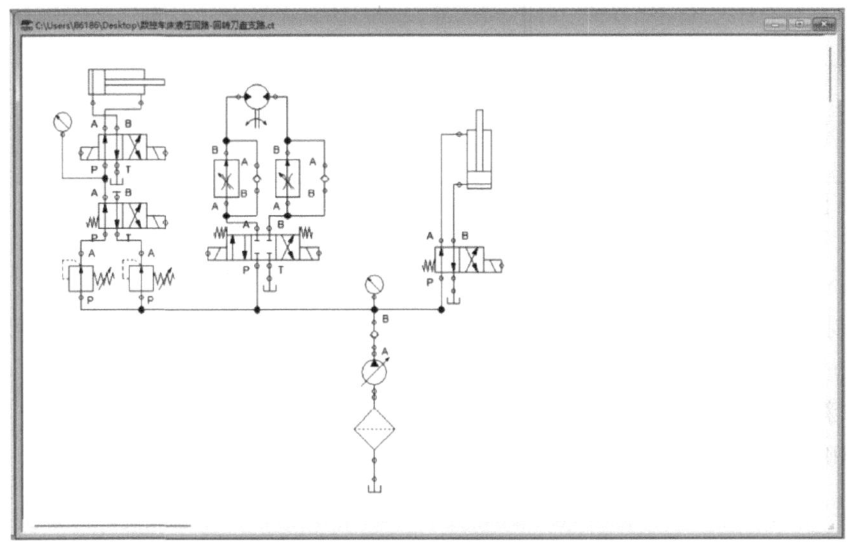

图 3-27 数控车床液压系统原理图绘制步骤 2

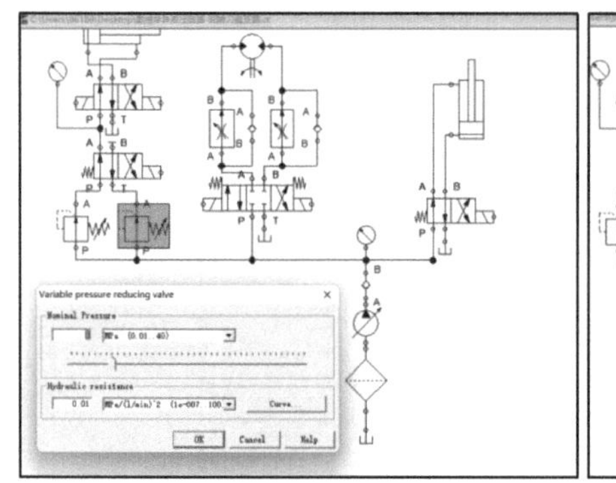

a) 减压阀参数设置界面

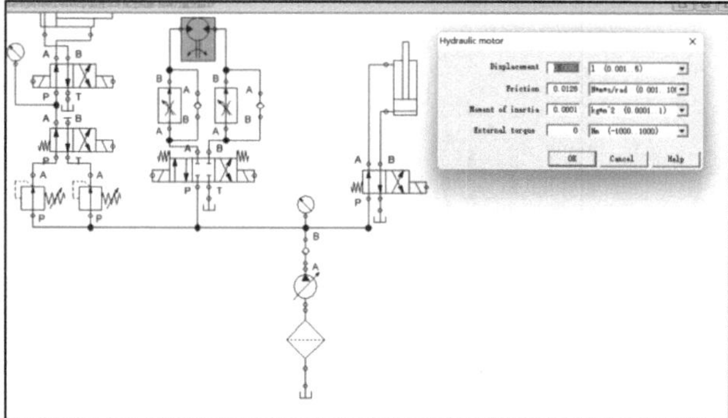

b) 液压马达参数设置界面

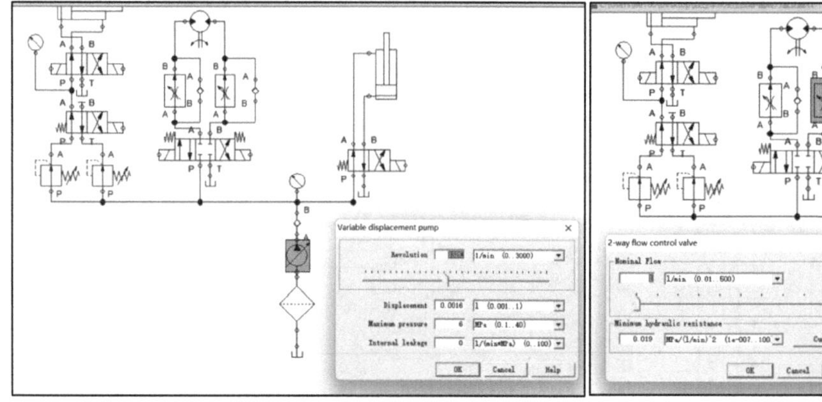

c) 液压泵参数设置界面

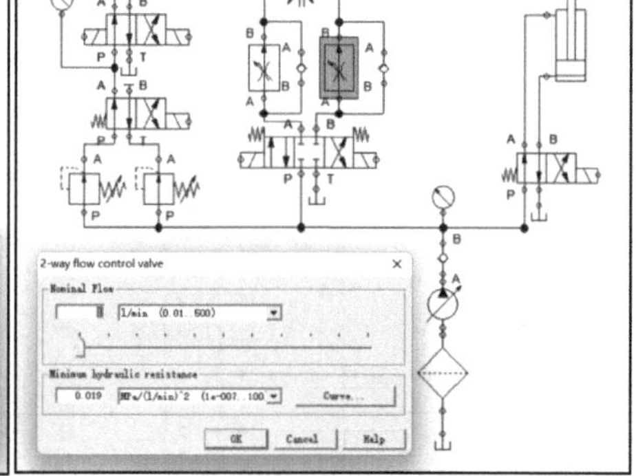

d) 调速阀参数设置界面1

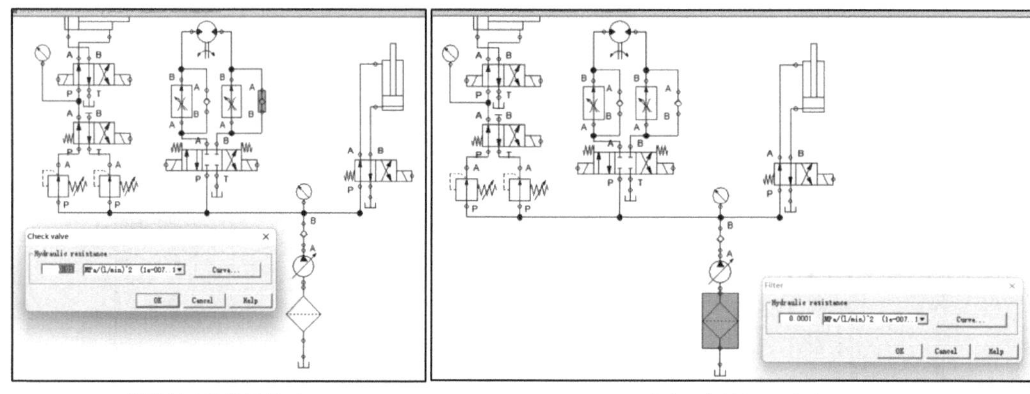

e) 调速阀参数设置界面2

f) 过滤器参数设置界面

图 3-28 设置液压泵等元件属性

3）绘制尾座套筒支路（尾座套筒的伸出与缩回）。完成后，数控车床液压回路原理图全部绘制完成，如图 3-29 所示。

单击“新建”按钮 ☑ 检查回路是否有错误，如果提示没有错误（图 3-30），即可单击“OK”按钮确认，开始运行仿真。

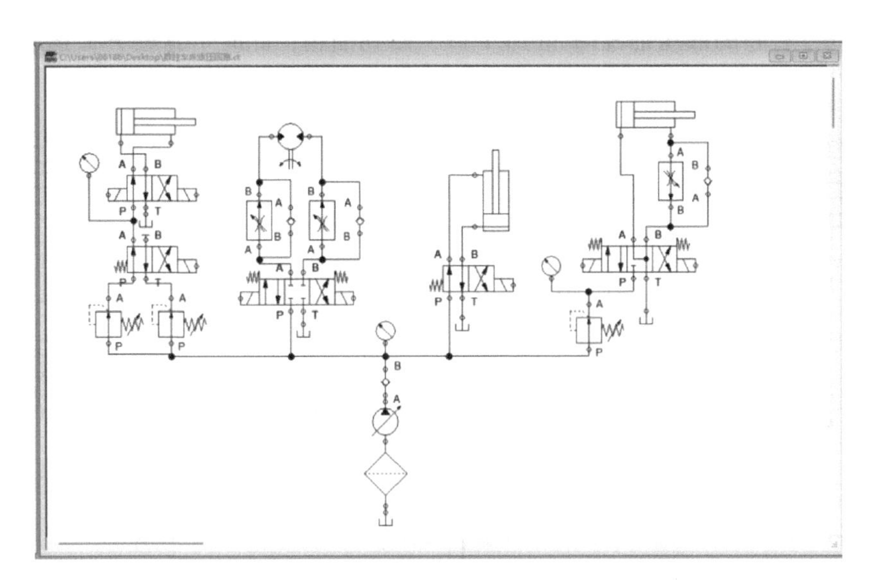

图 3-29 数控车床液压回路原理图

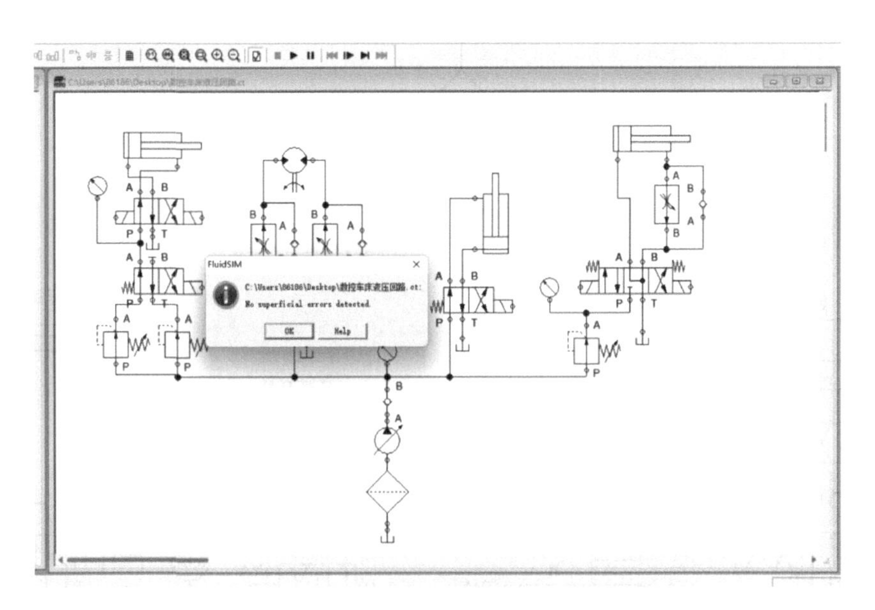

图 3-30 检查回路

3.5.2 利用 FluidSIM-H 软件仿真

单击“运行”按钮 ▸，开始仿真。

1. 卡盘的夹紧与松开仿真

主轴卡盘的夹紧与松开由二位四通电磁换向阀 1 控制。当 1YA 通电、2YA 断电时，阀 1 左位工作，液压油经换向阀 1 的 P 口流入，A 口流出，进入液压缸右腔，活塞杆向左移动，左腔的液压油经 B 口到 T 口，流回油箱，此时卡盘为夹紧状态，如图 3-31 所示；当 1YA 断电、2YA 通电时，换向阀 1 右位工作，液压油经 P 口流入，B 口流出，进入液压缸左腔，活塞杆向右移动，右腔的液压油经 A 口到 T 口，回到油箱，此时卡盘松开，运行结果如图 3-32 所示。

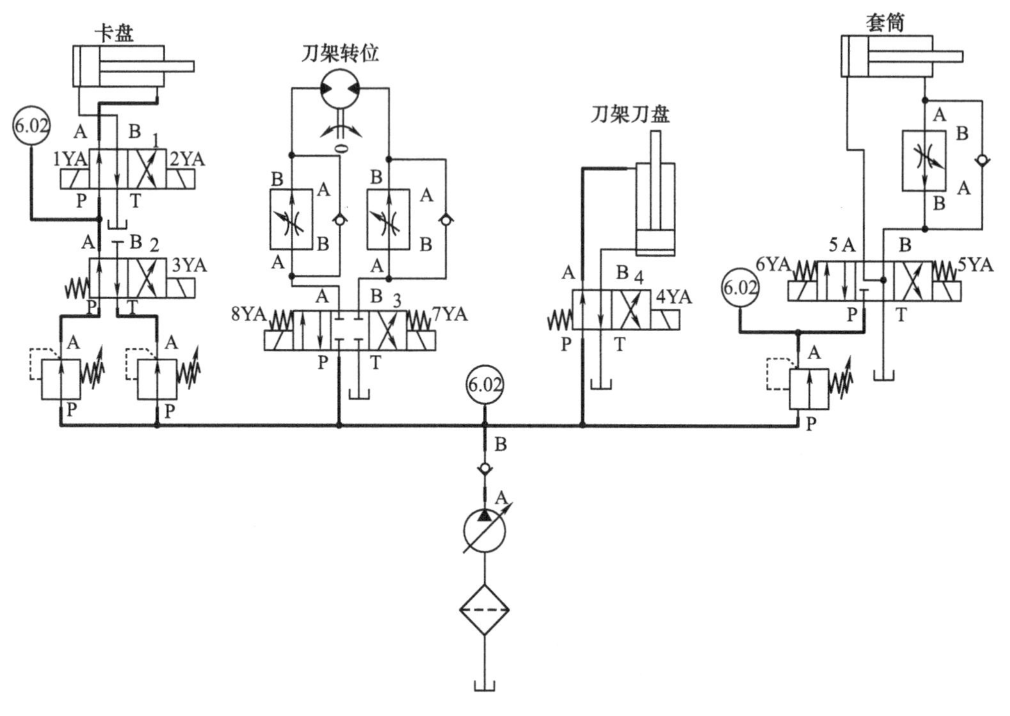

图 3-31 卡盘夹紧

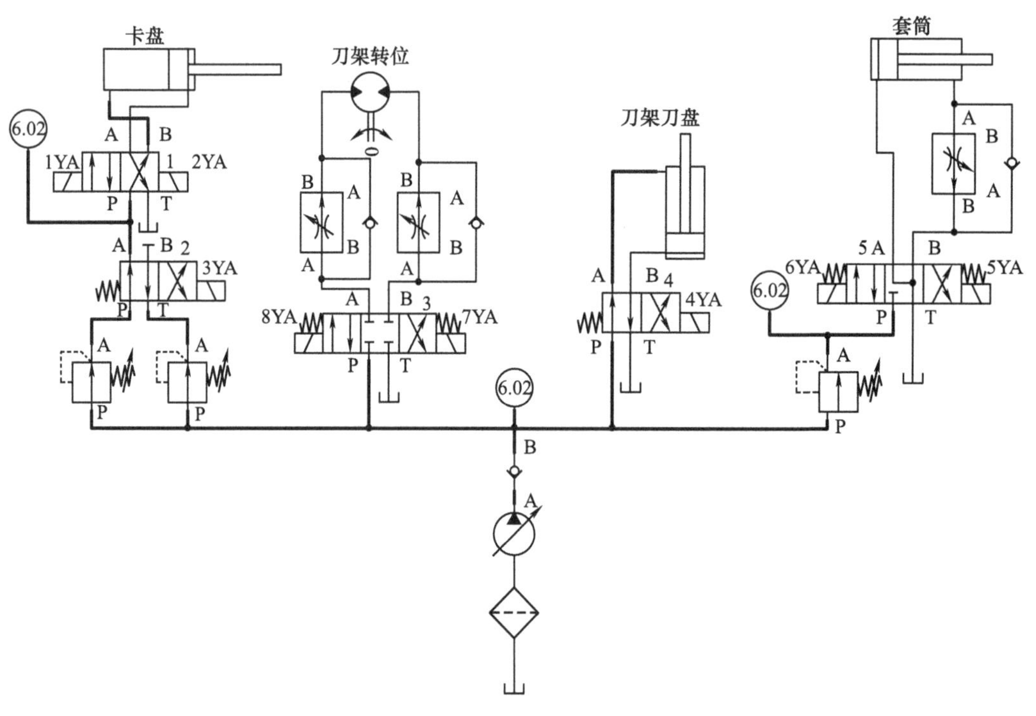

图 3-32 卡盘松开

2. 回转刀盘的动作仿真

刀盘的旋转有正转和反转两个方向，它由三位四通电磁换向阀 3 控制。当 7YA 断电、8YA 通电时，换向阀 3 左位工作，刀架正转，运行结果如图 3-33 所示；当 7YA 通电、8YA 断电时，换向阀 3 右位工作，刀架反转，运行结果如图 3-34 所示。

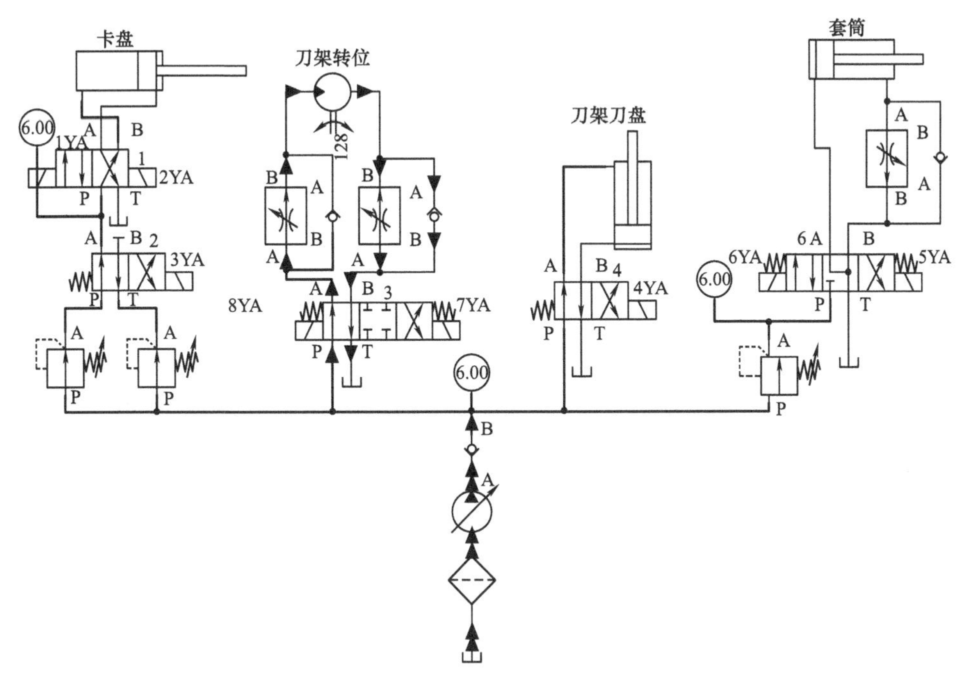

图 3-33 刀架正转

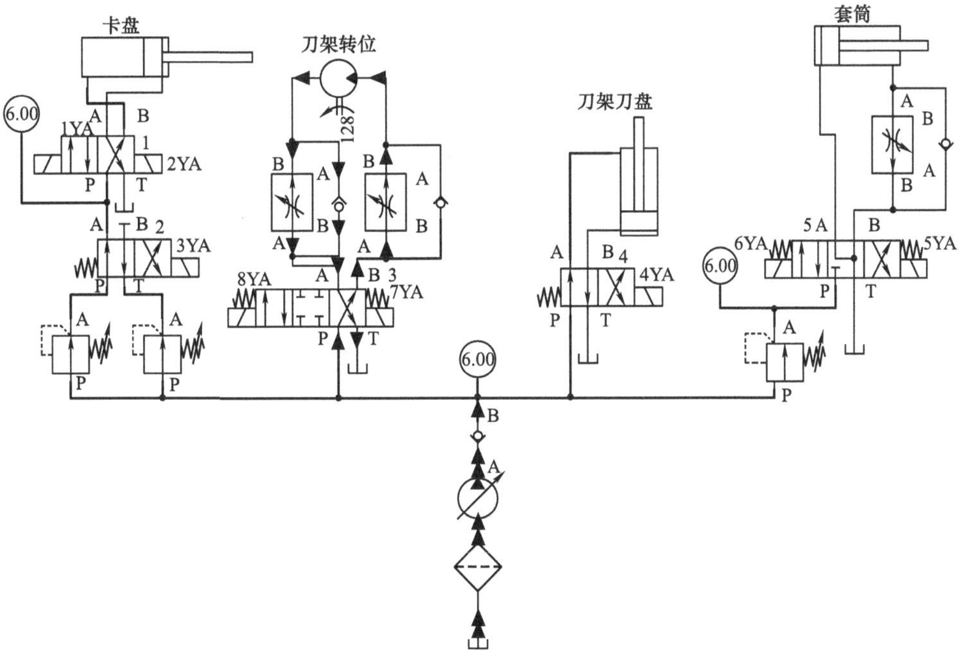

图 3-34 刀架反转

刀盘的夹紧与松开由二位四通电磁换向阀 4 控制。当 4YA 通电时，换向阀 4 右位工作，刀盘松开，运行结果如图 3-35 所示；当 4YA 断电时，换向阀 4 左位工作，刀盘夹紧，运行结果如图 3-36 所示。

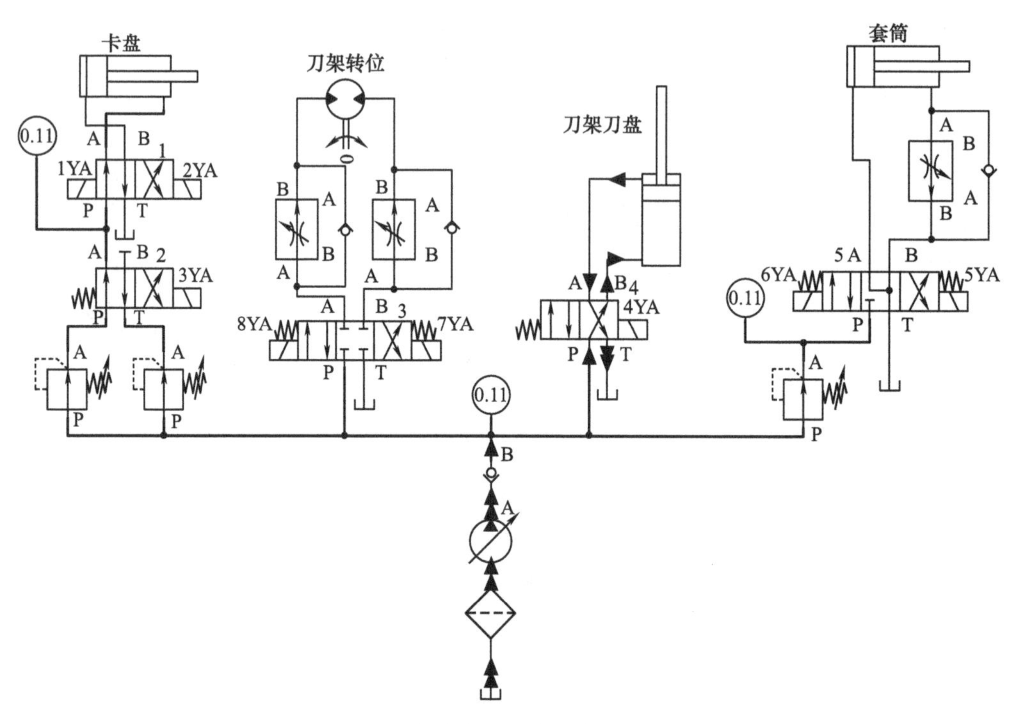

图 3-35　刀盘松开

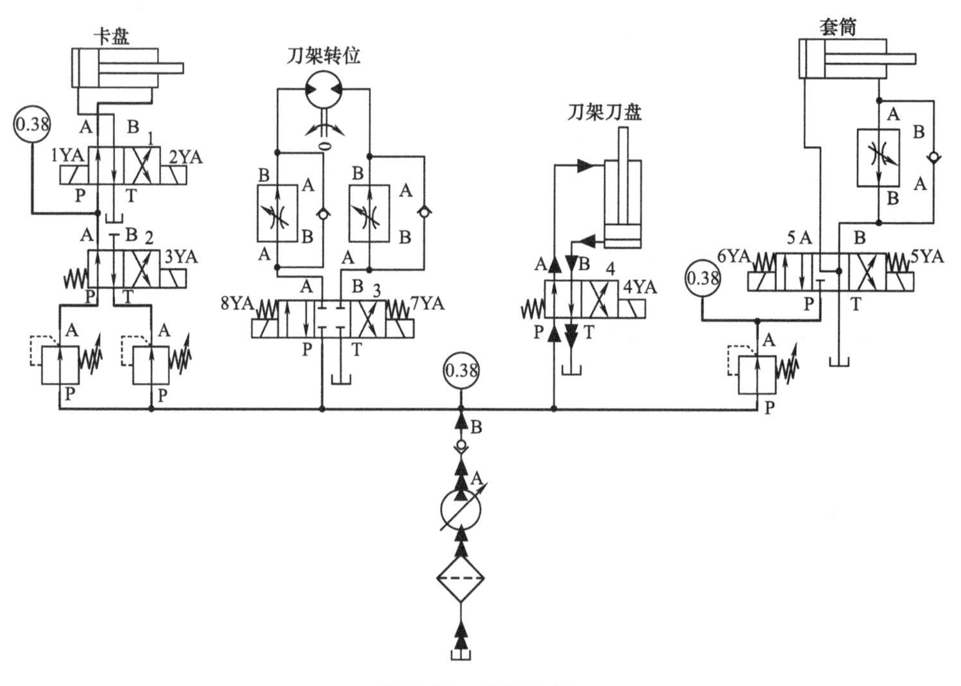

图 3-36　刀盘夹紧

3. 尾座套筒的伸出和缩回动作仿真

尾座套筒的伸出与缩回由三位四通电磁阀5控制。当5YA断电、6YA通电时，换向阀5左位工作，液压油流入左腔，活塞杆向右移动，尾座套筒缩回，仿真结果如图3-37所示；当5YA通电、6YA断电时，换向阀5右位工作，液压油流入右腔，活塞杆向左移动，尾座套筒伸出，运行结果如图3-38所示。

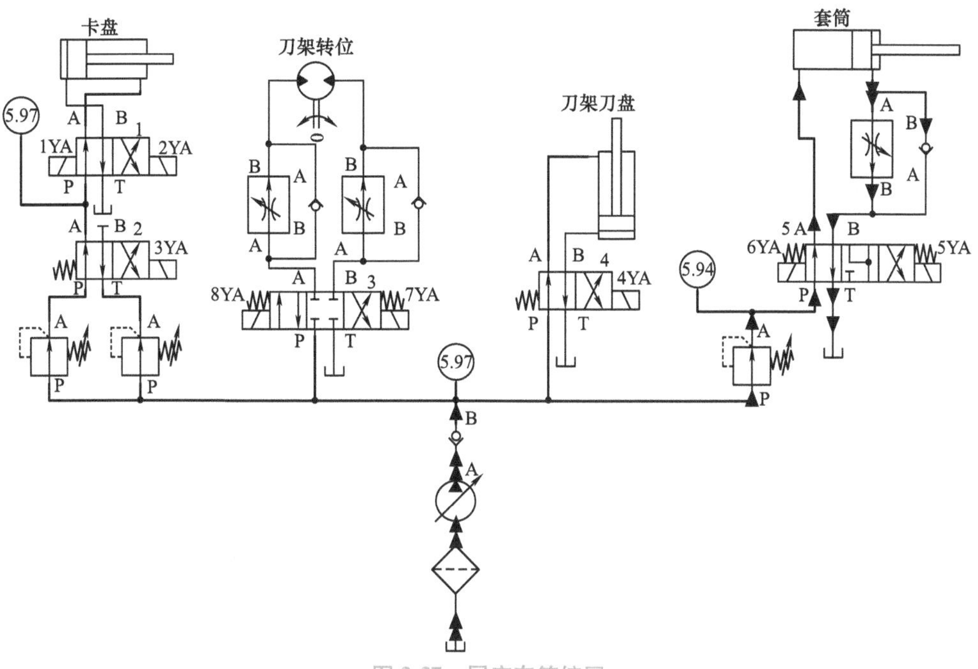

图3-37 尾座套筒缩回

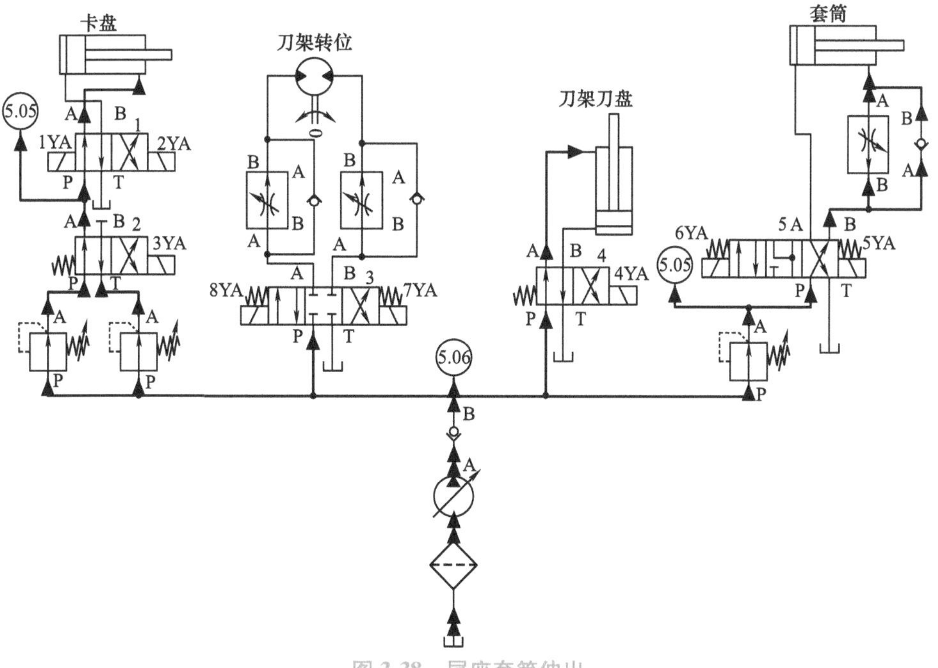

图3-38 尾座套筒伸出

【项目实施与运行】

3.6 数控车床液压元件的选择及系统搭建与运行

3.6.1 数控车床液压系统液压元件的选择

根据项目要求和液压系统原理图，将所选液压元件列入表 3-4。

表 3-4 数控车床工作台液压系统元件明细

序号	元件外观图	元件名称及类型	图形符号	数量
1		三位四通电磁换向阀，Y 型中位机能		1
2		三位四通电磁换向阀，O 型中位机能		1
3		二位四通电磁换向阀，单磁		2
4		二位四通电磁换向阀，双磁		1
5		直动式减压阀		3
6		单向调速阀		3
7		单向阀		1
8		压力表，带软管及小型测量接口		3
9		橡胶油管，带小型测量接口		3
10		橡胶油管，不带小型测量接口		若干

3.6.2 数控车床液压系统的搭建与运行

1）确定所有元件的名称及数量，将其合理布置在液压实训台上，如图3-39所示。

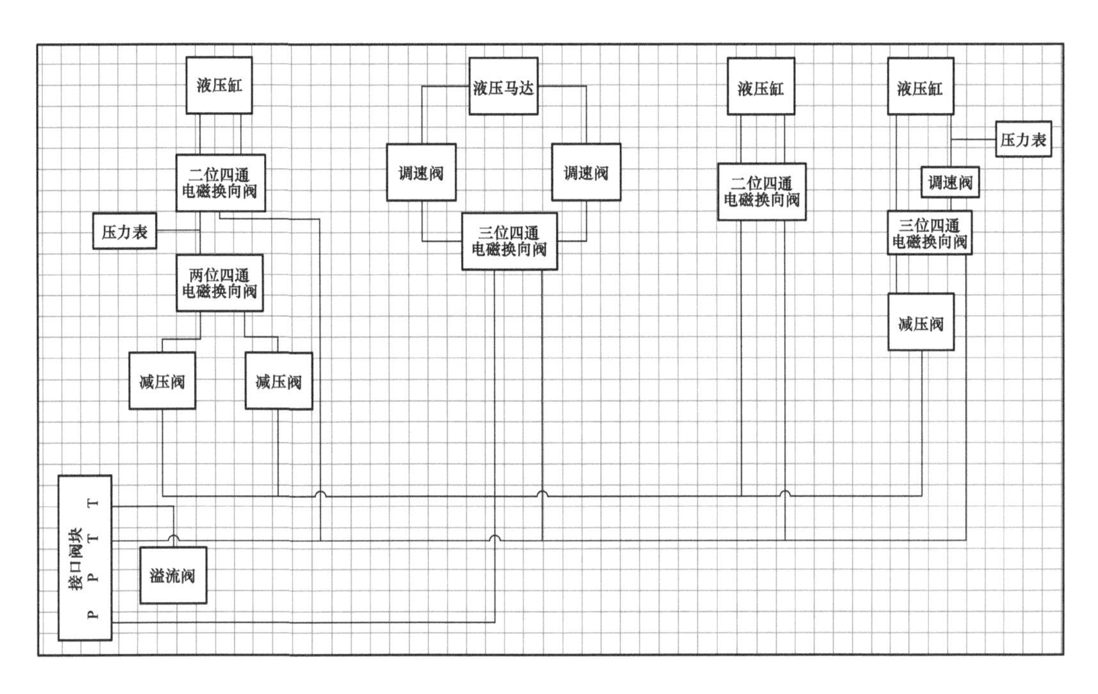

图3-39 元件推荐布置

2）根据液压回路图，在关闭液压泵及稳压电源的情况下，用液压软管连接相应的液压元件，连接时需注意查看每个元件各油口的标号。

注意：连接回路时，须用带小型测量接口的油管与压力表的测量接头连接起来，手动旋紧液压软管上相应的测量接头。

安全警示：为确保设备的可操作性、消除安全隐患，在项目实施之前以及实施期间，务必遵守各项安全法规。

警告：确保液压油管已与所有的管接口相连，防止油液泄漏造成人员滑倒。

注意：在开始操作之前，务必确保液压泵的电气总开关处于按下状态即系统处于关闭状态，检查系统压力表，确认系统处于失压状态。

3）回路连接与运行。

① 根据液压系统原理图，找出相应元件并进行良好固定。

② 根据液压传动系统原理图，进行液压回路连接，并对回路进行检查。

③ 打开电源，起动液压泵，观察运行情况，对使用中遇到的问题进行分析和解决。

④ 改变电磁铁的得失电，观察以下变化：

a. 改变电磁铁1YA、2YA、3YA的得失电，观察卡盘夹紧、松开状态的变化，观察压力表12的读数变化及高压夹紧、低压夹紧状态的变化。

b. 改变电磁铁5YA、6YA的得失电，观察尾座套筒液压缸伸缩的变化，调节单向调速阀11，观察尾座套筒的伸出速度的变化。

c. 改变电磁铁4YA、7YA、8YA的得失电，观察刀架回转方向的变化、刀架刀盘松开与夹紧的变化，调节单向调速阀9、10，观察旋转速度的变化。

⑤ 调节减压阀和单向调速阀，观察旋转速度和伸缩速度的变化。

⑥ 将取得的数据和观察到的现象进行分析总结，得出结论。

4）注意事项。

① 安装前，应根据各支路的作用对元件进行布局。

② 确定元件位置时注意油口的位置和方向；液压回路连接好后，注意检查回路及油口是否接错。

③ 注意油箱上油品类型及系统容量的铭牌说明，注意保持清洁。

做好点检是一种职业素养

点检是指按一定标准、一定周期对液压系统规定部位进行检查，以便在早期发现并排除故障隐患，使液压系统保持其规定功能的一种系统管理方法。

系统点检既是一种检查方式，又是一种制度和管理方法，是重要的维修活动信息源，也是做好液压系统修理准备和安排修理计划的基础。

液压系统点检中所指的“点”，是指系统的关键部位，通过检查这些“点”，能及时、准确地获取系统技术状态的有关信息。

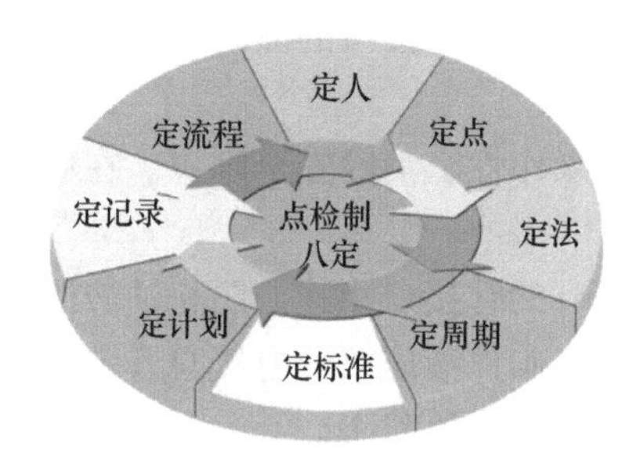

【知识拓展】

3.7 插装阀

插装阀是将其基本组件插入特定设计加工的阀体内，配以盖板、先导阀等组成的一种多功能复合阀。因插装阀基本组件只有两个油口，故被称为二通插装阀，简称插装阀。与普通液压阀相比，插装阀具有下述优点：

1）通流能力大。

2）阀芯动作灵敏。

3）密封性好，泄漏小。

4）结构简单，易于实现标准化。

图3-40所示为二通插装阀的典型结构和图形符号。由阀套2、弹簧3、阀芯4及密封件组成的插装元件为二通插装阀主级或功率级的主体元件，其工作原理相当于液控单向阀。改变油口C的压力即可改变油口B的输出压力。

二通插装阀通过不同的盖板和各种先导阀组合，便可构成方向控制阀、压力控制阀和流量控制阀。

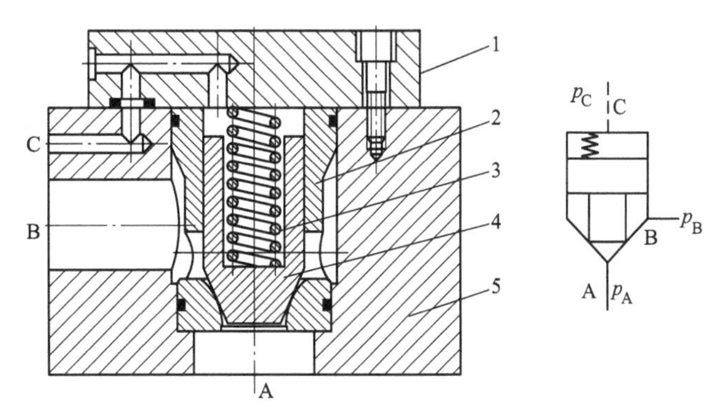

图3-40 二通插装阀的结构和图形符号

1—控制盖板 2—阀套 3—弹簧 4—阀芯 5—阀体

1. 二通插装方向控制阀

图3-41所示为二通插装阀用作方向控制阀。

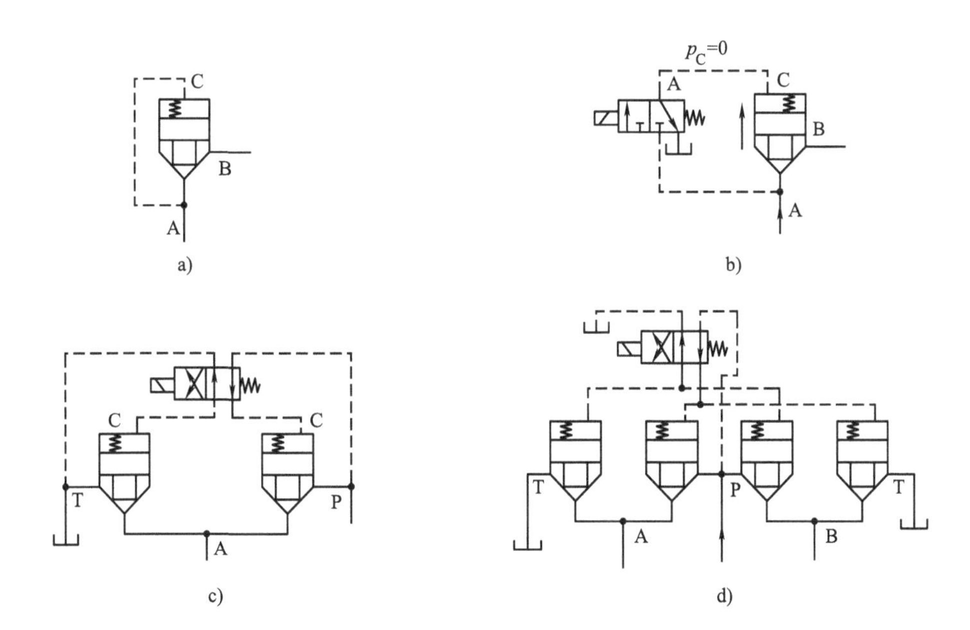

图3-41 二通插装阀用作方向控制阀

图3-41a所示为二通插装阀用作单向阀，当$p_A>p_B$时，阀芯关闭，油口A、B不通；而当$p_B>p_A$时，阀芯开启，即油液只能从油口B流向油口A，不能从油口A流向油口B。

图3-41b所示为二通插装阀用作二位二通阀，当二位三通电磁换向阀断电时，阀芯开启，油口A、B接通；电磁铁通电时，阀芯关闭，油口A到油口B不通。

图 3-41c 所示为二通插装阀用作二位三通阀，当电磁铁断电时，油口 A、T 接通；电磁铁通电时，油口 A、P 接通。

图 3-41d 所示为二通插装阀用作二位四通阀，电磁铁断电时，油口 P、B 接通，油口 A、T 接通；电磁铁通电时，油口 P 和油口 A 接通，油口 B 和油口 T 接通。

2. 二通插装压力控制阀

通过控制二通插装阀 C 腔的压力，能得到压力控制阀，图 3-42 所示为二通插装阀用作压力控制阀。

如图 3-42a 所示，如果油口 B 接油箱，则插装阀起溢流阀作用；如果油口 B 接下游元件，则插装阀起顺序阀作用。

如图 3-42b 所示，插装阀起减压阀作用，用常开式滑阀阀芯作为二通插装减压阀阀芯，B 为一次液压油 p_1 的进油口，A 为出油口。由于控制油取自 A 口，当 p_2 压力高于调定压力时，p_C 压力将打开溢流阀，使阀芯上移、缩小甚至关闭一次液压油 p_1 的进油口，因而能得到恒定的二次压力 p_2。

如图 3-42c 所示，插装阀控制油口 C 通过二位二通电磁阀接到油箱，当电磁铁通电时，插装阀起卸荷阀作用。

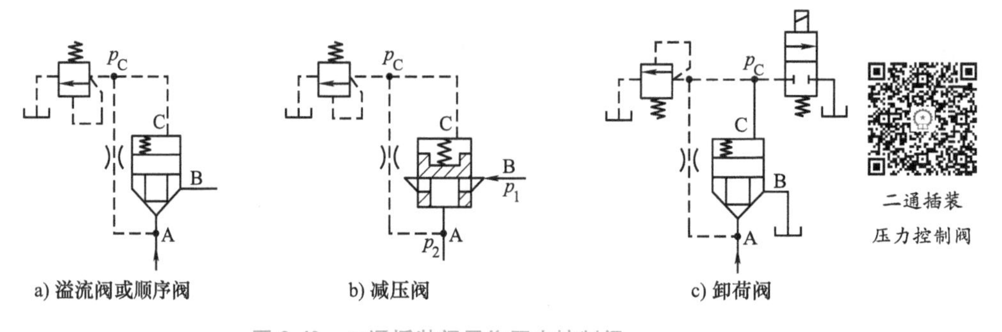

a) 溢流阀或顺序阀　b) 减压阀　c) 卸荷阀

图 3-42　二通插装阀用作压力控制阀

3. 二通插装流量控制阀

图 3-43 所示为二通插装阀用作流量控制阀。在阀的顶盖上有阀芯升高限位装置，通过对限位装置的调节，可以调节阀口通流截面积，从而达到调节流量的目的。图 3-43a 所示为插装阀形式的节流阀，图 3-43b 所示为插装阀组成的调速阀。另外还有一种螺纹式插装阀，它依靠自身来提供完整液压阀功能，既有锥阀式，又有滑阀式，适用于通径大于或等于 ϕ16mm 的高压、大流量系统。螺纹插装阀有二、三、四通多种通口型式，而且无须使用螺钉固定，因而有结构紧凑、装卸方便、布置灵活等优点。

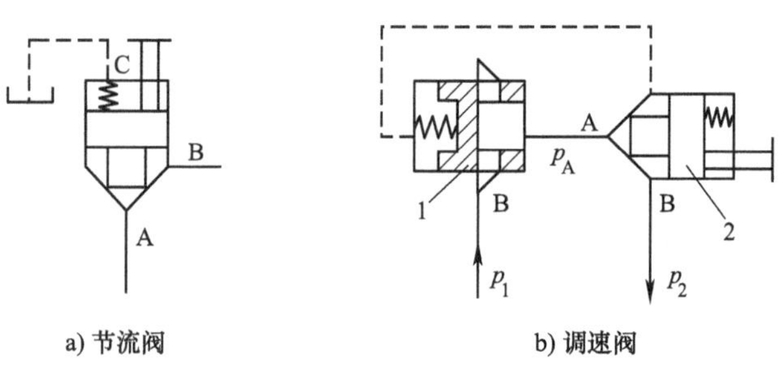

a) 节流阀　b) 调速阀

图 3-43　二通插装阀用作流量控制阀

1—二通插装减压阀阀芯　2—二通插装节流阀

3.8 叠加阀

叠加阀是近十年内发展起来的集成式液压元件，采用这种阀组成液压系统时，无须另外的连接块，它以自身的阀体作为连接体直接叠合而成所需的液压传动系统。

叠加阀的工作原理与一般液压阀基本相同，但在具体结构和连接尺寸上则不相同。叠加阀自成系列，每个叠加阀既有一般液压元件的控制功能，又起到通道体的作用，每一种叠加阀的主油路通道和螺栓连接孔的位置都与所选通径的换向阀相同，因此同一通径的叠加阀都能按要求叠加起来组成各种不同控制功能的系统。

用叠加阀组成的液压系统具有以下特点：

1）用叠加阀组成的液压系统结构紧凑，体积小，重量轻。

2）叠加阀液压安装简便，装配周期短。

3）当液压系统发生变化，例如改变工况或需要增减元件时，组装方便迅速。

4）元件之间实现无管连接，消除了因油管、管接头等引起的泄漏、振动和噪声。

5）整个系统配置灵活，外观整齐，维护、保养容易。

6）标准化、通用化和集成化程度较高。

叠加阀分为压力控制阀、流量控制阀和方向控制阀三大类。

图 3-44 所示为先导式叠加溢流阀。它由主阀和导阀两个部分构成，主阀芯 6 为单向阀二级同心结构，先导阀即为锥阀式结构。

叠加式溢流阀的工作原理与一般的先导式溢流阀相同，它是利用主阀芯两端的压力差来移动主阀芯，以改变阀口的开度。油腔和进油口 P 相通，孔 c 和回油口 T 相通，液压油作用于主阀芯 6 的右端，同时经阻尼小孔 d 流入阀芯左端，并经小孔 a 作用于锥阀 3 上。调节弹簧 2 的预压缩量便可改变该叠加式溢流阀的调整压力。

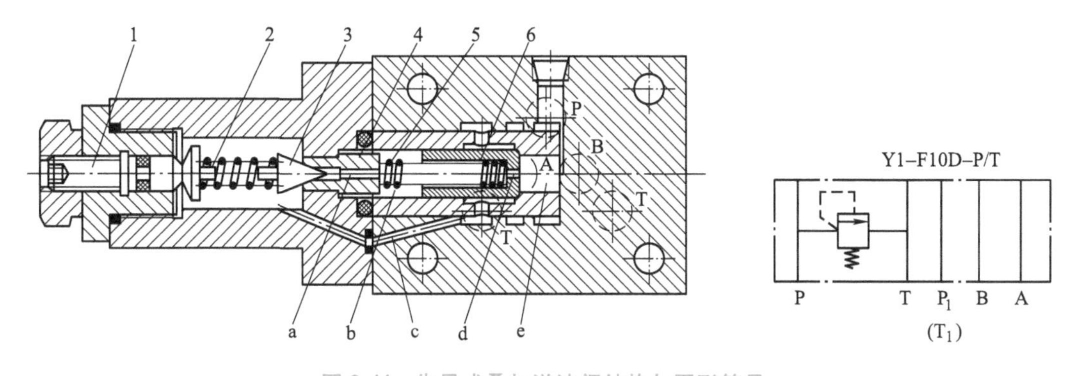

图 3-44 先导式叠加溢流阀结构与图形符号

1—推杆 2、5—弹簧 3—锥阀 4—阀座 6—主阀芯

叠加阀系统结构紧凑，尤其是系统的更改较方便。叠加阀是标准化元件，设计中仅需按工艺要求绘制液压系统原理图即可进行组装，因而设计工作量小，目前已广泛应用于冶金、机床、工程机械等领域。

【工程训练】

训练题目：钻床液压控制原理图设计

工程背景：钻床是具有广泛用途的通用性机床，结构简单，加工精度相对较低，可对零件进行钻孔、扩孔、铰孔、锪平面和攻螺纹等加工。其外观如图 3-45 所示。

钻床通常以钻头的旋转作为主运动，钻头轴向移动作为进给运动。钻床的特点是工件固定不动，刀具做旋转运动并向下钻孔。

工况分析：钻床的液压系统由两部分组成，一部分为工件夹紧装置，另一部分为钻头进给装置，因此该系统含有两个液压缸，夹紧缸 A 和钻削进给缸 B。因工件不同，所需夹紧力也不同，故要求夹紧缸 A 的夹紧力能根据工件的不同进行调节，这种使系统的某一局部油路具有较低的稳定压力的回路称为减压回路。在减压回路中，调速元件应放在减压阀的上面，以免减压阀发生泄漏对执行元件速度产生影响，钻削进给缸 B 要求速度可调且速度保持恒定。

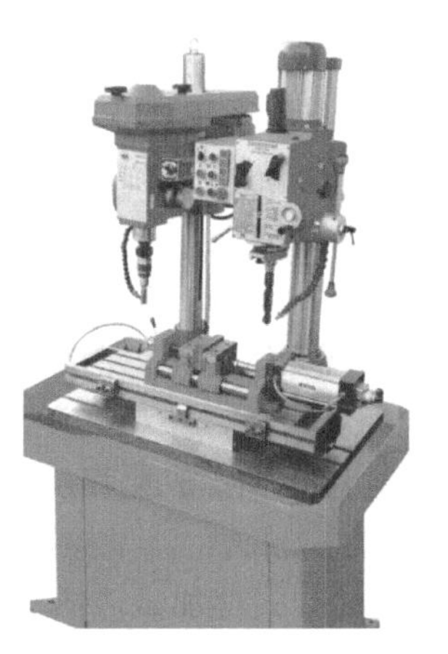

液压钻床工作过程

图 3-45　钻床外观

工程图样：图 3-46a 所示为钻床的组成，图 3-46b 所示为钻削过程示意，图 3-47 所示为液压钻床控制回路。

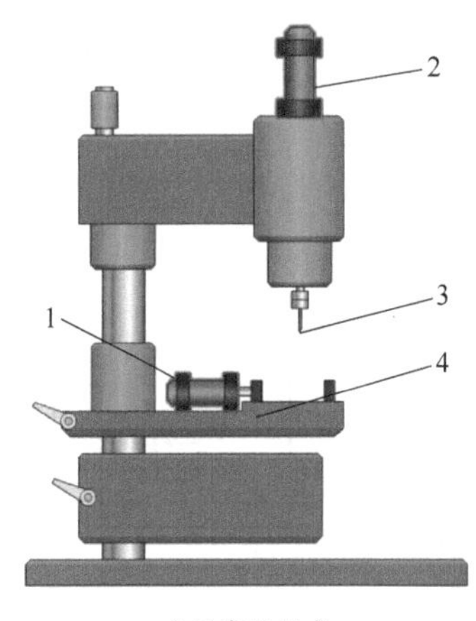

a) 钻床的组成

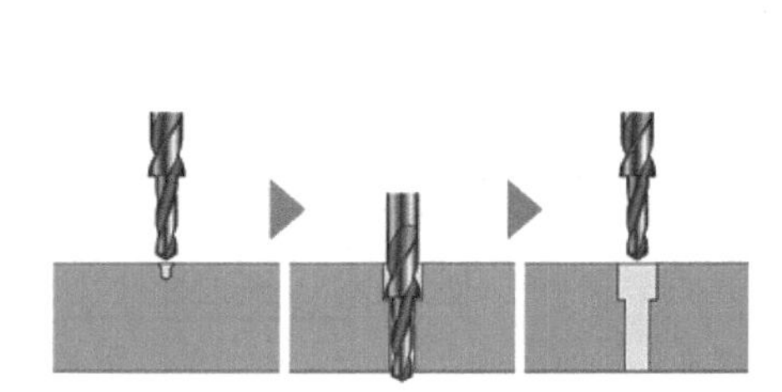

b) 钻削过程示意

图 3-46　钻床的组成与钻削过程

1—液压缸 A　2—液压缸 B　3—钻头　4—工作台

操作练习：

1）根据工况分析与图 3-46b 所示钻削过程对执行元件的动作要求，补充图 3-47 所示液压钻床控制回路。

2）补充回路完成后，利用 FluidSIM-H 软件进行系统仿真。调节系统的压力及节流阀阀口开度，记录仿真过程。

3）分析并说明各控制元件在回路中的作用。

4）分别对夹紧速度、夹紧力及钻头升降速度进行调节，观察它们能否满足控制要求。

5）如果控制钻头升降的液压缸所需压力小于夹紧力，应如何改动回路？

6）对仿真实验中出现的问题进行分析并提出解决方案。

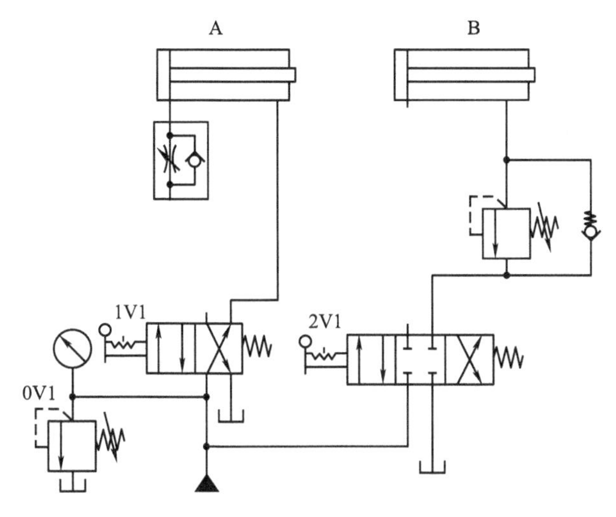

图 3-47 液压钻床控制回路

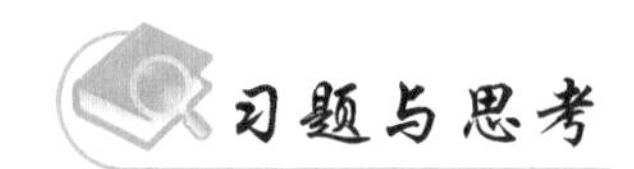

3-1 简述调速阀的工作原理。如何保证执行元件的速度的稳定性？

3-2 什么是减压阀？说明减压阀工作原理。

3-3 液压马达主要的性能指标有哪些？它们分别具有什么意义？

3-4 液压马达在使用时应注意哪些问题？

3-5 为什么要调整液压系统的压力？如何调整？

3-6 什么是平衡回路？除顺序阀可以产生平衡力外，还有哪些元件也可以产生平衡力？

3-7 什么情况下需应用保压回路？

3-8 如何使用行程阀实现执行元件的顺序动作？

3-9 如何利用电液伺服阀使两液压缸实现同步？

项目 4

卧式多轴钻孔机床液压系统设计

【项目导学】

见表 4-1。

表 4-1　卧式多轴钻孔机床液压系统设计项目导学表

项目名称	卧式多轴钻孔机床液压系统设计	参考学时	12 学时
项目导入	钻床是用钻头在工件上加工孔的机床，主要用于加工箱体、支架等外形复杂、没有回转轴线的工件上的孔。在钻床上加工时，工件一般固定不动，刀具的旋转运动作为主运动，同时沿轴向做进给运动。卧式多轴钻孔机床是指主轴水平布置、能一次性把几个乃至十几个二十几个孔都加工出来的机床，其加工精度高、效率快、操作方便、适用范围广，可有效节省人力、物力、财力，已成为高精密加工行业的首选之一，特别适用于单件或批量生产带有多孔零件的孔加工，是量产化机械加工车间首选的机床 卧式多轴钻孔机床上刀具主运动的动力来自电动机，电动机通过机械传动机构带动主轴实现旋转主运动，而刀具进给运动的动力来自液压系统，通过主轴内液压缸机构及液压控制阀实现进给运动		
学习目标	知识目标	1. 能说出液压系统设计的一般方法 2. 能阐述液压系统的设计步骤 3. 能使用仿真软件绘制卧式多轴钻孔机床的液压系统图	
	能力目标	1. 能独立进行液压缸结构尺寸计算 2. 通过小组合作能完成卧式多轴钻孔机床液压元件的选型 3. 在教师指导下能够进行卧式多轴钻孔机床液压系统的维护	
	素质目标	1. 能执行液压系统相关国家标准，培养学生有据可依、有章可循的职业习惯 2. 能在实操过程中遵循操作规范，增强学生的安全意识 3. 主动分担小组任务，增强学生的团队意识和责任心	
问题引领	1. 卧式多轴钻孔机床主轴的主运动和进给运动分别是什么？ 2. 液压系统的设计步骤有哪些？ 3. 在对执行元件进行工作情况分析时应分析哪些内容？ 4. 如何拟定液压系统原理图？ 5. 在查阅产品样本确定控制阀的规格型号时应依据哪些参数？ 6. 如何编制技术文件？		

（续）

项目名称	卧式多轴钻孔机床液压系统设计	参考学时	12 学时
项目成果	1. 卧式多轴钻孔机床液压系统原理图 2. 元件型号及规格列表 3. 卧式多轴钻孔机床液压系统设计说明书 4. 项目报告 5. 考核及评价表		
项目实施	构思：项目分析与项目基础知识学习，参考学时为 6 学时 设计：手工绘制与系统仿真，参考学时为 2 学时 实施：元件选择及系统搭建，参考学时为 2 学时 运行：调试运行与项目评价，参考学时为 2 学时		

【项目构思】

卧式四轴钻孔机床（图 4-1）液压系统设计是一个综合性学习项目，学生在学习了液压元件的基本原理、特点、应用和选用方法，熟悉了各种液压基本回路，掌握了几种典型的液压系统的分析和搭建方法的基础上，进一步学习液压系统的设计，使学生对所学内容能够灵活掌握、融会贯通，并获得综合运用所学知识进行液压系统设计的基本能力。

随着我国制造业的转型升级和智能装备技术的发展，智能装备产品与产业链上、下游企业的关联程度将更加紧密，而产业链上、下游企业所使用设备一般也更多地需要定制化研发和制造。这就驱动了制造业技术研发人员的需求。学生的初始就业岗位可能是一般的维修、维护岗位，经过 3~5 年的锻炼可能会成长为技术研发人员，这需要学生在本领域有一定的知识储备和研发思路。本项目就液压系统设计步骤和设计内容进行学习。学习该项目时，首先要认真阅读表 4-1 所列内容，明确本项目的学习目标，知悉项目成果和项目实施环节的要求。

图 4-1　卧式四轴钻孔机床

项目实施建议教学方法为：项目引导法、小组教学法、案例教学法、启发式教学法及实物教学法。

教师首先下发项目工单（表 4-2），布置本项目需要完成的任务及控制要求，介绍本项目的应用情况并进行项目分析，引导学生完成项目所需的知识、能力及软硬件准备，讲解液压系统设计所包含的内容、设计步骤、方法、工程经验等相关知识。

学生进行小组分工，明确项目内容，小组成员讨论项目实施方法，并对任务进行分解，掌握完成项目所需的知识，查找液压系统相关国家标准、液压设计手册、产品样本和卧式多轴钻孔机床液压系统设计的相关资料，制订项目实施计划。

表 4-2　卧式多轴钻孔机床液压系统设计项目工单

<table>
<tr><td>课程名称</td><td colspan="6">液压与气动技术</td><td>总学时：</td></tr>
<tr><td>项目 4</td><td colspan="6">卧式多轴钻孔机床液压系统设计</td><td></td></tr>
<tr><td>班级</td><td></td><td>组别</td><td></td><td>小组负责人</td><td></td><td>小组成员</td><td></td></tr>
<tr><td>项目要求</td><td colspan="7">卧式多轴钻孔机床工作时，主轴的进给运动由液压系统驱动，进给运动包括三个过程：先是快速趋近工件，然后转为慢速加工，加工后再快速退回。这就要求液压系统对进给运动的控制应包括三个方面：一是运动方向的控制，在液压系统中确定合适的换向方式；二是运动速度的控制，在液压系统中确定合适的调速方法；三是运动力的控制，在液压系统中确定压力的调节方法。项目具体要求如下：
1. 主轴进给运动由液压缸驱动，选用的换向阀可改变液压缸两腔进油和回油的方向，换向阀换向要平稳，确保加工过程平稳运行
2. 主轴进给运动的速度是通过改变输入或输出液压缸的流量来调节的，从快速趋近工件转为慢速加工工件的过程，速度变化较大，要求速度换接平稳可靠；在钻削通孔时要避免前冲
3. 工件夹紧由液压系统完成，在液压回路中要考虑夹紧回路中应保持适当的压力，避免夹紧力过大对工件造成损伤
4. 卧式多轴钻孔机床的加工过程是全自动化的，要求一次操作可完成对工件的夹紧和加工过程
5. 选择合适的液压动力源，在成本和效率上达到平衡</td></tr>
<tr><td>项目成果</td><td colspan="7">1. 卧式多轴钻孔机床液压系统原理图
2. 元件型号及规格列表
3. 卧式多轴钻孔机床液压系统设计说明书
4. 项目报告
5. 考核及评价表</td></tr>
<tr><td>相关资料及资源</td><td colspan="7">1.《液压与气动技术》
2. 液压设计手册
3. 液压产品样本
4. 国家标准 GB/T 786. 1—2021《流体传动系统及元件 图形符号和回路图 第 1 部分：图形符号》
5. 与本项目相关的微课、动画等数字化资源及网址</td></tr>
<tr><td>注意事项</td><td colspan="7">1. 液压元件有其规定的图形符号，符号的绘制要遵循相关国家标准
2. 液压连接软管的管接头是精密部件，软管较长掉在地上后会损伤管接头，导致其无法连接
3. 在网孔板上安装元件务必牢固可靠
4. 液压系统的连接与拆卸务必遵守操作规程，严禁在液压系统运行过程中拆卸连接管
5. 液压系统运行结束后清理工作台，对液压元件及连接软管进行有序归位</td></tr>
</table>

4.1 明确系统设计要求并进行工况分析

液压系统的设计是机器整机设计的一个组成部分。除了满足主机在动作和性能方面规定的要求，还应遵循体积小、重量轻、成本低、效率高、结构简单、工作可靠、使用和维修方便等设计原则。液压系统的设计步骤大致为：明确整机对液压系统设计的要求并进行工况分析，确定液压系统的主要参数；拟定合理的液压系统原理图；计算和选择液压元件的规格；验算液压系统的性能；绘制工作图、编制技术文件。

以上这些步骤在设计过程中相互关联，彼此影响，设计时会有反复修验的过程。

4.1.1 明确系统设计要求

在液压系统的设计中，首先应明确系统设计要求。主要包括以下内容：

1）明确主机的用途、结构、总体布局，以及对液压传动装置的位置和空间尺寸的要求。

2）明确主机对液压系统的动作要求。例如执行元件的工作循环、运动方式、负载、运动速度，各执行元件的动作顺序或互锁要求。

3）明确主机对液压系统的性能要求，例如自动化程度、调速范围、运动平稳性、换向定位精度，以及对系统的效率、温升等。

4）明确液压系统的限制条件，例如压力脉动、振动、噪声、冲击的允许值等。

5）明确液压系统的工作环境，例如环境温度、湿度、通风情况、是否易燃、外界冲击振动的情况，以及安装空间的大小等。

6）明确液压系统的使用条件，例如液压系统工作时是连续运转还是间歇运转，以及运转的频率等。

7）明确液压装置的重量、外形尺寸、经济性等方面的规定或限制。

4.1.2 分析系统工况，确定主要参数

工况分析是对液压执行元件的工作情况进行分析，包括运动分析和动力分析。分析的目的是了解在工作过程中执行元件的速度和负载变化的规律，对于复杂的系统还需绘制其运动图、速度图和负载图，作为拟定液压系统方案及确定系统的压力和流量等主要参数的依据。若液压执行元件动作比较简单，也可不作图，只需找出最大负载和最大速度即可。

1. 运动分析

按设备的工艺要求，把所研究的执行元件在完成一个工作循环的运动规律用图表示出来，这个图称为运动分析图。图 4-2 所示为某机床动力滑台的工况图。图 4-2a 所示为机床的动作循环图，其工作循环为快进→工进→快退；图 4-2b 所示为完成一个工作循环的速度循环图。

2. 负载分析

根据执行元件在运动过程中负载的变化情况，作出其负载-位移曲线图，即负载循环图。

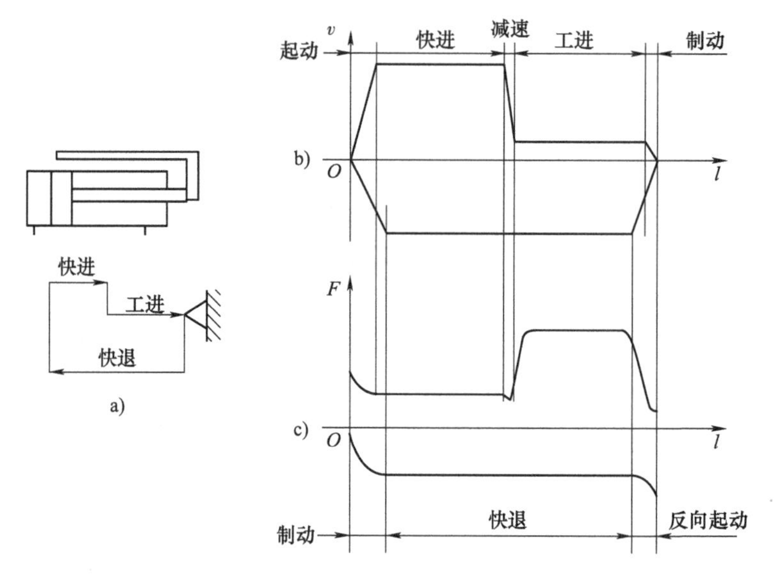

图 4-2　某机床动力滑台的工况图

图 4-2c 所示为某机床动力滑台的负载循环图，由此图可直观地看出在运动过程中何时受力最大，何时受力最小等各种情况，以此作为以后的设计依据。现具体分析液压缸所承受的负载，液压缸驱动执行元件做往复直线运动时，所受到的外负载一般包括工作负载、摩擦阻力负载和惯性负载，即

$$F = F_L + F_f + F_a \tag{4-1}$$

（1）工作负载 F_L　工作负载与设备的工作情况有关，在机床上，与运动件的方向同轴的切削力的分量是工作负载，而对于提升机、千斤顶等用以移动的物体的重量就是工作负载。工作负载可以是定量，也可以是变量，可以是正值，也可以是负值，有时还可能是交变的。

（2）摩擦阻力负载 F_f　摩擦阻力负载是指运动部件与支承面的摩擦力，它与支承面的形状、放置情况、润滑条件以及运动状态有关。

$$F_f = fF_N \tag{4-2}$$

式中　F_N——运动部件及外负载对支承面的正压力；

f——摩擦系数，分为静摩擦系数（$f_s \leqslant 0.2 \sim 0.3$）和动摩擦系数（$f_d \leqslant 0.05 \sim 0.1$）。

（3）惯性负载 F_a　惯性负载是运动部件在速度变化时，由其惯性而产生的负载，可用牛顿第二定律计算：

$$F_a = ma = \frac{G}{g}\frac{\Delta v}{\Delta t} \tag{4-3}$$

式中　m——运动部件的质量（kg）；

a——运动部件的加速度（m/s^2）；

G——运动部件的重力（N）；

g——重力加速度；

Δv——速度的变化量（m/s）；

Δt——速度变化所需的时间（s）。

除此以外，液压缸的受力还有密封阻力（一般用效率 η=0.85~0.9 表示）、背压力等。

若执行机构为液压马达，其负载力矩的计算与液压缸类似。

3. 执行元件的参数确定

（1）选定工作压力　当负载确定后，工作压力就决定了系统的经济性和合理性。若工作压力低，则执行元件的尺寸大，质量大，完成给定速度所需的流量也大；若压力过高，则密封要求高，元件的制造精度更高，容积效率也会降低。因此，应根据实际情况选取适当的压力。执行元件工作压力可以根据总负载值或主机设备类型选取，见表 4-3 和表 4-4。

表 4-3　按负载选取执行元件的工作压力

负载 F/kN	<5	5~10	10~20	20~30	30~50	>50
工作压力 p/MPa	<0.8~1.0	1.5~2.0	2.5~3.0	3.0~4.0	4.0~5.0	>5.0~7.0

表 4-4　各类液压设备常用工作压力

设备类型	精加工机床	半精加工机床	粗加工或重型机床	农业机械、小型工程机械	液压压力机、重型机械、大中型挖掘机械、起重运输机械
工作压力 p/MPa	<0.8~2.0	3.0~5.0	5.0~10.0	10.0~16.0	20.0~32.0

（2）确定执行元件的几何参数　对于液压缸来说，它的几何参数就是有效工作面积 A，对液压马达来说就是排量 V。液压缸有效工作面积可由下式求得

$$A=\frac{F}{\eta_{\mathrm{cm}}p} \tag{4-4}$$

式中　F——液压缸上的外负载（N）；

η_{cm}——液压缸的机械效率；

p——液压缸的工作压力（Pa）；

A——所求液压缸的有效工作面积（m^2）。

这样计算出来的工作面积还必须按液压缸所要求的最低稳定速度 $v_{\min}$ 来验算，即

$$A \geqslant \frac{q_{\min}}{v_{\min}} \tag{4-5}$$

式中　$q_{\min}$——流量阀最小稳定流量。

若执行元件为液压马达，则其排量的计算为

$$V=\frac{2\pi T}{p\eta_{\mathrm{Mm}}} \tag{4-6}$$

式中　T——液压马达的总负载转矩（N·m）；

η_{Mm}——液压马达的机械效率；

p——液压马达的工作压力（Pa）；

V——液压马达的排量（m^3/r）。

同样，按式（4-6）所求的排量也必须满足液压马达最低稳定转速 $n_{\min}$ 的要求，即

$$V \geqslant \frac{q_{\min}}{n_{\min}} \tag{4-7}$$

式中　q_{min}——能输入液压马达的最低稳定流量。

排量确定后，可从产品样本中选择液压马达的型号。

（3）确定执行元件最大流量　液压缸所需的最大流量 q_{max} 等于液压缸有效工作面积 A 与液压缸最大移动速度 v_{max} 的乘积，即

$$q_{max}=Av_{max} \tag{4-8}$$

液压马达所需的最大流量 q_{max} 应是液压马达的排量 V 与其最大转速 n_{max} 的乘积，即

$$q_{max}=Vn_{max} \tag{4-9}$$

4. 绘制液压执行元件的工况图

液压执行元件的工况图是指压力图、流量图和功率图。

（1）工况图的绘制　按照上面所确定的液压执行元件的工作面积（或排量）和工作循环中各阶段的负载（或负载转矩）即可绘制压力图，如图 4-3a 所示；根据执行元件的工作面积（或排量）以及工作循环中各阶段所要求的运动速度（或转速）即可绘制流量图，如图 4-3b 所示；根据所绘制的压力图和流量图即可计算出各阶段所需的功率图，如图 4-3c 所示。以上三个图统称为工况图，为方便分析，通常可将这三个图合在一起绘制。

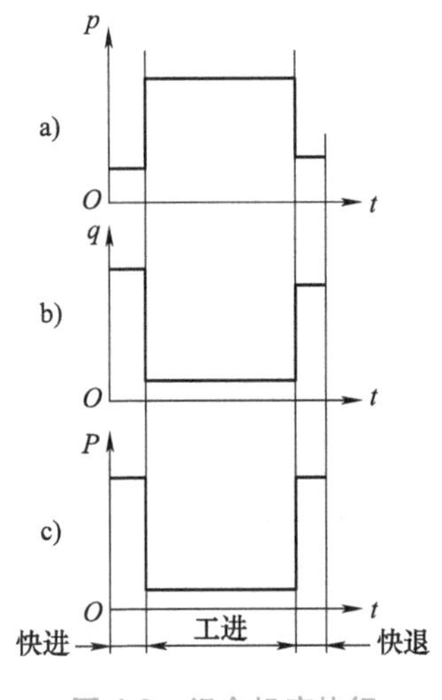

图 4-3　组合机床执行元件的工况图

（2）工况图的作用　从工况图上可以直观、方便地找出最大工作压力、最大流量和最大功率，根据这些参数即可选择液压泵及其驱动电动机。同时，对系统中所有液压元件的选择也具有指导意义。通过分析工况图，有助于设计、选择合理的基本回路，例如从工况图上可观察到最大流量维持时间，如果这个时间较短，则不宜选用一个大流量的定量泵供油，可以选用变量泵或采用泵和蓄能器联合供油的方式。利用工况图可以对各阶段的参数进行鉴定，分析其合理性，还可在必要时进行调整。例如，为了提高功率应用的合理性，使功率分配比较均衡，若在工况图中看出各阶段所需的功率相差较大，则可在工艺允许的条件下对其进行适当调整，使系统所需的最大功率值有所降低。

4.2　拟定液压系统原理图

液压系统图是整个液压系统设计中重要的一环。拟定液压系统原理图时，要综合应用以前所学的知识，一般的方法是：先根据具体的动作、性能要求选择液压基本回路，然后在基本回路上添加必要的连接措施，最后有机地组合成一个完整的液压系统。拟定液压系统图时，应考虑以下几个方面的问题。

1. 液压执行元件的类型

液压执行元件有提供往复直线运动的液压缸，提供往复摆动的摆动缸和提供连续回转运动的液压马达。在设计液压系统时，可按设备所要求的运动情况来选择。在选择时还应进行比较和分析，以求设计的整体效果最佳。例如，若系统需要输出往复摆动，要实现这个运动，既可采用摆动缸，又可使用齿条式液压缸，还可使用直线往复式液压缸和滑轮钢丝绳索

传动机构。因此，要根据实际情况进行比较和分析，综合多方面因素做出选择。

2. 液压回路的选择

在确定了液压执行元件后，要根据设备的工作特点和性能要求，首先确定对主机主要性能起决定性影响的主要回路。例如，机床液压系统，调速和速度换接是主要回路；压力机液压系统，调压回路是主要回路等。然后考虑其他辅助回路，例如有垂直运动部件的系统要考虑平衡回路，有多个执行元件的系统要考虑顺序动作、同步动作和防干扰回路等。同时，也要考虑节省能源，减少发热，减少液压冲击，保证动作精度等问题。

选择回路时常有可能有多种方案，这时除反复对比外，应多参考或吸收同类型液压系统中使用并被实践证明是比较好的回路。

3. 液压回路的综合

液压回路的综合是把选出来的各种液压基本回路放在一起进行归并和整理，再增加一些必要的元件或辅助油路，使之成为完整的液压传动系统。在进行这项工作时，必须注意以下几点：

1）尽可能省去不必要的元件，以简化系统结构。

2）最终综合出来的液压系统应保证其工作循环中的每个动作都安全可靠，不相互干扰。

3）尽可能提高系统的效率，防止系统过热。

4）尽可能使系统经济合理，便于维修和检测。

5）尽可能采用标准元件，减少使用自行设计的专用件。

4.3 液压元件的计算和选择

对于液压元件，需要计算其在工作中承受的压力和通过的流量，以便确定元件的规格和型号。

1. 液压泵的选择

先根据设计要求和系统工况确定液压泵的类型，然后根据液压泵的最高工作压力和最大供油量选择液压泵的规格。

（1）确定液压泵的最高工作压力 p_P 液压泵的最高工作压力是在系统正常工作时泵所能提供的最高压力。对于定量泵系统来说，这个压力是由溢流阀调定的；对于变量泵系统来说，这个压力是与泵的特性曲线上的流量相对应的。液压泵的最高工作压力是选择液压泵型号的重要依据。

泵的最高工作压力的确定要分为两种情况：一是执行机构在运动行程终了，停止时才需要最高工作压力的情况，例如液压机和夹紧机构中的液压缸；二是最高工作压力是在执行机构的运动行程中出现的，例如机床及提升机等。对于第一种情况，泵的最高工作压力 p_P 也就是执行机构所需的最大压力 p_1；对于第二种情况，除了考虑执行机构的压力，还要考虑油液在管路系统中流动时产生的总压力损失，即

$$p_P \geqslant p_1 + \sum \Delta p_1 \tag{4-10}$$

式中，$\sum \Delta p_1$ 为液压泵的出油口至执行机构进油口之间的总的压力损失，它包括沿程压力损失和局部压力损失，要准确地估算必须等管路系统及其安装形式完全确定以后才能做到，在此只能进行估算，估算时可参考下述经验数据：一般节流调速和管路简单的系统，$\sum \Delta p_1 =$

0.2~0.5MPa；有调速阀和管路较复杂的系统，$\sum \Delta p_1 = 0.5 \sim 1.5$MPa。

（2）确定液压泵的最大供油量 q_P　液压泵的最大供油流量 q_P 按执行元件工况图上的最大工作流量及回路系统中的泄漏量来确定，即

$$q_P \geqslant K \sum q_{max} \tag{4-11}$$

式中，K 为考虑系统中有泄漏等因素的修正系数，一般 $K=1.1 \sim 1.3$，小流量取大值，大流量取小值；$\sum q_{max}$为同时动作的各缸所需流量之和的最大值。

若系统中采用了蓄能器供油，则泵的流量按一个工作循环中的平均流量来选取，即

$$q_P \geqslant \frac{K}{T} \sum_{i=1}^{n} q_i \Delta t_i \tag{4-12}$$

式中　T——工作循环的周期时间；

q_i——工作循环中第 i 个阶段所需的流量；

Δt_i——第 i 个阶段持续的时间；

n——循环中的阶段数。

（3）选择液压泵的规格　根据前面设计计算过程中取得的 p_P 和 q_P 值，即可从产品样本中选择出合适的液压泵的型号和规格。为了使液压泵工作安全可靠，液压泵应有一定的压力储备量，通常泵的额定压力可比 p_P 高 25% ~60%。泵的额定流量则宜与 q_P 相当，不要超过太多，以免造成过大的功率损失。

（4）确定泵的驱动功率　如果系统中使用的是定量泵，则具体工况不同，其驱动功率的计算是不同的。

在整个工作循环中，当液压泵的功率变化较小时，可按下式计算液压泵所需驱动功率，即

$$P = \frac{p_P q_P}{\eta_P} \tag{4-13}$$

式中　p_P——液压泵的最大工作压力（Pa）；

q_P——液压泵的输出流量（m^3/s）；

η_P——液压泵的总效率。

在整个工作循环中，当液压泵的功率变化较大，且在功率循环图中最高功率所持续的时间很短时，则可按式（4-13）分别计算出工作循环各阶段的功率 P_i，然后用下式计算其所需电动机的平均功率：

$$P = \sqrt{\frac{\sum_{i=1}^{n} P_i^2 t_i}{\sum_{i=1}^{n} t_i}} \tag{4-14}$$

式中，t_i 为一个工作循环中第 i 阶段持续时间。

求出了平均功率后，还要验算一个阶段电动机的超载量是否在允许的范围内，一般电动机允许短期超载量为 25%。如果在允许超载范围内，可根据平均功率 P 与泵的转速 n 从产品样本中选取电动机。

如果系统中使用的是限压式变量泵，则可按式（4-13）分别计算出快速与慢速两种工况时所需驱动功率，计算后，取两者较大值作为选择电动机规格的依据。

2. 阀类元件的选择

一般是根据阀的最大工作压力和流经阀的最大流量来选择阀的规格，即所选用的阀类元件的额定压力和额定流量要大于系统的最高工作压力及实际通过阀的最大流量。当条件不允许时，可适当增大通过阀的流量，但不得超过阀额定流量的 20%，否则会引起压力损失过大。具体来说，选择压力阀时，应考虑调压范围；选择流量阀时，应注意其最小稳定流量；选择换向阀时，除了要考虑压力和流量外，还应考虑其中位机能及操纵方式。

3. 辅助元件的选择

液压系统中的辅助元件，例如油箱、过滤器、蓄能器、油管、管接头等，它们对保证液压系统的工作性能起着重要的作用，因此对它们的设计（主要是油箱）和选用应予以足够的重视。

（1）油箱的设计　在进行油箱的结构设计时，应注意以下几个问题：

1）应有足够的刚度和强度。

2）要有足够的有效容积。

3）吸油管和回油管应尽量相距远一些。

4）能有效防止油液被污染。

5）易于散热和维护。

（2）过滤器的选用　根据所设计的液压系统的技术要求，按过滤精度、通油能力、工作压力、油液的黏度和工作温度等因素选用不同类型的过滤器。

4.4　液压系统性能的验算

液压系统性能的验算是一个复杂的问题，目前只采用一些简化公式进行近似估算，以便定性地说明情况。当设计中能找到经过实践检验的同类型系统作为对比参考，或是可靠的实验结果可供使用时，液压系统的性能验算就可以省略。

液压系统的能效分析

1. 回路压力损失的验算

回路压力损失包括管路压力损失和所有阀的压力损失。管路压力损失包括沿程压力损失 Δp_f 和局部压力损失 Δp_r。

沿程压力损失 Δp_f 为

$$\Delta p_f = \lambda \frac{l\rho v^2}{2d} \tag{4-15}$$

局部压力损失 Δp_r 为

$$\Delta p_r = \xi \frac{\rho v^2}{2} \tag{4-16}$$

不同的工作阶段要分开计算，回油路上的压力损失要折算到进油路上，在未画出管路装配图之前，有些压力损失仍只能估算。

2. 发热温升的验算

液压泵输入功率与执行元件输出功率的差值为液压系统的功率损失，这些能量损失全部转换成热量，使液压系统产生温升。如果这些热量全部由油箱散发出去，不考虑其他部分的

散热效能，则油液温升的计算为

$$Q_H = kA\Delta t \tag{4-17}$$

式中 A——散热面积（m^2）；

Δt——系统温升（℃）；

k——散热系数[$kW/(m^2 \cdot ℃)$]。

当通风很差时，$k=(8\sim9)\times10^{-3}kW/(m^2 \cdot ℃)$；通风良好时 $k=(15\sim17)\times10^{-3}kW/(m^2 \cdot ℃)$，用风扇冷却时 $k=23\times10^{-3}kW/(m^2 \cdot ℃)$；用循环水冷却时 $k=(110\sim175)\times10^{-3}kW/(m^2 \cdot ℃)$。

当验算出来的温升超过允许值时，系统中必须设置冷却器。

所设计的液压系统经验算后，即可对初步拟定的液压系统进行修改，并绘制工作图、编制技术文件。绘制工作图时，在画出整个液压系统的回路之后，还应注明各元件的规格、型号、压力调整值，并给出各执行元件的工作循环图，列出电磁铁及压力开关的动作顺序。另外，若有非标准专用件，还需画出非标准专用件的装配图及零件图。最后是编写技术文件，技术文件一般包括液压系统设计计算说明书，液压系统的使用及维护技术说明书，零部件目录表、标准件列表、通用件列表等。

【项目分析与仿真】

4.5 卧式多轴钻孔机床液压系统设计要求

设计一台卧式单面多轴钻孔组合机床动力滑台液压系统，液压系统包括进给液压缸和夹紧液压缸。其具体要求如下：

1）该系统的工作循环为：快进→工进→快退→停留。

2）该系统的最大钻削力$F_L=30468N$，运动部件总重量 $G=9810N$。

3）液压缸的机械效率$\eta_{cm}=0.9$。

4）动力滑台快进速度和快退速度 $v_1=v_3=7m/min$，工进速度 $v_2=53mm/min$。

5）进给缸快进行程 $l_1=100mm$，工进行程 $l_2=50mm$。

6）运动部件的导轨形式为平导轨，其静摩擦系数 $f_s=0.2$，动摩擦系数 $f_d=0.1$。

7）进给缸往复运动的加速、减速时间为 $\Delta t=0.2s$。

8）该系统采用液压与电气配合，实现自动工作循环。

9）液压系统的执行元件采用单杆活塞液压缸。系统工作时，要求快进转工进时平稳可靠，工作台能在行程中的任意位置停止。

4.6 卧式多轴钻孔机床液压系统工况分析及主要参数的确定

4.6.1 卧式多轴钻孔机床液压系统的工况分析

1. 运动分析

根据已知条件绘制出动力滑台的工况图，图 4-3a 所示为压力图，图 4-3b 所示为流量图。

快进、工进、快退的时间可由下式计算：

快进：$t_1=\frac{l_1}{v_1}=\frac{100\times10^{-3}}{7\times\frac{1}{60}}s=0.86s$

工进：$t_2=\frac{l_2}{v_2}=\frac{50\times10^{-3}}{53\times10^{-3}\times\frac{1}{60}}s=56.6s$

快退：$t_3=\frac{l_1+l_2}{v_1}=\frac{150\times10^{-3}}{7\times\frac{1}{60}}s=1.3s$

2. 负载分析

暂时不考虑回油腔的背压力，液压缸受的外负载可按式（4-1）计算。

（1）工作负载

工作负载：$F_L=30468N$

（2）摩擦阻力

静摩擦阻力：$F_{fs}=f_sF_N=0.2\times9810N=1962N$

动摩擦阻力：$F_{fd}=f_dF_N=0.1\times9810N=981N$

（3）惯性阻力

惯性阻力：$F_a=\frac{G}{g}\frac{\Delta v}{\Delta t}=\frac{9810\times7}{9.81\times60\times0.2}N=583N$

根据以上分析，将液压缸各阶段工作负载列于表 4-5，并绘制功率图如图 4-3c 所示。

表 4-5 液压缸各阶段工作负载计算

工况	负载组成	负载值 F/N	推力(F/η_m)/N
起动	$F=F_{fs}$	1962	2180
加速	$F=F_{fd}+F_a$	1564	1738
快进	$F=F_{fd}$	981	1090
工进	$F=F_{fd}+F_L$	31449	34943
反向起动	$F=F_{fs}$	1962	2180
加速	$F=F_{fd}+F_a$	1564	1738
快退	$F=F_{fd}$	981	1090
制动	$F=F_{fd}-F_a$	398	443

3. 负载图和速度图的绘制

根据液压缸的运动，以液压缸的行程为横坐标，分别绘制不同工作行程中液压缸的负载变化曲线和速度变化曲线，如图 4-4 所示。

4.6.2 卧式多轴钻孔机床液压系统主要参数的确定

1. 确定液压缸的工作压力

参考表 4-3 和表 4-4，按液压系统最大负载 35000N 时选取的工作压力为 4～5MPa，在此可以初选液压缸工作压力 $p_1=4MPa$。

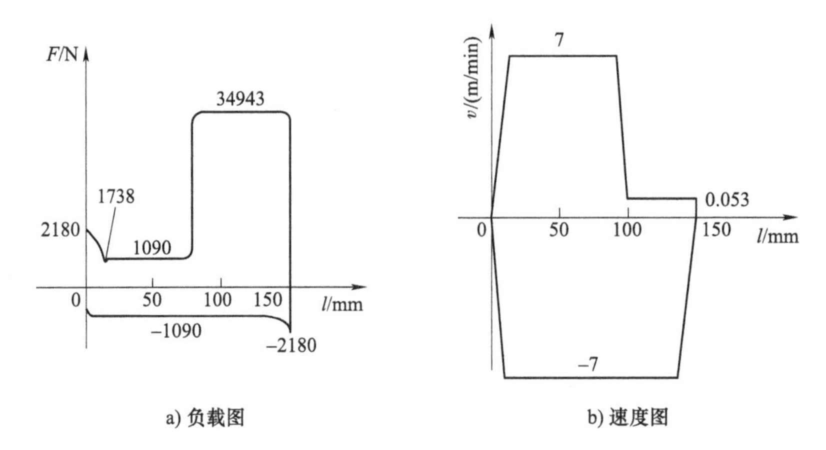

a) 负载图　　b) 速度图

图 4-4　液压缸的负载图和速度图

2. 计算液压缸的主要结构参数

鉴于动力滑台快进、快退速度相等，这里的液压缸可选用单杆活塞液压缸，并在快进时做差动连接。这种情况下，液压缸无杆腔工作面积 A_1 为有杆腔工作面积 A_2 的两倍，即活塞杆直径 d 与缸筒直径 D 之间的关系为 $d=0.707D$。

在钻孔加工时，液压缸回油路上必须具有备压 p_2，以防止孔被钻通时滑台突然前冲，取 $p_2=0.8\text{MPa}$。快进时液压缸虽然做差动连接，但由于油管中有压降 Δp 存在，有杆腔的压力必须大于无杆腔，估算时可取 $\Delta p=0.5\text{MPa}$。快退时回油管中是有背压的，这时 p_2 亦可按 0.5MPa 估算。

由工进时的推力计算液压缸面积：

$$\frac{F}{\eta_m} = A_1p_1 - A_2p_2 = A_1p_1 - \left(\frac{A_1}{2}\right)p_2$$

$$A_1 = \frac{\dfrac{F}{\eta_m}}{p_1 - \dfrac{p_2}{2}} = \frac{34943}{4 - \dfrac{0.8}{2}}\text{mm}^2 = 0.0097\text{m}^2 = 97\text{cm}^2$$

故有

$$D = \sqrt{\frac{4A_1}{\pi}}\sqrt{\frac{4\times 97}{3.14}}\text{cm} = 11.12\text{cm}$$

$$d = 0.707D = 7.86\text{cm}$$

当按国家标准 GB/T 2348—2018《流体传动系统及元件 缸内径及活塞杆外径》，将这些直径圆整成标准值得

$$D = 11\text{cm}, d = 8\text{cm}$$

由此求得液压缸两腔的实际有效面积为

$$A_1 = \frac{\pi D^2}{4} = 95.03\text{cm}^2$$

$$A_2 = \frac{\pi(D^2 - d^2)}{4} = 44.77\text{cm}^2$$

经检验，活塞杆的强度和稳定性均符合要求。

根据上述 D 与 d 的值，可估算出液压缸在各个工作阶段中的压力、流量和功率，见表 4-6，并据此绘出工况图如图 4-5 所示。

表 4-6　液压缸在不同工作阶段的压力、流量和功率值

工况		负载 F/N	回油腔压力 p_2/MPa	进油腔压力 p_1/MPa	输入流量 q/(L/min)	输入功率 P/kW	计算公式
快进（差动）	起动	2180	$p_2=0$	0.434	—	—	$p_1=(F+A_2\Delta p)/(A_1-A_2)$
	加速	1738	$p_2=p_1+\Delta p$ ($\Delta p=0.5\text{MPa}$)	0.791	—	—	$q=(A_1-A_2)v_1$
	恒速	1090		0.662	35.19	0.388	$P=p_1q$
工进		34943	0.8	4.054	0.5	0.034	$p_1=(F+p_2A_2)/A_1$ $q=A_1v_2$ $P=p_1q$
快退	起动	2180	$p_2=0$	0.487	—	—	$p_1=(F+p_2A_1)/A_2$
	加速	1738	0.5	1.45	—	—	$q=A_2v_2$
	恒速	1090		1.305	31.34	0.682	$P=p_1q$

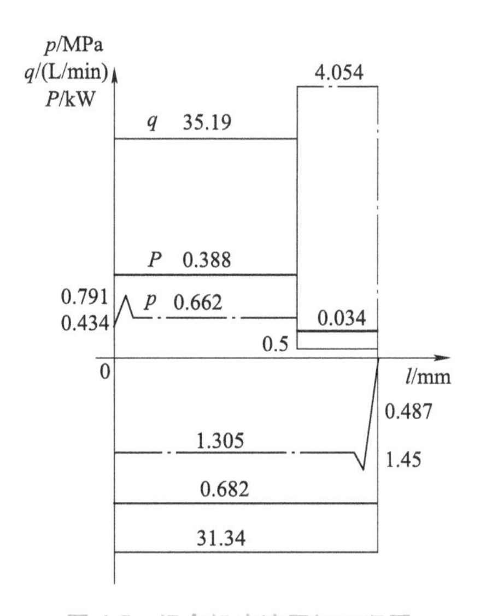

图 4-5　组合机床液压缸工况图

4.7　卧式多轴钻孔机床液压系统图的拟定

4.7.1　液压回路的拟定

1. 确定调速方法

由图 4-4 所示的工况图曲线得知，这台机床液压系统的功率小，滑台运动速度低，工作负载变化小，故可采用进油口节流调速回路。为了解决进油口节流调速回路在钻孔钻通时滑台的突然前冲现象，回油路上要设置背压阀。同时，为了减小负载变化对液压缸运动速度的

影响，满足系统对执行元件速度稳定性的要求，采用调速阀的进油口节流调速回路。

由于液压系统选用了节流调速的方式，液压系统中油液的循环必然是开放式的。

2. 确定供油方式

从图 4-5 所示工况图中可以清楚地看到，在这个液压系统的一个工作循环内，液压缸要求油源交替地提供低压大流量和高压小流量的油液。最大流量（35.19L/min）与最小流量（0.5L/min）之比约为 70，而快进快退所需的时间（t_1+t_3）为 2.16s，工进时间（t_2）为 56.6s，二者的比值约为 26。因此，从提高系统效率、节省能量的角度上来看，采用单个定量泵作为油源显然是不合适的，宜选用国内比较成熟的产品——双联式定量叶片泵作为油源，如图 4-6a 所示。

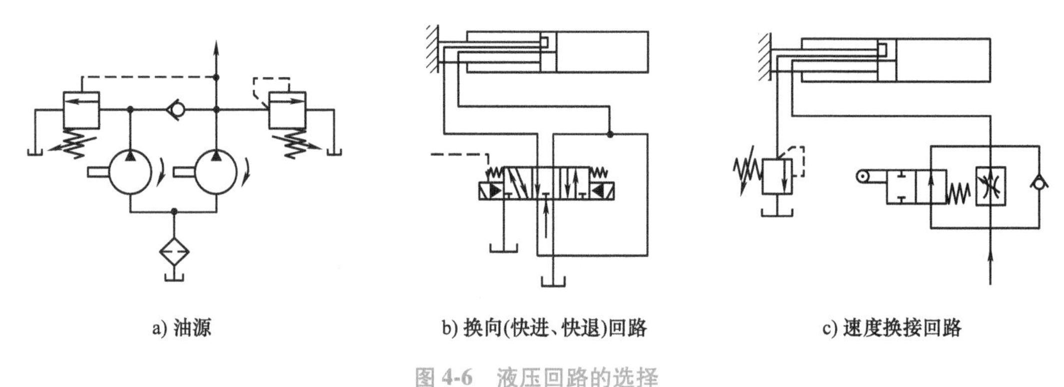

a) 油源　　b) 换向(快进、快退)回路　　c) 速度换接回路

图 4-6　液压回路的选择

3. 确定换向方式

为了满足工作台能在任意位置停止以便调整机床，同时考虑采用差动连接方式以实现快进，主换向阀选用 Y 型中位机能的三位五通电液换向阀，因此液压系统的快进、快退回路应采用图 4-6b 所示的形式。

4. 速度换接回路

由图 4-5 所示工况中的 $q—l$ 曲线得知，当滑台从快进转为工进时，输入液压缸的流量由 35.19L/min 降为 0.5L/min，滑台的速度变化较大，宜选用行程阀来控制速度的换接，以减少液压冲击，如图 4-6c 所示。

当滑台由工进转为快退时，回路中通过的流量很大，进油路中通过的流量为 31.34L/min，回油路中通过的流量为[31.34×(95/44.77)]L/min=66.50L/min。为了保证换向平稳，采用了电液换向阀的换接回路，如图 4-6b 所示。

4.7.2　液压回路的综合

把上面选出的各种回路组合在一起，就可以得到图 4-7 所示液压回路的综合。将此图仔细检查一遍，可以发现，这个回路图在工作中还存在问题，必须进行如下的修改和整理：

1）为了解决滑台工进时图中进油路、回油路相互接通，无法建立压力的问题，必须在液动换向回路中串接一个单向阀 a，将工进时的进油路、回油路断开。

2）为了解决滑台快速前进时回油路接通油箱，无法实现液压缸差动连接的问题，必须在回油路上串接一个液控顺序阀 b，以阻止油液在快进阶段返回油箱。

3）为了解决机床停止工作时系统中的油液流回油箱，导致空气进入系统，影响滑台运动平稳性的问题，另外考虑到电液换向阀的起动问题，必须在电液换向阀的出油口处增设一个单向阀 c。

4）为了便于系统自动发出快速退回的信号，在调速阀输出端需增设一个压力开关 d。

5）如果将顺序阀 b 和背压阀的位置对调一下，就可以将顺序阀与油源处的卸荷阀合并。

经过修改、整理后的液压系统图如图 4-8 所示。

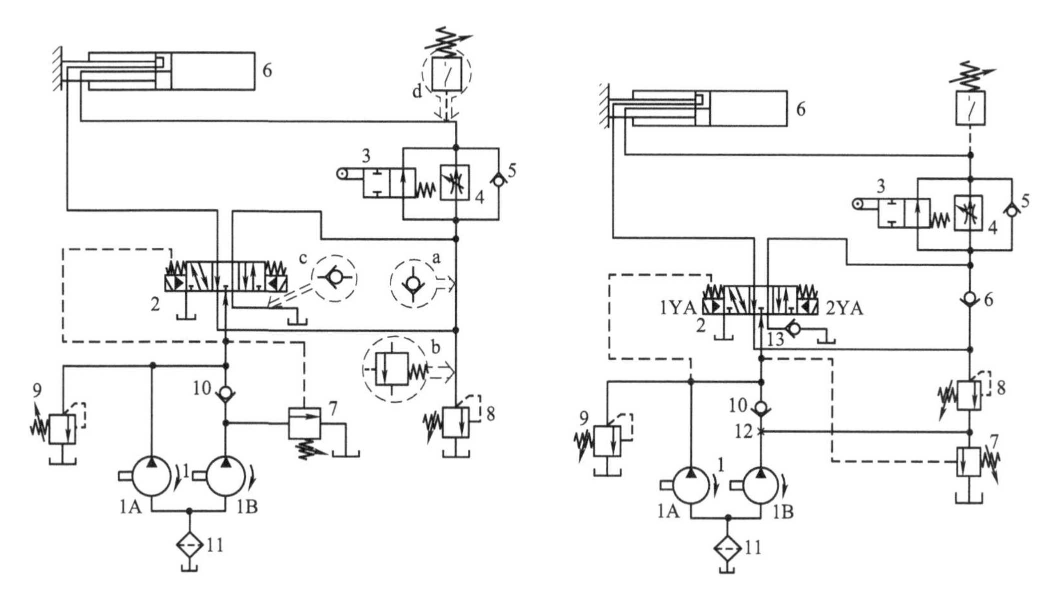

图 4-7　液压回路的综合　　图 4-8　经过修改、整理后的液压系统图

该液压系统的电磁铁和行程换向阀的动作见表 4-7。

表 4-7　电磁铁和行程阀动作

动作	元件			
	1YA	2YA	行程阀	压力继电器
快进	+	−	−	−
工进	+	−	+	−
快退	−	+	±	−
停止	−	−	−	−

4.8　卧式多轴钻孔机床液压回路的 FluidSIM-H 仿真

4.8.1　利用 FluidSIM-H 软件绘制原理图

1. 从元件库中选取相应的元件并进行设置

启动 FluidSIM-H 软件后，自动显示元件库窗口，新建一个窗口并调整到合适的大小，从元件库中选取相应的元件放置在新建空白绘图区域。依据图 4-8 所示的整理后形成的液压系统图，依次选取液压缸，液压泵、电液换向阀、溢流阀、外控顺序阀、单向阀、节流阀、行程阀、调速阀、油箱等元件。

从元件库中选取的元件要根据以下要求进行设置。

（1）电液换向阀的设置　为了清晰地表达出电液换向阀的油路控制关系，将电液换向阀绘制为电磁阀和液动阀两个阀的组合阀，在元件库中选取换向阀，先设置一个“Y”型中位机能的三位五通电磁换向阀，再设置一个“O”型中位机能的三位五通液动换向阀，待绘制油管路时再将节流阀及单向阀连接在两个换向阀之间的控制油路中。

（2）行程阀的设置　从元件库中选取一个换向阀，将其设置为一个二位二通滚轮式机控换向阀，常态位为连通状态。行程阀的状态将通过“标签”与液压缸的工作位置相关联，双击滚轮弹出“元件关联”对话框，在“标签”文本框输入自定义的标签“C”，如图 4-9 所示。

（3）液压缸的设置　将选取的单杆活塞液压缸放置在绘图区后，在元件库中再拖出一个标尺放置在液压缸活塞杆伸出侧，并双击标尺给其输入与上述行程阀相同的标签“C”，并输入相应的位置值“100”，如图 4-10 所示，以此将行程阀与液压缸关联起来，液压缸活塞杆运动到此位置时行程阀将被压下并换向。

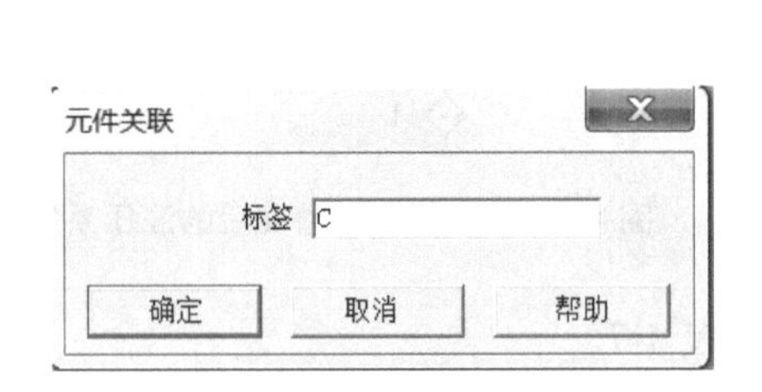

图 4-9　“元件关联”对话框

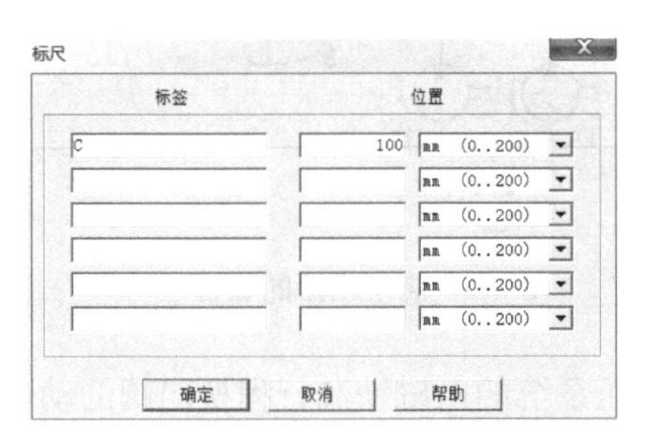

图 4-10　“标尺”对话框

2. 绘制各基本回路并形成系统原理图

油路连接时要按照“先局部，后整体”的原则，连接过程中可随时调整元件的位置。

（1）换向回路的绘制　采用的电液换向阀，由电磁阀来控制液动阀的液压油，将电磁阀的油口 A、B 分别连接到液动阀的左腔和右腔。为了使液动阀在换向时更平稳，这两条控制油路上都接有相并联的单向阀和节流阀，要注意节流方向为回油节流。同时双击管路，弹出“油管”对话框，设置为虚线的“控制管路”，如图 4-11 所示。

（2）速度转换回路的绘制　采用行程阀与调速阀和单向阀相并联的方式，连接时注意调速阀与单向阀的方向为进油调速。

（3）液压泵出油口及回油口的连接　在泵的出油口处连接一个单向阀，不用的回油口设置为关闭状态，如图 4-12 所示。

（4）将各基本回路及元件进行连接　将上面所绘制的各基本回路按照自上至下分别为执行元件—控制元件—动力元件的关系摆放在合适位置，并将其连接起来，连接过程中可自动拾取元件接口及油管，也可进一步调整元件位置。该回路中液压管路多处连接了 T 形管接头，T 形管接头是软件自动分配的。连接过程中需不断调整油管的位置，确保管路不能重叠、管路不能穿越元件、管路不能穿越油口等。经过调整后绘制的系统原理图如图 4-13 所示。

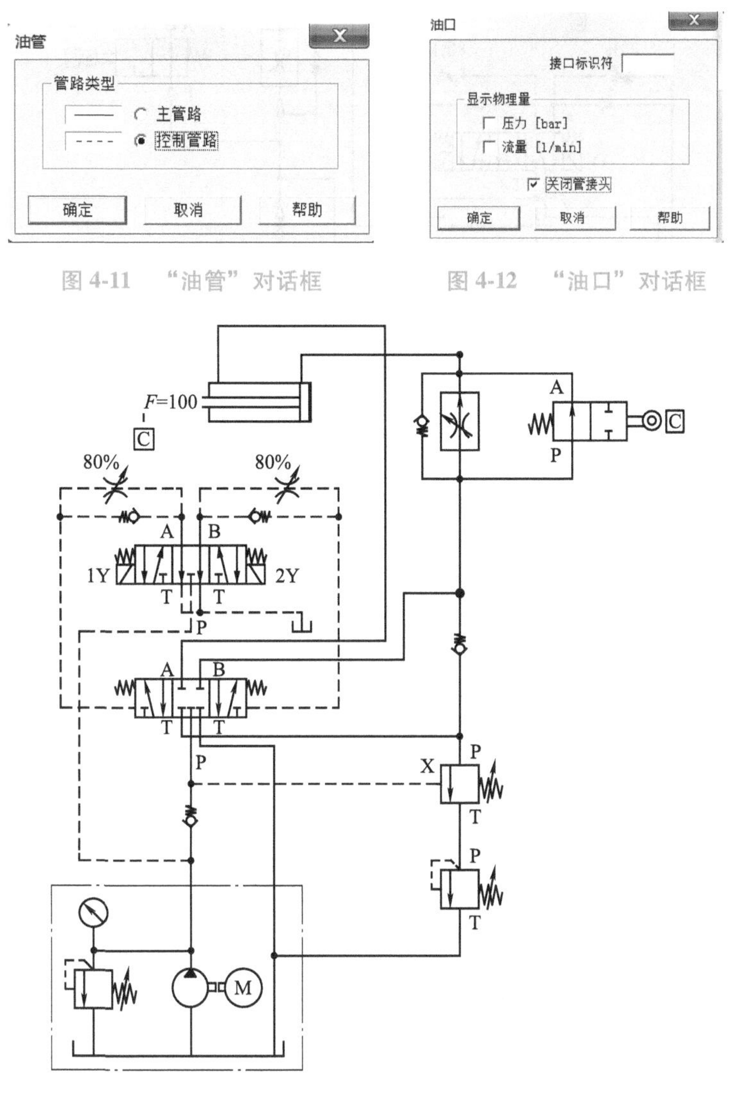

图 4-11 “油管”对话框　　图 4-12 “油口”对话框

图 4-13 用仿真软件绘制的原理图

4. 8. 2 利用 FluidSIM-H 软件仿真

绘制完成液压系统原理图后，可以开始仿真了，在启动仿真运行过程中，系统会自动对原理图进行检查，发现错误会进行提示，这时要反复修改和验证回路的正确性。在仿真过程中，还要根据实际情况设置或调节液压系统的参数。例如液压缸的输出力、最大行程、活塞面积、活塞环面积；节流阀口开度；溢流阀的调定压力等。同时为了更清楚地掌握系统运行的过程，可以将仿真运行的速度调慢。按照系统的动作循环图，其快进、工进、快退的仿真如图 4-14～图 4-16 所示。

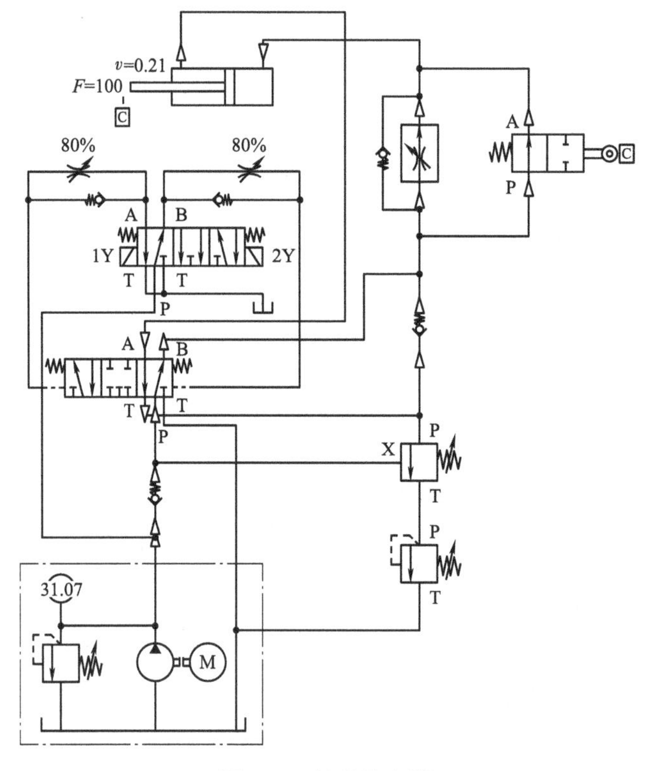

图 4-14　快进仿真图

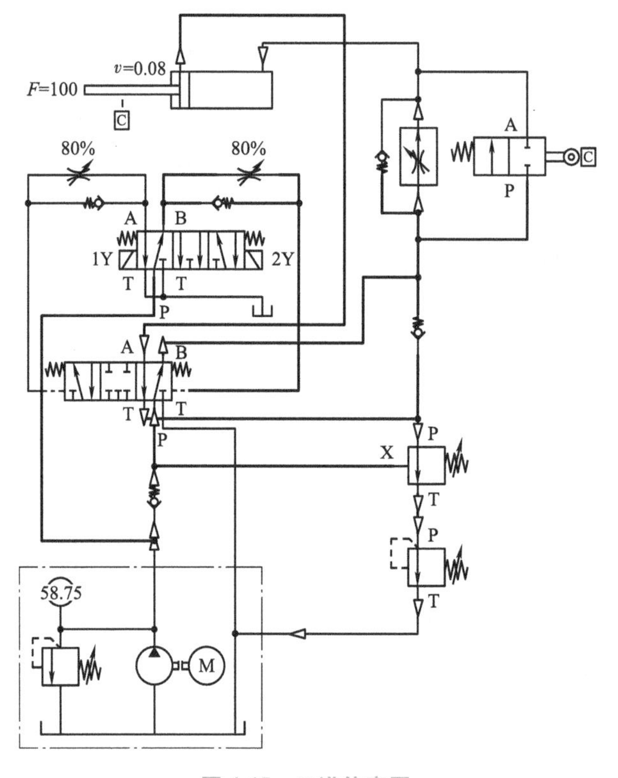

图 4-15　工进仿真图

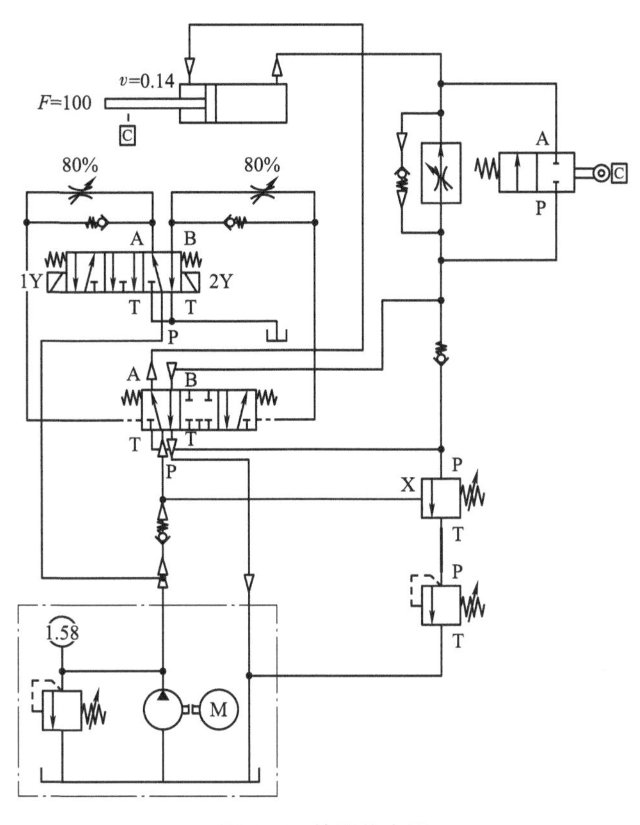

图 4-16 快退仿真图

【项目实施与运行】

4.9 卧式多轴钻孔机床液压系统元件的选择

1. 液压泵

液压泵在整个工作循环中的最大工作压力为 4.054MPa，如果取进油路上的压力损失为 0.8MPa，压力开关调整压力高出系统最大工作压力 0.5MPa，则小流量泵的最大工作压力为

$$p_{P1} = (4.054 + 0.8 + 0.5)\mathrm{MPa} = 5.354\mathrm{MPa}$$

大流量泵是在快速运动时才向液压缸输油的，从图 4-5 可知，快退时液压缸中的工作压力比快进时大，如果取进油路上的压力损失为 0.5MPa，则大流量泵的最高工作压力为

$$p_{P2} = (1.305 + 0.5)\mathrm{MPa} = 1.805\mathrm{MPa}$$

两个液压泵应向液压缸提供的最大流量为 35.19L/min。若回路中的泄漏按液压缸输入流量的 10%估计，则两个泵的总流量应为

$$q_P = 1.1 \times 35.19\mathrm{L/min} = 38.71\mathrm{L/min}$$

由于溢流阀的最小稳定溢流量为 3L/min，而工进时输入液压缸的流量为 0.5L/min，所以小流量泵的流量规格最少应为 3.5L/min。

根据以上压力和流量的数值查阅产品目录，最后确定选取 PV2R12 型双联叶片泵。

由于液压缸在快退时输入功率最大，这相当于液压泵输出压力为 1.805MPa、流量为

40L/min 时的情况，如果取双联叶片泵的总效率为 $\eta_P=0.75$，则液压泵驱动电动机所需的功率为

$$P = p_P q_P/\eta_P = 1.805 \times 40/60 \times 10^{-3}/0.75 \times 10^3 \text{kW} = 1.604\text{kW}$$

根据此数值查阅电机产品目录，最后选定 JO2-32-6 型电动机，其额定功率为 2.2kW。

2. 阀类元件及辅助元件

根据液压系统的工作压力和通过各个阀类元件和辅助元件的实际流量，可选出这些元件的型号及规格，见表 4-8。

表 4-8 元件的型号及规格

序号	元件名称	估计通过流量/(L/min)	型号	规格
1	双联叶片泵	—	PV2R12	14MPa，36L/min 和 6L/min
2	三位五通电液阀	75	35DY3Y-E10B	16MPa，10mm 通径
3	行程阀	84	AXQF-E10B	
4	调速阀	<1		
5	单向阀	75		
6	单向阀	44	AF3-En10B	
7	液控顺序阀	35	XF3-E10B	
8	背压阀	<1	YF3-E10B	
9	溢流阀	35	AF3-E10B	
10	单向阀	35	XF3-En10B	
11	过滤器	40	YYL-105-10	21MPa，90L/min
12	压力表开关	—	KF3-E3B	16MPa，3 测点
13	单向阀	75	AF3-Ea20B	16MPa，20mm 通径
14	压力开关	—	PF-B8C	14MPa，8mm 通径

3. 油管

各元件间连接管道的规格由元件接口处尺寸决定，液压缸进、出油管则按输入、排出的最大流量计算。由于液压泵具体选定之后，液压缸在各个阶段的进出流量已与原定数值不同，所以要重新计算，见表 4-9。

表 4-9 液压缸的进、出流量

	快进	工进	快退
输入流量/(L/min)	$q_1=(A_1q_P)/(A_1-A_2)$ $=(95\times42)/(95-44.77)$ $=79.43$	$q_1=0.5$	$q_1=q_P=42$
排出流量/(L/min)	$q_2=(A_2q_1)/A_1$ $=(44.77\times79.43)/95$ $=37.43$	$q_2=(A_2q_1)/A_1$ $=(0.5\times44.77)/95$ $=0.24$	$q_2=(A_1q_1)/A_2$ $=(42\times95)/44.77$ $=89.12$
运动速度/(m/min)	$v_1=q_P/(A_1-A_2)$ $=(42\times10)/(95-44.77)$ $=8.36$	$v_2=q_1/A_1$ $=(0.5\times10)/95$ $=0.053$	$v_3=q_1/A_2$ $=(42\times10)/44.77$ $=9.38$

根据这些数值，当油液在压力管中的流速为3m/min时，与液压缸无杆腔及有杆腔相连的油管内径可按$d=2\sqrt{\frac{q}{\pi v}}$式计算。

$$d_1 = 2 \times \sqrt{79.43 \times 10^6/(\pi \times 3 \times 10^3 \times 60)}\,\text{mm} = 23.71\text{mm}$$

$$d_2 = 2 \times \sqrt{42 \times 10^6/(\pi \times 3 \times 10^3 \times 60)}\,\text{mm} = 17.24\text{mm}$$

这两根油管都按JB 827-66选用内径为20mm、外径为28mm的无缝钢管。

4. 油箱

油箱容积按$V=Kq_n$估算，取$K=6$，求得其容积为$V=6\times40\text{L}=240\text{L}$，按JB/T 7938—1995规定，取最靠近的标准值$V=250\text{L}$。

4.10 卧式多轴钻孔机床液压系统的性能验算

1. 回路压力损失验算

由于系统的具体管路布置尚未确定，整个回路的压力损失无法估算，仅阀类元件对压力损失所造成的影响可以看得出来，供调定系统中某些压力值时参考，这里估算过程略。

2. 油液温升验算

工进在整个工作循环中所占的时间比例达96%，因此系统发热和油液温升可用工进时的情况来计算。

工进时液压缸的有效功率为

$$P_e = p_2 q_2 = Fv = \frac{31449 \times 0.053}{10^3 \times 60}\text{kW} \approx 0.03\text{kW}$$

这时大流量泵通过顺序阀7卸荷，小流量泵在高压下供油，因此两个泵的总输出功率为

$$P_t = \frac{p_{P1}q_{P1} + p_{P2}q_{P2}}{\eta_P}$$

$$= \frac{0.3 \times 10^6 \times \left(\frac{36}{63}\right)^2 \times \frac{36}{60} \times 10^{-3} + 4.978 \times 10^6 \times \frac{6}{60} \times 10^{-3}}{0.75 \times 10^3}\text{kW}$$

$$= 0.74\text{kW}$$

由此得液压系统的发热量为

$$Q_H = P_t - P_e = 0.74\text{kW} - 0.03\text{kW} = 0.71\text{kW}$$

由式（4-17）求出油液温升的近似值，当通风良好时，取$k=16\times10^{-3}\text{kW/(m}^2\cdot℃)$，油箱散热面积$A=0.065\sqrt[3]{V^2}\,\text{m}^2=2.58\text{m}^2$，则油液温升为

$$\Delta t = \frac{Q_H}{kA} = 18℃$$

温升没有超出允许范围，故液压系统中无须设置冷却器。

黄河号盾构机

泰山号盾构机

盾构机：从0到1000的突破，这就是中国力量

盾构机是一种使用盾构施工法的隧道掘进机。盾构施工法是掘进机在掘进的同时构建（铺设）隧道之“盾”。它可以在地下更简单地进行挖掘开凿，工作效率比传统炸药崩山、人工清土要快得多，能够缩短近90%的工期。

盾构机的绝大部分工作机构主要由液压系统驱动来完成，液压系统可以说是盾构机的“心脏”。盾构机通过液压推进及铰接系统、刀盘切割旋转液压系统、管片拼装机液压系统、管片小车及辅助液压系统、螺旋输送机液压系统、液压油主油箱及冷却过滤系统、同步注浆泵液压系统、超挖刀液压系统这八大系统的协同驱动，实现隧道掘进。

这项技术始于英国，200年前英国人布鲁内尔发明了盾构机。后发展于日本、德国。1997年，我国开始大力开挖隧道搞基建，但挖隧道需要的盾构机却没有，只能向外商购买。由于当时我国这方面的技术落后，核心技术和设备都掌握在西方，因此受到外商挟制，他们漫天要价，并且机器出问题也只能找外商维修。这激发了中国科技人员自己制造盾构机的决心。2002年，全国召集了18个专家日夜攻坚，终于在2008年研制出第一台国产盾构机“中铁1号”，而且定价只有2500万元，和西方7亿元一台的价格比，仅是其1/28。

2012年，成都地铁隧道动工，由于施工段有世界罕见的高富水砂卵石地层，盾构机施工时不是刀削石就是石磨刀，稍有不慎刀盘就会报废。因此，在此做对比完全可以检验出谁的机器更好。我国自主研发的“中铁1号”和国外的盾构机经过10个月的施工对比，无论是效率、完成度，还是维护成本，中国盾构机都表现更为出色。

如今，我国盾构机畅销全球，已经占据全球70%以上的市场份额。过去的十几年，中铁装备的各种类型盾构机累计订单超过1000台，出口法国、意大利、新加坡、丹麦、黎巴嫩等20多个国家和地区，盾构机的市场占有率连续8年国内领先，并连续3年产销量世界领先。

中国研制盾构机的速度之快，让西方人觉得不可思议，高端制造行业从落后世界百年，到现在产销量全球第一，下一步正朝着由大到强的宏伟目标不断迈进。我国高端装备制造业快速进步，开始走向定制化、低碳化、智能化的发展方向。今天的国产盾构机，无论在技术上还是工艺上，都已达到国际先进水平。这是中国科研人员创造的奇迹，体现了中国不屈不挠的民族精神。

4.11 液压标准

4.11.1 标准种类及内涵

按照《中华人民共和国标准化法》的定义：标准是在各种因素的影响下确定的规定性文件，用于解决某一类问题，以确保在一定范围内达到预期效果。搞好标准化，对于高速度发展国民经济，提高工农业产品和工程建设的质量，提高劳动生产率，充分利用国家资源具有重要作用。标准包括国家标准、行业标准、地方标准、团体标准和企业标准。国家标准分为强制性标准和推荐性标准，行业标准、地方标准、团体标准和企业标准都是推荐性标准。强制性标准是必须要执行的标准。对应本行业，也会有国际标准和国外标准。

1. 各类标准的内涵

（1）国家标准 GB　国家标准，即中华人民共和国国家标准，是指由国家标准化主管机构批准发布，对我国经济技术发展有重大意义，必须在全国范围内统一的标准。

（2）行业标准 HB　行业标准，是指没有推荐性国家标准、需要在全国某个行业范围内统一的技术要求。是对国家标准的补充，是在全国范围的某一行业内统一的标准。

（3）地方标准 DB　地方标准是由地方（省、自治区、直辖市）标准化主管机构或专业主管部门批准并发布，在某一地区范围内统一的标准。

（4）团体标准 TB　团体标准，是指由团体按照团体确立的标准制定程序自主制定发布，由社会自愿采用的标准。

（5）企业标准 QB　企业标准，是指对企业范围内需要协调、统一的技术要求、管理要求和工作要求所制定的标准，是企业组织生产、经营活动的依据。

对各类标准的执行顺序也有严格的要求。国家标准就是必须遵守的，行业标准只是对单一的这种行业适用，地方标准适用于某一地区，团体标准由社会自愿采用，企业标准只是在企业内部有效。通常情况下，选用标准的顺序为：国家标准—行业标准—地方标准—团体标准—企业标准。

2. 国际标准和国外标准

（1）国际标准 ISO　国际标准 ISO 是指由国际标准化组织（International Organization for Standardization）制定的标准。国际标准的制定有利于国际物资交流和互助，有利于促进各国在知识、科学、技术和经济方面的合作。例如，液压领域有关图形符号的国际标准 ISO 1219—1：2012《液压传动系统和元件 图形符号和电路图，传统使用和数据处理应用的图形符号》，规定了设计用于元件和电路图的流体动力符号的规则，确立了符号的基本元素。

（2）国外标准　美国标准为 ANSI，英国标准为 BS，德国标准为 DIN，欧洲标准为 EN，日本标准为 JIS，法国标准为 NF 等。

德国标准 DIN 是德国标准化学会组织制定和实施的标准。德国的液压设备在我国工业领域占有一定的市场，其教学培训设备在高等学校也有一定的比重，德国液压标准中有关液压元件图形符号的标准为 DIN ISO 1219—1：2019《液压动力系统和部件 图形符号和线路图

第 1 部分：常规使用和数据处理应用的图形符号》。

3. 液压标准概述

我国于 1979 年由国家标准局批示成立“全国液压气动标准化技术委员会”，正式开展液压气动标准的制定和实施工作。截至 2022 年 4 月，在全国标准信息公共服务平台上显示的液压气动国家标准有 231 项，正在起草的国标共 197 项，相关行业标准共 60 项。随着技术的发展，一些标准已经被新标准取代。下面以 GB/T 786. 1 为例，说明标准各版本更新替代情况。

GB/T 786. 1 是有关液压气动图形符号的标准，在全国标准信息公共服务平台上显示最早的版本是 1993 年实施的 GB/T 786. 1—1993《液压气动图形符号》，该标准采用 ISO 国际标准：ISO 1219—1：1991，该版本执行了 16 年，直到 2009 年，由新的版本 GB/T 786. 1—2009《流体传动系统及元件 图形符号和回路 第 1 部分：用于常规用途和数据处理的图形符号》全部代替。GB/T 786. 1—2009 等同采用 ISO 国际标准：ISO 1219—1：2006。该版本执行了 12 年，到 2021 年，由新版本 GB/T 786. 1—2021《流体传动系统及元件 图形符号和回路图 第 1 部分：图形符号》全部代替。GB/T 786. 1—2021 等同采用 ISO 国际标准：ISO 1219—1：2012。

GB/T 786. 1—2021 标准确立了液压气动各种符号的基本要素，并规定了液压气动元件和回路图中符号的设计规则。本标准适用于流体传动系统及元件用于常规用途和数据处理时图形符号的确定。

流体传动的图形符号和回路图是液压气动系统的基本语言。图形符号的特点是集元件的结构与功能于一身，既反映元件的主要结构，又反映其功能。随着工业生产的发展和科学技术的进步，图形符号已经成为世界液压气动领域技术交流的通用语言。本标准的制定，有利于协调各企业之间、中国与世界之间的共识，有利于生产制造和技术交流，在产品进出口方面与国际接轨，提升国内企业的竞争力。有关 GB/T 786. 1—2021 标准的内容见本书附录 A。

4. 11. 2 液压国家标准目录

根据全国标准信息公共服务平台上显示的液压标准目录，对工程中常用的国家标准进行了分类整理如下。

1. 词汇、符号和回路图标准（表 4-10）

表 4-10 词汇、符号和回路图标准

序号	标准号	标准名称	实施日期
1	GB/T 786. 1—2021	流体传动系统及元件 图形符号和回路图 第 1 部分：图形符号	2021-12-01
2	GB/T 786. 3—2021	流体传动系统及元件 图形符号和回路图 第 3 部分：回路图中的符号模块和连接符号	2021-12-01
3	GB/T 786. 2—2018	流体传动系统及元件 图形符号和回路图 第 2 部分：回路图	2019-07-01
4	GB/T 17485—1998	液压泵、马达和整体传动装置参数定义和字母符号	1999-08-01
5	GB/T 17446—2012	流体传动系统及元件 词汇	2013-03-01
6	GB/T 13871. 2—2015	密封元件为弹性体材料的旋转轴唇形密封圈 第 2 部分：词汇	2017-01-01

2. 元件主要参数系列标准（表4-11）

表4-11 元件主要参数系列标准

序号	标准号	标准名称	实施日期
1	GB/T 2346—2003	流体传动系统及元件　公称压力系列	2004-06-01
2	GB/T 2347—1980	液压泵及马达公称排量系列	1981-07-01
3	GB/T 2349—1980	液压气动系统及元件　缸活塞行程系列	1981-07-01
4	GB/T 7937—2008	液压气动管接头及其相关元件公称压力系列	2008-05-01
5	GB/T 2353—2005	液压泵及马达的安装法兰和轴伸的尺寸系列及标注代号	2006-04-01
6	GB/T 2350—2020	流体传动系统及元件　活塞杆螺纹型式和尺寸系列	2021-06-01
7	GB/T 2351—2021	流体传动系统及元件　硬管外径和软管内径	2021-12-01
8	GB/T 2348—2018	流体传动系统及元件　缸径及活塞杆直径	2019-07-01

3. 管接头标准（表4-12）

表4-12 管接头标准

序号	标准号	标准名称	实施日期
1	GB/T 9065. 5—2010	液压软管接头　第5部分：37°扩口端软管接头	2011-02-01
2	GB/T 9065. 1—2015	液压软管接头　第1部分：O形圈端面密封软管接头	2016-07-01
3	GB/T 9065. 2—2010	液压软管接头　第2部分：24°锥密封端软管接头	2011-02-01
4	GB/T 9065. 6—2020	液压传动连接软管接头　第6部分：60°锥形	2020-12-01
5	GB/T 9065. 3—2020	液压传动连接软管接头　第3部分：法兰式	2020-12-01
6	GB/T 9065. 4—2020	液压传动连接软管接头　第4部分：螺柱端	2020-12-01
7	GB/T 14034. 1—2010	流体传动金属管连接　第1部分：24°锥形管接头	2011-06-01

4. 元件试验方法标准（表4-13）

表4-13 元件试验方法标准

序号	标准号	标准名称	实施日期
1	GB/T 7939—2008	液压软管总成试验方法	2008-05-01
2	GB/T 15622—2005	液压缸试验方法	2006-01-01
3	GB/T 8106—1987	方向控制阀试验方法	1988-07-01
4	GB/T 8104—1987	流量控制阀试验方法	1988-07-01
5	GB/T 8105—1987	压力控制阀试验方法	1988-07-01
6	GB/T 39926—2021	液压传动　滤芯试验方法　热工况和冷启动模拟	2021-10-01
7	GB/T 19934. 1—2021	液压传动　金属承压壳体的疲劳压力试验　第1部分：试验方法	2021-10-01
8	GB/T 21486—2019	液压传动　滤芯　检验性能特性的试验程序	2020-05-01
9	GB/T 15623. 1—2018	液压传动　电调制液压控制阀　第1部分：四通方向流量控制阀试验方法	2018-09-01
10	GB/T 15623. 2—2017	液压传动　电调制液压控制阀　第2部分：三通方向流量控制阀试验方法	2018-05-01
11	GB/T 32217—2015	液压传动　密封装置　评定液压往复运动密封件性能的试验方法	2017-01-01

（续）

序号	标准号	标准名称	实施日期
12	GB/T 32216—2015	液压传动　比例/伺服控制液压缸的试验方法	2017-01-01
13	GB/T 15623. 3—2022	液压传动　电调制液压控制阀　第 3 部分：压力控制阀试验方法	2022-10-12
14	GB/T 17491—2011	液压泵、马达和整体传动装置　稳态性能的试验及表达方法	2012-03-01
15	GB/T 26143—2010	液压管接头　试验方法	2011-10-01
16	GB/T 25132—2010	液压过滤器　压差装置试验方法	2011-02-01
17	GB/T 23253—2009	液压传动　电控液压泵　性能试验方法	2009-11-01

5. 系统性能及元件特性测定（表 4-14）

表 4-14　系统性能及元件特性测定

序号	标准号	标准名称	实施日期
1	GB/T 8107—2012	液压阀　压差-流量特性的测定	2013-10-01
2	GB/T 7936—2012	液压泵和马达　空载排量测定方法	2013-10-01
3	GB/T 27613—2011	液压传动　液体污染　采用称重法测定颗粒污染度	2012-10-01
4	GB/T 17488—2008	液压滤芯　利用颗粒污染物测定　抗流动疲劳特性	2009-01-01
5	GB/T 20421. 1—2006	液压马达特性的测定　第 1 部分：在恒低速和恒压力下	2007-01-01
6	GB/T 20421. 2—2006	液压马达特性的测定　第 2 部分：起动性	2007-01-01
7	GB/T 20421. 3—2006	液压马达特性的测定　第 3 部分：在恒流量和恒转矩下	2007-01-01
8	GB/T 20082—2006	液压传动　液体污染　采用光学显微镜测定颗粒污染度的方法	2006-08-01
9	GB/T 17483—1998	液压泵空气传声噪声级测定规范	1999-08-01
10	GB/T 38175—2019	液压传动　滤芯　用高黏度液压油测定流动疲劳耐受力	2020-05-01
11	GB/T 34896—2017	旋转轴唇形密封圈　摩擦扭矩的测定	2018-05-01
12	GB/T 37163—2018	液压传动　采用遮光原理的自动颗粒计数法测定液样颗粒污染度	2019-07-01
13	GB/T 34887—2017	液压传动　马达噪声测定规范	2018-05-01
14	GB/T 34888—2017	旋转轴唇形密封圈　装拆力的测定	2018-05-01
15	GB/T 28782. 2—2012	液压传动测量技术　第 2 部分：密闭回路中平均稳态压力的测量	2013-03-01

【工程训练】

训练题目：卧式钻镗组合机床动滑台液压系统设计

工程背景：组合机床通常采用多轴、多刀、多面、多工位同时加工的方式，能完成钻削、扩孔、铰孔、镗孔、攻螺纹、车削、铣削、磨削及其他精加工工序，生产率比通用机床高几倍至几十倍。动力滑台是组合机床上的通用部件，在卧式钻镗组合机床中，动力滑台带动动力头做进给运动。图 4-17 所示为卧式镗床外观图。

工作过程：在对工件进行钻孔或镗孔的加工过程中，首先用专用的夹具对工件进行定位并夹紧，再由动力滑台带动钻头或镗刀进行加工，其动作循环为快进→工进→快退→原位停止，从此时完成一个加工循环，然后从夹具上松夹工件，再装夹下一个工件，开始新的加工循环。

设计要求：已知轴向最大切削力为12000N；工作进给速度在 0.33×10^{-3} ~ 20×10^{-3}m/s 范围内无级变速；动力滑台重量为20000N；快进和快退的速度均为0.1m/s；导轨为平导轨，静、动摩擦系数分别为 $f_j = 0.2$，$f_d = 0.1$；往返运动的加速和减速时间均为0.2s；快进行程 L_1 和工进行程 L_2 均为0.1m。要求采用液压与电气相结合，实现自动循环。

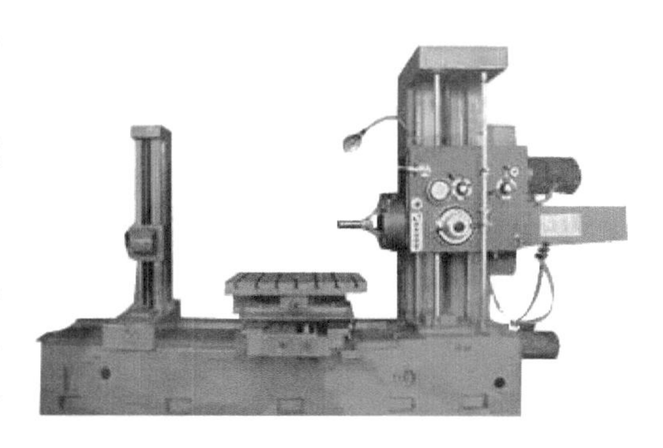
图4-17 卧式镗床外观图

查阅资料：设计一个液压系统，需要查阅相关工程手册。

设计训练：

1）根据给定的条件，对液压系统工况进行分析，并绘制负载图和速度图。

2）确定液压缸主要参数，并计算出液压缸在不同工作阶段的压力、流量和功率。

3）拟定液压回路图，对各基本回路进行设计和分析，并综合拟定系统原理图。

4）选择液压元件，列出主要元件名称及型号规格。

5）对液压系统的性能进行验算。

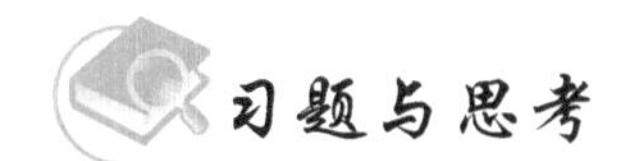

4-1 在设计一个液压系统之前要先明确其设计要求，进行工况分析。工况分析都包含哪些内容？

4-2 液压缸的受力除了外部负载力，还受到内部阻力。内部阻力如何表示？

4-3 绘制液压执行元件的工况图都包含哪些内容？工况图有什么作用？

4-4 液压系统设计时，对于换向阀类元件的选择应考虑哪些因素？

4-5 液压系统设计时，对于压力阀类元件的选择应考虑哪些因素？

4-6 液压系统设计时，对于流量阀类元件的选择应考虑哪些因素？

4-7 查找产品样，说明以下型号产品的主要参数：（1）CB-B32；（2）YB-E63；（3）4WMM6G5X；（4）4WE6G6X/EG24N9K4；（5）DB6K1-4X/50YV。

项目 5

气动剪板机气动系统分析与搭建

【项目导学】

见表 5-1。

表 5-1　气动剪板机气动系统分析与搭建项目导学

项目名称	气动剪板机气动系统分析与搭建	参考学时	12 学时
项目导入	剪板机是用于切断金属材料的一种机械设备。在轧制生产过程中，大断面的钢锭和钢坯经过轧制后，其断面变小，长度增加。为了满足后续工序和产品尺寸规格的要求，各种钢材生产工艺过程中必须有剪切工序 剪板机的上刀片固定在刀架上，下刀片固定在工作台上。剪板机的主要动作是：气缸向上运动带动刀片运动，对板料进行剪切；工料被剪下后，气缸活塞向下运动，又恢复到剪断前的状态。由于气动装置具有结构简单，无污染，工作速度快，动作频率高，有良好过载安全性等特点，因此采用气压传动		
学习目标	知识目标	1. 能描述气动系统的工作原理、特点及应用场合 2. 能说出气动剪板机中气动元件的工作原理 3. 能使用仿真软件绘制气动剪板机气动系统原理图	
	能力目标	1. 能独立识读和手工绘制气动剪板机气动系统原理图 2. 通过小组合作能完成气动剪板机气动系统的搭建与运行 3. 在教师指导下能够进行气动剪板机气动系统的维护	
	素质目标	1. 能执行气动技术相关国家标准，培养学生有据可依、有章可循的职业习惯 2. 能在实操过程中遵循操作规范，增强学生的安全意识 3. 培养学生的创新思维能力	
问题引领	1. 剪板机是如何动作的？ 2. 剪板机的剪切动作如何实现的？ 3. 剪板机的动力形式有哪些？ 4. 剪板机气动系统需要哪些气动元件？ 5. 产生动力气源的核心装置是什么？ 6. 气动系统中，气源应该经过哪些处理？		

（续）

项目名称	气动剪板机气动系统分析与搭建	参考学时	12 学时
项目成果	1. 气动剪板机气动系统原理图 2. 按照原理图搭建气动系统并运行 3. 项目报告 4. 考核及评价表		
项目实施	构思：项目分析与气动元件及基本回路的学习，参考学时为 6 学时 设计：手工绘制与系统仿真，参考学时为 2 学时 实施：元件选择及系统搭建，参考学时为 2 学时 运行：调试运行与项目评价，参考学时为 2 学时		

【项目构思】

气动剪板机（图 5-1）是一种自动化装备，在对工料进行剪切时，只需将工料送到位，即能自动完成剪切的工作。剪切的动作是由上、下两个刀片快速相对运动完成的，其中一个刀片固定，另一个刀片安装在气缸的活塞杆上，由气缸驱动刀片做快速的运动，工料送到位时触发气缸活塞杆快速伸出的信号，即控制气缸运动方向的换向阀发生了换向，使气缸上的刀片快速运动。无论是气动剪板机的操作者，还是设备的维修人员，都要熟悉气动剪板机气动系统的工作过程，能读懂气动系统原理图，掌握每个元件的工作特性，能正确维护气动系统。学习该项目时，首先要认真阅读表 5-1 所列内容，明确本项目的学习目标，知悉项目成果和项目实施环节的要求。

项目实施建议教学方法为：项目引导法、小组教学法、案例教学法、启发式教学法及实物教学法。

教师首先下发项目工单（表 5-2），布置本项目需要完成的任务及控制要求，介绍本项目的应用情况并进行项目分析，引导学生完成项目所需的知识、能力及软硬件准备，讲解气动系统基本构成、气动系统气源发生装置、气动三联件等相关知识。

学生进行小组分工，明确项目内容，小组成员讨论项目实施方法，并对任务进行分解，掌握完成项目所需的知识，查找气动技术相关国家标准、气动剪板机气动系统的相关资料，制订项目实施计划。

图 5-1 气动剪板机

气动剪板机

工作过程

表 5-2　气动剪板机气动系统分析与搭建项目工单

<table>
<tr><th>课程名称</th><th colspan="6">液压与气动技术</th><th>总学时：</th></tr>
<tr><td>项目 5</td><td colspan="6">气动剪板机气动系统分析与搭建</td><td></td></tr>
<tr><td>班级</td><td></td><td>组别</td><td></td><td>小组负责人</td><td></td><td>小组成员</td><td></td></tr>
<tr><td>项目要求</td><td colspan="7">剪板机的主要动作是：气缸向上运动带动剪刀片运动，对板料进行剪切。工料剪下后，气缸活塞向下运动，又恢复到剪断前的状态。
在剪板机未工作时，剪口张开，呈预备状态。工作过程中，当送料机构将工料送至指定位置时，切换行程阀的工作位置，活塞带动剪刀快速向上运动并将工料切下。完成后恢复预备状态。活塞的运动由压缩空气推动，要求气动系统对剪刀的运动有方向和速度的控制。在气动回路中，要设置相应的控制元件完成回路规定动作，具体要求如下：
1. 选择合适的动力源，注意气源处理。
2. 系统需要保持一定的工作压力，可采用调压压装置来获得所合适的压力。
3. 气路中行程阀的安装位置可以根据工料的长度左右调节。
4. 行程阀变换指令来改变压缩空气的通道，使气缸活塞实现往复运动。
5. 根据实际需要，在气路中加入流量控制阀来控制剪板机的运动速度。</td></tr>
<tr><td>项目成果</td><td colspan="7">1. 气动剪板机气动系统原理图
2. 按照原理图搭建气动系统并运行
3. 项目报告
4. 考核及评价表</td></tr>
<tr><td>相关资料及资源</td><td colspan="7">1. 《液压与气动技术》
2. 《气动实训指导书》
3. 国家标准 GB/T 786. 1—2021《流体传动系统及元件 图形符号和回路图 第 1 部分：图形符号》
4. 与本项目相关的微课、动画等数字化资源及网址</td></tr>
<tr><td>注意事项</td><td colspan="7">1. 气动元件有其规定的图形符号，符号的绘制要遵循相关国家标准
2. 气动件通过气管路连接，连接不可靠可能会损伤周围人员，发生安全事故
3. 在网孔板上安装元件务必牢固可靠
4. 气动系统连接与拆卸务必遵守操作规程，严禁在气动系统运行过程中拆卸连接管
5. 气动系统运行结束后清理工作台，对气动元件及连接软管进行有序归位</td></tr>
</table>

5.1 气动系统的基础知识

气压传动简称气动，是以压缩空气作为工作介质进行动力和信号传递，实现生产过程机械化、自动化的一门技术。由于气压传动以压缩空气作为工作介质，具有防火、防爆、防干扰、抗振、抗冲击、无污染、结构简单、工作可靠等特点，因此气动技术已成为实现生产过程自动化的一个重要手段，在机械、化工、冶金、交通运输、航空航天、国防等领域得到广泛的应用。

5.1.1 气动系统的工作原理及组成

1. 气动系统的工作原理

如图 5-2 所示，气压传动的工作原理是利用空气压缩机将电动机或其他原动机输出的机械能转换为空气的压力能，然后在控制元件的作用下，通过执行元件把压力能转换为直线运动或回转运动形式的机械能，完成各种动作，并对外做功。

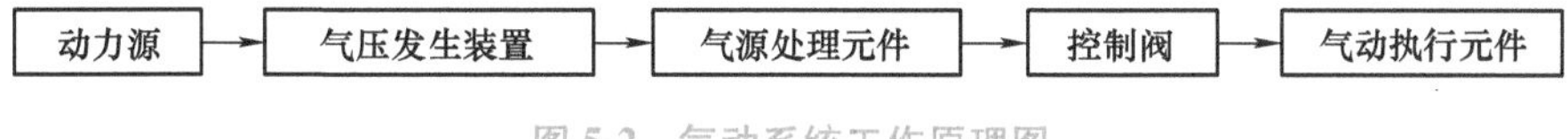

图 5-2 气动系统工作原理图

2. 气动系统的组成

根据气动元件和装置功能的不同，可将气压传动系统分为以下四个部分。

（1）气源装置　气源装置是压缩空气的发生装置，为气动设备提供满足要求的空气动力源，一般由气压发生装置、压缩空气的净化处理装置和传输管路系统组成。其主体部分是空气压缩机（简称空压机），它将原动机供给的机械能转换为空气的压力能，经辅助设备净化后，为各类气动设备提供动力。

（2）执行机构　执行机构是气动系统的能量输出装置，将气体的压力能转换为机械能。它包括实现直线往复运动的气缸和实现连续回转运动或摆动的气马达或摆动马达等。

（3）控制元件　控制元件是用来控制压缩空气的压力、流量、流动方向以及系统工作程序的元件，使执行机构完成预定的工作循环。它包括各种压力控制阀、流量控制阀和方向控制阀等。

（4）辅助元件　辅助元件是保证压缩空气的净化、元件的润滑、元件间的连接及消声等必备的元件。在气动系统中，除气源装置、执行机构和控制元件，将其余元件称为辅助元件，例如过滤器、油雾器、消声器、管路、接头等。它对保持气动系统正常、稳定、可靠地运行起着十分重要的作用。

5.1.2 气压传动的特点

气动技术被广泛应用于机械制造、石油化工、航空航天、交通运输、食品、医药、包装等各工业部门。在提高生产率、自动化程度、产品质量、工作可靠性，实现特殊工艺等方面具有很大的优势。这是因为与机械、电气、液压传动相比，气压传动有以下特点。

1. 气压传动的优点

1）获取方便。气压传动的工作介质是空气，空气随处可取，与液压油相比节省了购买、贮存、运送介质的成本。

2）适合长距离传输。空气的黏度小，气体在传输中摩擦力较小，在管道内流动阻力小，因此流动的压力损失较小，便于集中供应和远距离传输。

3）环境适应性好。空气的特性受温度影响小，在高温下能可靠地工作，不会发生燃烧或爆炸。由于温度的变化对空气黏度的影响极小，故不会影响传动性能。在易燃、易爆、多灰尘、强磁、辐射、振动等恶劣环境中，气压传动的优点更为明显。

4）反应快，动作迅速。一般只需0.02~0.3s就可达到工作压力和速度。

5）有较强的自保持能力。气动系统中气体介质通过自身的膨胀性来保持承载缸的压力不变，即使空气压缩机停机，气阀关闭，装置中也可以维持一个稳定的压力。而液压系统如果要保持压力，一般需要能源泵继续工作或另加蓄能器。

6）系统简单。气动元件结构简单，价格相对较低，气体不易堵塞流动通道，用后可将其随时排入大气中，无须回气管路，对环境无污染，处理方便。因此，气动系统结构也较简单，安装、维护方便，使用成本低。

7）气动元件可靠性高、寿命长，易标准化和通用化。

2. 气压传动的缺点

1）稳定性差。由于空气具有可压缩性，执行机械不易获得恒定的运动速度，当载荷变化时，对工作速度的影响较大。

2）输出力和力矩小。由于工作压力低，所以气动系统不易获得较大的输出力和力矩。在结构尺寸相同的情况下，气压传动装置比液压传动装置输出的力要小得多，正常工作压力（0.6~0.7MPa）下，输出力为40000~50000N。

3）空气处理过程复杂。由于空气中有灰尘和湿气，所以需要进行良好的净化处理。此外，由于空气没有润滑作用，对于需要润滑的气缸还应加装润滑装置。

4）噪声大。气动系统有较大的排气噪声，影响工作环境，在超音速排气时需加消声器。

5）不宜用于对信号传递速度要求十分高的复杂线路。由于气动装置中的信号传递速度比光、电控制速度慢，所以不适用于要求高传递速度的复杂线路中，但对一般的机械设备，气动信号的传递速度是可以满足其工作要求的。

气压传动与其他传动性能比较见表5-3。

表5-3 气压传动与其他传动性能比较

类型		操作力	动作快慢	构造	负载变化影响	操作距离	无级调速	环境要求	工作寿命	维护	价格
气压传动		中等	较快	简单	较大	中距离	较好	适应性好	长	要求一般	便宜
液压传动		最大	较慢	复杂	较小	短距离	好	不怕振动	一般	要求高	较高
机械传动		较大	一般	一般	没有	远距离	困难	一般	一般	要求简单	一般
电传动	电气	最大	快	稍复杂	微小	远距离	要求较高	好	较短	要求高	较高
	电子	最小	最快	最复杂	没有	远距离	要求高	好	短	要求高	高

5.2 气动剪板机系统气动元件

5.2.1 气动剪板机气源装置

气源装置是压缩空气的发生装置，为气动系统提供满足一定质量要求的压缩空气，是气压传动系统的重要组成部分。其主体部分是空气压缩机（简称空压机），它的作用是将原动机的机械能转换成气体压力能。空气经过空气压缩机压缩后，再经辅助装置冷却、干燥、净化等处理，供给控制元件和执行元件使用。

1. 气源装置的组成

常见的气源装置包括产生压缩空气的空气压缩机和使气源净化的辅助设备。图5-3所示为气源装置的组成，空气压缩机1一般由电动机带动产生压缩空气，在其吸气口装有空气过滤器，以减少吸入空气的灰尘含量。后冷却器2用于对压缩空气进行冷却，将压缩空气的温度从140~170℃降至40~50℃，此时，油气与水气凝成油滴与水滴，进入油水分离器3，用以分离并排出降温冷却的水滴、油滴、杂质等。压缩空气得到初步净化后送进储气罐4，消除压力脉动并进一步除去部分油分、水分等杂质，即可供给对气源要求不高的一般气动装置使用。对仪表用气和质量要求高的工业用气，则需要二次或多次净化处理。将一次净化的压缩空气送进干燥器5，进一步吸收或排除气体中的油分和水分。系统中的两个干燥器，通过二位四通换向阀9的转换而交替使用，其中一个工作，另一个则利用加热器8吹入热空气，进行吸附剂的再生，以备接替使用。过滤器6用以进一步过滤压缩空气中的灰尘、水、油、杂质颗粒等。经过这样处理的气体送入储气罐7，以便供给高要求的气动系统使用。

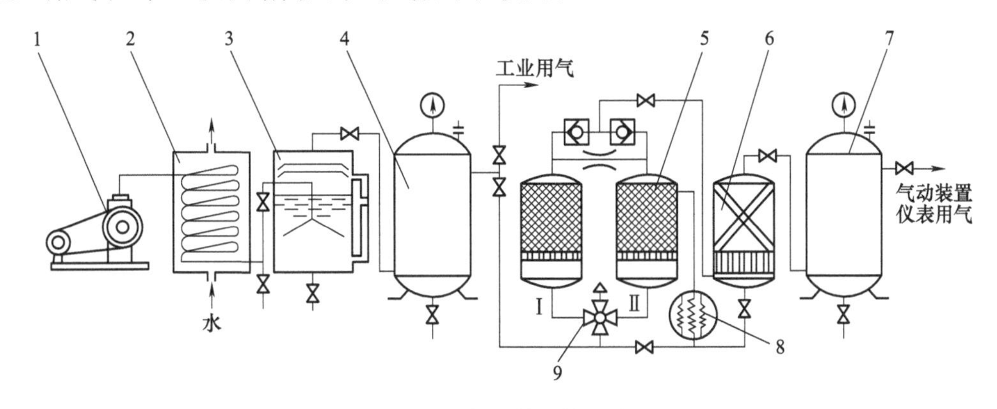

图5-3 气源装置的组成

1—空气压缩机 2—后冷却器 3—油水分离器 4、7—储气罐
5—干燥器 6—过滤器 8—加热器 9—二位四通换向阀

2. 空气压缩机

空气压缩机是气动系统的动力源。它的作用是将原动机输出的机械能转换成压缩气体的压力能，是产生和输送压缩空气的机器。其外观及图形符号如图5-4所示。

（1）分类（图5-5） 空气压缩机的作用是将电动机输出的机械能转换成压缩空气的压

图 5-4　空气压缩机的外观及图形符号

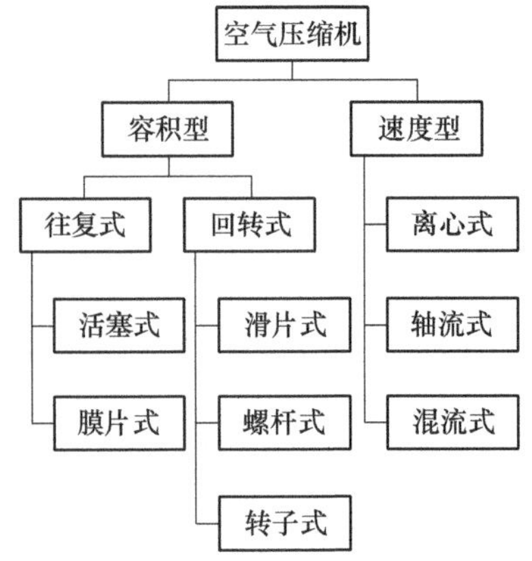

图 5-5　空气压缩机的分类

力能，供气动系统使用。空气压缩机的种类很多，可按照以下几种方式进行分类。

1）按工作原理可分为容积型和速度型。

① 容积型空气压缩机是通过直接压缩气体，使气体容积缩小而达到提高气体压力的目的，可分为往复式和回转式。根据结构的不同，往复式空气压缩机可分为活塞式和膜片式；回转式空气压缩机可分为滑片式、螺杆式和转子式。

② 速度型空气压缩机是通过气体在高速旋转叶轮的作用下，得到较大动能，随后在扩压装置中急剧降速，将动能转化成压力能，提高气体的压力。按结构的不同可进一步分为离心式、轴流式和混流式。

2）按输出压力可分为低压空气压缩机、中压空气压缩机、高压空气压缩机和超高压空气压缩机。

① 低压空气压缩机：$0.2\text{MPa} \leqslant p \leqslant 1\text{MPa}$。

② 中压空气压缩机：$1\text{MPa} \leqslant p \leqslant 10\text{MPa}$。

③ 高压空气压缩机：$10\text{MPa} \leqslant p \leqslant 100\text{MPa}$。

④ 超高压空气压缩机：$p>100\text{MPa}$。

3）按输出流量可分为微型空气压缩机、小型空气压缩机、中型空气压缩机和大型空气压缩机。

① 微型空气压缩机：$q<1\text{m}^3/\text{min}$。

② 小型空气压缩机：$1\text{m}^3/\text{min}<q<10\text{m}^3/\text{min}$。

③ 中型空气压缩机：$10\text{m}^3/\text{min}<q<100\text{m}^3/\text{min}$。

④ 大型空气压缩机：$q>100\text{m}^3/\text{min}$。

（2）工作原理　目前，气压系统最常使用的机型为活塞式空气压缩机。活塞式空气压缩机是通过转轴带动活塞在缸体内做往复运动，从而实现吸气和压气，达到提高气压的目的。按照结构的不同，可分为立式和卧式两种型式，其工作原理和吸气、压缩过程均相同，如图 5-6 所示。

电动机带动曲柄 1 做回转运动，通过连杆 2 推动活塞 3 做往复运动。当活塞向下运动时，气缸 4 上部的容积增大，压力减小，当缸内压力低于大气压力时，在大气压作用下，排气阀 5 关闭，进气阀 7 打开，外界空气经空气过滤器 9 和进气管 8 进入气缸内，完成吸气过程；当活塞向上运动时，气缸 4 上部的容积减小，内部空气受到压缩，压力逐渐升高，进气阀 7 关闭，排气阀 5 被顶开，压缩空气经排气管 6 进入储气罐，完成气体压缩过程。至此完成一个工作循环。

单级活塞式空气压缩机通常用于压力范围为 0.3~0.7MPa 的场合。若压力超过 0.6MPa，其各项性能指标将急剧下降，故往往采用分级压缩以提高输出压力。工业中使用的活塞式空气压缩机通常是两级的。以采用两级压缩的活塞式空气压缩机为例，其工作原理如图 5-7 所示，它经两级三个阶段将吸入的大气压空气压缩到最终压力。假设最终压力为 0.7MPa，第一级通过一级气缸的活塞将它压缩到 0.3MPa，经冷却器冷却后降温，再输送到二级气缸的活塞压缩到 0.7MPa。

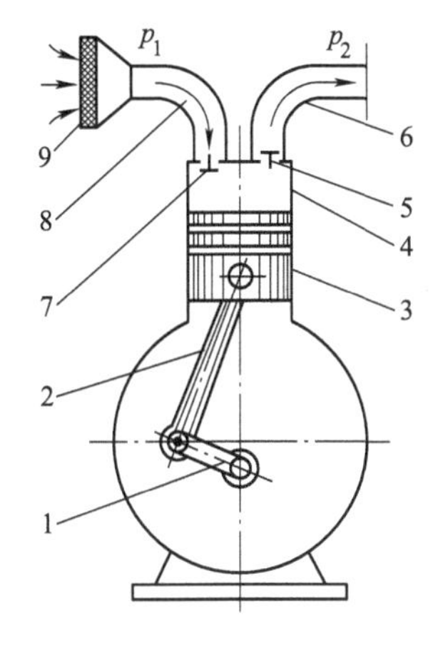

图 5-6　活塞式空气压缩机工作原理

1—曲柄　2—连杆　3—活塞　4—气缸　5—排气阀　6—排气管　7—进气阀　8—进气管　9—空气过滤器

活塞式空气压缩机工作原理

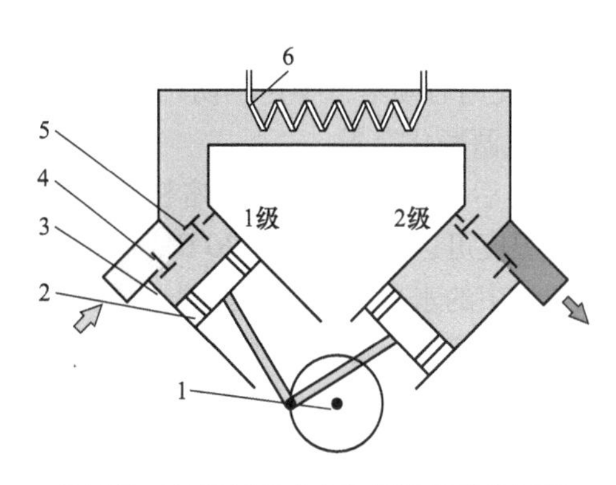

图 5-7　两级活塞式空气压缩机工作原理

1—转轴　2—活塞　3—气缸　4—进气阀　5—排气阀　6—冷却器

（3）主要参数及选择　空气压缩机选用的依据是气动系统所需的工作压力和流量两个主要参数。

1）空气压缩机额定压力。气动系统常用的工作压力为 0.1~0.8MPa，可直接选用额定压力为 0.7~1MPa 的低压空气压缩机；有特殊需要时，可选用中高压或超高压空气压缩机。

2）空气压缩机供气量。空气压缩机的供气量可按下式估算：

$$q_z = \psi K_1 K_2 \sum_{i=1}^{n} q_{i\max} \tag{5-1}$$

式中　q_z——空压机的计算供气量也称自由流量（m^3/s）；

ψ——利用系数；

K_1——漏损系数，$K_1 = 1.15 \sim 1.5$；

K_2——备用系数，$K_2 = 1.3 \sim 1.6$；

$q_{i\max}$——第 i 台设备的最大自由耗气量（m^3/s）；

n——系统内所用气动设备总数。

利用系数 ψ 是表示气动系统中气动设备同时使用的程度（设备较多时，一般不会同时使用，故乘以利用系数)，其数值与气动设备的多少有关，具体数值可在图 5-8 中查得。漏损系数K_1是考虑各元件、管道、接头等处的泄漏量，尤其是气动设备的磨损泄漏而设置的。当系统中管路长、附件多、气动设备多时可取大值。K_2是考虑各工作时间用气量不等及系统增设装置而设置的备用系数。

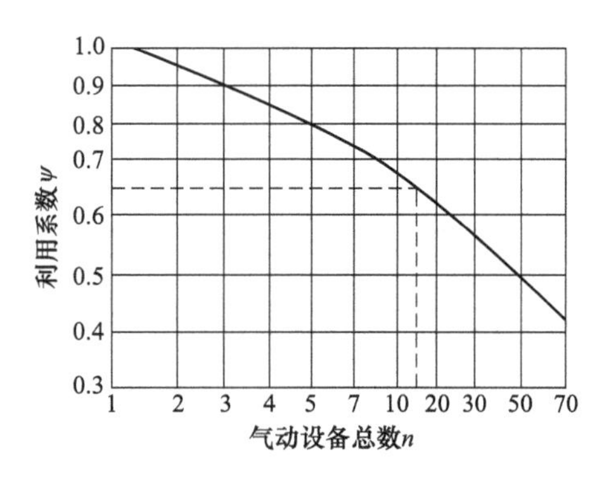

图 5-8 气动设备利用系数

（4）使用时的注意事项

1）安装地点须清洁，应无粉尘，通风好、湿度小、温度低，且要留有维护和保养的空间。

2）使用专用润滑油并定期更换，起动前应检查润滑油位，并用手拉动传动带使机轴转动几圈，以保证起动时的润滑。起动前和停车后都应及时排除空气压缩机气罐中的水分。

3）使用时须考虑噪声的防治，可设置消声器、隔声罩或选择噪声较低的空气压缩机。

3. 气源净化装置

（1）后冷却器　空气压缩机输出的压缩空气温度可以达到 120～170℃，在此温度下，空气中的水分呈气态，如果进入到气动元件中，会腐蚀元件，必须将其清除。后冷却器的作用就是将空气压缩机出气口的高温压缩空气冷却到 40～50℃，使压缩空气中的油雾和水气迅速达到饱和而大部分析出，凝结成水滴和油滴，以便经油水分离器排出。后冷却器的外观及图形符号如图 5-9 所示。

图 5-9 后冷却器的外观及图形符号

根据冷却介质的不同，可将后冷却器分为风冷和水冷两种。风冷式后冷却器是将风扇产生的冷空气吹向带散热片的热空气管道，对压缩空气进行冷却。其优点是无须水源、占地面积小、重量轻、运转成本低和易于维修；缺点是冷却能力较小，入气口空气温度一般不高于 100℃。水冷式冷却器是强迫冷却水沿压缩空气流动方向的反方向流动来进行冷却的，按结构形式不同可进一步划分为列管式、散热片式、套管式、蛇管式和板式等。水冷式后冷却器的工作原理如图 5-10 所示，热压缩空气在浸没于冷水中的蛇形管内流动，冷却水在水套中流动，经管壁进行热交换，使压缩空气得到冷却。它的散热面积是风冷式的 25 倍，热交换均匀，分水效率高，故适用于入气口空气温度低于 200℃，且需处理空气量较大、湿度大、灰尘多的场合。

（2）油水分离器　油水分离器又称除油器，安装在后冷却器出气口管道上，它的作用是分离并排出压缩空气中凝聚的油分、水分、灰尘等杂质，使压缩空气得到初步净化。其结构形式有环形回转式、撞击折回式、离心旋转式、水浴式以及以上形式的组合等。油水分离器的外观及图形符号如图 5-11 所示。

油水分离器工作原理是：当压缩空气进入油水分离器后，产生流向和速度的急剧变化，再依靠惯性力作用，将密度比压缩空气大的油滴和水滴分离出来。

图 5-12 所示为常见的撞击并环形回转式油水分离器。当压缩空气由入口进入分离器壳体后，气流先受到隔板阻挡而被撞击折回向下（见图中箭头所示流向）之后又上升并产生环形回转，这样凝聚在压缩空气中的油滴和水滴等杂质受惯性力作用而分离排出，沉降于壳

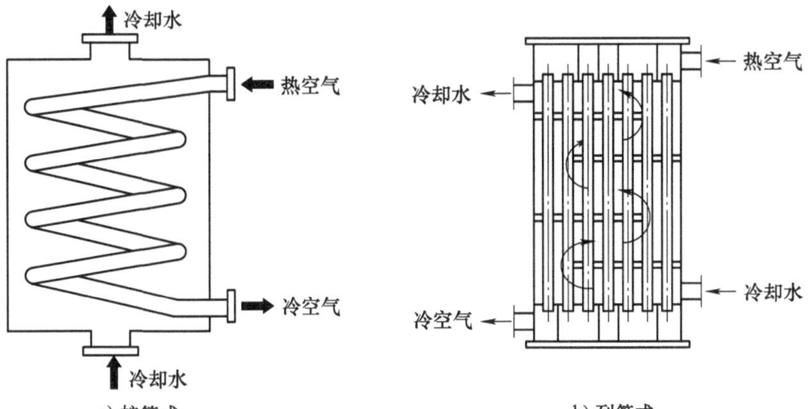

冷却水
热空气
冷空气
冷却水

a) 蛇管式

热空气
冷却水
冷却水
冷空气

b) 列管式

图 5-10　后冷却器的工作原理

体底部，由排油水阀排出沉淀物。经初步净化的空气从出气口送往储气罐。

图 5-13a 所示为水浴式油水分离器的结构，压缩空气从管道进入分离器底部，通过水浴清洗和过滤后输出，可清除压缩空气中较难除掉的油分等杂质，再沿切向进入旋转离心式油水分离器（图 5-13b）中，通过离心力作用去除油和水分。水浴式与旋转离心式油水分离器串联组合使用，可以显著增强净化效果。

需要注意的是，当工作一段时间后，液面会漂浮一层油污，需经常清洗和排除。

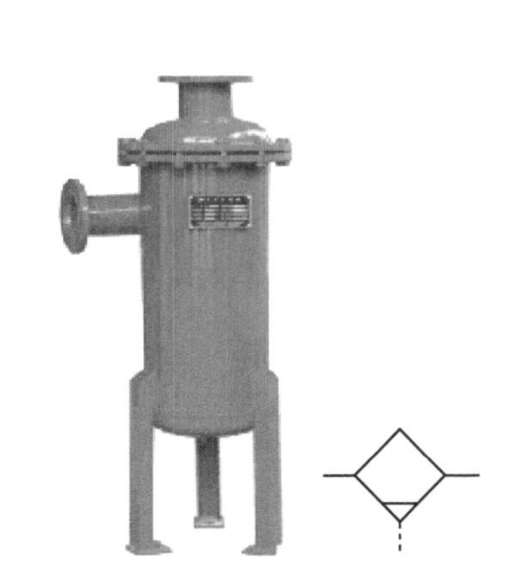

图 5-11　油水分离器的外观及图形符号

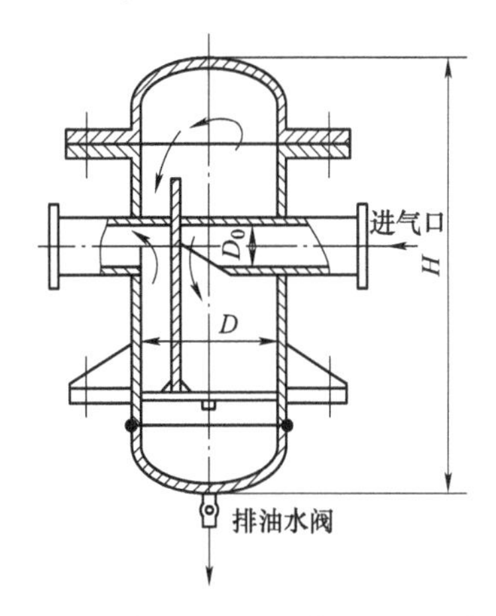

图 5-12　撞击并环形回转式油水分离器

（3）储气罐　储气罐一般采用圆筒状焊接结构，有立式和卧式两种，以立式居多。图 5-14 所示为立式储气罐的外观，其结构及图形符号如图 5-15 所示。

储气罐的主要作用有以下几点。

1）储存一定数量的压缩空气，保证连续供气。

2）当空气压缩机停机、突然停电等情况发生时，可进行应急处理，保证安全。

3）调节气流，消除空气压缩机断续排出气流而对系统引起的压力脉动，稳定输出。

4）冷却压缩空气，进一步分离压缩空气中的油、水等杂质。

储气罐、油水分离器、后冷却器均属于受压容器，在使用之前，应按技术要求进行测压

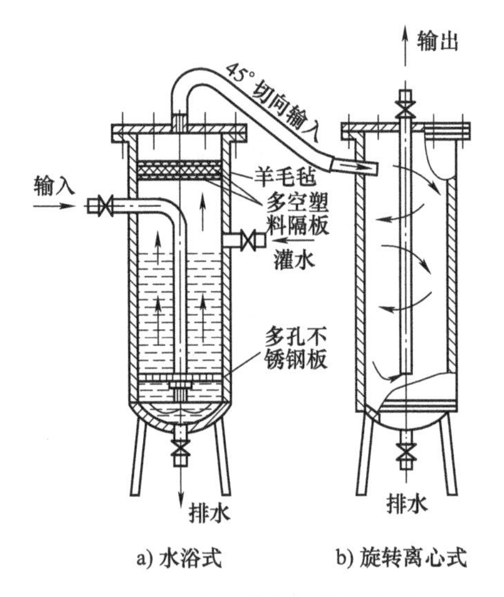

图 5-13　水浴式与旋转离心式油水分离器串联

图 5-14　储气罐外观

试验。目前，在气压传动中，后冷却器、油水分离器和储气罐三者一体的结构形式已被采用，这使压缩空气站的辅助设置大为简化。使用时，数台空气压缩机可合用一个储气罐，也可每台单独配用。储气罐应安装在坚固的基础上。通常，储气罐可由压缩机制造厂配套供应。

（4）干燥器　压缩空气在经过后冷却器、油水分离器和储气罐后完成初步净化，可以满足一般气压传动的工作需要，但此时的压缩空气中仍含一定量的油、水以及灰尘，如果用于精密的气动装置、气动仪表等，还需使用干燥器对压缩空气做进一步处理。

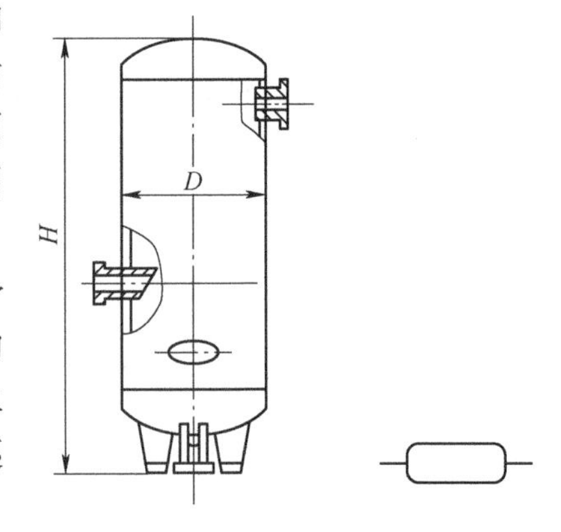

图 5-15　储气罐的结构与图形符号

干燥器的作用是为了满足精密气动装置用气，把初步净化的压缩空气进一步净化以吸收和排除其中的水分、油分及灰尘等杂质，使湿空气变成干空气。

目前使空气干燥的方法有吸附法、冷冻法、机械除水法及离心分离法等，其中使用最多的是吸附法和冷冻法。

冷冻法是利用制冷设备使空气冷却到一定的露点温度（不同质量等级压缩空气的质量分级见表 5-4），析出空气中超过饱和水蒸气部分的多余水分，降低含湿量，提高空气的干燥程度。

吸附法是利用具有吸附性能的吸附剂，例如硅胶、铝胶、焦炭或分子筛等吸附压缩空气中的水分，使其干燥。常用干燥方法得到压缩空气的性能见表 5-5。

图 5-16 所示为吸附式干燥器的外观、结构及图形符号。它的外壳呈筒形，筒内分层设置栅板、吸附剂、滤网等装置。湿空气从进气管 1 进入干燥器，依次通过吸附剂层 21、铜丝过滤网 20、上栅板 19 和下部吸附剂层 16 后，其中的水分被吸附剂吸收而变得干燥。再经过铜丝过滤网 15、下栅板 14 和铜丝过滤网 12，得到干燥、洁净的压缩空气，气体从干燥

空气输出管8排出。

表5-4　压缩空气的质量分级

质量分级	孔径/μm	压力露点/℃	含油量/10^{-6}	浓度/(mg/m³)	用途
一	0.1	-40	0.01	0.1	热干燥用气
二	1	-20	0.1	1	精密气动仪表
三	5	+2	1	5	气动测量仪器、气动轴承
四	50	+10	5	—	一般气压传动
五	—	—	25	—	各种气动工具、采矿机械

表5-5　常用干燥方法所得压缩空气性能

干燥剂名称	分子式	干燥后空气的饱和气密度/(g/m³)	相应的露点温度/℃
粒状氯化钙	$CaCl_2$	1.5	-14
棒状苛性钠	NaOH	0.8	-19
棒状苛性钾	KOH	0.014	-58
硅胶	$SiO_2 \cdot H_2O$	0.03	-52
铝胶（活性氧化铝）	$Al_2O_3 \cdot H_2O$	0.005	-64
分子筛	—	0.011~0.003	-70~-60

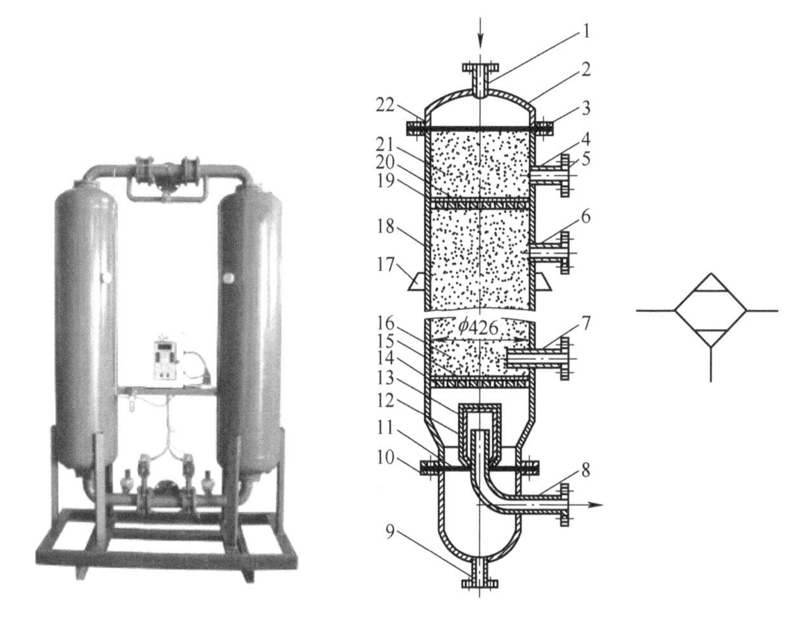

图5-16　干燥器外观、结构及图形符号

1—湿空气进气管　2—顶盖　3、5、10—法兰垫　4、6—再生空气排气管　7—再生空气进气管　8—干燥空气输出管　9—排水管　11、22—密封垫　12、15、20—铜丝过滤网　13—毛毡　14—下栅板　16、21—吸附剂层　17—支承板　18—筒体　19—上栅板

干燥器中再生空气排气管4、6和再生空气进气管7是供再生吸附剂使用的，一般设置两套干燥器，一套干燥空气，另一套使干燥吸附剂再生，交替使用。

吸附法是干燥处理方法中应用最为普遍的一种方法。吸附法除水效果好，但吸附剂对油分敏感，当油分附着于吸附剂表面时，其吸湿能力会明显下降，吸附剂也会老化迅速，在使用时应安装除油器。

（5）空气过滤器　空气过滤器又称分水滤气器、空气滤清器，主要用于滤除压缩空气中的固态杂质、水滴和油污等污染物，达到气动系统所要求的净化程度，是保证气动设备正常运行的重要元件。

空气过滤器一般由壳体和滤芯组成。按滤芯的材质不同，可将空气过滤器分为纸质、织物、陶瓷、泡沫塑料和金属等形式。常用的是纸质式和金属式。

图 5-17 所示为空气过滤器的外观、结构和图形符号。压缩空气自左侧输入口进入过滤器，被引入旋风叶子 1，旋风叶子上有很多成一定角度的缺口，迫使空气沿切线方向运动产生强烈的旋转。混在气体中的大颗粒杂质，在惯性力作用下与存水杯 3 内壁碰撞，被分离出来，沉到杯底，微粒灰尘和雾状水气则在气体通过滤芯 2 时得到进一步净化，洁净的空气从输出口输出。为防止气体旋涡将杯中积存的污水卷起而破坏过滤作用，在滤芯下部设有挡水板 4。过滤器底部设置排水阀 5，可将污水手动排放出去。如果工作场合排水受限，可采用自动排水式空气过滤器。存水杯一般由透明材料制成，便于观察内部情况。

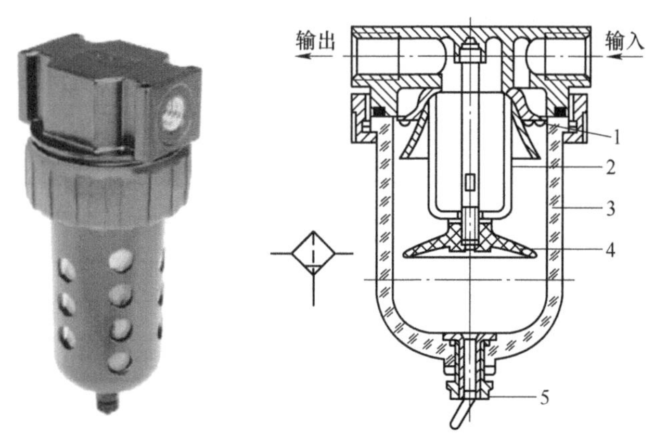

图 5-17　空气过滤器外观、结构及图形符号

1—旋风叶子　2—滤芯　3—存水杯　4—挡水板　5—排水阀

空气过滤器的过滤能力较强，过滤效率为 70%～90%，属于二次过滤器，大多与减压阀、油雾器一起构成气动三联件，安装在气动设备的入气口处。

5.2.2　气动剪板机气缸

气缸是气动系统的执行元件之一。它是将压缩空气的压力能转换为机械能并驱动工作机构做往复直线运动或摆动的装置。它具有结构简单、污染少、工作压力小和动作迅速等特点，故应用十分广泛。

根据使用条件、场合的不同，气缸有多种形式。常见的分类方法有按结构分类、按缸径分类、按缓冲形式分类、按驱动方式分类和按润滑方式分类。其中最常用的是普通气缸。

普通气缸是指一般活塞式单作用气缸和双作用气缸，即在缸筒内只有一个活塞和一根活塞杆的气缸，有单作用气缸和双作用气缸两种，主要用于无特殊要求的场合。

单活塞杆双作用气缸是一种被广泛应用的普通气缸，双作用气缸内部被活塞分出两个腔室，分别是有杆腔和无杆腔。活塞的往复运动是靠压缩空气从缸内的这两个腔室交替进入和排出来实现的，压缩空气可以在两个方向上做功。由于活塞的往复运动全部靠压缩空气来完成，所以称这种气缸为双作用气缸。其外观如图 5-18 所示，结构及图形符号如图 5-19 所示。

因为没有复位弹簧，所以双作用气缸可以获得更长的有效行程和稳定的输出力。但双作用气缸是利用压缩空气交替作用于活塞上实现伸缩运动的，因为回缩时压缩空气的有效作用面积较小，所以产生的力要小于伸出时产生的推力。

图 5-18 双作用气缸的外观

5.2.3 气动剪板机气动控制阀

气动控制阀是指在气动系统中控制压缩空气的压力、流量和流动方向的各类控制阀，用来保证气动执行元件按照规定程序正常工作。按照功用的不同，可将气动控制阀分为压力控制阀、流量控制阀和方向控制阀。

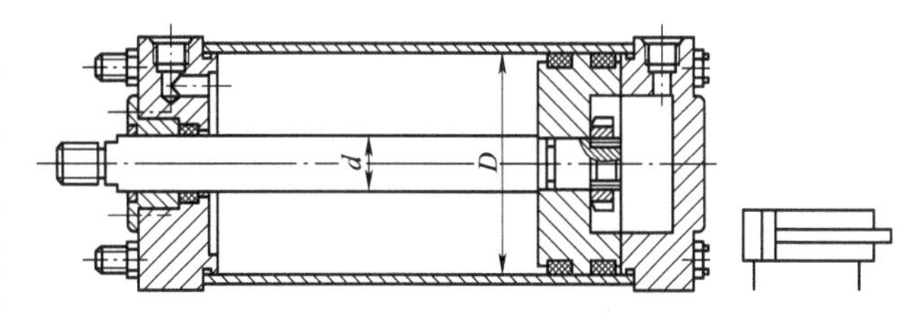

图 5-19 单活塞杆双作用气缸的结构及图形符号

1. 压力控制阀

压力控制阀主要用来控制系统中压缩气体的压力，以满足各种压力要求或控制执行元件的动作顺序。按功能的不同，可将压力控制阀分为减压阀、安全阀和顺序阀三类。它们都是利用作用于阀芯上的气体压力和弹簧力相平衡的原理进行工作的。减压阀起降压、稳压作用；安全阀起限压、安全保护作用；顺序阀可根据气路压力控制顺序动作。

（1）减压阀（调压阀） 在气动系统中，空气压缩机先将空气压缩，储存在储气罐内，然后经管路输送给各个气动装置使用。而储气罐的空气压力一般比各设备的实际使用压力高，同时存在压力波动。因此，需要使用减压阀。减压阀的作用是将输出压力调节在比输入压力低的调定值上，并保持该压力值的稳定。

减压阀主要依靠进气口的节流作用减压，靠膜片上力的平衡作用和溢流孔的溢流作用稳压。图 5-20 所示为直动式减压阀的外观、结构与图形符号。当减压阀处于工作状态时，压缩空气以 p_1 从左侧进气口流入，经进气阀口 10 后，压力降为 p_2 输出。沿顺时针方向调节手柄 1、调压弹簧 2、3 及膜片 5，使阀芯 8 下移，打开进气阀口 10，压缩空气通过进气阀口 10 的节流作用，使输出压力低于输入压力，实现减压。输出气流的一部分由阻尼管 7 进入膜片气室 6，在膜片 5 的下方产生一个向上的推力，这个推力会使阀口开度变小，使其输出压力下降。当作用于膜片上的推力与弹簧力相平衡后，阀口开度稳定在某一值上，减压阀的输出压力可保持稳定。

输出压力 p_2 的大小可调，旋转调节手柄即可控制阀口的开度，当增大阀口开度时，p_2 增大。如果想要 p_2 减小，可沿逆时针方向旋转手柄，减小阀口的开度，p_2 可随之减小。

若 p_1 瞬时升高，p_2 将随之升高，使膜片气室 6 内压力也升高，在膜片 5 上产生的推力相应增大，破坏了原来的平衡，使膜片 5 向上移动，有少量气体经溢流口、排气阀口 11 排出。膜片上移的同时，因复位弹簧 9 的作用，使阀芯 8 也向上移动，关小进气阀口 10，节流作用增大，使输出压力下降，直至达到新的平衡，平衡后的输出压力又基本上恢复至原值。

反之，输出压力瞬时下降，膜片下移，阀芯下移，进气阀口 10 开度增大，节流作用减小，输出压力又回升至原值。

沿逆时针方向旋转手柄1，使弹簧2、3恢复自由状态，气体作用在膜片5上的推力大于调压弹簧的作用力，膜片向上弯，阀芯在复位弹簧9的作用下，关闭进气阀口10。再旋转手柄1，进气阀芯的顶端与溢流阀座脱开，膜片气室中的压缩空气经溢流口、排气阀口11排出，阀处于无输出的状态。

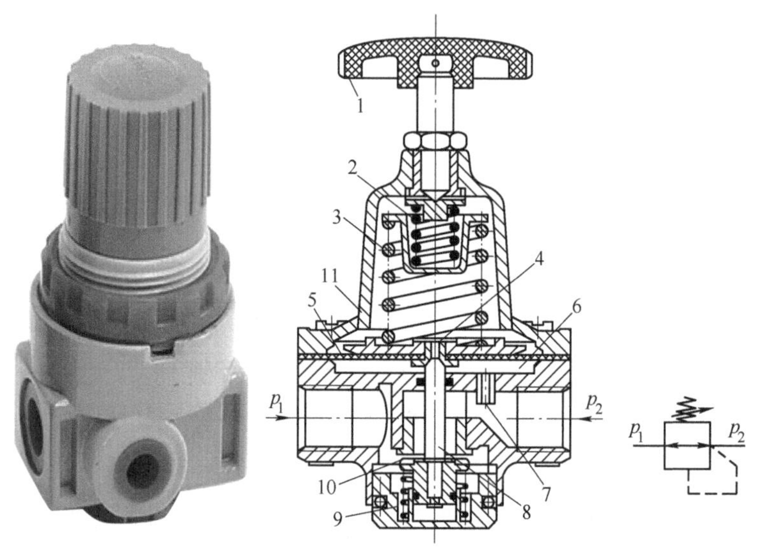

直动式减压阀工作原理

图5-20　直动式减压阀的外观、结构与图形符号

1—手柄　2、3—调压弹簧　4—溢流口　5—膜片
6—膜片气室　7—阻尼管　8—阀芯　9—复位弹簧　10—进气阀口　11—排气阀口

（2）安全阀（溢流阀）　安全阀在系统中起保护作用，气动回路或储气罐的压力超过允许压力时，需要实现自动向外排气，这种压力控制阀称为安全阀，也称溢流阀，如图5-21所示。安全阀按控制形式分为直动式和先导式两种。

图5-22所示为直动式安全阀的结构及图形符号，当气体作用在阀芯上的力小于弹簧力时，阀处于关闭状态。当输入压力超过调定值时，阀芯在下腔气体压力的作用下，克服上面的弹簧力抬起，阀芯向上移动，阀口开启，使部分气体排出，压力降低，直至压力小于调定

图5-21　安全阀的外观

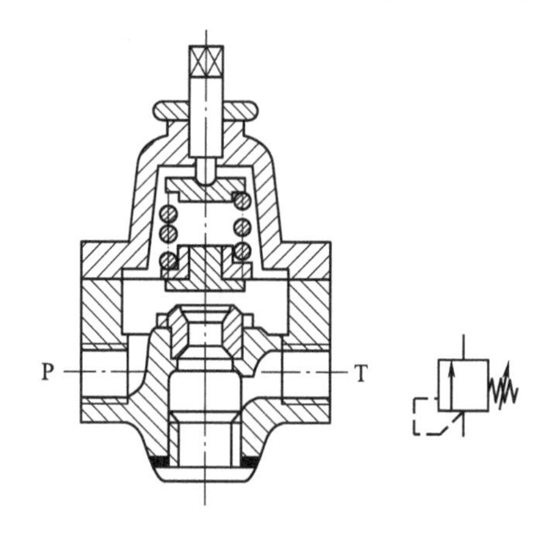

图5-22　直动式安全阀的结构与图形符号

直动式安全阀工作原理

值时，阀重新关闭。调节弹簧预紧力即可改变安全值大小。

(3) 顺序阀　气动回路有时需要依靠回路中压力的变化来实现两个执行元件的顺序动作，所用的就是顺序阀。

目前应用比较多的是单向顺序阀，它是顺序阀与单向阀的组合。图 5-23 所示为单向顺序阀的结构及图形符号。当压缩空气进入气腔后，作用在活塞 3 上的气压小于调压弹簧 2 上的弹簧力时，阀处于关闭状态。当作用在活塞上的压力大于调压弹簧力时，活塞被顶起，如图 5-23a 所示，压缩空气从入口 P 经阀腔 4、5 到阀口 A 输出，进入气缸或气控换向阀。当切换气源时，阀左腔 4 内压力迅速下降，顺序阀关闭，如图 5-23b 所示，此时阀右腔 5 内压力高于阀左腔 4 内的压力，单向阀 6 在压力差的作用下处于打开状态。反向的压缩气体从阀口 A 进入，从阀口 T 排出。

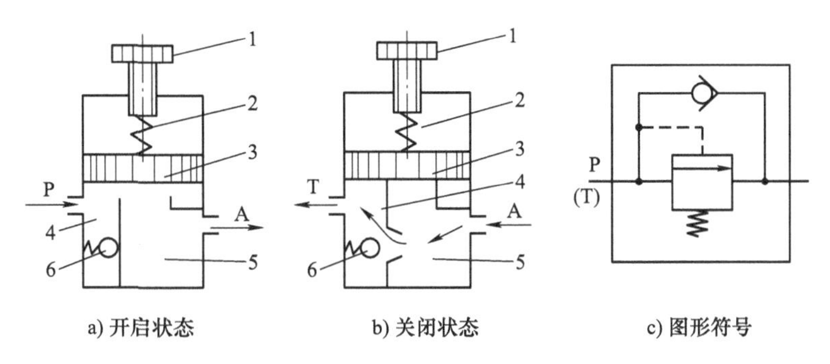

图 5-23　单向顺序阀的结构及图形符号

1—调压手柄　2—调压弹簧　3—活塞　4—阀左腔　5—阀右腔　6—单向阀

2. 换向型方向控制阀

换向型方向控制阀简称换向阀，其作用是通过改变气流通道使气体流动方向发生变化，从而改变气动执行元件的运动方向。换向型方向控制阀包括气压控制换向阀、电磁控制换向阀、机械控制换向阀、人力控制换向阀等。

(1) 气压控制换向阀　气压控制换向阀是利用气体压力驱动阀芯来实现换向的，简称气控阀。根据控制方式的不同，可将气压控制换向阀分为加压控制、卸压控制和差压控制三种。

加压控制是指所加控制信号的气压是逐渐上升的，当压力上升到某一值时，主阀换向，这是最常用的气控阀，有单气控式和双气控式两种。卸压控制是指所加控制信号的气压是逐渐下降的，当压力降低到某一值时，主阀换向。差压控制是利用控制气压作用在阀芯两端不同面积上所产生的压力差来使阀换向的一种控制方式。

单气控弹簧复位二位三通换向阀的工作原理及图形符号如图 5-24 所示。

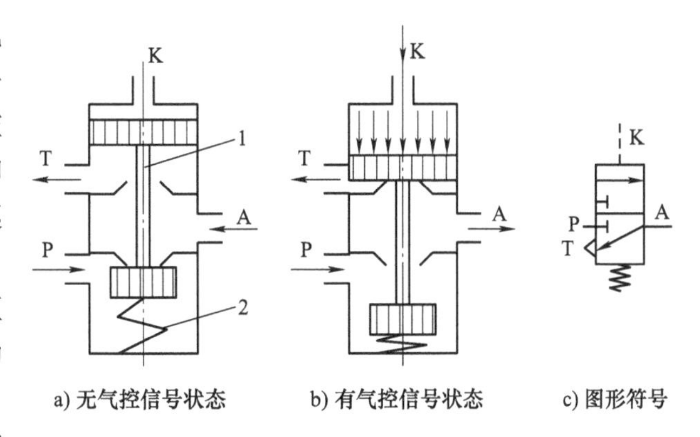

图 5-24　单气控弹簧复位二位三通换向阀的工作原理及图形符号

1—阀芯　2—弹簧

图 5-24a 所示为无气控信号 K 时的状态，阀芯 1 在弹簧 2 及阀口 P 气体压力作用下处于上端位置，此时阀口 A、T 相通，阀处于排气的状态；图 5-24b 所示为有控制信号 K 输入时，阀芯下移，阀口 A、T 断开，阀口 P、A 接通，阀口 A 有气体输出。图示该阀属于常闭型二位三通换向阀，当阀口 P、T 对换后，则为常通型二位三通换向阀，图 5-24c 所示为图形符号。

双气控二位五通换向阀的工作原理及图形符号如图 5-25 所示。

图 5-25a 所示为有气控信号 K_1 时阀的状态，此时阀停在左边，其通路状态是阀口 P、A 接通，阀口 B、T_2接通。图 5-25b 所示为有气控信号 K_2时的状态（此时信号 K_1 已不存在），此时阀芯换位，其通路状态变为阀口 P、B 接通，阀口 A、T_1 接通。图 5-25c 所示为图形符号。

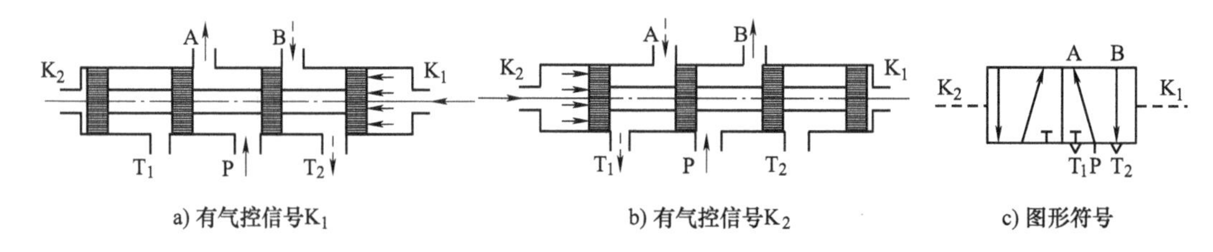

图 5-25　双气控二位五通换向阀的工作原理及图形符号

（2）电磁控制换向阀　电磁控制换向阀是利用电磁力来实现阀的切换以控制气流方向的，由电磁铁和主阀两部分组成。常用的电磁控制换向阀有直动式和先导式两种。

1）直动式电磁阀。直动式电磁阀是由电磁铁直接推动阀芯移动的换向阀。其工作原理如图 5-26 所示。图 5-26a 所示为换向断电状态，阀芯受复位弹簧的作用位于上方，此时阀口 P、A 封闭，阀口 A、T 接通；图 5-26b 所示为通电状态，此时阀芯在电磁铁的作用下下移，阀口 T、A 封闭，阀口 P、A 接通。图 5-26c 所示为图形符号。

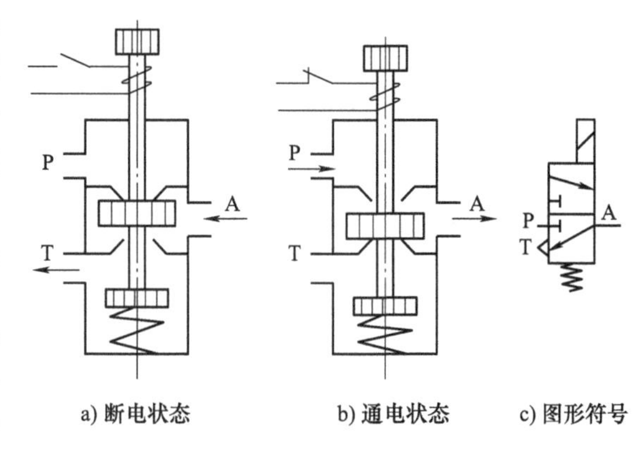

图 5-26　直动式单电控电磁换向阀的工作原理及图形符号

2）先导式电磁阀。先导式电磁阀的主阀为气控阀，主阀两端的先导阀为电磁阀。其工作原理及图形符号如图 5-27 所示。如图 5-27a 所示，当 K_1 接通电路、K_2断电时，左先导阀 1 使控制气流进入主阀阀芯 2 的左端，主阀阀芯右移，此时主阀通路状态为阀口 P、A 相通、阀口 B、T_2相通。反之，如图 5-27b 所示，当 K_2接通电路、K_1 断电时，右先导阀 3 使控制气流进入主阀阀芯 2 的右端，主阀阀芯左移，此时主阀通路状态就变为阀口 P、B 相通、阀口 A、T_1 相通。

a) K_1接通　　b) K_2接通

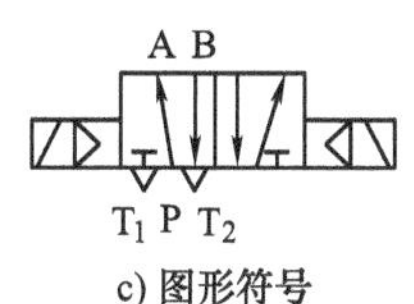

c) 图形符号

图 5-27　先导式双电控二位五通换向阀工作原理及图形符号

1、3—先导阀　2—主阀阀芯

5.3　气动剪板机气动辅件

5.3.1　气动剪板机油雾器

气动系统中使用的油雾器是一种特殊的注油装置，如图 5-28 所示。油雾器可使润滑油雾化，并随气流进入到需要润滑的部件，它以压缩空气为动力，将润滑油喷射成雾状并混合于压缩空气中，使压缩空气具有润滑气动元件的能力，满足润滑的需要。

图 5-28　油雾器的外观

普通油雾器也称一次油雾器，润滑油在油雾器中只经过一次雾化，油雾粒径为 20~35μm，输送距离为 5m，可以在不停气状态下实现加油，适于一般气动元件的润滑。

图 5-29 所示为普通油雾器的结构及图形符号，压缩空气由输入口进入，喷嘴组件起引射作用，通过喷嘴 1 下端的小孔进入阀座 4 的腔室内。

实现不停气状态下加油的关键部件是由阀座 4、钢球 2 及弹簧 3 组成的特殊单向阀，加油时，拧松油塞 11 后，使储油杯上腔 C 与大气相通，钢球被压缩空气压在阀座上，基本上切断了压缩空气进入 C 腔的通路，如图 5-30c 所示。由于钢球 7 的作用，压缩空气不会从吸油管倒灌入罐油杯中，因此可在不停气的情况下从油塞口往杯内加油。

需要注意的是，上述过程须在气源压力大于一定数值才可能实现，如果不满足条件，则会因特殊单向阀关闭不严而使压缩空气进入杯内，将油液从油塞口中喷出。油雾器不停气加油的最小压力为 0.1MPa。图 5-30a 所示为没有气流输入时的情况，弹簧把钢球顶起，封住加油通道，因而处于截止状态。图 5-30b 所示为正常工作状态，此时压缩空气推开钢球使加压通道畅通，气体进入油杯加压，由于弹簧及油压对钢球的作用，使钢球悬于中间位置，所示阀处于打开状态，油雾器工作。

油雾器主要根据通气流量及油雾粒径大小来选择，油雾粒度为 50μm 左右时选用普通型油雾器，特殊要求的场合可选用二次油雾器。油雾器供油一般以 $10m^3$ 自由空气供给 1ml 的油量为标准。油雾器一般安装在减压阀之后，尽量靠近换向阀，进、出油口不能接反，储油杯不可倒置，既可以单独使用，也可以与空气过滤器、减压阀一起构成气动三联件使用，使其具有过滤、减压和油雾的功能。使用气动三联件时，顺序应依次为空气过滤器、减压阀、油雾器，不能颠倒。

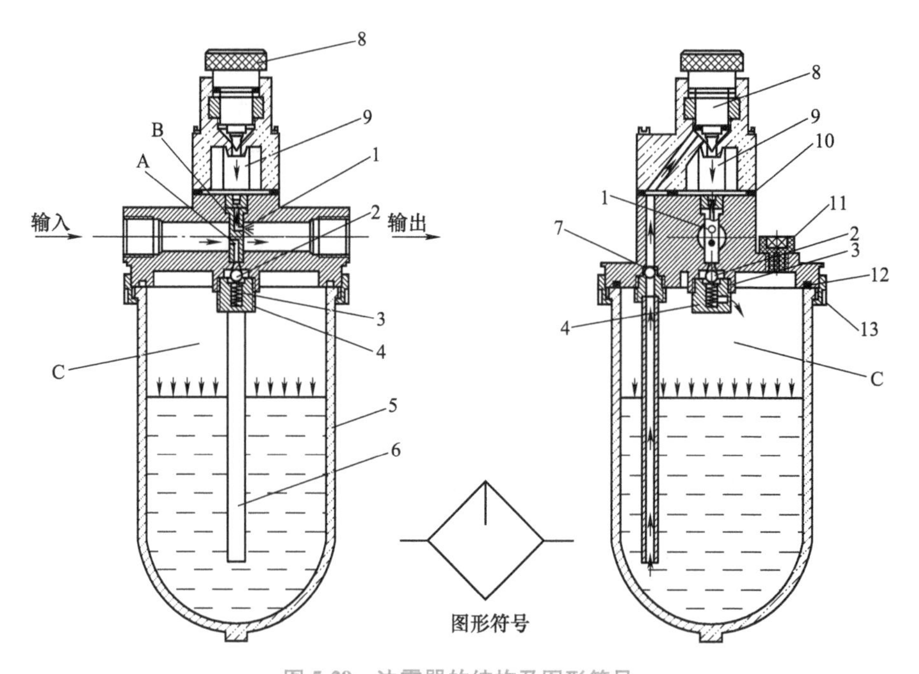

图 5-29　油雾器的结构及图形符号

1—喷嘴　2、7—钢球　3—弹簧　4—阀座　5—储油杯　6—吸油管　8—节流阀　9—视油器　10—密封垫　11—油塞　12—密封圈　13—螺母

5.3.2　气动剪板机消声器

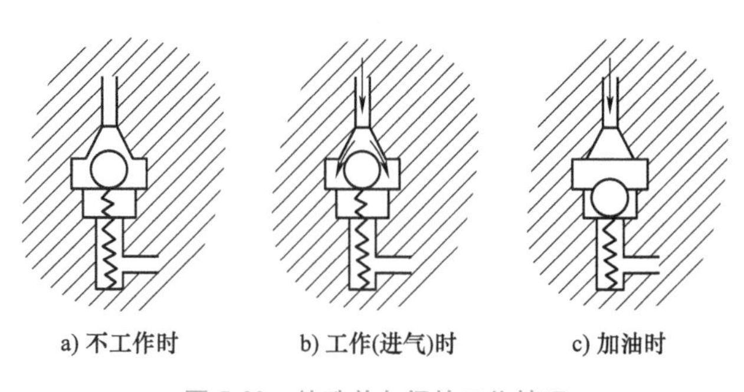

图 5-30　特殊单向阀的工作情况

气缸、气马达及气阀等排出的气体速度很快，气体体积急剧膨胀，引起气体振动，产生刺耳的排气噪声，噪声的强弱随排气的速度、排量和空气通道的形状而变化。排气的速度和功率越大，噪声越大，有时可达 100～120dB。噪声使环境恶化，影响人体健康，一般噪声高于 85dB 就要设法降低。因此，在气动系统的排气口，尤其是在换向阀的排气口，需装设消声器来降低排气噪声，如图 5-31 所示。

消声器就是通过阻尼或增加排气面积等方法来降低排气速度和功率，从而降低噪声。

常用的消声器有吸收型消声器、膨胀干涉型消声器和膨胀干涉吸收型消声器三种类型。

图 5-31　消声器

1. 吸收型消声器

吸收型消声器是依靠吸声材料来消声的。吸声材料有玻璃纤维、毛毡、泡沫塑料、烧结材料等。图 5-32 所示为吸收型消声器的结构，消声罩 2 为多孔的吸音材料，多由聚苯乙烯颗粒或铜珠烧结而成。当消声器的通径小于 20mm 时，多用聚苯乙烯作为吸音材料制成消声罩；当消声器的通径大于 20mm

时，多用铜珠烧结，以增加强度。其消声原理是：当有压气体通过消声罩时，气流受到阻力，噪声的能量被部分吸收转化为热能，从而降低了噪声强度。吸收型消声器结构简单，主要用于消除中、高频噪声，可降噪 20dB，在气动系统中应用较为广泛。

2. 膨胀干涉型消声器

膨胀干涉型消声器结构简单，排气阻力小，消声效果好，主要用于消除中、低频，尤其是低频噪声。其原理是使气体膨胀互相干涉而消声。这种消声器的外观呈管状，其直径比排气孔大得多，当气流通过时，在内部膨胀、扩散、反射和互相干涉，从而削弱了噪声强度。

3. 膨胀干涉吸收型消声器

膨胀干涉吸收型消声器是上述两类消声器的组合，又称混合型消声器。其结构如图 5-33 所示，在消声套内壁敷设吸声材料，气流从消声器上端的斜孔引入，在 A 室扩散，减速后与反射套碰撞，反射到 B 室，在消声器的中心，气流束相互撞击、干涉，进一步减速而使噪声减弱，最后气流经过吸声材料从侧壁的许多小孔排入大气，噪声再一次削弱。

膨胀干涉吸收型消声器消声效果较前两种好，低频可消声 20dB，高额可消声约 45dB。适用于对消声效果要求较高的场合。

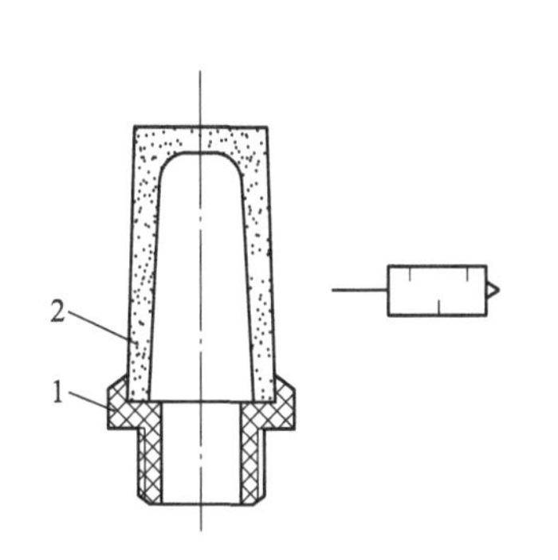

图 5-32 吸收型消声器

1—连接螺钉 2—消声罩

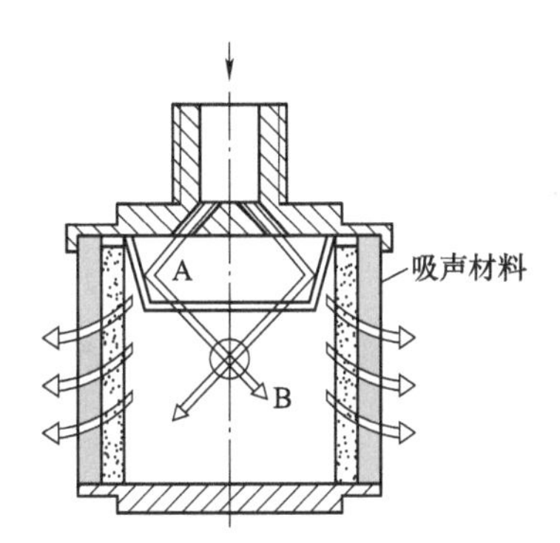

图 5-33 膨胀干涉吸收型消声器

【项目分析与仿真】

5.4 气动剪板机气动原理图的分析

气动剪板机工作原理

剪板机构切断工料的过程是将压缩空气的压力能转换为机械能的过程。图 5-34 所示为气动剪板机的工作原理图，图示位置为剪切前的预备状态。空气压缩机 1 产生压缩空气，空气经过冷却器 2 进行降温、进入油水分离器 3 初步净化后，送入储气罐 4 中备用。从储气罐 4 中引出的压缩空气经过分水滤气器 5 进一步净化，然后经减压阀 6、油雾器 7 和换向阀 9 进入气缸 10。此时换向阀 9 下腔的压缩空气将阀芯推到上位，使气缸上腔充压，活塞在压缩空气作用下处于下位，刀口张开，剪板机处于预备工作状态。

当送料机构将工料 11 送入剪板机并到达规定位置时，工料将行程阀 8 的阀芯向右推动，此时换向阀 9 的 A 腔与大气相连通。换向阀的阀芯在弹簧力作用下移至下位，将气缸上腔与大气相通，下腔与压缩空气连通，压缩空气推动活塞带动刀片快速向上运动并将工料切下。

工料切下后即与行程阀 8 脱开，行程阀阀芯在弹簧力作用下复位至左侧，将排气通道封闭。此时换向阀 A 腔的压力上升，阀芯移至上位，气路换向，气缸下腔排气，上腔进入压缩空气，推动活塞带动刀片向下运动，系统又恢复到图示的预备状态，等待下一次的剪切。

气路中行程阀的安装位置可以根据工料的长度进行左右调节，换向阀根据行程阀的指令来改变压缩空气的通道，使气缸活塞实现往复运动。气缸下腔进入压缩空气时，活塞向上运动，将压缩空气的压力能转换为机械能，使剪板机切断工料。此外，还可根据实际需要，在气路中加入流量控制阀来控制剪板机的运动速度。

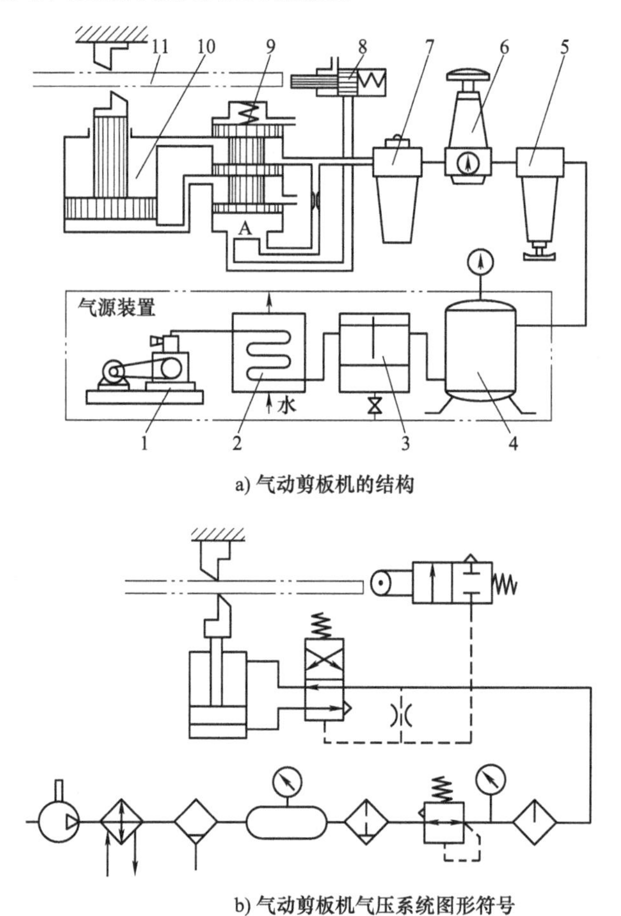

图 5-34 气动剪板机的工作原理图

1—空气压缩机 2—冷却器 3—油水分离器 4—储气罐 5—分水滤气器
6—减压阀 7—油雾器 8—行程阀 9—换向阀 10—气缸 11—工料

5.5 气动剪板机气动系统回路的 FluidSIM-P 仿真

5.5.1 FluidSIM-P 软件功能介绍

FluidSIM-P 软件是德国 FESTO 公司设计制作的气动控制的设计和仿真模拟软件，可以在计算机上进行气动知识的学习以及气动回路的设计、测试和模拟仿真；检查各元件之间连接是否可行；查看各元件的物理量，例如气缸的运动速度、输出力、节流阀的开度、气路的压力等。这样就能够预先了解回路的动态特性，从而正确地估计回路实际运行时的工作状态，使回路图的绘制和相应气压系统仿真一致，从而能够在设计完回路后，验证设计的正确性，并演示回路动作过程。

5.5.2 利用 FluidSIM-P 软件绘制原理图及仿真

利用 FluidSIM-P 软件绘制气动剪板机气动系统回路，并模拟仿真。

（1）新建文件　双击桌面快捷方式图标，打开 FluidSIM-P 软件，进入 FluidSIM-P 软件主界面，如图 5-35 所示。主界面左边显示 FluidSIM-P 的整个元件库，包括新建回路图所需的气动元件和电气元件；右侧为绘图区域。单击“新建”按钮 或在“文件”菜单下，执行“新建”命令，新建空白绘图区域，打开一个新的绘图窗口，如图 5-36 所示。

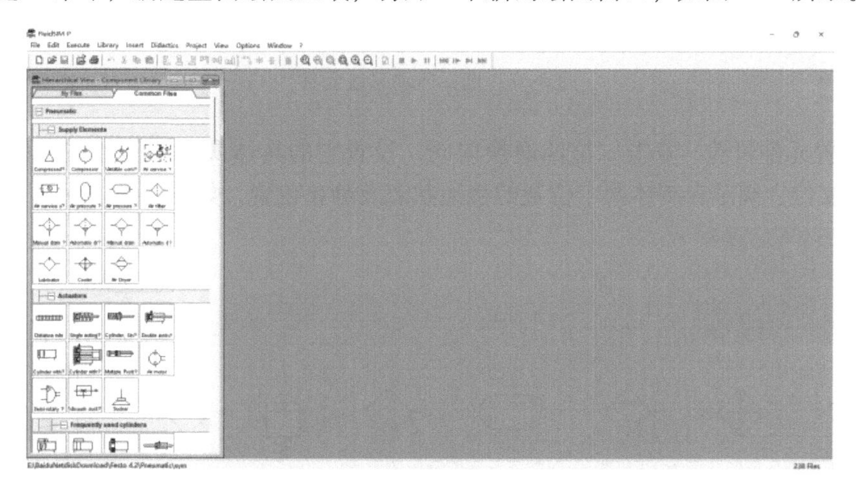

图 5-35　FluidSIM-P 软件主界面

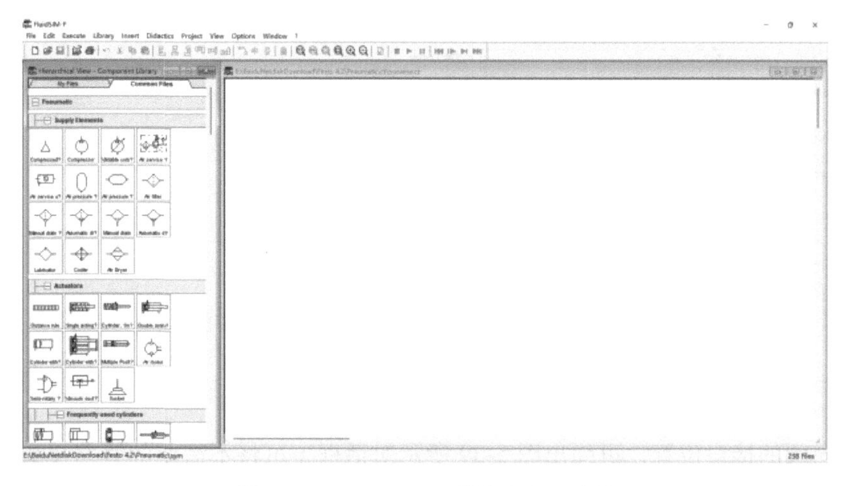

图 5-36　FluidSIM-P 软件中新建文件

（2）选取元件　根据对气动剪板机气动系统的分析可知，在该系统中采用了一个空气压缩机、一个后冷却器、一个油水分离器、一个储气罐、一个气缸、一个分水过滤器、一个过滤器、一个加热器、一个行程阀、一个减压阀、一个压力表、一个二位四通换向阀、一个油雾器。从左侧元件库选择需要的气动系统元件并将其拖至右侧绘图区或放置在合适位置，如图 5-37 所示。（根据使用软件版本的不同，可用二联件、三联件或气源等集成标志代替部分元件的组合。）

需要注意的是，画图的时候尽量不要超过边框线。

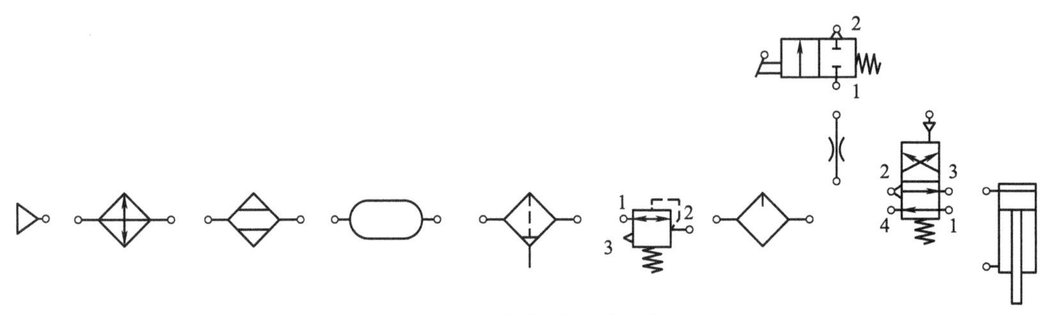

图 5-37　选择气动系统元件

（3）设置元件属性　双击二位四通换向阀，设置它的具体属性，例如左右两端的驱动方式、弹簧复位、阀芯在阀体两个位置的接通状态及静止位置，如图 5-38 所示。

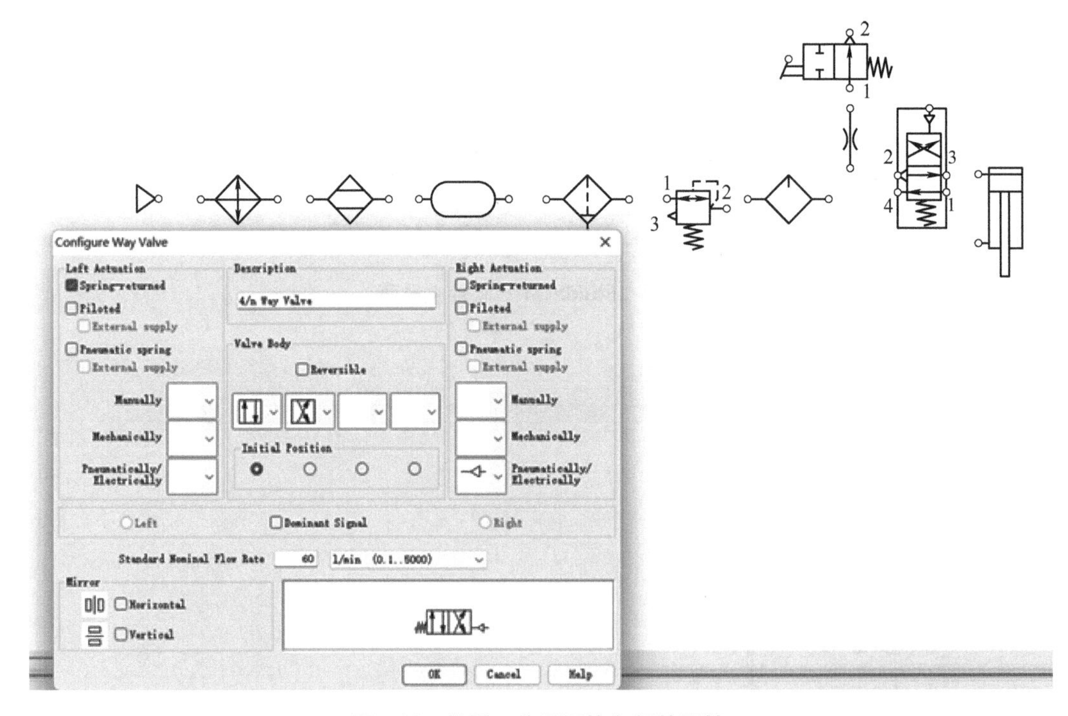

图 5-38　设置二位四通换向阀的属性

双击换向阀的接口位置，可弹出图 5-39 所示对话框，可将不需要的管路接头关闭。

按照上述相同方式，设置行程阀的具体属性，关闭不需要的接头，如图 5-40a 所示；双击气源、后冷却器、蓄能器等元件，设置其具体参数，如图 5-40b 所示。

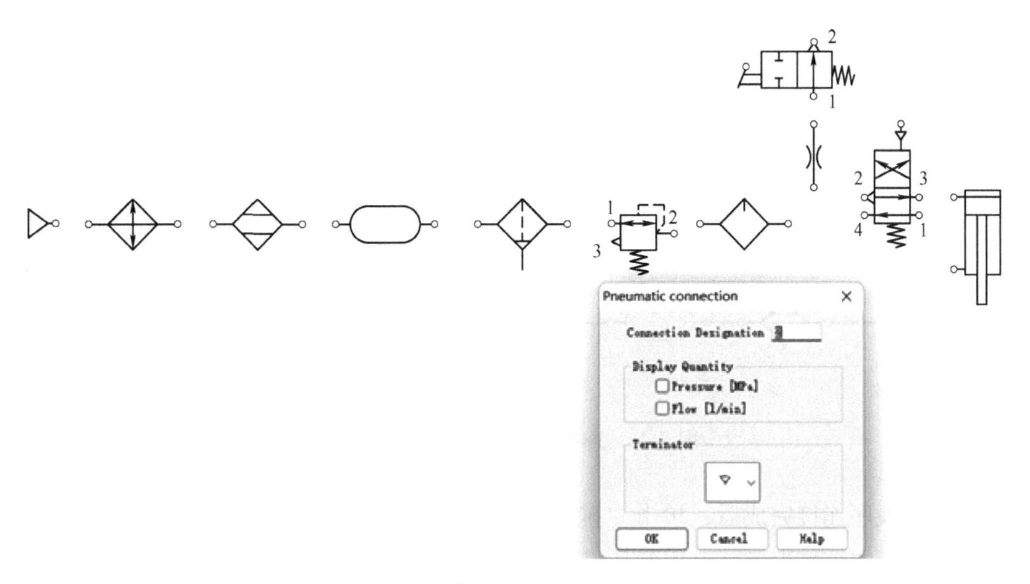

图5-39 关闭不需要的管路接头

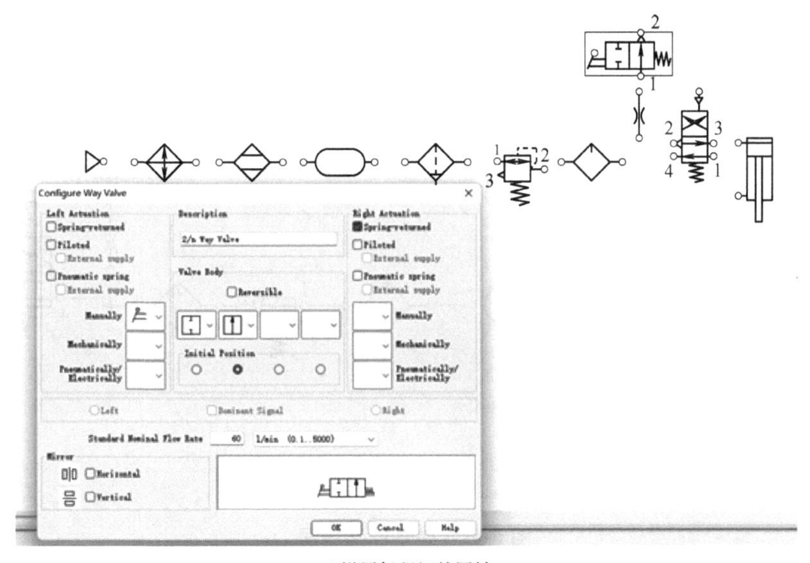

a) 设置行程阀的属性

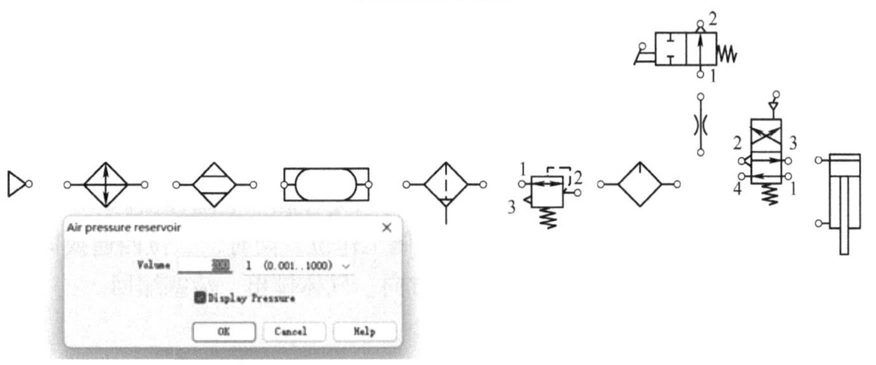

b)设置蓄能器具体参数

图5-40 设置气动系统元件参数

（4）连接并检查回路　将以上元件按顺序连接好，如图 5-41 所示。

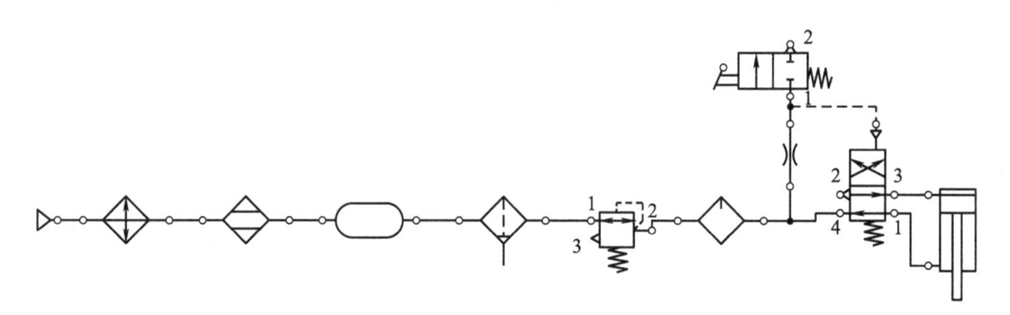

图 5-41　连接气动剪板机系统回路

元件按照顺序连接完成后，单击“确认”按钮 ☑，检查回路是否有错误，如图 5-42 所示。提示没有检查出错误后，可以开始运行仿真。

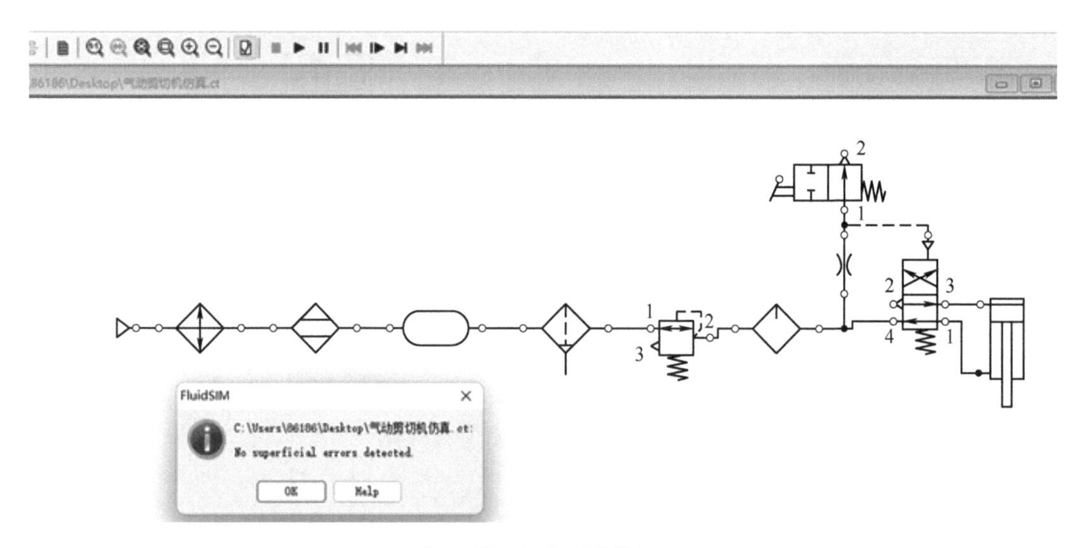

图 5-42　检查回路错误

（5）仿真运行　单击工具栏中的黑色三角形仿真按钮 ▶ 进行仿真。软件的仿真功能可以实时显示气缸活塞杆的伸出与缩回动作。

单击运行时，气体流向按照图 5-43 所示箭头方向。

单击行程阀手柄，阀芯换至左侧工作位，压缩气体从支路将二位四通换向阀的阀芯推至上位，气体流向按照图 5-44 所示箭头方向。气体进入无杆腔，活塞伸出。

松开手柄，行程阀在弹簧力作用下复位至右侧工作位，同时，二位四通换向阀阀芯也复位至下位工作，气体流向按照图 5-45 所示箭头方向。气体排出，活塞缩回。

单击“停止”按钮 ■ 结束仿真运行。

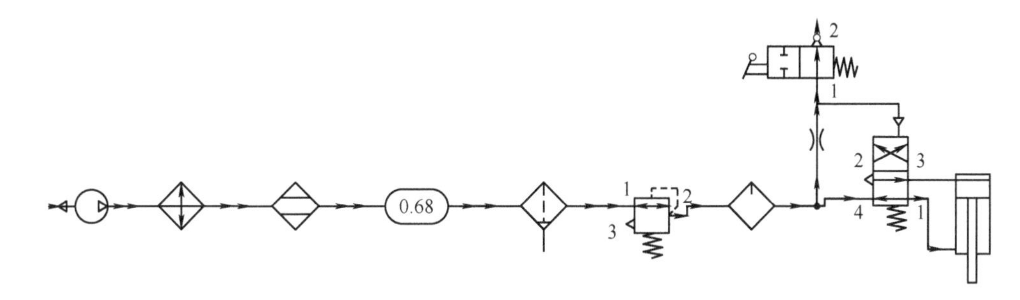

图 5-43　开启仿真运行后气动系统状态图

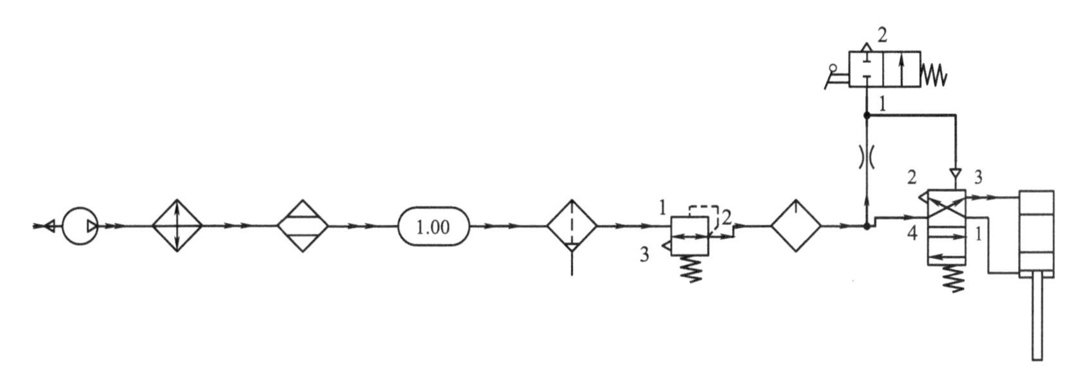

图 5-44　气缸活塞伸出

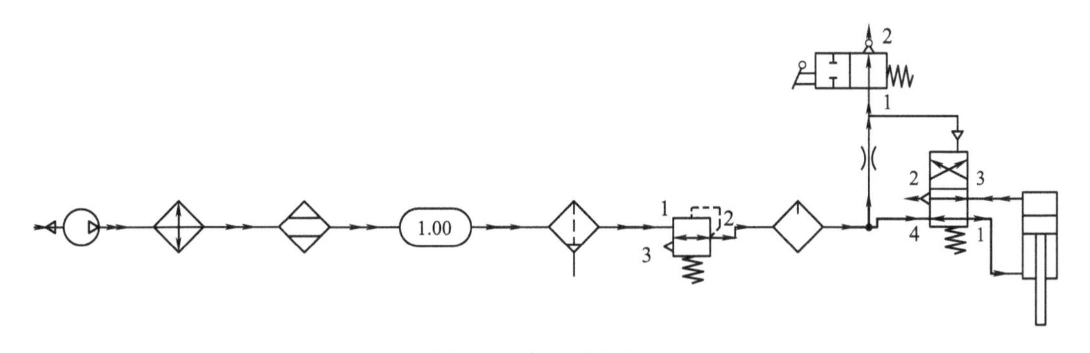

图 5-45　气缸活塞缩回

【项目实施与运行】

5.6　气动剪板机气动系统气源装置的组成与搭建

5.6.1　气动剪板机气动系统气源装置的组成

气压传动系统中的气源装置是为气动系统提供满足一定质量要求的压缩空气。它是气压传动系统的重要组成部分。由空气压缩机产生的压缩空气，可能聚集在储气罐、管道、气动系统的容器中，有引起爆炸的危险或影响设备的寿命，必须经过降温、净化、减压、稳压等一系列处理后，才能供给控制元件和执行元件使用。将使用后的压缩空气排向大气时，会产生噪声，故应采取措施，降低噪声，改善劳动条件和环境质量。因此，气源装置必须设置一些除油、除水、除尘，并使压缩空气干燥，提高压缩空气质量，进行气源净化处理的辅助设备。气源装置的组成如图 5-46 所示。

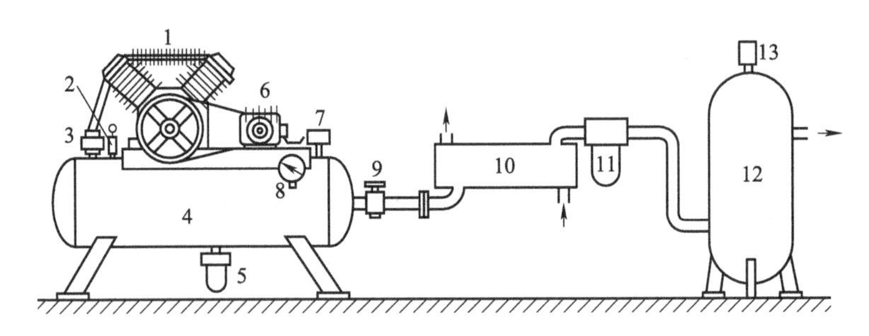

图 5-46 气源装置的组成

1—空气压缩机 2—安全阀 3—单向阀 4—小气罐 5—排水器 6—电动机
7—压力开关 8—压力表 9—截止阀 10—后冷却器 11—油水分离器 12—储气罐 13—安全阀

（1）空气压缩机 一般由电动机带动，其吸气口装有空气过滤器。
（2）后冷却器 用以冷却压缩空气，使净化的水凝结出来。
（3）油水分离器 用以分离并排出降温冷却的水滴和油滴等杂质。
（4）储气罐 用以储存压缩空气，稳定压缩空气的压力，并除去部分油分和水分。
（5）干燥器 用以进一步吸收或排除压缩空气中的水分和油分，使之成为干燥空气。
（6）过滤器 用以进一步过滤压缩空气。

5.6.2 气动剪板机气动系统气源装置的搭建

一个气源系统的布局，根据对压缩空气的不同要求，可以有多种不同的形式，图 5-47 所示为其中一种气源装置搭建示意图。

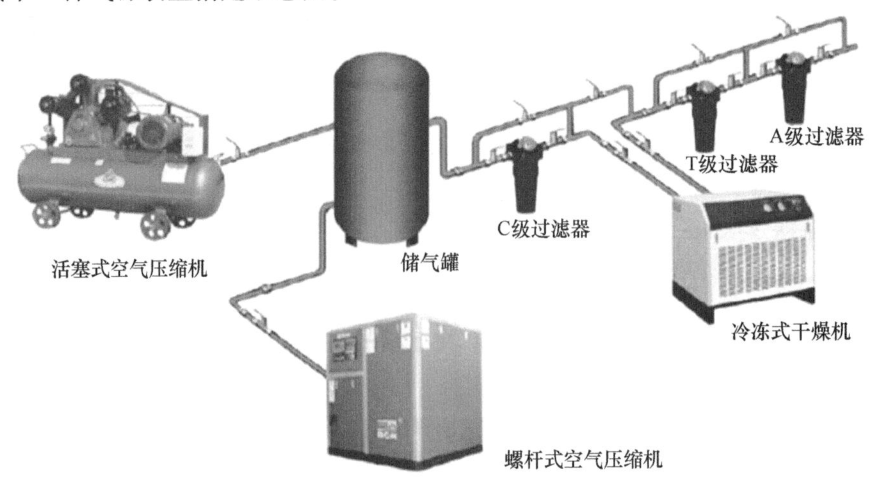

图 5-47 气源装置搭建示意图

5.7 气动剪板机气动系统气动元件的选择及系统搭建与运行

5.7.1 气动剪板机气动系统气动元件的选择

根据项目要求和气动系统原理图，将所选气动元件列入表5-6。

表5-6 气动系统搭建元件明细

序号	元件外观图	元件名称及类型	图形符号	数量
1		直动减压阀	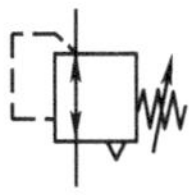	1
2		油雾器	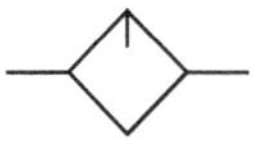	1
3		节流阀		1
4		双作用气缸	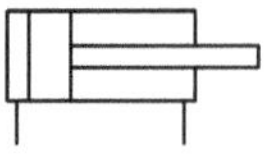	1
5		二位四通气控换向阀，弹簧复位	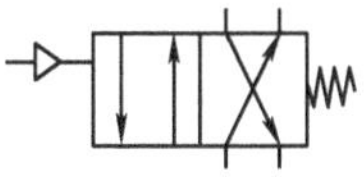	1
6		二位二通行程阀，弹簧复位	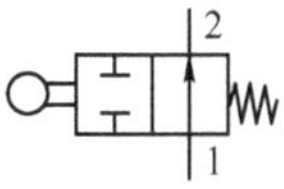	1
7		压力表		1
8	—	气管		若干

5.7.2 气动剪板机气动系统的搭建与运行

1. 合理布置各元件

确定所有元件的名称及数量，将其合理布置在气动实训台上，如图5-48所示。

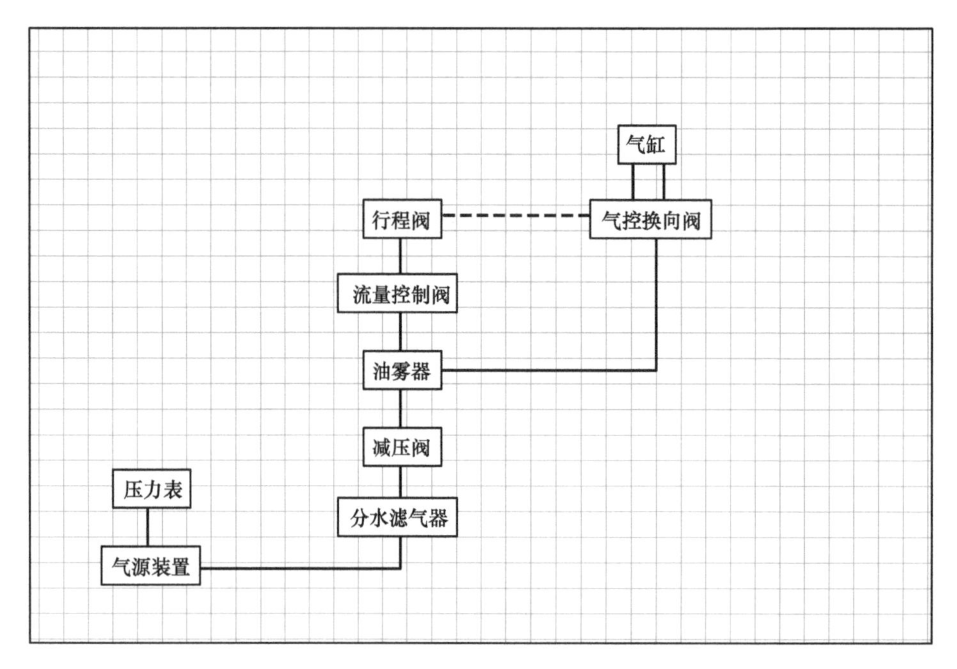

图 5-48　元件推荐布置

2. 具体操作步骤

1）按需选择气压元件。

2）根据元件布置图固定元器件位置。

3）根据气动剪板机气动系统原理图，搭接气路。

4）搭接完成后，按照剪板机气动系统回路图检查回路图的正确性、可靠性，防止调试过程中发生气管脱落的现象。

5）在确认人身和设备安全后，接通空气压缩机电源。

6）调试时需认真观察设备的动作情况，实现要求的调速功能和循环动作。若出现问题，应立即切断电源和气源，避免扩大故障范围，待调整、检修或解决后重新调试，直至设备完全实现功能。

7）设备调试完毕后，关闭电源，拆卸元件并放好，填写操作记录。

3. 注意事项

1）接管时要充分注意密封性，防止漏气，尤其注意接头处。

2）管路尽量平行布置，减少交叉，并考虑拆装问题。

3）安装软管需有一定的弯曲半径，不允许有拧扭现象，且应远离热源或安装隔热板。

4）阀在安装前应查看铭牌，注意型号、规格是否相符，应注意阀的推荐安装位置和标明的安装方向。

5）随时注意压缩空气的清洁度，对空气过滤器的滤芯要定期清洗。

6）运行前检查各调节手柄是否在正确位置，控制阀、行程开关及挡块的位置是否正确、牢固，对导轨、活塞杆等外露部分的配合表面进行擦拭。

7）任务完成后，将各手柄放松，以防弹簧永久变形，从而影响元件的调节性能。

节能减耗，实现“双碳”目标

过去，人们总认为气动驱动中压缩空气的成本是非常低廉的，甚至是免费的，其实不然。空气虽然是免费的，但产生压缩空气的空气压缩机所消耗的电能却是不容忽视的，事实上，仅有19%左右的电能转化为压缩空气的压力能，剩下的大部分能量都以热能形式耗散了。为了避免浪费，在气动元件的开发、系统的设计上，应注重有效耗气指标，减少压缩空气的浪费。很多生产气动元件的跨国企业都在开始研发新型气动节能产品，例如节能气缸、阀岛等。此外，还在研究设计更节省耗气的气动系统等。节能减耗符合国家战略，有助于我们实现“双碳”目标，因此未来气动元件的研发和系统的设计都将围绕着气动节能技术开展。

【知识拓展】

5.8 气马达

气马达是将气体的压力能转换成机械能，实现连续旋转运动并输出转矩的气动执行元件。气马达有叶片式、活塞式、齿轮式等多种类型。在气压传动中，使用最广泛的是叶片式气马达和活塞式气马达，分别如图 5-49 和图 5-50 所示。

图 5-49 叶片式气马达

图 5-50 活塞式气马达

1. 气马达工作原理

气马达的主要结构和工作原理与同类型液压马达的工作原理相似。

图 5-51 所示为双向旋转叶片式气马达的结构及图形符号。马达径向装有 3~10 个叶片转子，偏心安装于定子内部，叶片在转子的槽内可径向滑动，叶片根部通有压缩空气，当转子转动时，在离心力和叶片根部的气压作用下，将叶片紧压在定子的内表面上。定子内有半圆形的切沟，可排出压缩空气及废气。当压缩空气从进气口 A 进入气室后，作用于叶片 I 的外伸部分，使叶片带动转子沿逆时针方向旋转，产生转矩，废气从排气口 C 排出，残余气体

则经 B 口排出。

如需改变气马达旋转方向，则将进、排气口互换即可实现。

叶片马达体积小、重量轻，结构简单，但耗气量较大，一般用于中、小容量，高转速的场合。

活塞式气马达是一种通过曲柄或斜盘将多个气缸活塞的输出力转换为回转运动的气马达。

活塞式气马达中为达到力的平衡，气缸数目大多为偶数。气缸可以径向配置或轴向配置，分别称为径向活塞式气马达和轴向活塞式气马达。图 5-52 所示为径向活塞式气马达的结构，气缸均匀分布在气马达壳体的圆周上，连杆装在同一曲轴上。压缩空气经进气口进入阀后再进入气缸，推动活塞及连杆组件运动，从而迫使曲轴转动，带动固定在轴上的配气阀同步转动，使压缩空气随着配气阀角度位置的改变而进入不同的缸内，依次推动各个活塞运动。由各活塞及连杆组件依次带动曲轴使之连续旋转。

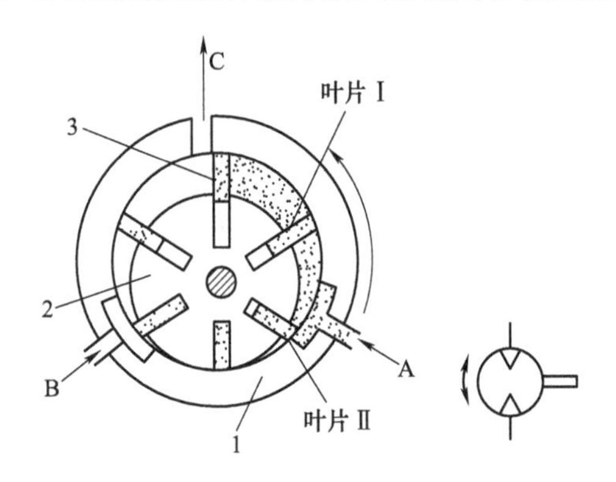

图 5-51　双向旋转叶片式气马达的结构及图形符号

1—定子　2—转子　3—叶片

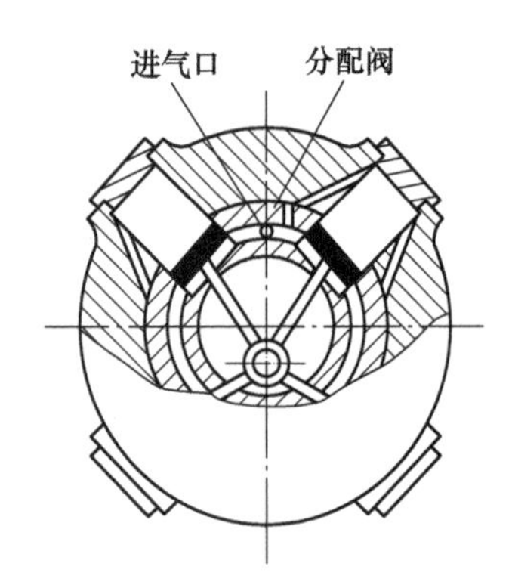

图 5-52　径向活塞式气马达的结构

活塞式气马达在低速时有较大的功率输出和较好的转矩特性。起动准确，且起动和停止特性均较叶片式好，但结构复杂、成本高，且输出力矩和速度必然存在一定的脉动，适用于低速、大转矩的场合，例如起重机、绞布、绞盘、拉管机等。

2. 气马达特点

1）工作安全，具有防爆性能。在易燃、易爆、高温、振动、潮湿、粉尘等条件下均能正常工作。

2）无级调速。通过调节进、排气阀的阀口开度控制压缩空气的流量，即可调节马达的功率和转速。

3）双向旋转。通过操纵换向阀来改变进、排气方向，实现马达的正、反转。

4）过载保护作用。过载时马达只降低或停止转速；过载解除后，继续运转。

5）具有较高的起动转矩，可以直接带负载起动，且起动、停止迅速。

6）功率范围及转速范围均较宽，功率小至几百瓦，大至几万瓦，转速可从几转每分钟到上万转每分钟。

7）可长期满载工作，而温升较小，维修容易，成本低。

3. 气马达选择及使用

（1）气马达的选择　选择气马达主要从负载状态出发。在均衡负载场合下，主要考虑工作速度；在变负载场合，主要考虑速度的范围和所需的转矩。

叶片式气马达转速一般高于活塞式气马达，当工作速度低于空载最大转速的 25%时，一般选用活塞式气马达。

(2) 气马达的使用　气马达的工作适应性较强，可用于无级调速、起动频繁、经常换向、高温潮湿、易燃易爆、负载起动、不便人工操纵及有过载可能的场合。目前，气马达主要应用于矿山机械、专业性的机械制造、油田、化工、造纸、炼钢、船舶、航空、工程机械等行业。气马达使用时应在气源入口处设置油雾器，并按期补油，以保证气马达能得到足够的润滑，保持正常工作状态。

【工程训练】

训练题目：东风 EQ1092 型汽车主车气压制动回路分析

工程背景： 气压制动以压缩空气为制动源，制动踏板控制压缩空气进入车轮制动器，因此气压制动最大的优势是操纵轻便，提供大的制动力矩；气压制动的另一个优势是对长轴距、多轴和拖带半挂车、挂车等，实现异步分配制动有独特的优越性。

工作过程： 由发动机驱动的空气压缩机将压缩空气经单向阀首先输入湿储气罐，压缩空气在湿储气罐内冷却并进行油水分离之后，分成两个回路：一个回路经储气筒、双腔制动阀的中腔通向后制动气室；另一个回路经储气筒、双腔制动阀的下腔通往前制动气室。当其中一个回路发生故障失效时，另一个回路仍能继续工作，以保证汽车具有一定的制动能力，从而提高了汽车行驶的安全性。东风 EQ1092 型汽车外观及主车制动装置分别如图 5-53 和图 5-54 所示。

图 5-53　东风 EQ1092 型汽车外观

图 5-54　东风 EQ1092 型汽车主车制动装置

工程图样：东风 EQ1092 型汽车主车气压制动系统回路如图 5-55 所示。根据图样选用相应的气动元件。将气动元件用管路正确地连接起来。操作气动控制阀测试系统功能。

识图训练：

1）分析东风 EQ1092 型汽车主车气压制动系统回路。

2）说明系统中各元件的功用。

3）用 FluidSIM-P 软件进行系统仿真。实现预定动作，记录仿真过程。

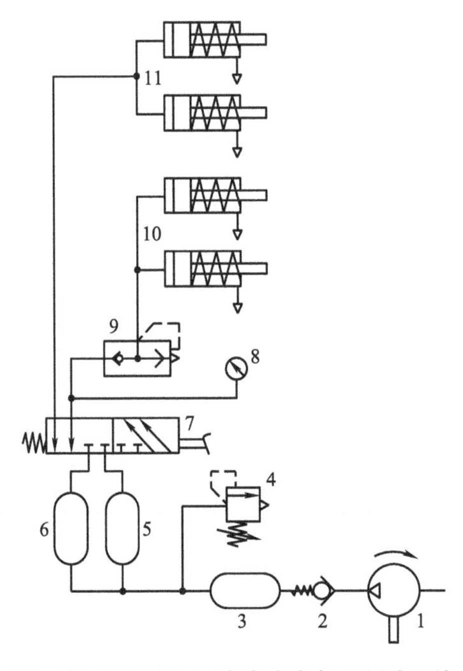

图 5-55 东风 EQ1092 型汽车主车气压制动系统回路

1—空气压缩机 2—单向阀 3—储气筒 4—安全阀 5—前桥储气筒 6—后桥储气筒 7—制动控制阀 8—压力表 9—快速排气阀 10—前轮制动缸 11—后轮制动缸

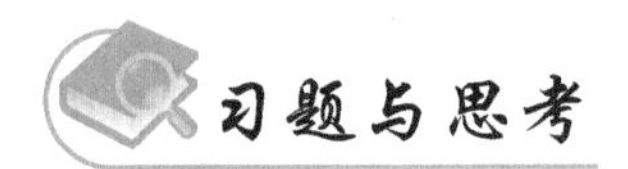

习题与思考

5-1 简述气压传动系统的组成及特点。

5-2 简述油雾器的工作原理。

5-3 说明空气压缩机的工作原理。

5-4 气源装置为何要设置储气罐？

5-5 说明后冷却器的作用。

5-6 快速排气阀为什么能快速排气？在使用和安装快速排气阀时应注意哪些问题？

5-7 气源装置的组成和布置如图 5-56 所示。试回答以下问题。

1）画出元件 2、3、5、6、8 的图形符号。

2）试说明元件 1、2、3、4、5、6 的作用。

3）元件 4 和 7 中的压缩空气分别可用于何种气压系统？

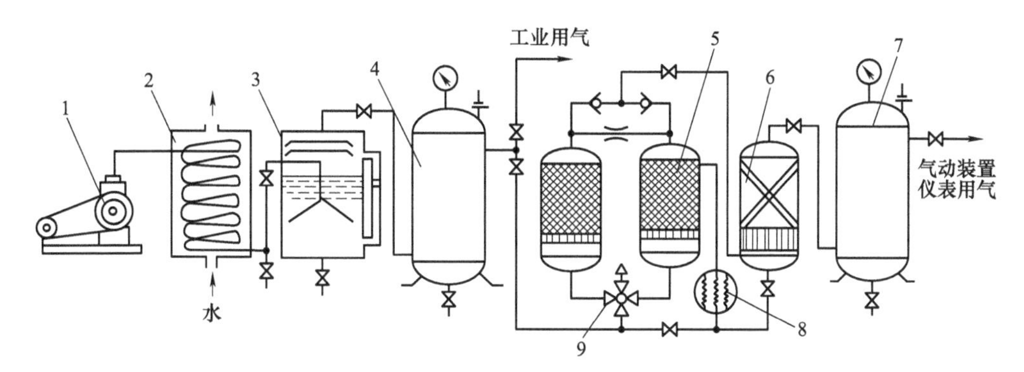

图 5-56 气源装置的组成

1—空气压缩机 2—后冷却器 3—油水分离器 4、7—储气罐 5—干燥器 6—过滤器 8—加热器 9—二位四通换向阀

项目 6

数控加工中心气动换刀系统分析与搭建

【项目导学】

见表 6-1。

表 6-1　数控加工中心气动换刀系统分析与搭建项目导学

<table>
<tr><th>项目名称</th><th colspan="2">数控加工中心气动换刀系统分析与搭建</th><th>参考学时</th><th>12 学时</th></tr>
<tr><td>项目导入</td><td colspan="4">数控加工中心的综合加工能力较强，工件一次装夹后能完成较多的加工内容，加工精度较高。数控加工中心与数控铣床的最大区别在于加工中心具有自动换刀功能，通过在刀库上安装不同用途的刀具，可在一次装夹中通过自动换刀装置改变主轴上的加工刀具，实现多种加工功能
数控加工中心中的自动换刀系统由刀库和自动换刀装置两部分组成。自动换刀装置主要分为直接换刀方式、机械手换刀方式和转塔头方式三种类型。卧式加工中心的自动换刀系统为直接换刀方式，是由气动系统实现的</td></tr>
<tr><td rowspan="3">学习目标</td><td>知识目标</td><td colspan="3">1. 能描述数控加工中心气动换刀系统的运动要求
2. 能说出数控加工中心气动换刀系统中各气动元件的工作过程
3. 能使用仿真软件绘制数控加工中心气动换刀系统原理图</td></tr>
<tr><td>能力目标</td><td colspan="3">1. 能独立识读和手工绘制数控加工中心气动换刀系统原理图
2. 通过小组合作，能成完成数控加工中心气动换刀系统的搭建与运行
3. 在教师指导下，能够进行数控加工中心气动换刀系统的维护</td></tr>
<tr><td>素质目标</td><td colspan="3">1. 能执行气动技术相关国家标准，培养学生有据可依、有章可循的职业习惯
2. 能在实操过程中遵循操作规范，增强学生的安全意识
3. 能够爱护设备，增强学生的合作精神和沟通能力</td></tr>
<tr><td>问题引领</td><td colspan="4">1. 气动换刀系统实现换刀动作的动力来源是什么？
2. 气动换刀系统实现换刀动作需要几个气动执行元件？
3. 换刀过程中执行元件运动方向的变化是如何实现的？
4. 数控加工中心气动换刀系统动作顺序是怎样的？
5. 如何控制气动换刀系统的换刀速度？
6. 单作用气缸和双作用气缸的区别是什么？</td></tr>
<tr><td>项目成果</td><td colspan="4">1. 数控加工中心气动换刀系统原理图
2. 按照原理图搭建气动系统并运行
3. 项目报告
4. 考核及评价表</td></tr>
<tr><td>项目实施</td><td colspan="4">构思：项目分析与气动元件及基本回路的学习，参考学时为 6 学时
设计：手工绘制与系统仿真，参考学时为 2 学时
实施：元件选择及系统搭建，参考学时为 2 学时
运行：调试运行与项目评价，参考学时为 2 学时</td></tr>
</table>

【项目构思】

数控加工中心（图6-1）在换刀过程中，需要实现主轴定位、主轴松刀、拔刀、从主轴锥孔向外吹气、换刀、插刀、紧刀的动作，这些动作都是由气动系统驱动的，每一个动作都由专门的气动子系统来完成，确保每一个动作的可靠性，才能安全、快速地换刀。

无论是数控加工中心的操作者，还是设备的维护维修人员，都要熟悉数控加工中心气动换刀系统（图6-2）的工作过程，能读懂气动系统原理图，掌握每个元件的工作特性，能正确维护气动系统。学习该项目时，首先要认真阅读表6-1所列内容，明确本项目的学习目标，知悉项目成果和项目实施环节的要求。

图6-1 XH716型卧式数控加工中心

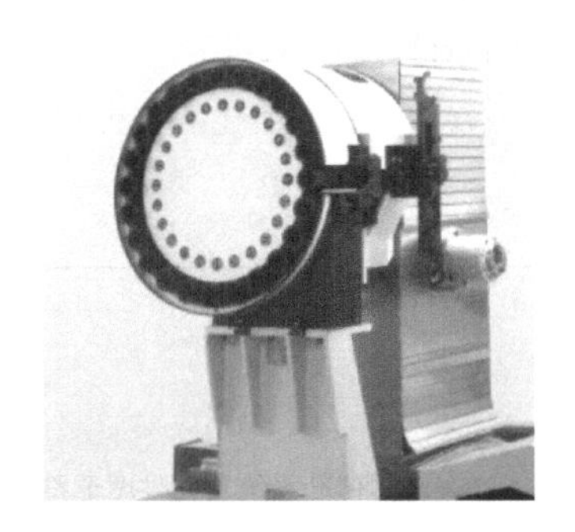

加工中心换刀系统工作过程

图6-2 数控加工中心换刀系统

项目实施建议教学方法为：项目引导法、小组教学法、案例教学法、启发式教学法及实物教学法。

教师首先下发项目工单（表6-2），布置本项目需要完成的任务及控制要求，介绍本项目的应用情况并进行项目分析，引导学生完成项目所需的知识、能力及软硬件准备，讲解气动系统各气动元件的性能、工作过程等相关知识。

学生进行小组分工，明确项目内容，小组成员讨论项目实施方法，并对任务进行分解，掌握完成项目所需的知识，查找气动技术相关国家标准和数控加工中心气动系统的相关资料，制订项目实施计划。

表 6-2　数控加工中心气动换刀系统分析与搭建项目工单

课程名称	液压与气动技术						总学时:
项目 6	数控加工中心气动换刀系统分析与搭建						
班级		组别		小组负责人		小组成员	
项目要求	在加工中心工作过程中，自动换刀系统是通过主轴和刀库的运动改变主轴上的加工刀具，从而实现换刀动作。在换刀的过程中，刀库和主轴的旋转运动由电动机驱动，主轴定位、主轴松刀、拔刀、从主轴锥孔向外吹气、插刀等动作均由气动系统驱动。这就要求气动系统具有多个执行元件并且能够实现运动方向的控制、运动力的控制及运动速度的控制。项目具体要求如下： 1. 换刀系统的运动由气动系统中不同类型的气缸来驱动，通过改变气缸两腔的进气和排气方向来改变工作台的运动方向 2. 气动系统普遍压力不高，因此当需要实现高压动作时，需要结合气液增压缸来提高压力，从而保证换刀后的夹紧力 3. 换刀速度的快慢是通过改变输入或输出气缸的气体流量来调节的，在速度调整时要考虑进气节流调速回路和排气节流调速回路的选择 4. 选择合适的气源，同时要考虑排气噪声的处理						
项目成果	1. 数控加工中心气动换刀系统原理图 2. 按照原理图搭建气动系统并运行 3. 项目报告 4. 考核及评价表						
相关资料及资源	1.《液压与气动技术》 2.《气动实训指导书》 3. 国家标准 GB/T 786.1—2021《流体传动系统及元件图形符号和回路图　第 1 部分：图形符号》 4. 与本项目相关的微课、动画等数字化资源及网址						
注意事项	1. 气动元件有其规定的图形符号，符号的绘制要遵循相关国家标准 2. 气动件通过气管路连接，连接不可靠可能会损伤周围人员，发生安全事故 3. 在网孔板上安装元件务必牢固可靠 4. 气动系统连接与拆卸务必遵守操作规程，严禁在气动系统运行过程中拆卸连接管 5. 气动系统运行结束后清理工作台，对气动元件及连接软管进行有序归位						

【知识准备】

6.1 数控加工中心气动换刀系统气缸

6.1.1 数控加工中心气动换刀系统单作用气缸

单作用气缸是在活塞一侧通入压缩空气，推动活塞伸出，活塞的缩回则是借助于其他外力，例如重力、弹簧力等。这种气缸只能在一个方向上做功。单作用活塞式气缸多用于短行程及对活塞杆推力、运动速度要求不高的场合，例如定位和夹紧装置等。其外观如图 6-3 所示。

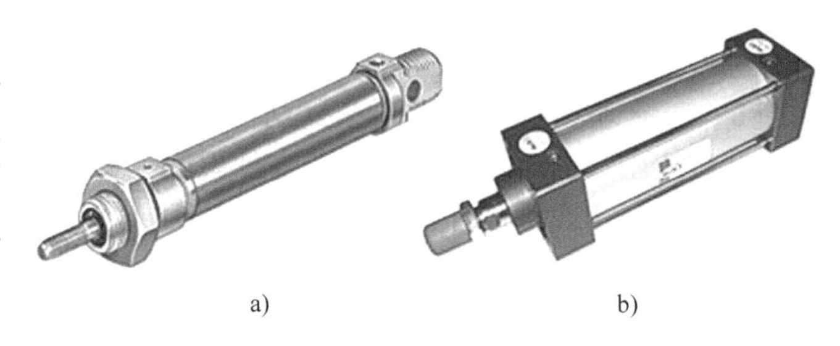

a) b)

图 6-3 单作用活塞式气缸的外观

气缸主要由缸筒、活塞杆、前端盖、后端盖及密封件等组成，图 6-4 所示为普通单作用气缸的结构及图形符号。

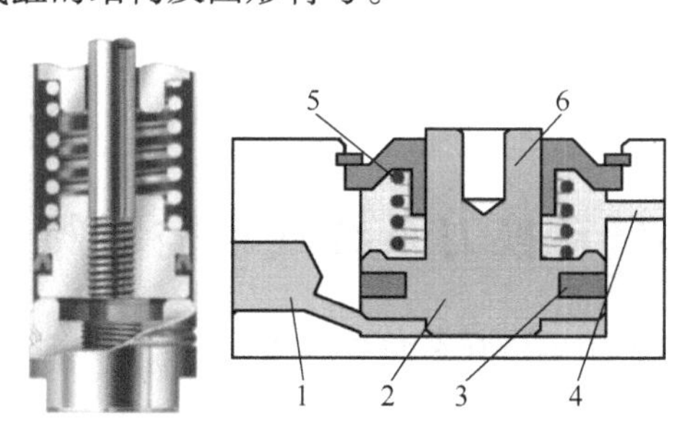

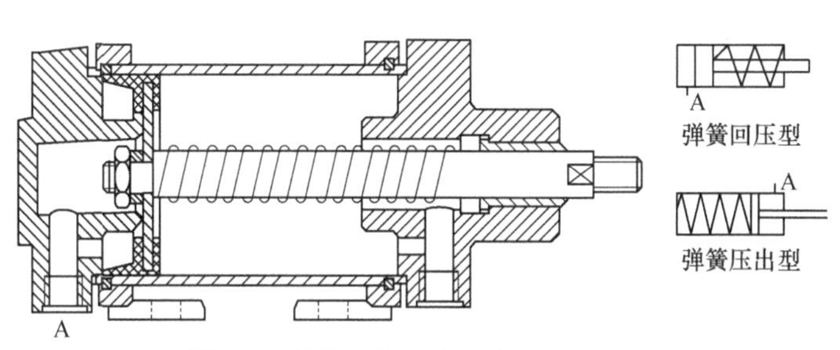

图 6-4 单作用气缸的结构及图形符号

1—进、排气口 2—活塞 3—密封圈 4—呼吸口 5—弹簧 6—活塞杆

单作用气缸有如下特点：

1）由于单边进气，所以结构简单，耗气量小。

2）缸内安装了弹簧，增加了气缸长度，缩短了活塞杆的有效行程，且其行程还受弹簧长度限制。

3）借助弹簧力复位，使压缩空气的能量有一部分用来克服弹簧力，减小了活塞杆的输出力，而且输出力的大小和活塞杆的运动速度在整个行程中随弹簧的变形而变化。

综上，单作用气缸多用于行程较短以及对活塞杆输出力和运动速度要求不高的场合。气缸活塞杆的推力必须克服弹簧力及各种阻力。

6.1.2 数控加工中心气动换刀系统气液阻尼缸

气液阻尼缸是由气缸与液压缸构成的组合缸，由气缸驱动液压缸运动，利用液压缸自调节作用获得平稳的动力输出。这种缸常用于设备的进给驱动装置，克服了单独使用气缸在负载变化较大时易产生的“爬行”和“自移”现象。

图 6-5 所示为串联式气液阻尼缸的结构。它是将气缸和液压缸的活塞用同一根活塞杆串联在一起，两缸间用隔板隔开，以防止空气与油液互窜。在液压缸的进、出油口处连接了单向节流阀。当气缸右端进气时，气缸将克服负载阻力，带动液压缸活塞向左运动，液压缸左腔排油，单向阀关闭，液压油只能通过节流阀进入液压缸右腔。调节节流阀阀口开度，控制排油速度，便可调节气液阻尼缸的运动速度。当气缸活塞向右退回时，液压缸左腔排油，此时单向阀打开，右腔的液压油经单向阀直接快速排回左腔，活塞实现快速缩回。

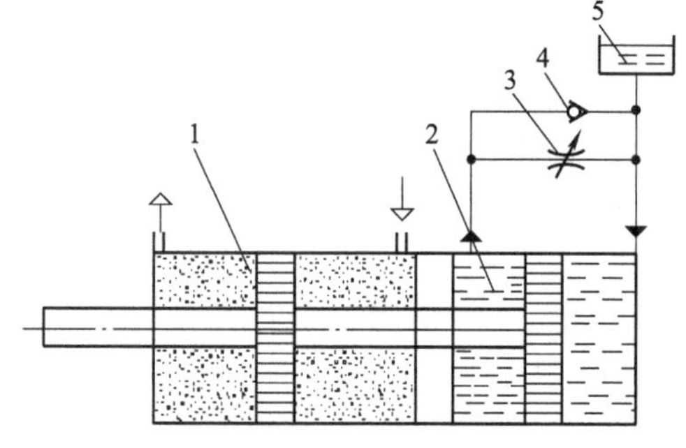

图 6-5 串联式气液阻尼缸的结构

1—气缸 2—液压缸 3—节流阀 4—单向阀 5—油箱

6.2 数控加工中心气动换刀系统气动控制阀

气动控制阀是气动系统中用于控制和调节压缩空气的压力、流量、流动方向和发送信号的重要元件。根据作用和功能的不同，可将气动控制阀分为方向控制阀、压力控制阀和流量控制阀三类。换向型方向控制阀和压力阀的内容详见项目 5。

6.2.1 数控加工中心气动换刀系统单向型方向控制阀

单向型方向控制阀是指只允许气流沿一个方向流动的控制阀。常用类型有单向阀、梭阀、双压阀和快速排气阀等。

1. 单向阀

单向阀是指气流只能向一个方向流动，而不能反方向流动的阀，又称逆止阀或止回阀，主要由阀芯、阀体和弹簧三部分组成。图 6-6 所示为单向阀的外观、结构和图形符号。

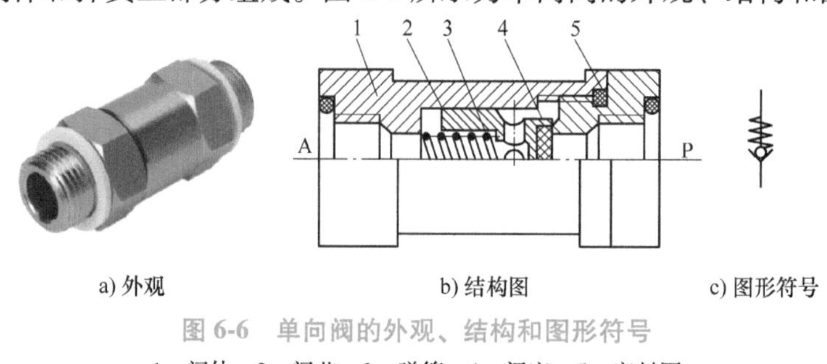

a) 外观 b) 结构图 c) 图形符号

图 6-6 单向阀的外观、结构和图形符号

1—阀体 2—阀芯 3—弹簧 4—阀座 5—密封圈

图 6-7a 所示为单向阀进气口 P 没有压缩空气时的状态。此时活塞在弹簧力的作用下处于关闭状态，从 A 向 P 方向无气体流动。图 6-7b 所示为进气口 P 有压缩空气进入，气体压力克服弹簧力和摩擦力顶开阀芯，单向阀处于开启状态，气流从进气口 P 向排气口 A 方向流动。

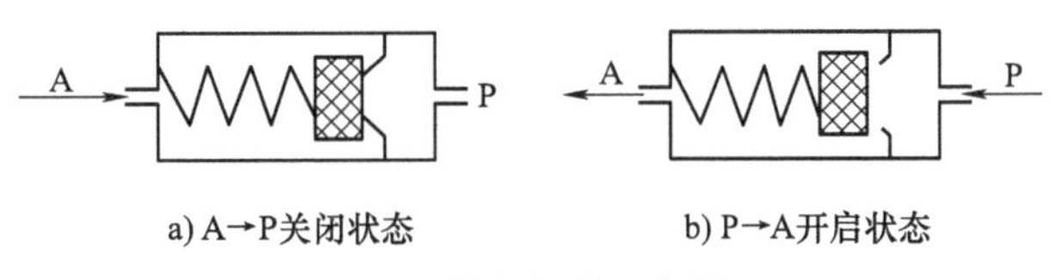

a) A→P关闭状态　b) P→A开启状态

图 6-7　单向阀的工作原理

2. 梭阀

梭阀相当于两个单向阀组合的阀，其作用相当于“或”门逻辑功能。其外观、结构和图形符号如图 6-8 所示。梭阀的工作原理如图 6-9 所示，它有两个进气口 P_1 和 P_2，一个出气口 A，其中 P_1 和 P_2 都可与 A 相通，但 P_1 和 P_2 不相通。无论 P_1 或 P_2 哪一个进气口有信号，A 口都有输出。当 P_1 和 P_2 都有信号输入时，A 口将和较大的压力信号接通；若两边压力相等，A 口一般将和先加入信号的输入口接通。

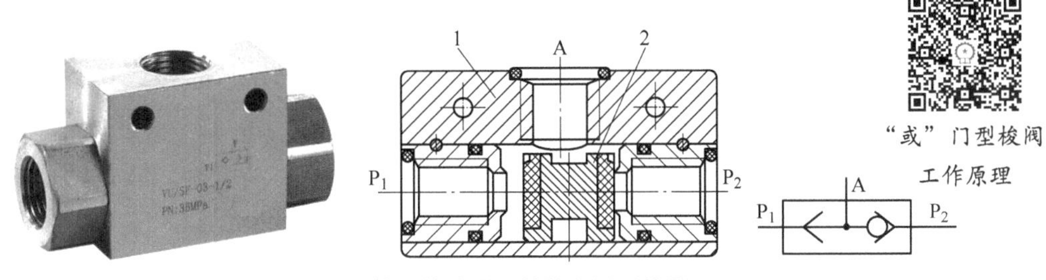

图 6-8　梭阀的外观、结构和图形符号

1—阀体　2—阀芯

3. 双压阀

双压阀也是由两个单向阀组合而成，其作用相当于“与”门逻辑功能，故又称与门梭阀。图 6-10 所示为双压阀的外观、结构及图形符号。如图 6-11 所示，双压阀同样有两个输入口 P_1、P_2 和一个输出口 A。当 P_1 口进气、P_2 口通大气时，阀芯右移，使 P_1、A 口间通路关闭，A 口无输出。反之，

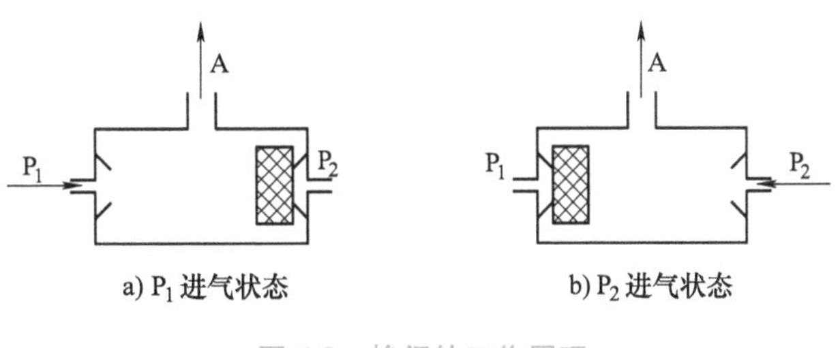

a) P_1 进气状态　b) P_2 进气状态

图 6-9　梭阀的工作原理

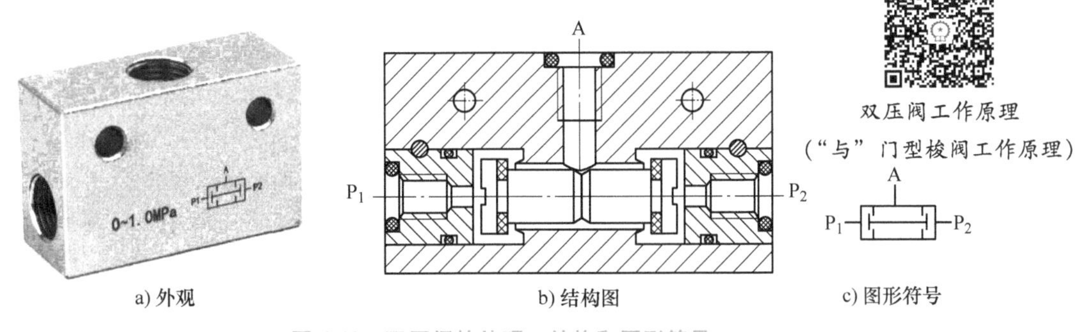

a) 外观　b) 结构图　c) 图形符号

图 6-10　双压阀的外观、结构和图形符号

阀芯左移，A 口也无输出。只有当 P_1、P_2 口均有输入时，A 口才有输出，当 P_1、P_2 口输入的气压不等时，气压低的气体通过 A 口输出。双压阀常应用在安全互锁回路中。

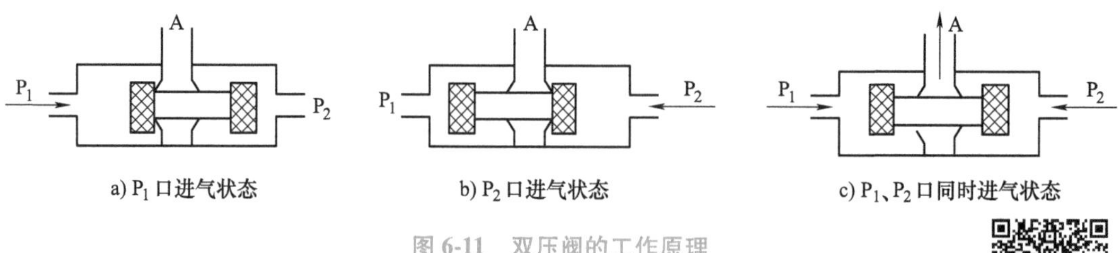

图 6-11　双压阀的工作原理

快速排气阀工作原理

4. 快速排气阀

快速排气阀可使气缸活塞运动速度加快，特别是在单作用气缸的情况下，可以避免其回程时间过长。图 6-12 所示为快速排气阀的外观、结构和图形符号。

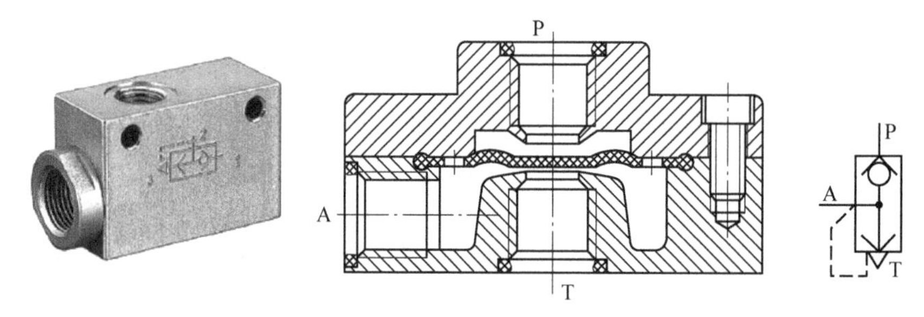

图 6-12　快速排气阀的外观、结构和图形符号

快速排气阀的工作原理如图 6-13 所示，当 P 口进气后，阀芯关闭排气口 T，P、A 口相通，A 口有输出；当 P 口无气输入时，A 口的气体使阀芯将 P 口封住，A、T 口相通，气体快速排出。快速排气阀用于气缸或其他元件需要快速排气的场合，此时气缸的排气不通过较长的管路和换向阀，而直接由快速排气阀排出，通口流通面积大，排气阻力小。

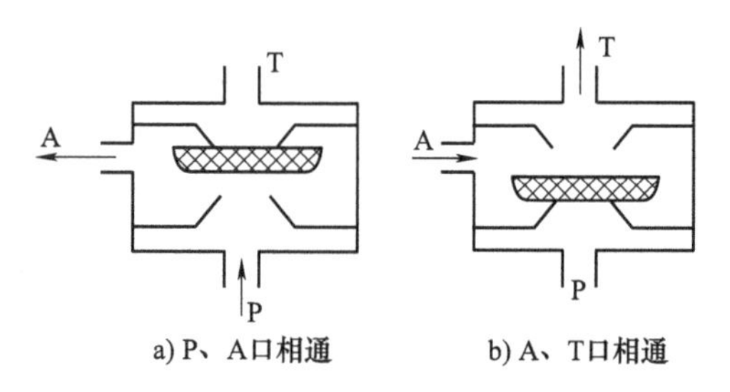

图 6-13　快速排气阀的工作原理

6.2.2　数控加工中心气动换刀系统流量控制阀

气压传动系统中的流量控制阀与液压传动系统中的流量控制阀一样，都是通过改变阀的通流截面积来实现流量控制的，通过控制气体流量从而控制执行元件的运动速度。流量控制阀包括节流阀、单向节流阀和排气节流阀等。

1. 节流阀

图 6-14a 所示为节流阀的外观，其结构示意图如图 6-14b 所示，它由阀座 1、调节螺杆 2、阀芯 3 和阀体 4 组成。压缩空气由 P 口进入，经过节流后，由 A 口流出。旋转调节螺杆，可改变节流口的开度，进而调节压缩空气的流量。由于这种节流阀结构简单，体积小，故应用范围较广。

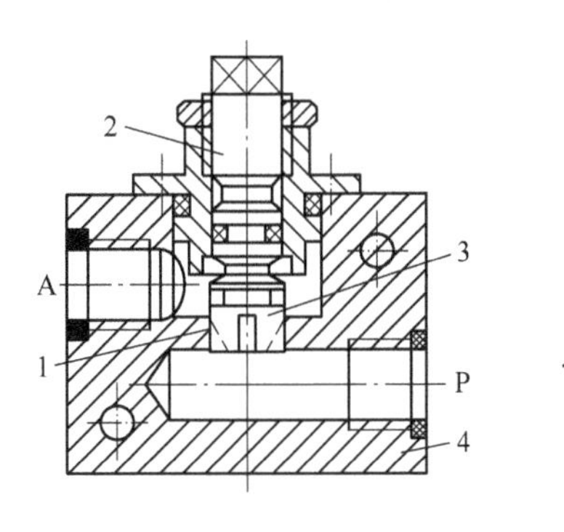

图 6-14 节流阀的外观、结构和图形符号

1—阀座 2—调节螺杆 3—阀芯 4—阀体

2. 单向节流阀

单向节流阀是气压传动系统常用的速度控制元件，是由单向阀和节流阀并联而成的起调速作用的单向阀，可以实现对执行元件每个方向上运动速度的单独调节，图 6-15 所示为单向节流阀的外观、结构和图形符号，主要由调节螺杆 1、弹簧 2、单向阀 3 和节流阀 4 组成，节流阀只在一个方向上起流量控制的作用，相反方向的气流可以通过单向阀自由流通。

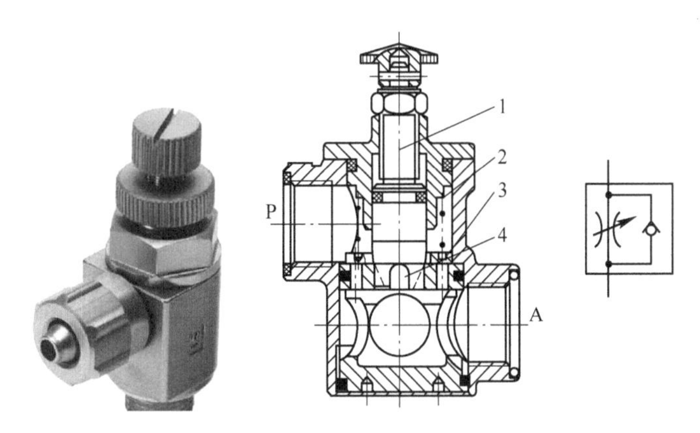

图 6-15 单向节流阀的外观、结构和图形符号

1—调节螺杆 2—弹簧 3—单向阀 4—节流阀

图 6-16 所示为单向节流阀的工作原理，当气流由 P 口至 A 口正向流动时，单向阀在弹

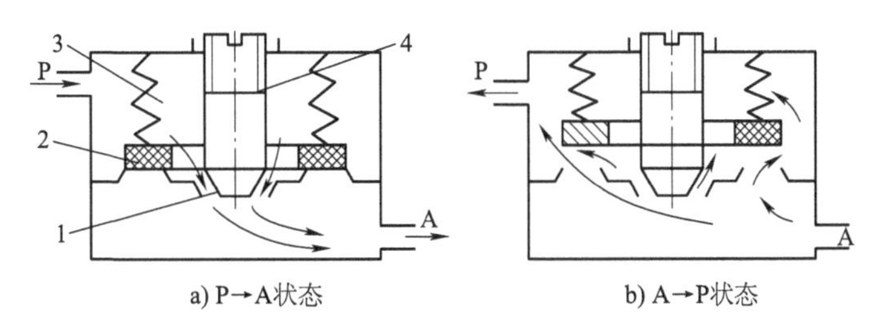

图 6-16 单向节流阀的工作原理

1—节流口（三角沟槽型） 2—单向阀 3—弹簧 4—调节杆

簧力和气压作用下关闭，气流通过节流阀节流后流出；当由 A 口至 P 口反向流动时，单向阀打开，不节流。单向节流阀常用于气缸的调速和延时回路中，使用时应尽可能安装在气缸附近。

3. 排气节流阀

排气节流阀的工作原理与节流阀相同，也是靠调节流通面积来调节气体流量。两者区别在于，排气节流阀是装在执行元件的排气口处，它不仅能调节执行元件的运动速度，还常带有消声结构，因此也能起到降低排气噪声的作用。

图 6-17 所示为排气节流阀的结构和图形符号，靠调节节流口处的通流截面积来调节排气流量，由消声套减少排气噪声。调节旋钮 8，可改变阀芯 3 左端节流阀阀口的开度，即改变从 A 口排出的气体流量。排气节流阀常安装在换向阀和执行元件的排气口处，起单向节流阀的作用。由于排气节流阀结构简单，安装方便，能简化回路，因此得到广泛的应用。

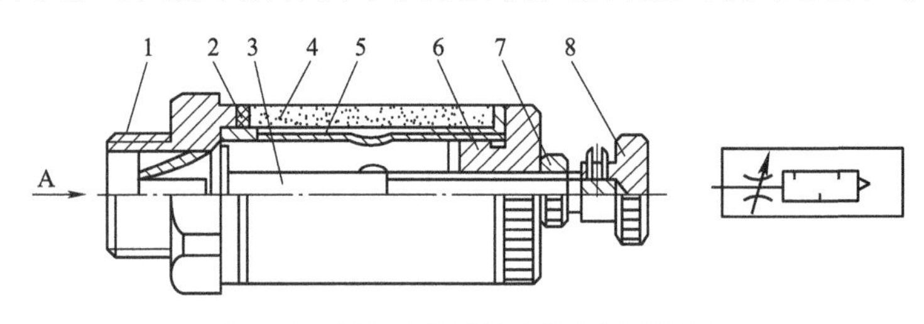

图 6-17　排气节流阀的结构和图形符号

1—阀座　2—密封圈　3—阀芯　4—消声套　5—阀套　6—锁紧法兰　7—锁紧螺母　8—旋钮

6.3　数控加工中心气动换刀系统气动基本回路

气动基本回路是由相关气动元件组成的，用来完成某种特定功能的典型管路结构。它是气压传动系统中的基本组成单元，一般按其功能的不同，可分为方向控制回路、压力控制回路、速度控制回路、多缸运动回路等。

6.3.1　单、双作用气缸方向控制回路及特点

方向控制回路主要用于实现对气动执行元件的换向控制，常采用二通阀、三通阀、四通阀、五通阀等方向控制阀，构成单作用执行元件和双作用执行元件的各种换向控制回路。

1. 单作用气缸控制回路及特点

单作用气缸靠气压使活塞杆朝单方向伸出，反向依靠弹簧力或自重等其他外力缩回。通常可以采用二位三通换向阀或三位三通换向阀实现单作用气缸的方向控制。

(1) 采用二位三通换向阀控制　二位三通换向阀控制单作用气缸换向回路，一般适用于气缸缸径较小的场合，可以采用手动换向阀或电磁换向阀控制。

采用弹簧复位的手动二位三通换向阀控制

图 6-18a 所示为采用弹簧复位的手动二位三通换向阀控制单作用气缸的换向回路，当按下按钮后换向阀切换，压缩空气从 1 口流向 2 口，3 口关闭，气缸活塞杆伸出；松开按钮后阀内弹簧复位，缸内压缩空气由 2 口流向 3 口排放，1 口关闭，气缸活塞杆在弹簧力作用下立即缩回。

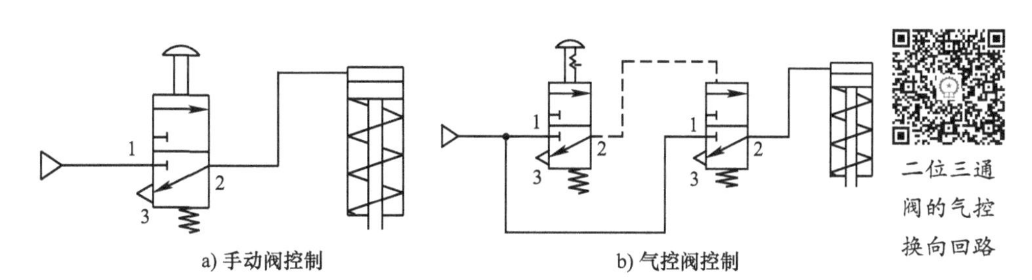

图 6-18　采用二位三通换向阀的换向回路

当气缸直径很大时，手动二位三通换向阀的流通能力过小，将会影响气缸的运动速度。因此，直接控制气缸换向的主控阀需采用通径较大的气控阀，如图 6-18b 所示，阀 1 可采用手动操作阀或机控阀，阀 2 为气控阀。

图 6-19 所示为采用二位三通电控换向阀控制单作用气缸的换向回路。图 6-19a 所示为采用单电控换向阀的换向回路，工作时若气缸活塞杆在伸出过程中突然断电，单电控二位三通换向阀将立即复位，气缸活塞杆缩回。图 6-19b 所示为采用双电控换向阀控制单作用气缸的换向回路，由于双电控换向阀具有记忆功能，当气缸活塞杆在伸出过程中突然断电时，气缸活塞杆仍将保持在原来的状态。

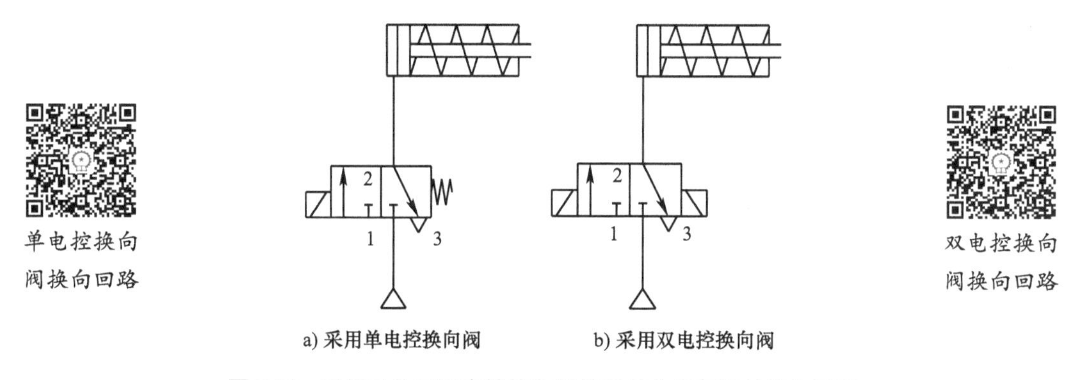

图 6-19　采用二位三通电控换向阀控制单作用气缸的换向回路

1、2、3—阀口

（2）采用三位三通换向阀控制　图 6-20 所示为采用三位三通换向阀控制单作用气缸的换向回路。左侧电磁铁通电，气缸活塞杆伸出；右侧电磁铁通电，活塞杆缩回；两侧电磁铁都断电，活塞杆停止运动。采用三位三通换向阀的换向回路，能实现活塞杆在行程中的任意位置停留，但因空气的可压缩性，其定位精度较低。

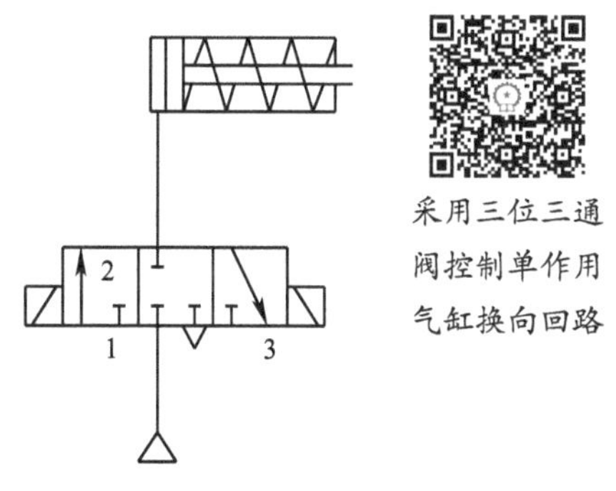

图 6-20　采用三位三通换向阀控制单作用气缸的换向回路

1、2、3—阀口

2. 双作用气缸控制回路及特点

双作用气缸的特点是活塞杆的伸出和缩回运动都是靠气压推动的，因此要采用四通换向阀或五通换向阀进行控制。

（1）采用二位四通换向阀或二位五通换向阀控制　图 6-21 所示为采用二位四通换向阀控制双作用气缸的换向回路。按下按钮，压缩空气从 1 口流向 4 口，同时 2 口流向 3 口排气，气缸活塞杆伸出；松开按钮，阀内弹簧复位，压缩空气由 1 口流向 2 口，同时 4 口流向 3 口排气，气缸活塞杆缩回。二位五通换向阀控制的原理与其相同。

（2）采用三位五通换向阀控制　当需要中间定位时，可采用三位五通换向阀构成换向回路。图 6-22 所示为采用三位五通双电控换向阀的换向回路。当阀芯处于中位时，气缸活塞杆停留在相应位置，活塞杆可在中途停止运动，它用电气控制电路进行控制。

采用二位四通阀控制双作用气缸换向回路

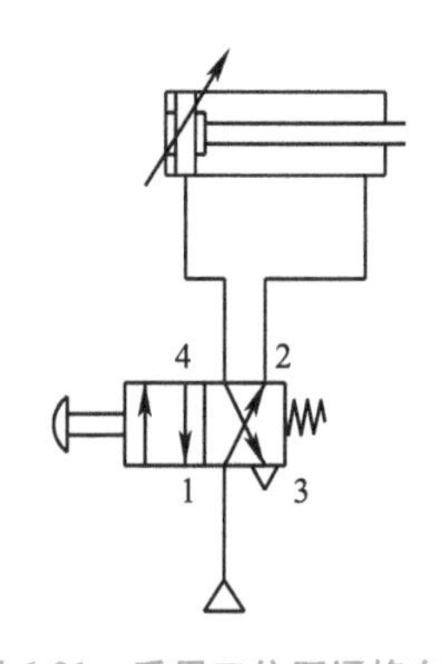

图 6-21　采用二位四通换向阀控制双作用气缸的换向回路
1、2、3、4—阀口

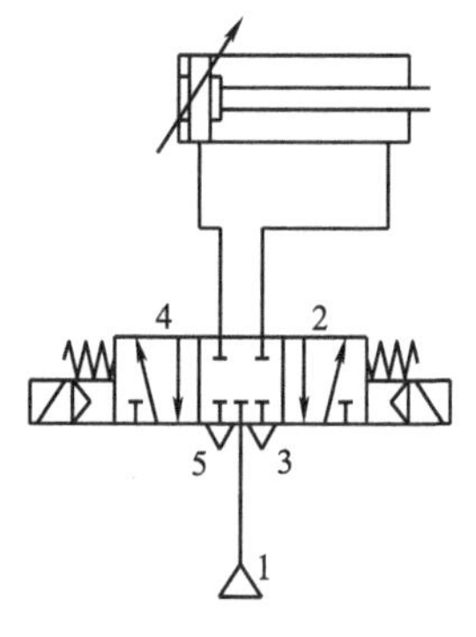

图 6-22　采用三位五通双电控换向阀的换向回路
1、2、3、4、5—阀口

双电控三位五通阀换向回路

6.3.2　数控加工中心气动换刀系统速度控制回路

由于通常气动系统的工作压力较小，速度稳定性不高，并且使用的功率较小，因此气动系统的速度调节一般采用节流调速的方法。

1. 单作用气缸的速度控制回路

（1）进气节流调速回路　图 6-23 所示为单作用气缸的进气节流调速回路，通过调节节流阀阀口开度，可以实现进气节流调速。当气缸活塞杆缩回时，由于没有节流，因此可以快速返回。

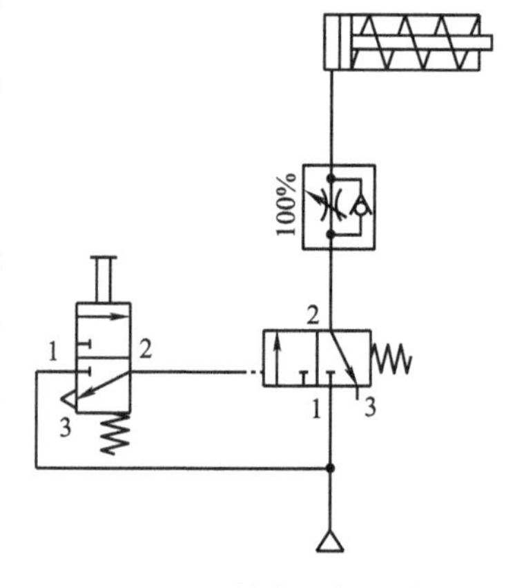

图 6-23　单作用气缸的进气节流调速回路
1、2、3—阀口

（2）排气节流调速回路　图 6-24 所示回路均是通过排气节流来实现快进慢退的。图 6-24a 所示为在排气口设置一个排气节流阀实现调速。这种回路的优点是安装简单，维修方便，但当管路比较长时，较大的管内容积会对气缸的运行速度产生影响，此时不宜采用排气节流阀控制。图 6-24b 所示为在换向阀与气缸之间安装了单向节流阀。

（3）双向调速回路　图 6-25 所示为单作用气缸双向调速回路。此回路是气缸活塞杆的伸出和缩回都能调速的回路，进、退速度分别由阀 A、阀 B 调节。

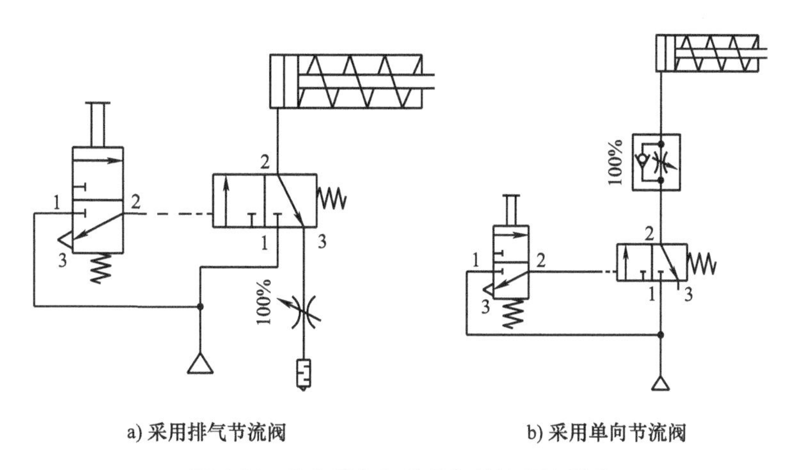

a) 采用排气节流阀　　b) 采用单向节流阀

图 6-24　单作用气缸的排气节流调速回路

1、2、3—阀口

2. 双作用气缸的调速回路

（1）单向调速回路　图 6-26 所示为双作用气缸单向调速回路，只控制气缸单方向的运动。

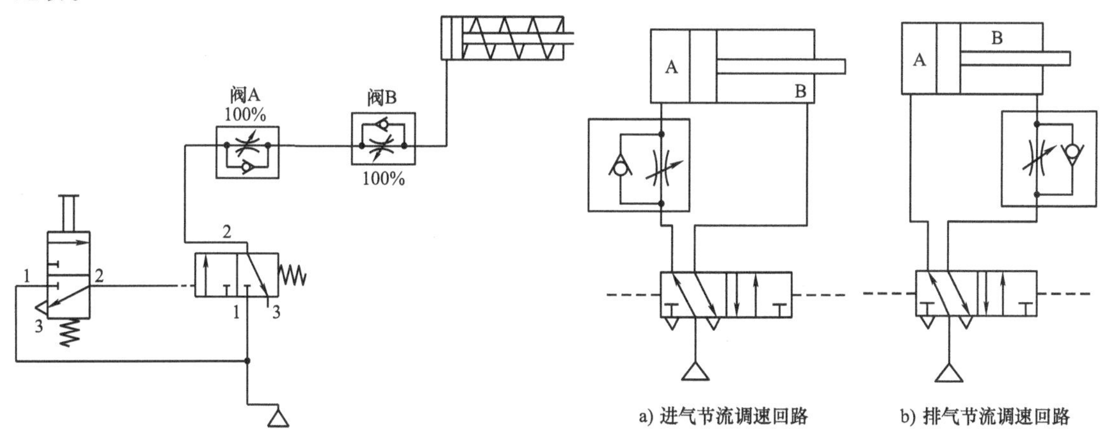

图 6-25　单作用气缸的双向调速回路

1、2、3—阀口

a) 进气节流调速回路　　b) 排气节流调速回路

图 6-26　双作用气缸单向调速回路

图 6-26a 所示为进气节流调速回路。伸出时，压缩空气经单向节流阀中的节流阀进入气缸 A 腔，B 腔气体直接经换向阀排到大气，气缸活塞杆伸出速度变慢。缩回时，压缩空气直接进入气缸 B 腔，A 腔气体经单向节流阀中的单向阀排到大气，气缸活塞杆缩回速度较快。

图 6-26b 所示为排气节流调速回路。单向节流阀接在气缸有杆腔，压缩空气直接进入气缸 A 腔，B 腔气体经节流阀再经换向阀排出。

进气节流调速回路的有个缺点，就是当负载较大、节流阀阀口开度较小时，由于进入 A 腔的流量较小，压力上升缓慢，当气压能够克服负载时，活塞向右移动，此时 A 腔容积增大，使压缩空气膨胀，压力减小，使作用在活塞上的力小于负载，从而使活塞停止，待持续进气压力再次增大时，活塞才再次向右移动。这种因负载及供气的变化而使活塞忽走忽停的现象，称为气缸的“爬行”。因为容易产生“爬行”现象，所以进气节流调速回路一般用于垂直安装的气缸控制回路中，而水平安装的气缸，一般采用排气节流调速方式。

（2）双向调速回路　双向调速回路需要接入两个节流阀。从节流阀的阀口开度和速度的比例、初始加速度、缓冲能力等特性来看，双作用气缸一般采用排气节流控制。

图 6-27 所示为采用两个单向节流阀的排气节流调速回路，排气节流时，排气腔内可以建立与负载相适应的背压，在负载保持不变或微小变动的条件下，运动比较平稳，调节节流阀阀口开度即可调节气缸往复运动的速度。

图 6-28 为采用排气节流阀的调速回路，在换向阀的排气口直接安装两个排气节流阀来实现调速。

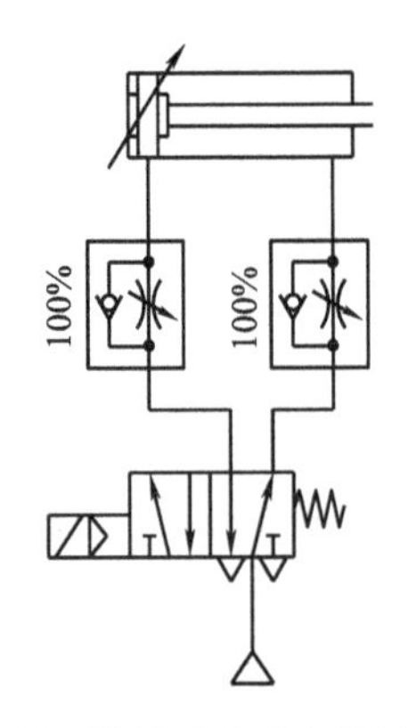

图 6-27　采用两个单向节流阀的排气节流调速回路

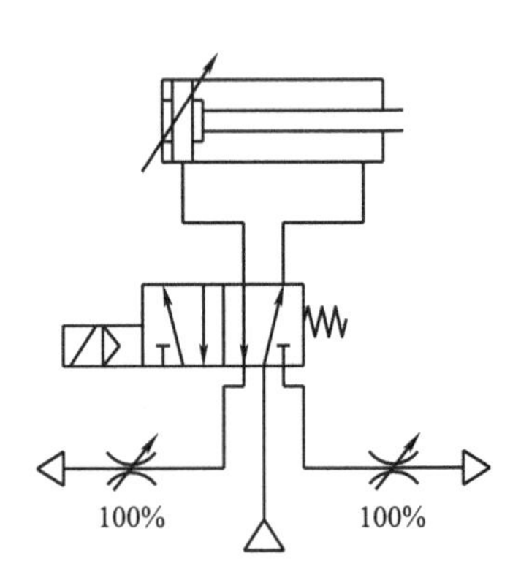

图 6-28　采用排气节流阀的调速回路

【项目分析与仿真】

6.4　数控加工中心气动换刀系统原理图的分析

6.4.1　数控加工中心气动换刀系统的组成及工作过程

1. 气动换刀系统的组成

图 6-29 所示为某数控加工中心气动换刀系统原理图，这个系统主要由气源及气动三联件、吹气子系统、主轴定位子系统、刀具夹紧子系统、插刀和拔刀子系统组成。

1）吹气子系统由二位二通双电控电磁换向阀 2 控制气路的通断，实现向主轴锥孔吹气，单向节流阀 3 控制气流速度。

2）主轴定位子系统由弹簧复位式单作用气缸 A 驱动主轴定位，由二位三通双电控电磁阀 4 控制气缸换向，单向节流阀 5 控制定位速度。

3）刀具夹紧子系统的执行元件是双作用气液增压器 B，由二位五通双电控电磁换向阀 6 控制其换向，阀 7 和阀 8 为快速排气阀。

4）插刀和拔刀子系统的执行元件是双作用气缸 C，由三位五通双电控电磁换向阀 9 控制换向，单向节流阀 10 和 11 控制气缸的速度。

2. 气动换刀系统的工作过程

这个系统在换刀过程中能够实现“主轴定位→主轴松刀→拔刀→向主轴锥孔吹气和停

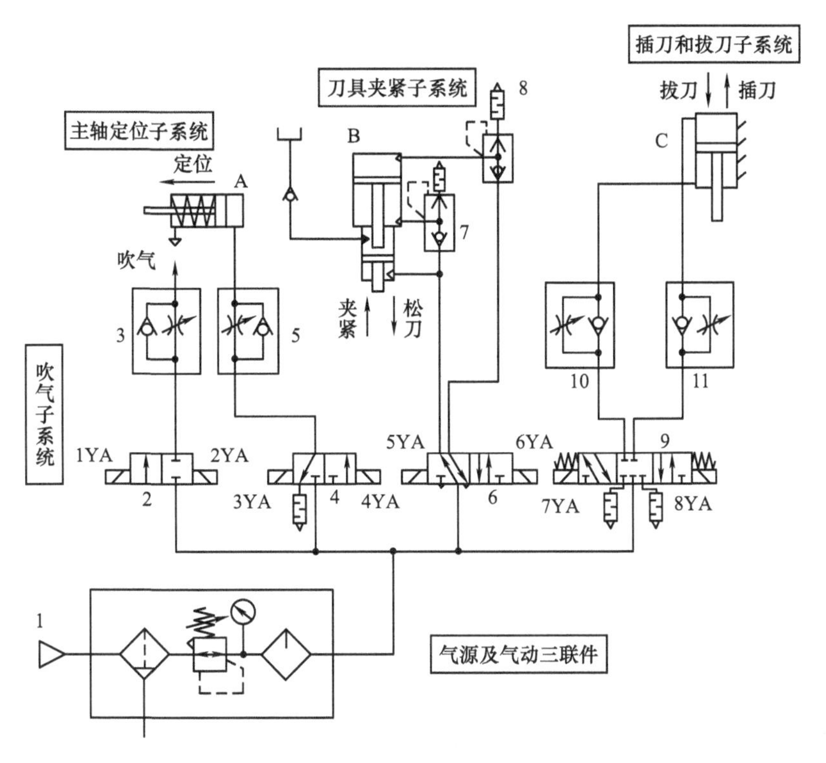

图 6-29 某数控加工中心气动换刀系统原理图

1—气动三联件 2—二位二通双电控电磁换向阀 3、5、10、11—单向节流阀 4—二位三通双电控电磁换向阀 6—二位五通双电控电磁换向阀 7、8—快速排气阀 9—三位五通双电控电磁换向阀 A—单作用气缸 B—双作用气液增压器 C—双作用气缸

止吹气→插刀→刀具夹紧→主轴复位”的动作过程。

（1）主轴定位 当数控系统发出换刀指令时，主轴停止旋转，同时4YA通电，压缩空气从气源出来经气动三联件1、换向阀4、单向节流阀5进入单作用气缸A的右腔，缸A的活塞向左移动，使主轴自动定位。

（2）主轴松刀 主轴定位后压下无触点开关，使6YA通电，压缩空气经换向阀6、快速排气阀8进入气液增压器B的上腔，增压器的高压油使活塞杆伸出，实现主轴松刀。

（3）拔刀 主轴松刀的同时使8YA通电，压缩空气经换向阀9、单向节流阀11进入双作用气缸C的上腔，缸C下腔排气，活塞杆伸出实现拔刀。

（4）向主轴锥孔吹气和停止吹气 拔刀后由回转刀库交换刀具，同时1YA通电，压缩空气经换向阀2、单向节流阀3向主轴锥孔吹气。稍后1YA断电、2YA通电，停止吹气。

（5）插刀和刀具夹紧 停止吹气后，8YA断电、7YA通电，压缩空气经换向阀9、单向节流阀10进入缸C的下腔，使活塞杆缩回实现插刀，同时6YA断电、5YA通电，增压器活塞杆缩回夹紧刀具。

（6）主轴复位 刀具夹紧碰到行程开关后，4YA断电、3YA通电，缸A的活塞在弹簧力作用下复位，回复到开始状态，换刀结束。

系统中各个电磁阀和机床的控制信号均为电信号，电磁阀的通电和断电以及控制信号都是由数控加工中心的数控系统和PMC（Programmable Machine Controller，可编程序机床操纵器）系统自动控制的。因此，在分析气动系统的原理时，只需考虑电磁阀的电磁铁在通、断电的情况下系统是如何动作的，无须考虑电磁铁如何通电和断电。数控加工中心气动换刀系统气动元件状态见表 6-3。

表 6-3 气动换刀系统气动元件状态表

工况	元件名称							
	1YA	2YA	3YA	4YA	5YA	6YA	7YA	8YA
主轴定位				+				
主轴松刀				+		+		
拔刀				+		+		+
向主轴锥孔吹气	+			+		+		+
停止吹气		+		+		+		+
插刀				+		+	+	
刀具夹紧				+	+			
主轴复位			+					

6.4.2 数控加工中心气动换刀系统的控制回路

1. 气动换刀系统的方向控制回路

从气动换刀系统原理图中可以看出，气动换刀系统的吹气子系统、主轴定位子系统、刀具夹紧子系统、插刀和拔刀子系统分别采用了不同的执行元件，因此其方向控制回路各有不同。

吹气子系统无执行元件，只需实现吹气的通断功能，因此采用二位二通电磁阀换向；主轴定位子系统的执行元件是单作用气缸，由二位三通双电控电磁阀控制换向；刀具夹紧子系统的执行元件是双作用气液增压器，相当于双作用气缸，由二位五通双电控电磁阀控制换向；插刀和拔刀子系统的执行元件是双作用气缸，有中间停止的可能，因此采用三位五通双电控电磁阀控制换向。

2. 气动换刀系统的速度控制回路

从气动换刀系统原理图中可以看出，气动换刀系统有三处需要控制速度，分别为吹气子系统、主轴定位子系统、插刀和拔刀子系统，都是用单向节流阀进行调速的。

吹气子系统和主轴定位子系统的执行元件都是单作用气缸，因此采用进气节流方式，进气时，单向节流阀中单向阀关闭，气体通过节流阀进入，从而控制吹气的速度和定位缸活塞杆伸出的速度。

实现插、拔刀的气缸是一个双作用气缸，插刀和拔刀的速度都需要控制，因此用两个单向节流阀实现，为了使活塞的运动速度更稳定，此处采用的是排气节流方式连接，拔刀时，单向节流阀 11 的单向阀开启，气体经过单向阀向气缸上腔快速充气，单向节流阀 10 的单向阀关闭，下腔的气体只能经节流阀排气，调节节流阀 10 的阀口开度，便可改变气缸活塞杆伸出时的运动速度。反之，调节节流阀 11 的阀口开度，则可改变气缸活塞杆缩回时的运动速度。

6.5 数控加工中心气动换刀系统气动回路的 FluidSIM-P 仿真

6.5.1 利用 FluidSIM-P 软件绘制原理图

利用 FluidSIM-P 软件绘制数控加工中心气动换刀系统回路，并模拟仿真。

（1）新建文件 打开 FluidSIM-P 软件，单击“新建”按钮🗋或在“文件”菜单下，执行“新建”命令，新建空白绘图区域，以打开一个新的绘图窗口，如图 6-30 所示。

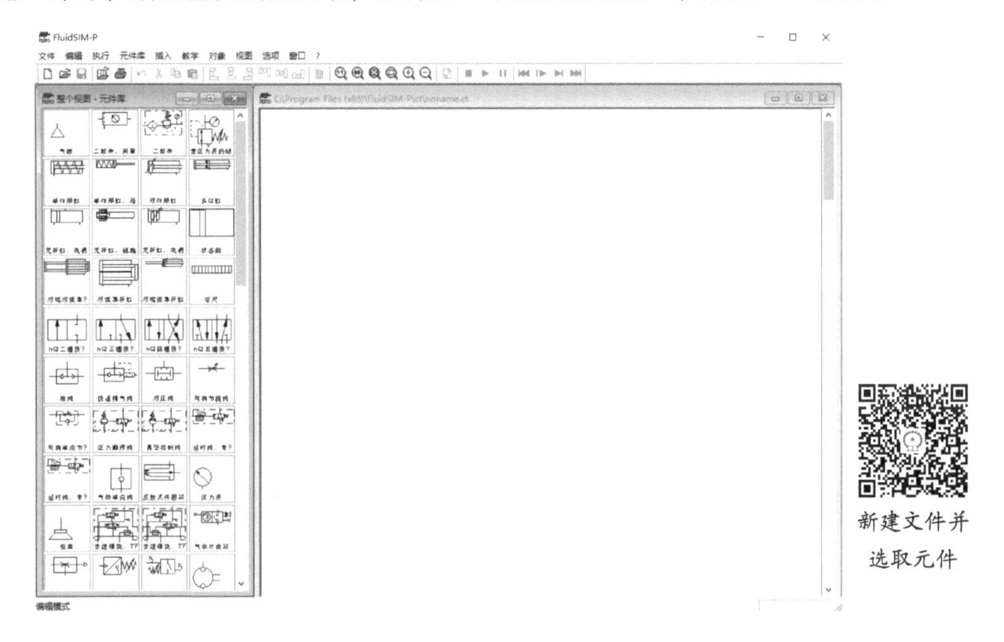

图 6-30 在 FluidSIM-P 软件中新建文件

（2）选取元件 根据图 6-29 所示数控加工中心气动换刀系统原理图，分别将气源及气动二联件（此处仿真和后面的系统连接均用气动二联件代替气动三联件），吹气子系统的二位二通阀和单向节流阀，主轴定位子系统的二位三通阀、单向节流阀及单作用气缸 A，刀具夹紧子系统的二位五通阀、快速排气阀及双作用气缸 B，插刀和拔刀子系统的三位五通换向阀、单向节流阀和双作用气缸 C，从左侧的元件库中拖至绘图区域，如图 6-31 所示（由于 FluidSIM-P 软件元件库中没有气液增压缸，因此用双作用气缸代替，取消油箱及单向阀等元件）。

（3）设置元件属性 双击各个换向阀和单向节流阀，设置换向阀和单向节流阀的属性，包括换向阀左、右两端的驱动方式，阀芯在阀体各个位置的接通状态及静止位置，节流阀阀口的开度大小，如图 6-32 所示。

设置元件属性
并连接回路

（4）连接并检查回路 将所有气动元件连接好，设置好所有接头，如图 6-33 所示。

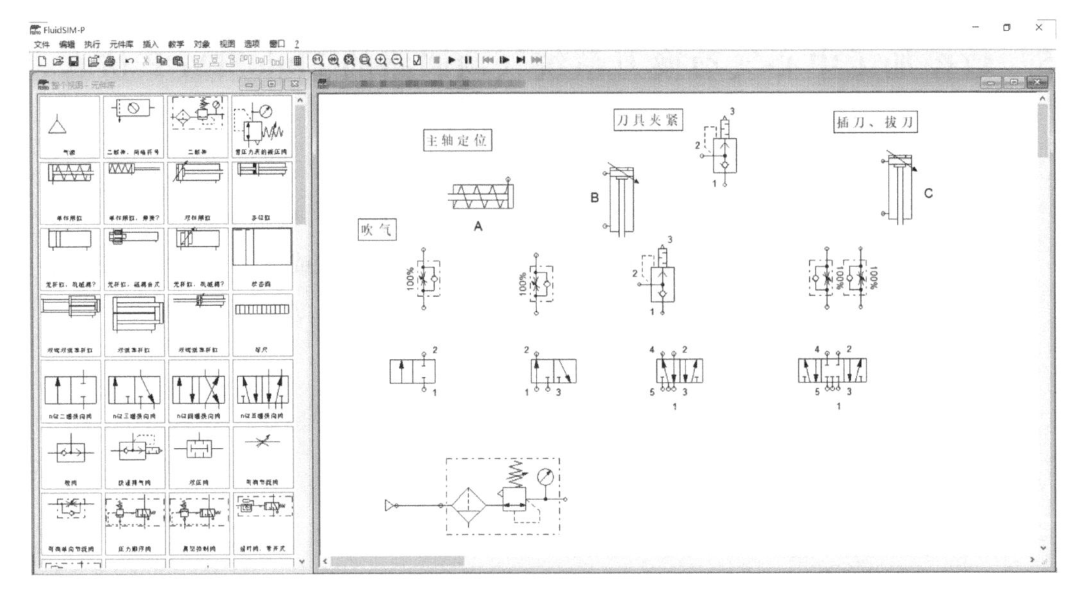

图 6-31　选择数控加工中心气动系统元件

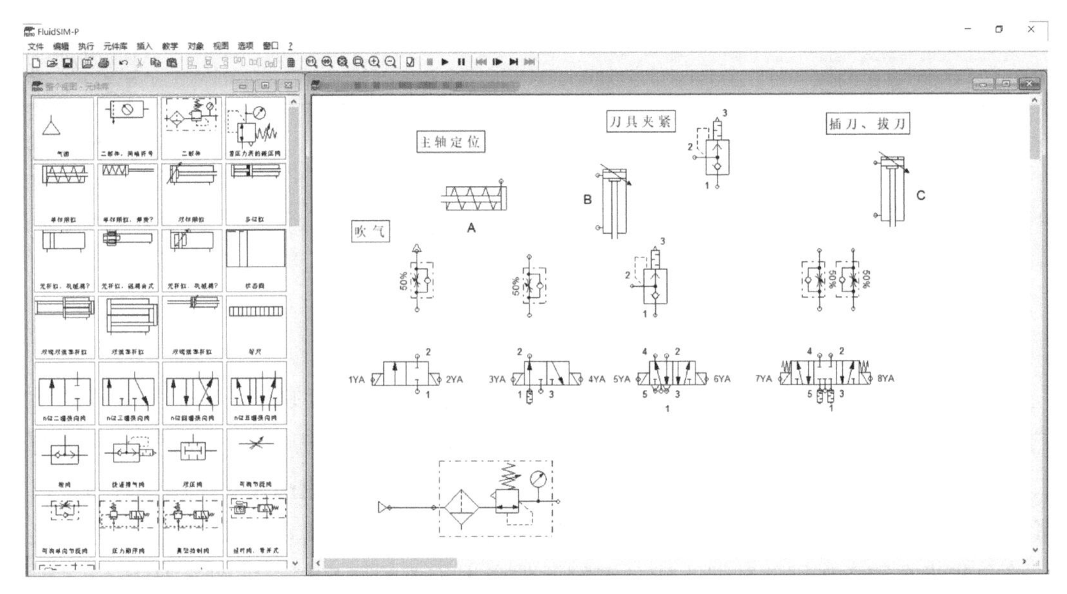

图 6-32　设置换向阀和单向节流阀的属性

6.5.2　利用 FluidSIM-P 软件仿真

系统仿真运行

完成气动系统元件的设置，检查无误后即可进行气动系统的仿真运行。为方便显示仿真状态，此时将三位五通换向阀的弹簧取消，以便模拟单击后电磁铁通电状态。单击工具栏中的黑色三角形仿真按钮▶进行仿真。软件的仿真功能可以实时显示气缸活塞杆的伸出与缩回动作。此时气源开启，各换向阀处于常态位，各执行元件处于初始状态，如图 6-34 所示。

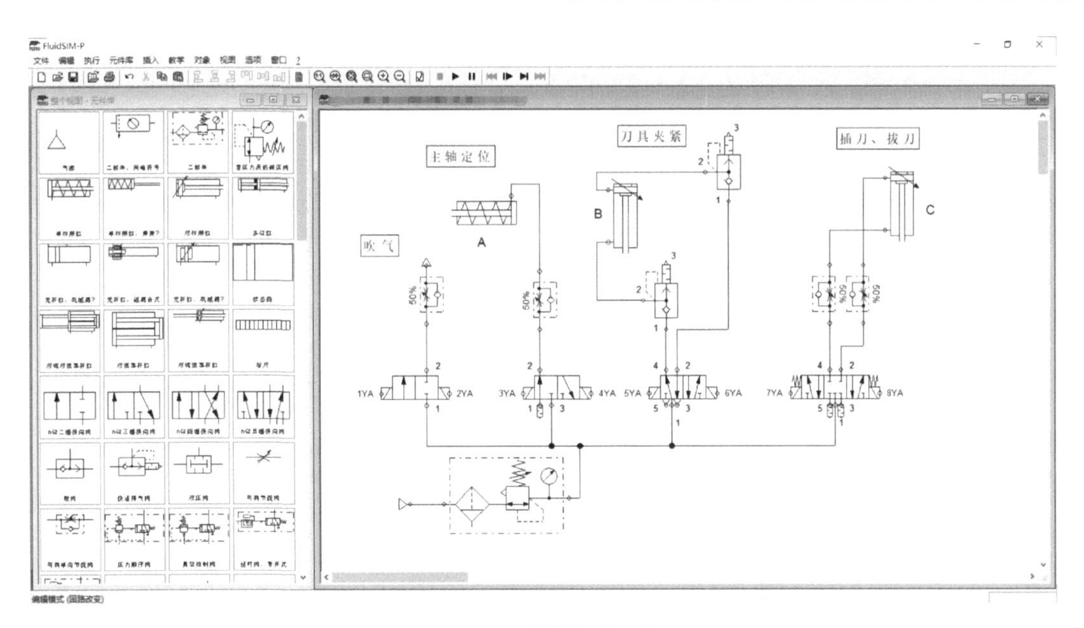

图 6-33 连接气动系统

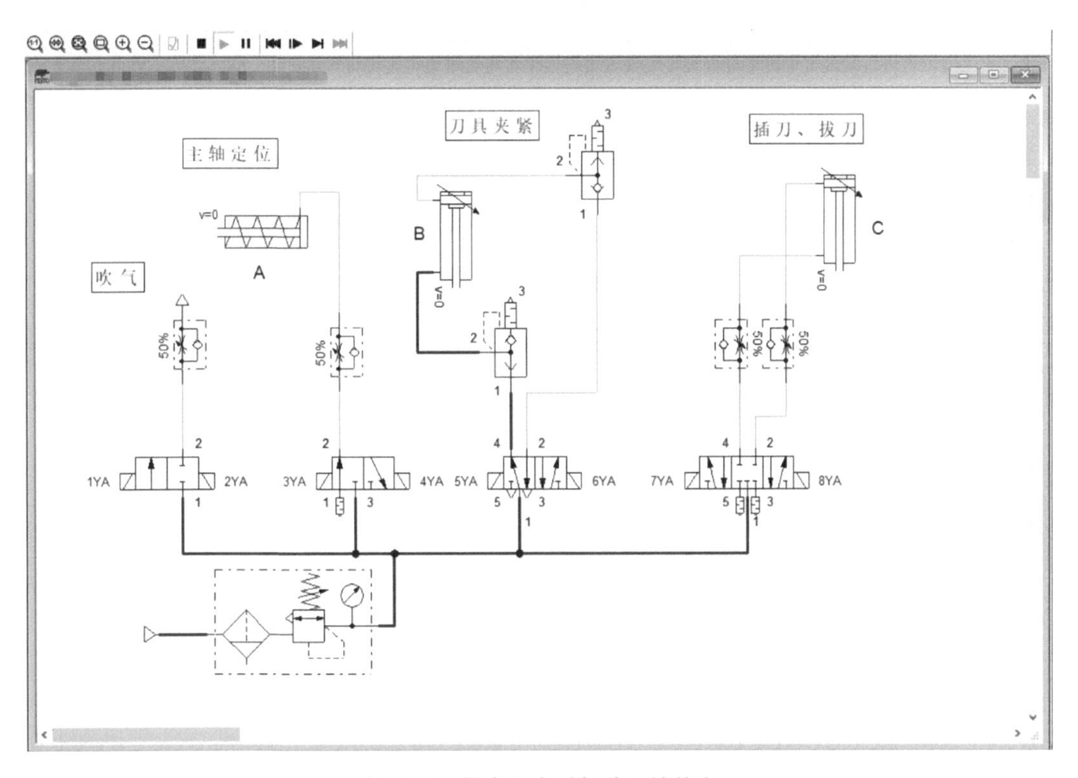

图 6-34 仿真开启时气动系统状态

开始换刀时，4YA 通电，单击 4YA，气体经气动二联件、换向阀、单向节流阀进入主轴定位缸 A 右腔，气缸 A 的活塞杆伸出，模拟主轴自动定位动作，如图 6-35 所示。

单击 6YA，模拟定位后压下无触点开关使 6YA 通电，压缩空气经换向阀、快速排气阀进入刀具夹紧缸 B 的上腔，活塞杆伸出，模拟主轴松刀动作，如图 6-36 所示。

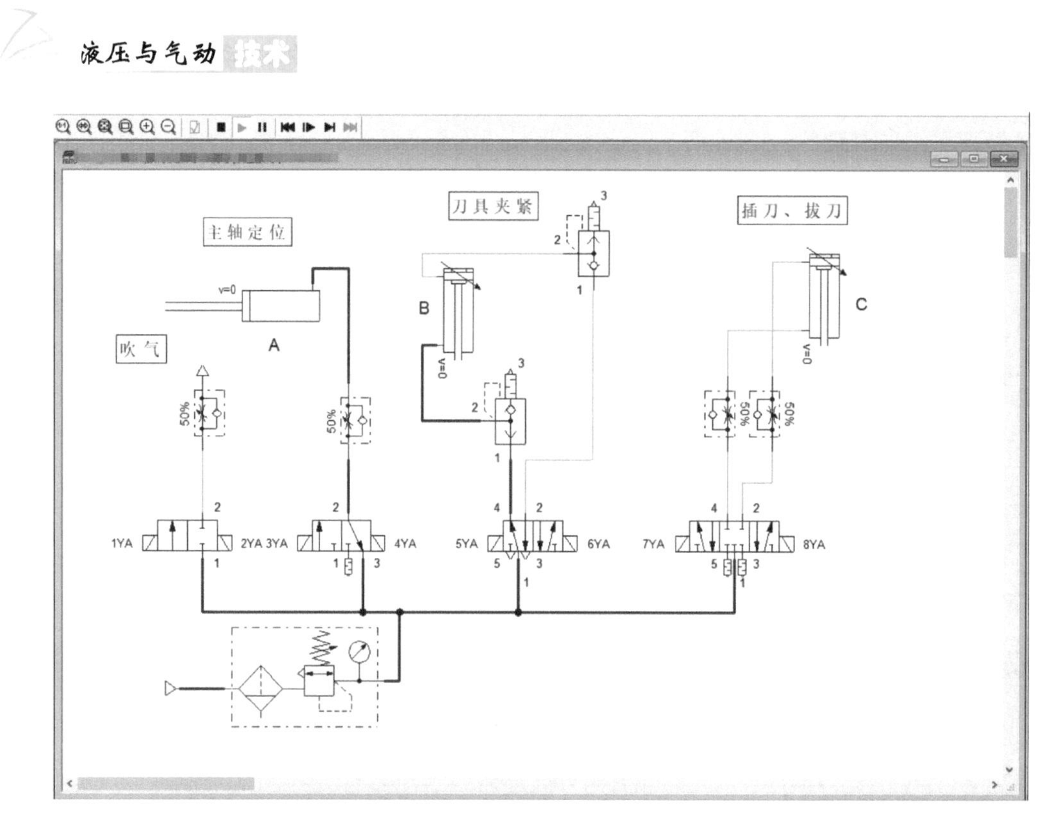

图 6-35　主轴定位缸活塞杆伸出

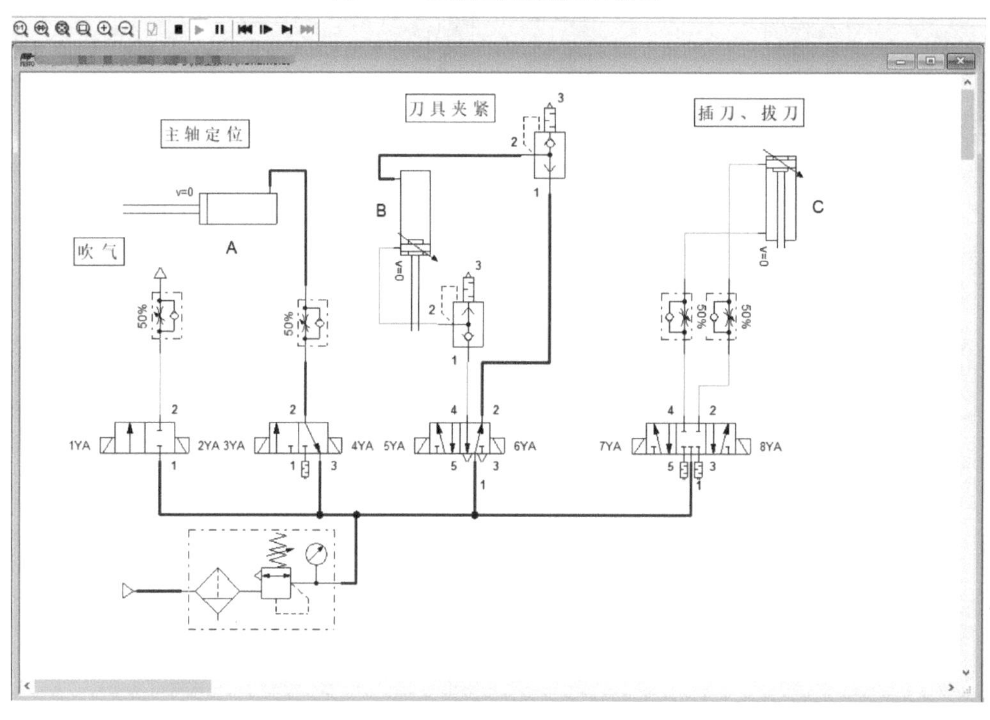

图 6-36　刀具夹紧缸活塞杆伸出

单击 8YA，模拟刀具松开同时使 8YA 通电，压缩空气经换向阀、单向节流阀进入缸 C 的上腔，缸 C 下腔排气，活塞杆伸出模拟拔刀动作，如图 6-37 所示。

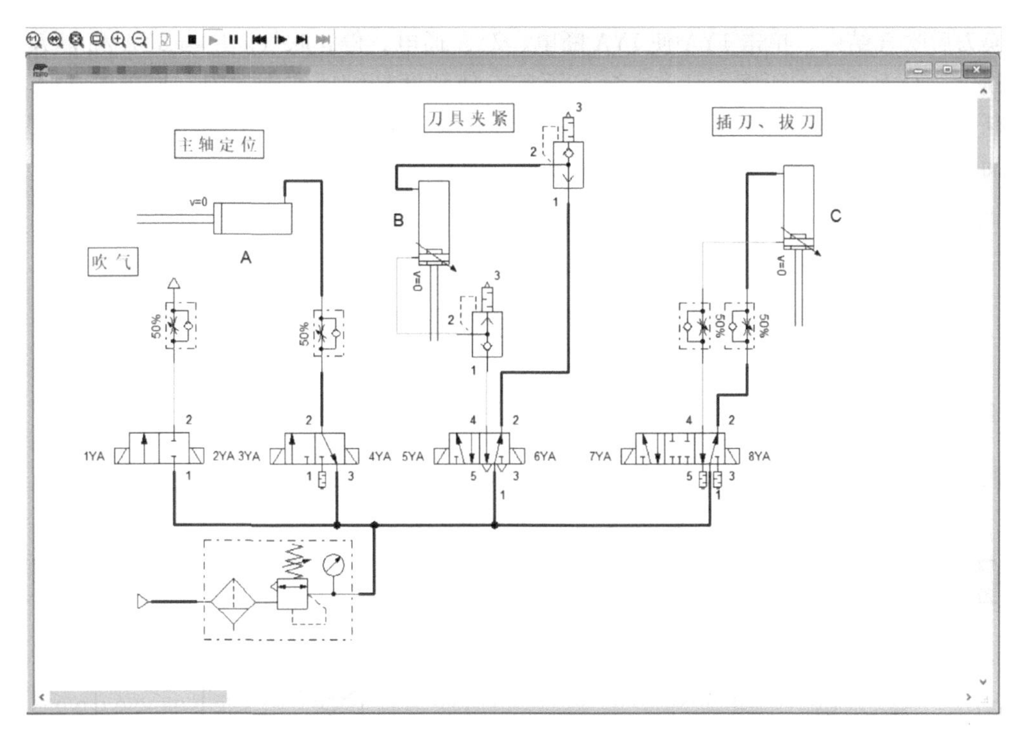

图 6-37　插拔刀气缸活塞杆伸出

单击 1YA，模拟拔刀后回转刀库交换刀具同时 1YA 通电，压缩空气经换向阀、单向节流阀向主轴锥孔吹气，如图 6-38 所示。

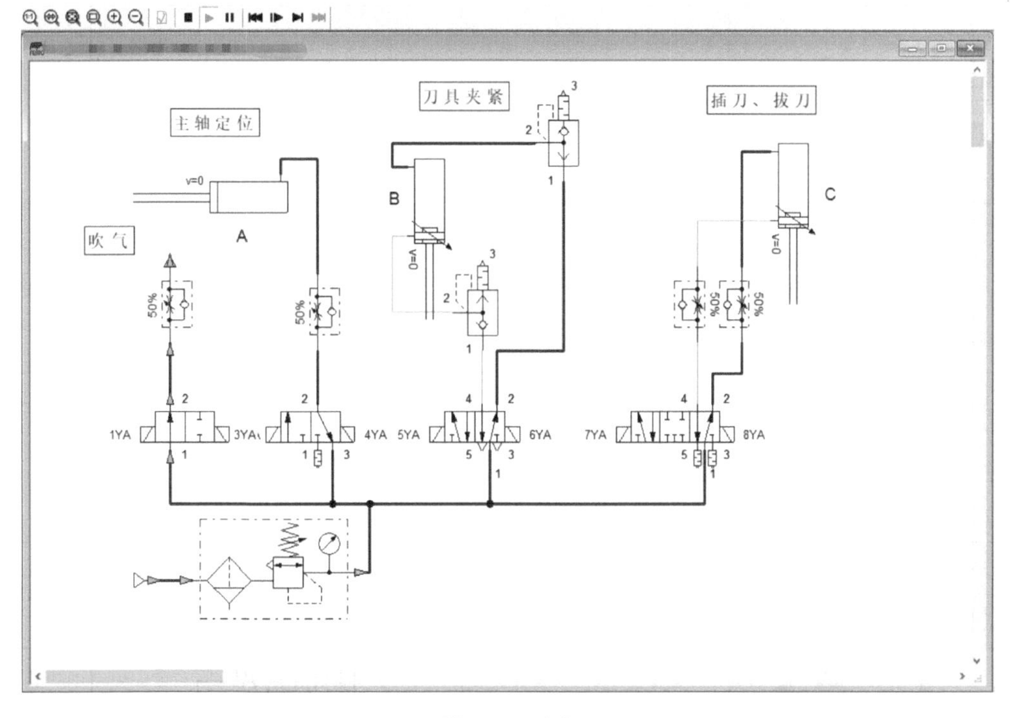

图 6-38　吹气

换刀后吹气结束，单击1YA使1YA断电、2YA通电，停止吹气。单击8YA和7YA，使8YA断电、7YA通电，压缩空气进入缸C下腔，使活塞杆缩回实现插刀。再单击5YA，使6YA断电、5YA通电，刀具夹紧缸活塞杆缩回夹紧刀具。最后单击3YA，使4YA断电、3YA通电，缸A的活塞杆在弹簧力作用下复位，回复到开始状态。

【项目实施与运行】

6.6 数控加工中心气动换刀系统的搭建

6.6.1 数控加工中心气动换刀系统气动元件的选择

根据项目要求和气动系统原理图，将所选气动元件列入表6-4。

表6-4 数控加工中心气动换刀系统气动元件明细

序号	元件外观图	元件名称及类型	图形符号	数量
1		气动二联件，带快速开关		1
2		二位二通电磁换向阀，双电控	1YA 2YA 2 1	1
3		二位三通电磁换向阀，双电控	2 3YA 4YA 1 3	1
4		二位五通电磁换向阀，双电控	4 2 5YA 6YA 5 1 3	1
5		三位五通电磁换向阀，双电控	4 2 7YA 8YA 5 3 1	1
6		单向节流阀		4
7		单作用气缸		1

（续）

序号	元件外观图	元件名称及类型	图形符号	数量
8		双作用气缸		2
9		快速排气阀		2

6.6.2　数控加工中心气动换刀系统的搭建与运行

1. 合理布置各元件

确定所有元件的名称及数量，将其合理布置在气动实训台上，如图 6-39 所示。

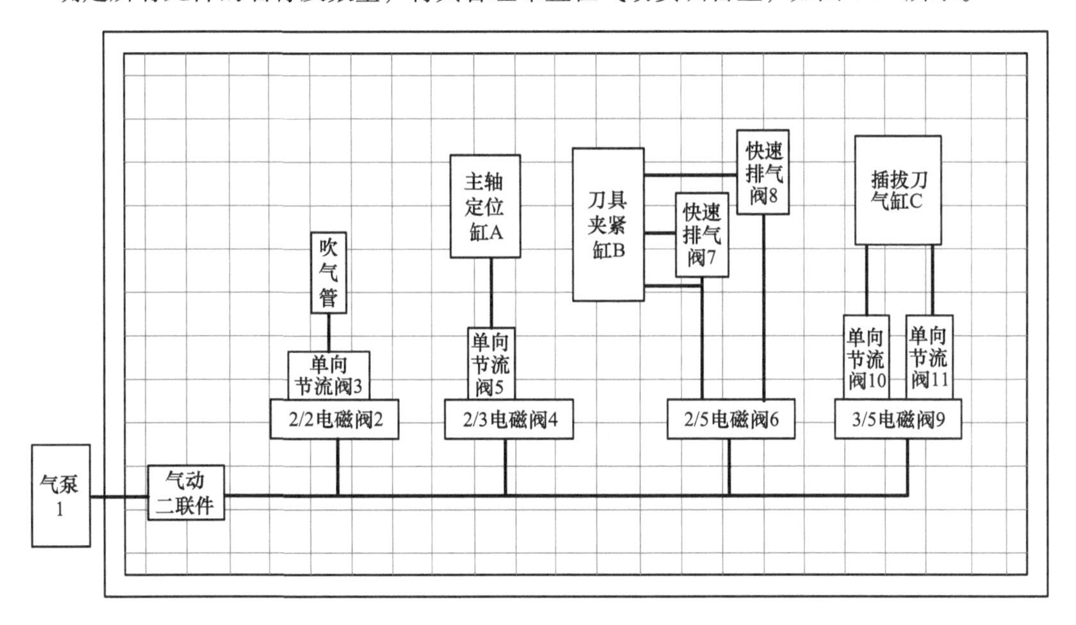

图 6-39　元件推荐布置

2. 具体操作步骤

1）按需选择气动元件。

2）根据元件布置图固定元件位置。

3）根据数控加工中心气动换刀系统原理图，在关闭气源及电源的情况下，用气管连接相应的气动元件，连接时注意查看每个元件连接口的标记。

4）检查气管是否已经与所有的管接口相连，是否有遗漏。

5）检查所有的气管是否连接牢靠，有无未插紧的情况。

6）开启电源，起动气泵，打开气泵及气动二联件的气路开关，观察各执行元件初始状态。

7）调节各个节流阀阀口开度。

8）按下二位三通电磁阀左侧电磁铁 4YA 开关，观察主轴定位缸活塞杆的伸出动作，模拟主轴定位。

9）按下二位五通电磁阀左侧电磁铁6YA开关，观察刀具夹紧缸活塞杆的伸出动作，模拟松刀动作。

10）按下三位五通电磁阀8YA开关，观察插刀和拔刀气缸活塞杆的伸出动作，模拟拔刀动作。

11）按下二位二通电磁阀1YA开关，模拟拔刀后回转刀库交换刀具，使1YA通电，观察吹气动作。

12）关闭二位二通电磁阀1YA开关，按下2YA开关使1YA断电2YA通电，停止吹气。

13）关闭三位五通电磁阀8YA开关，按下7YA开关，使8YA断电7YA通电，观察插刀和拔刀气缸活塞杆的缩回动作，实现插刀。

14）关闭二位五通电磁阀6YA开关，按下5YA开关，使6YA断电、5YA通电，观察刀具夹紧缸活塞杆的缩回动作，夹紧刀具。

15）关闭二位三通电磁阀4YA开关，按下3YA开关，使4YA断电、3YA通电，观察主轴定位缸活塞在弹簧力作用下复位，回复到开始状态。

16）在完成系统的运行与调试后，关闭气泵及气动二联件的气路开关，关闭气泵电源。

17）拆卸气动回路，将气动元件放回原位，清洁实训场地。

3. 注意事项

1）接管时要充分注意密封性，防止漏气，尤其注意接头处。

2）安装软管需有一定的弯曲半径，不允许有拧扭现象，且应远离热源或安装隔热板。

3）阀在安装前应查看铭牌，注意型号、规格是否相符，应注意阀的推荐安装位置和标明的安装方向。

4）在确认人身和设备安全后，接通空气压缩机电源。

5）任务完成后，将各手柄放松，以防弹簧永久变形，从而影响元件的调节性能。

6）调试时需认真观察设备的动作情况，实现要求的调速功能和循环动作。若出现问题，应立即切断电源和气源，避免扩大故障范围，待调整、检修或解决后重新调试，直至设备完全实现功能。

7）设备调试完毕后，关闭电源，拆卸元件并放好，填写操作记录。

8）随时注意压缩空气的清洁度，对空气过滤器的滤芯要定期清洗。

绿色低碳发展

节能降耗、减污降碳是“十四五”时期我国生态文明建设的重点战略方向，实现碳达峰、碳中和更是我国向世界做出的承诺。

我们无论在工作岗位上、还是在日常生活中，都要坚持节能降耗、减污降碳，积极为碳达峰、碳中和贡献自己的智慧，这是我们义不容辞的责任和担当。

6.7 特殊气动执行元件

6.7.1 特殊气缸

特殊气缸是在普通气缸的基础上，通过改变或增加气缸的部分结构，设计开发而成的具有特殊功能的气缸，有气动手爪、无杆气缸、薄膜气缸、气液阻尼缸等多种类型。

1. 气动手爪

气动手爪也称气爪，是一种变型气缸，它可以用来抓取物体，实现机械手各种动作。其特点是所有结构都是双作用的，能实现双向抓取，抓取力矩恒定，气缸两侧可安装非接触式检测开关，有多种安装和连接方式。在自动化系统中，气动手爪常用于搬运，传送工件机构中抓取、拾放物体。

气动手爪有两爪、三爪和四爪等类型，如图6-40所示。其中两爪中有平行开合手指（图6-40a）、肘节摆动开合手爪（图6-40b）等，运动方式有滑动导轨型、支点开闭型和回转驱动型等。气动手爪的开闭一般是通过由气缸活塞产生的往复直线运动带动与手爪相连的曲柄连杆、滚轮或齿轮等机构，驱动各个手爪同步做开、闭运动。图6-41所示为气动手爪的图形符号。

a)平行开合手指(滑动导轨型)

b) 肘节摆动开合手爪(支点开闭型)

c) 旋转气爪(回转驱动型)

d) 三爪气爪

图6-40 气动手爪

2. 无杆气缸

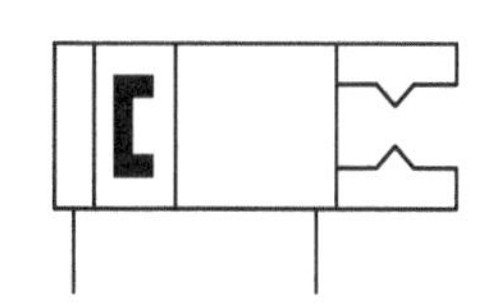

图6-41 气动手爪的图形符号

无杆气缸没有普通气缸的刚性活塞杆，它利用活塞直接或间接实现往复直线运动。这种气缸的最大优点是节省了安装空间，特别适用于小缸径、长行程的场合。无杆气缸现已广泛用于数控机床、注塑机等的开门装置上及多功能坐标机器手的位移和自动输送线上工件的传送等。无杆气缸主要有机械接触式、磁性耦合式、绳索式和带钢式四种类型。

（1）机械接触式无杆气缸　简称无杆气缸，其外观、结构及图形符号如图6-42所示。气缸两端设置有缓冲装置，缸筒上沿轴向开有一条槽，活塞5带动与负载相连的滑块6一起移动，且借助缸筒上的一个管状沟槽防止转动。为防泄漏和防尘，在内外两侧分别装有密封带。

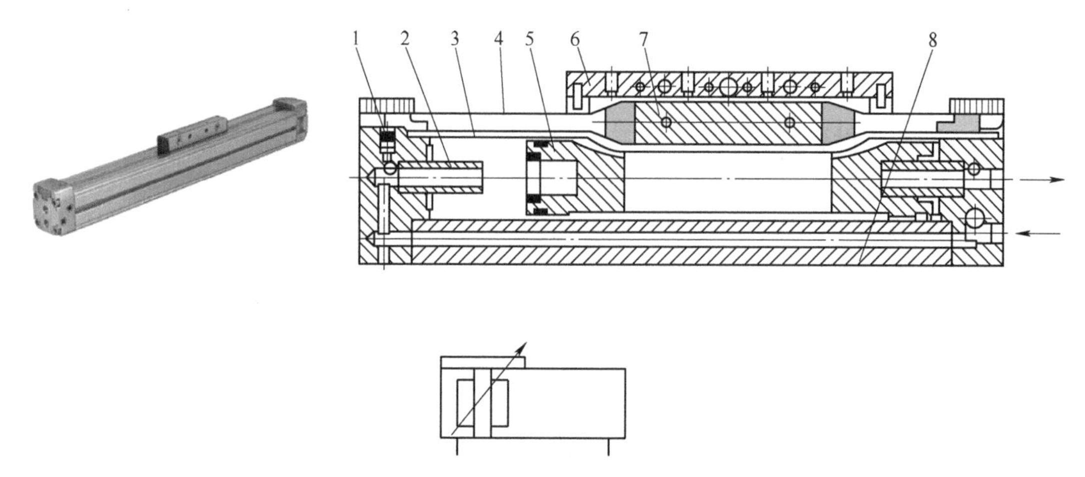

图 6-42　机械接触式无杆气缸的外观、结构及图形符号

1—节流阀　2—缓冲柱塞　3—内侧密封带　4—外侧密封带　5—活塞　6—滑块　7—活塞架　8—缸筒

（2）磁性耦合式无杆气缸　磁性耦合式无杆气缸的外观、结构和图形符号如图 6-43 所示。其活塞上安装了一组高磁性的稀土永久内磁环 4，磁力线穿过薄壁缸筒（非导磁材料）与套在缸筒外面的另一组外磁环 2 作用，由于两组磁环极性相反，所以它们之间有很强有吸力。当活塞在气压作用下移动时，通过磁力线带动缸筒外面的磁环与负载一起移动。在气缸行程两端设有空气缓冲装置。

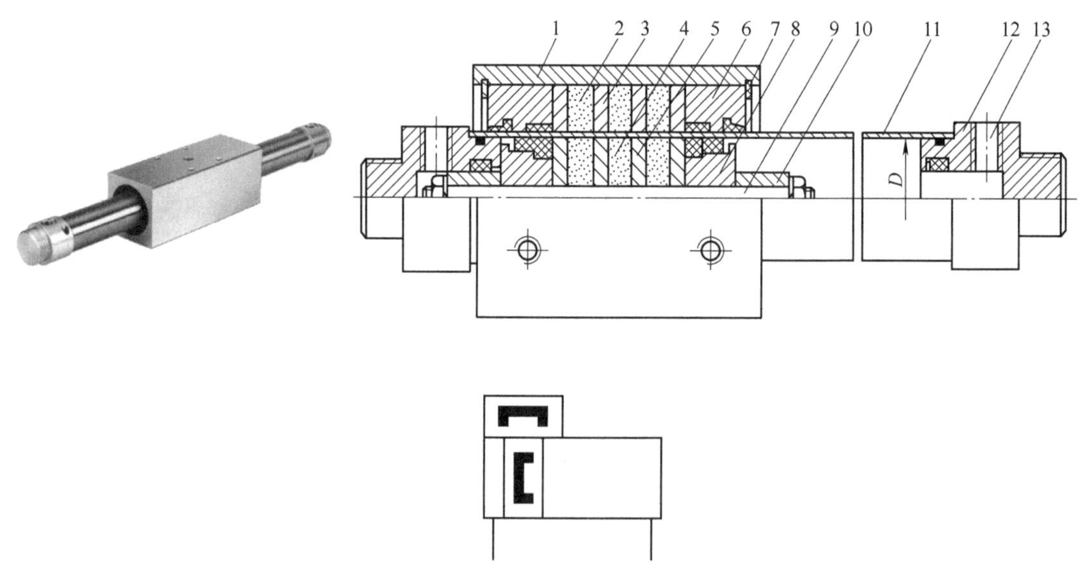

图 6-43　磁性耦合式无杆气缸的外观、结构和图形符号

1—套筒　2—外磁环　3—外磁导板　4—内磁环　5—内导磁板　6—压盖

7—卡环　8—活塞　9—活塞轴　10—缓冲柱塞　11—缸筒　12—端盖　13—进、排气口

3. 薄膜气缸

薄膜气缸是用夹织物橡胶或聚氨酯材料制成的膜片作为受压元件。膜片有平膜片和盘形模片两种。图 6-44 所示为薄膜气缸的工作原理。它的功能类似于弹簧复位的活塞式气缸，

工作时，膜片在压缩空气作用下推动活塞杆运动。它具有结构简单、紧凑、体积小、质量小、密封性好、不易漏气、加工简单、成本低、无磨损件、维修方便等优点，适用于行程短的场合。缺点是行程短，一般不超过50mm。平膜片的行程更短，约为其直径的1/10。

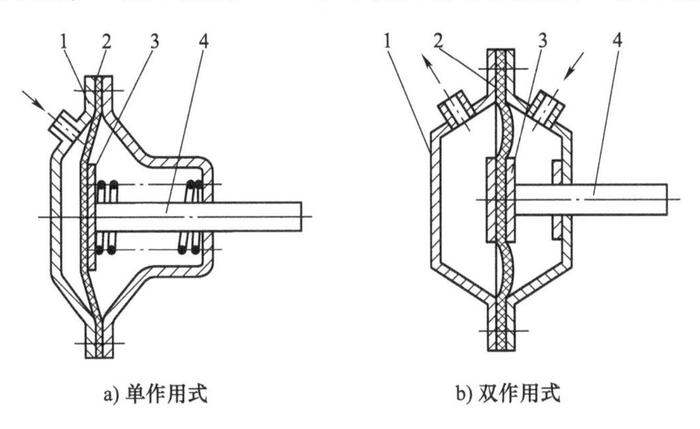

图 6-44 薄膜气缸的工作原理

1—缸体 2—膜片 3—膜盘 4—活塞

6.7.2 真空元件

近年来，真空吸附技术在工业自动化生产中的应用越来越广泛。真空吸附是利用真空发生装置产生真空压力为动力源，由真空吸盘吸附抓取物体，从而达到移动物体，为产品的加工和组装服务，对任何具有较光滑表面的物体，特别是那些不适合于夹紧的物体，都可使用真空吸附来完成。真空吸附已广泛应用于电子电器生产、汽车制造、产品包装、板材输送等作业中，广泛应用于各种自动化生产线上。

在一个典型的真空吸附系统中，常用的元件有真空发生装置和真空吸盘等。

1. 真空发生装置

真空发生装置是产生真空的元件，有真空泵（图 6-45）和真空发生器（图 6-46）两种类型，真空泵的结构形式和工作原理与空气压缩机相类似，在气动系统中多采用容积型真空泵，例如回转式真空泵、膜片式真空泵和活塞式真空泵。

图 6-45 真空泵

图 6-46 真空发生器

由于真空发生器获取真空容易，结构简单，体积小，无可动机械部件，使用寿命长，安装方便，因此应用十分广泛。真空发生器产生的真空度最高可达88kPa，尽管产生的负压力（真空度）不大，流量也不大，但可控、可调，稳定可靠，瞬时开关特性也很好，无残余负压，同一输出口可正负压交替使用。

典型的真空发生器的工作原理如图 6-47 所示。它是由先收缩后扩张的拉瓦尔喷管 1、负压腔 2 和接收管 3 等组成，有供气口、排气口和真空口。当供气口的供气压力高于一定值时，喷管射出超声速射流。由于气体具有黏性，高速射流卷吸走负压腔内的气体，使该腔形成很低的真空度。在真空口 A 处接上真空吸盘，靠真空压力和吸盘吸取物体。

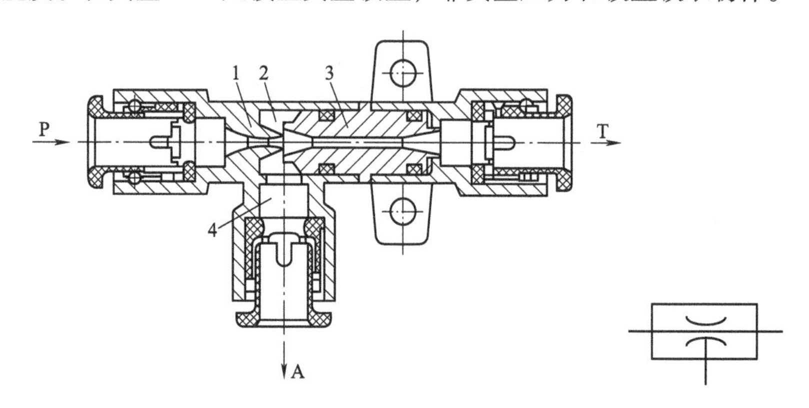

图 6-47　真空发生器的工作原理和图形符号

1—拉瓦尔喷管　2—负压腔　3—接收管　4—真空腔

一般真空发生器产生的真空度可达几十 kPa，比较高的能达到 90kPa。真空泵产生的真空度可达到 90kPa 以上，如果工作需要更强大的吸附力的话，就需要选用真空泵。

通常在相同流量的情况下，真空度越大其吸附能力越强。同理，具有相同真空度的真空发生器，流量越大的吸附作用越强，这是因为在实际工作中，由于吸附界面之间以及被吸物体都不是完全密封的，都存在一定的气体泄漏，所以流量较大的真空发生器更能抵消泄漏，从而保证一定的吸附能力。因此，在选择真空发生器时，重要的两个参数就是真空度和流量。

2. 真空吸盘

真空吸盘是利用吸盘内形成负压（真空）而将工件吸附住的元件。它适用于抓取薄片状的工件，例如塑料板、硅钢片、纸张及易碎的玻璃器皿等，要求工件表面平整光滑、无孔无油。

通常吸盘是由橡胶材料与金属骨架压制而成的，其中橡胶材料有丁腈橡胶、聚氨酯和硅橡胶等，它们的工作温度范围分别为-20~80℃、-20~60℃、-40~200℃。其中硅橡胶吸盘适用于食品工业。

除要求吸盘材料的性能要适应外，吸盘的形状和安装方式也要与吸取对象的工作要求相适应。常见真空吸盘的形状和结构有平板形、深型、风琴形等多种。

选择真空吸盘时，真空吸盘的吸力是一个重要的性能指标。在使用中，真空吸盘相当于正压系统的气缸。真空吸盘的外径称为公称直径，其吸持工件被抽空的直径称为有效直径。吸盘的理论吸力 F 为

$$F = \frac{\pi}{4} D_e^2 \Delta p_v \tag{6-1}$$

式中　D_e——吸盘有效直径；

Δp_v——真空度。

根据吸盘安装位置和带动负载运动状态（方向和快慢，直线运动和回转运动）的不同，

吸盘的实际吸力应考虑一个安全系数 n，即实际吸力 F_r 为

$$F_r = \frac{F}{n} \tag{6-2}$$

图 6-48 所示为常用吸盘的外观和图形符号。图 6-48a 所示为 VAS 圆形平吸盘，图 6-48b 所示为 VASB 波纹形吸盘，其适应性更强，允许工件表面有轻微的不平、弯曲和倾斜，同时波纹形吸盘吸持工件在移动过程中有较好的缓冲性能。无论是圆形平吸盘，还是波纹形吸盘，均在大直径吸盘结构上增加了一个金属圆盘，用以增加强度。

真空吸盘的安装是靠吸盘的螺纹直接与真空发生器相连，如图 6-49 所示。一般真空吸盘公称直径有 8mm、15mm、30mm、40mm、55mm、75mm、100mm 和 125mm 等规格，表 6-5 所列为 VAS 型真空吸盘的主要性能参数。

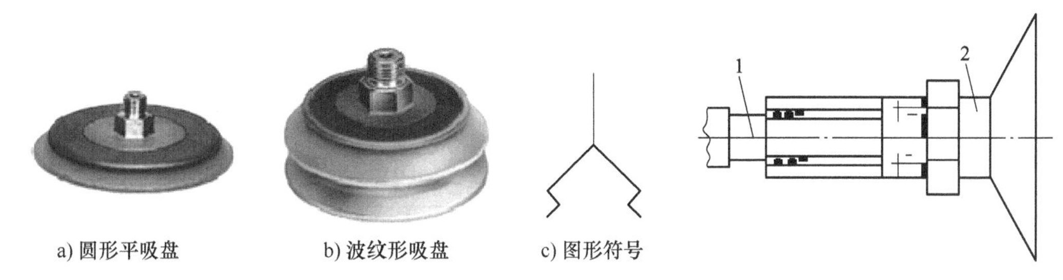

a) 圆形平吸盘　b) 波纹形吸盘　c) 图形符号

图 6-48　真空吸盘的外观和图形符号

图 6-49　真空吸盘的连接

1—活塞杆　2—吸盘

表 6-5　VAS 型真空吸盘的主要性能参数

公称直径/mm	8	15	30	40	55	75	100	125
有效直径/mm	5.5	12	25	32	44	60	85	105
理论吸力/N（真空度 0.07MPa）	1.6	7.9	34	56	106	197	397	606

目前，在传输和装配生产线上，越来越多地使用真空吸盘来抓取物体，应用真空技术可以很方便地实现诸如工件的吸持、脱开、传递等搬运功能。需要说明的是，这里提到的真空不是由电动机、真空泵等一系列辅助设备所组成真空系统，而是由压缩空气进入真空发生器的喷嘴后，在真空发生器内产生的负压（最高可达-88kPa）。因此，它是一种十分经济简便的真空系统，尤其对于不需要大流量真空的工况条件更显出它的优越性。

6.8　典型气动控制回路

6.8.1　梭阀和双压阀控制回路

1. 梭阀控制回路

在气动控制系统中，有时需要在不同地点操作单作用气缸或实现手动/自动并用操作回路，常采用梭阀控制回路。

图 6-50 所示为利用梭阀的控制回路。按下换向阀 1S1 或 1S2 中任一按钮，都会使梭阀

1V1 的阀口 2 通气，从而使气缸活塞杆伸出，因此回路中的梭阀相当于实现或门逻辑功能的阀。

2. 双压阀控制回路

在气动控制回路中，有时从安全的角度考虑，常需要几个按钮同时按下气缸才能动作，这时需采用双压阀控制回路。

图 6-51 所示为利用双压阀的控制回路。在该回路中需要同时按下两个二位三通换向阀的按钮，双压阀的阀口 2 才会通气，气缸的活塞才能伸出，若只按下其中一个按钮，气缸是不会动作的。因此，回路中的双压阀相当于实现与门逻辑功能。

实现与门逻辑功能的安全回路最常用的还有图 6-52 所示的双手操作安全回路。

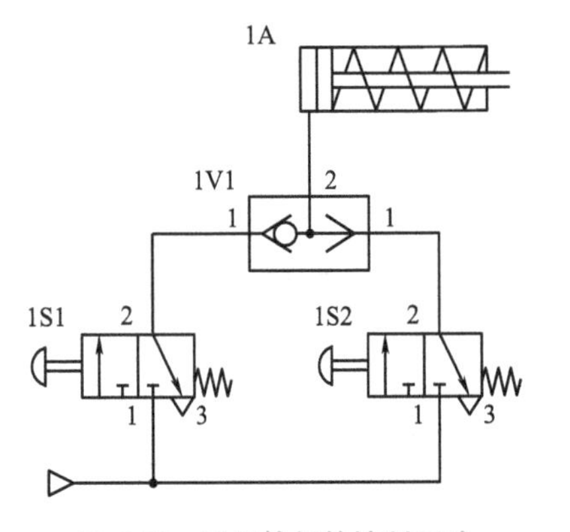

图 6-50　利用梭阀的控制回路

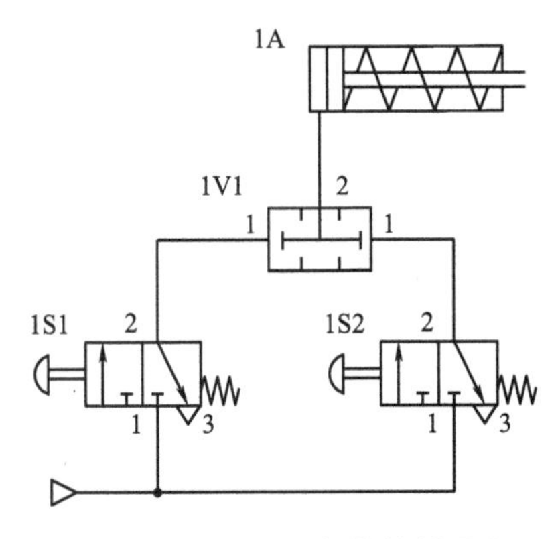

图 6-51　利用双压阀的控制回路

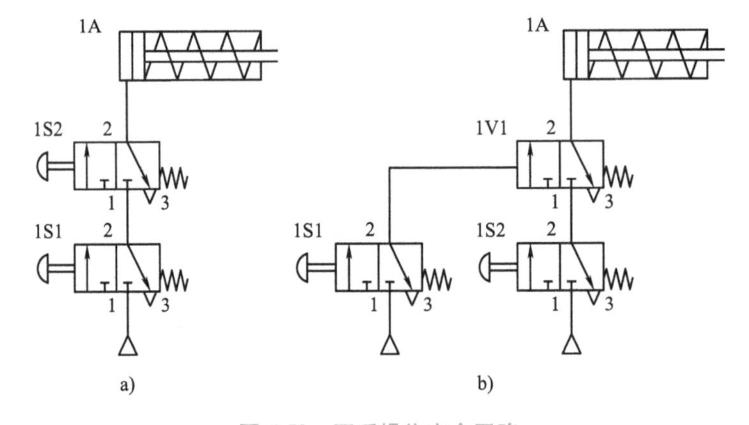

图 6-52　双手操作安全回路

1、2、3—阀口

6.8.2　压力控制回路

1. 减压阀的调压回路

图 6-53a 所示为常用的一种一级调压回路，是利用减压阀来实现对气动气源的压力控制，调节减压阀上的减压旋钮即可调节压力大小，可以通过压力表显示回路的气体压力值。

图 6-53b 所示为可提供两种压力的调压回路。气缸有杆腔压力由减压阀 1 调整，无杆腔压力由减压阀 2 调整。

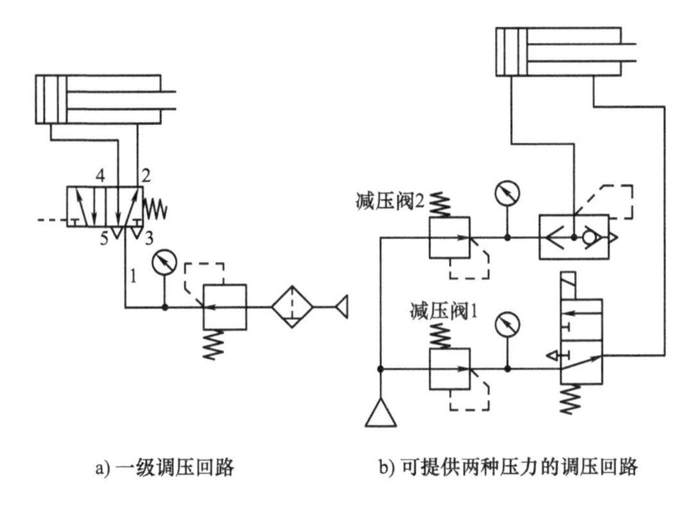

a) 一级调压回路　　b) 可提供两种压力的调压回路

图 6-53　利用减压阀的调压回路

2. 顺序阀的压力控制回路

图 6-54a 所示为利用顺序阀控制的单往复压力控制回路。按下按钮 1S1，主控阀 1V1 换向，活塞前进，当无杆腔压力达到顺序阀的调定值时，打开顺序阀 1V2，使主阀 1V1 换向，活塞杆缩回，完成一次循环。值得注意的是，这种回路中活塞杆的缩回取决于顺序阀的调定压力，如果活塞杆在伸出过程中碰到负荷，只要达到顺序阀的调定值活塞杆就会缩回，从而无法保证活塞杆一定能够到达终点。因此，该回路只能用在无重大安全要求的场合。

图 6-54b 所示为加一行程检测的压力控制回路。按下按钮 1S1，主控阀 1V1 换向，活塞杆伸出，当活塞杆碰到行程阀 1S2 时，若无杆腔压力达到顺序阀的调定压力值时，则打开顺序阀 1V2，压缩空气经过顺序阀 1V2、行程阀 1S2 使主阀 1V1 复位，活塞杆缩回。这种控制回路可以保证活塞杆到达行程终点，且只有当无杆腔压力达到预定的调定值时活塞杆才缩回。

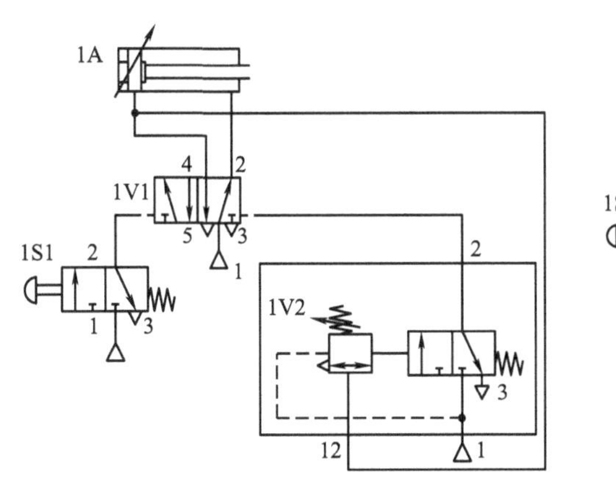

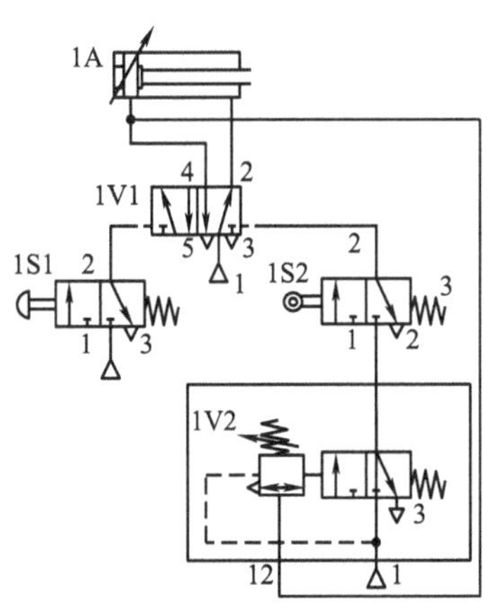

a) 利用顺序阀控制的单往复压力控制回路　　b) 带行程检测的压力控制回路

图 6-54　压力控制回路

6.8.3 往复及程序运动控制回路

1. 单往复运动回路

图 6-55 所示为利用二位五通双气控阀的记忆功能控制气缸的单往复动作回路。其中图 6-55a 所示回路中的复位信号由机控阀发出；图 6-55b 所示回路中的复位信号由常断式延时阀（延时接通）输出；图 6-55c 所示回路中的复位信号由顺序阀控制。因此，这三种单往复回路分别称为位置控制式、时间控制式和压力控制式单往复动作回路。

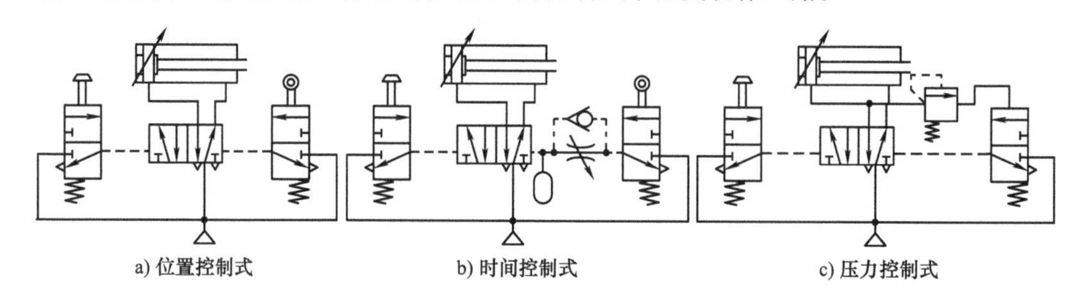

图 6-55　单往复动作回路

2. 多往复运动回路

图 6-56 所示为多往复动作回路，此回路是用机控阀发讯的位置控制式多往复动作回路。操纵手动换向阀 1 使其处于右位，主阀 4 切换，气缸活塞杆伸出，当活塞杆伸到终点压下行程阀 3 时，主阀 4 的控制气体经阀 3 排出，主阀复位，气缸活塞杆缩回，当活塞杆缩回到行程终点时，主阀 4 再次切换，重复上述循环动作。操纵手动换向阀 1 使其处于左位，气缸活塞杆回到原位置停止。

3. 程序运动控制回路

图 6-57 所示为双缸顺序动作回路。气缸 A 和气缸 B 按照 A+/B+/B−/A−的顺序动作。

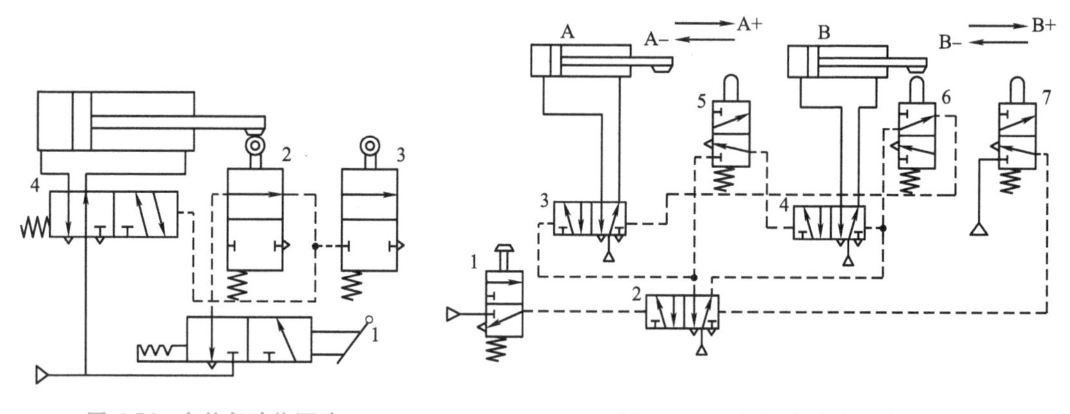

图 6-56　多往复动作回路

1—手动换向阀　2、3—行程阀　4—主阀

图 6-57　双缸顺序动作回路

1—手动换向阀　2、3、4—双气控阀　5、6、7—行程阀

操纵手动换向阀 1 使其处于上位，双气控阀 2 切换到左位，其输出一方面使双气控阀 3 切换至左位，缸 A 完成 A+动作，另一方面作为行程阀 5 的气源。当缸 A 的活塞杆伸出压下行程阀 5 时，其输出使双气控阀 4 切换至左位，缸 B 完成 B+动作。当缸 B 的活塞杆伸出压

下行程阀 7 时，其输出使双气控阀 2 切换至右位，双气控阀 2 的输出一方面使双气控阀 4 切换至右位，缸 B 完成 B-动作，另一方面作为行程阀 6 的气源。当气缸 B 完成 B-动作后，压下行程阀 6，双气控阀 3 切换至右位，气缸 A 完成 A-动作。

【工程训练】

训练题目：气动机械手气动系统分析

工程背景：气动机械手具有结构简单和制作成本低等优点，并且可以根据不同自动化设备的工作需要，按照设定的控制程序进行动作，因此在自动化生产线上应用广泛。

图 6-58 所示为生产线上应用的气动搬运机械手外观图。

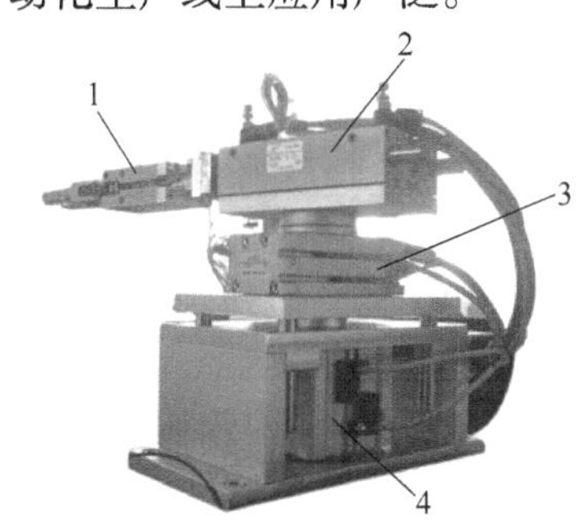

图 6-58　某关节型气动搬运机械手

1—手爪气缸　2—手臂伸缩气缸　3—手臂旋转气缸　4—升降气缸

工作过程：图 6-59 所示为某关节型气动机械手结构和运动简图。为完成工件的抓取和搬运，该气动机械手的气动执行元件由三个气缸和三个气马达组成，手臂（立柱）的回转由气马达驱动，手臂俯仰和伸缩由两个气缸驱动，手腕的摆动和回转由两个气马达驱动，手爪的开闭由气缸驱动，从而实现机械手抓取工件的动作，如图 6-59 所示。

工程图样：关节型气动搬运机械手气动系统原理图如图 6-60 所示。手臂的回转、俯仰和伸缩分别采用气马达 E、气缸 D 和气缸 C 驱动。手腕的摆动和回转分别采用气马达 B 和气马达 F 驱动。手爪的开闭采用气缸 A 驱动。

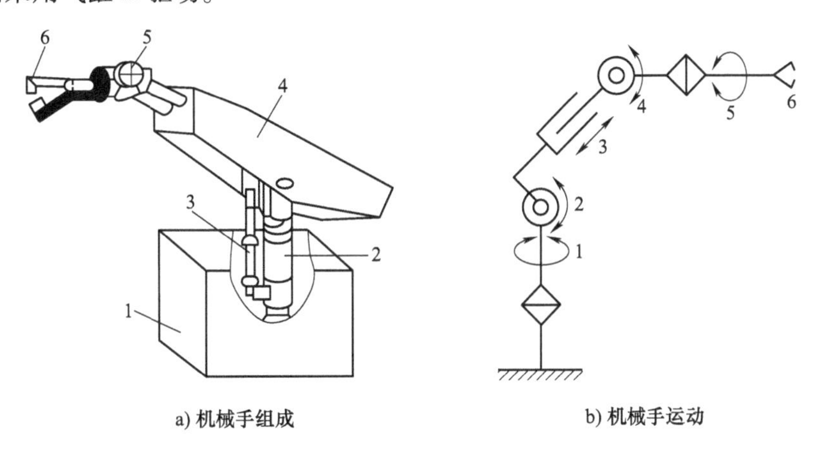

图 6-59　关节型气动机械手的工作过程

1—底座　2—立柱　3—俯仰气缸　4—手臂　5—手腕　6—手爪

查阅资料：请查阅资料，说明气马达的原理和作用。

识图训练：

1）请识读该气动系统原理图，说明组成该系统的气动元件有哪些。

2）说明气动元件在系统中的功用。

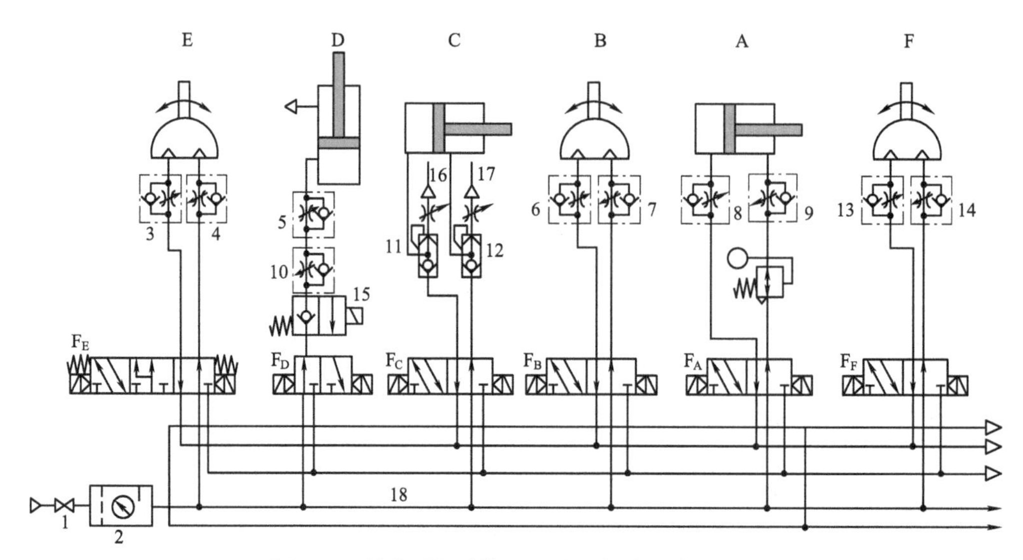

图 6-60　关节型气动搬运机械手气动系统原理图

A、C、D—气缸　B、E、F—气马达

3）若要求该机械手的动作顺序为：手臂（立柱）气马达沿顺时针方向摆动→手臂俯仰气缸活塞杆伸出→手臂伸缩气缸活塞杆伸出→手腕摆动气马达沿顺时针方向摆动→手腕回转气马达沿逆时针方向摆动→手指开合气缸活塞杆伸出→手指开合气缸活塞杆缩回→手臂摆动气马达沿逆时针方向摆动→手指开合气缸活塞杆伸出→手臂俯仰气缸活塞杆缩回→手腕摆动气马达沿逆时针方向摆动→手腕回转气马达沿顺时针方向摆动→手臂伸缩气缸活塞杆缩回→手臂俯仰气缸活塞杆缩回，分析该系统的动作循环，写出各个动作的触发条件和气流路径。

4）利用 FluidSIM-P 软件进行系统仿真。调节系统节流阀阀口开度，记录仿真过程。

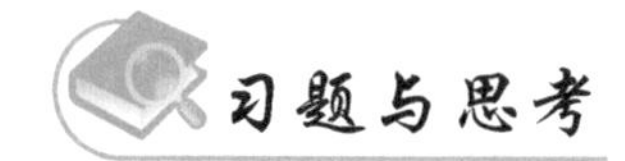

习题与思考

6-1　简述梭阀、双压阀和快速排气阀的工作原理。

6-2　分析图 6-61 所示回路的工作过程，并指出各个元件的名称。

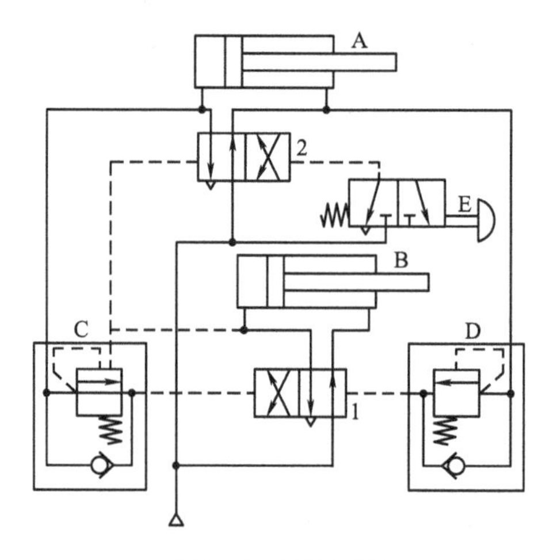

图 6-61　气动回路

项目 7

液压与气动系统常见故障分析及排除

【项目导学】

见表 7-1。

表 7-1　液压与气动系统常见故障分析及排除项目导学

项目名称	液压与气动系统常见故障分析及排除		参考学时	8 学时
项目导入	液压与气动技术是利用有压流体（压力油或压缩空气）为能源介质实现各种机械的传动和控制的技术。液压与气压传动是机、电、波三大基本传动方式之一。随着科学技术的发展，尤其在电子技术和机械制造技术高速发展的今天，液压与气动技术与微电子、计算机技术密切结合，使其应用领域遍及各个工业部门，已成为实现生产过程自动化、提高劳动生产率的重要手段之一，也是机电设备中发展速度最快的技术之一。随着机电一体化技术的发展，液压与气动技术进入了一个新的发展阶段。日前，液压技术正向高压、高速、大功率、高效率、低噪声和高度集成化、数字化等方向发展。气压传动正向节能化、小型化、轻量化、位置控制的高精度化以及机、电、波相结合的综合控制技术方向发展			
学习目标	知识目标	1. 掌握液压泵、液压执行元件和液压控制阀的使用原则和维护方法 2. 能罗列出各种液压系统故障分析的方法 3. 了解气动系统的安装与调试规程		
	能力目标	1. 能熟练掌握液压泵、液压执行元件和液压控制阀等关键元器件的使用方法 2. 可通过故障分析方法判断典型案例的故障类型且掌握相关零件维护方法 3. 掌握气动系统各元器件的维护方法且可通过基本特征判断故障原因		
	素质目标	1. 能执行气动技术相关国家标准，培养学生有据可依、有章可循的职业习惯 2. 能在实操过程中遵循操作规范，增强学生的安全意识 3. 能够爱护设备，增强学生的合作精神和沟通能力		

（续）

项目名称	液压与气动系统常见故障分析及排除	参考学时	8学时
问题引领	1. 液压泵的使用应遵循哪些基本原则？ 2. 在对液压缸进行维护时，应进行哪些操作？ 3. 不同阀的使用和维护的区别是什么？如何依据各类阀的特点进行阐述？ 4. 液压系统故障基本分析方法有哪些？选用顺序是怎样的？ 5. 泵不排油和泵出油量不足两种情况的故障原因有何异同？ 6. 气动系统故障诊断的基本方法有哪些？		
项目成果	1. 液压与气动系统基本元器件使用与维护方法报告 2. 液压与气动系统故障诊断基本方法 3. 项目报告 4. 考核及评价表		
项目实施	构思：项目分析与气动元件及基本回路的学习，参考学时为2学时 设计：液压与气动系统故障分析仿真及试验方案设计，参考学时为2学时 实施：液压与气动系统故障分析经典案例分析练习，参考学时为2学时 运行：液压与气动系统组件安装、调试与维护的实践教学，参考学时为2学时		

【项目构思】

液压与气压传动系统均是典型的高度非线性系统，其系统自动化、复合集成化水平日益提高，人们迫切希望提高系统的可靠性与安全性，为此采取了提高元件可靠性、对系统进行高可靠及容错设计等一系列措施。即便如此，由于系统中各元件和工作介质均处于密闭状态，不同于其他机械设备能够从外部直接观察，也不同于电气设备可利用各种检测仪器快速测定各节点数值，且元件和辅件质量不稳定，各回路间相互干涉以及使用过程中存在的操作、维护不当等问题，导致其失效形式和故障机理复杂多样，极大地增加了系统故障诊断的难度。

在生产过程中，由于受生产计划和技术条件的限制，需要故障诊断人员在短时间内准确、高效地诊断出设备故障。这就要求故障诊断人员熟练掌握液压与气动系统常见故障分析及排除方法，快速诊断并排除系统故障，从而保障生产的顺利进行。

项目实施建议教学方法为：项目引导法、小组教学法、案例教学法、启发式教学法及实物教学法。

教师首先下发项目工单（表7-2），布置本项目需要完成的任务及控制要求，介绍本项目的应用情况并进行项目分析，引导学生完成项目所需的知识、能力及软硬件准备，讲解液压与气动系统各元件的性能、工作等相关知识。

学生进行小组分工，明确项目内容，小组成员讨论项目实施方法，并对任务进行分解，掌握完成项目所需的知识，查找液压与气动技术相关国家标准和数控加工中心液压系统与气动系统的相关资料，制订项目实施计划。

表 7-2 液压与气动系统常见故障分析及排除项目工单

<table>
<tr><th>课程名称</th><th colspan="6">液压与气动技术</th><th>总学时：</th></tr>
<tr><td>项目 7</td><td colspan="6">液压与气动系统常见故障分析及排除</td><td></td></tr>
<tr><td>班级</td><td></td><td>组别</td><td></td><td>小组负责人</td><td></td><td>小组成员</td><td></td></tr>
<tr><td>项目要求</td><td colspan="7">液压传动相对于机械传动来说是一门新兴技术，其在军工、冶金、工程机械、农机、汽车、石油、航空和机床等行业中得到了普遍应用。随着控制技术、微电子技术等学科的发展，液压技术正在向更广阔的领域渗透，发展成为包括传动、控制和检测在内的一门完整的机电液一体化的自动控制技术。而伴随技术进步的是，液压与气动系统的各个零部件逐渐趋于结构复杂化，这种趋势使液压与气动系统的故障率不断上升，在系统升级的背后，其维护技术，即日常使用及故障分析诊断技术应与时俱进。具体要求如下：
1. 液压泵、液压执行元件和液压控制阀等关键元器件使用方法应当严格遵循规章制度，错误的使用方法会导致液压系统故障率急剧上升
2. 优先通过基本故障分析方法判断典型故障类型并加以修复，而系统故障往往是多因素导致，故后续需有缜密的逻辑分析和适当的设备测试，以迅速判断故障类型
3. 为防止设备频繁发生故障或过早损坏导致设备的使用寿命缩短，必须对气动设备进行定期维护保养
4. 保证供给气动系统清洁干燥的压缩空气和气动系统的气密性</td></tr>
<tr><td>项目成果</td><td colspan="7">1. 液压与气动系统基本元器件使用与维护方法报告
2. 按照液压与气动系统故障诊断基本方法进行案例的实践操作
3. 项目报告
4. 考核及评价表</td></tr>
<tr><td>相关资料及资源</td><td colspan="7">1.《液压与气动技术》
2.《气动实训指导书》
3. 国家标准 GB/T 786. 1—2021《流体传动系统及元件 图形符号和回路图 第 1 部分：图形符号》
4.《气动元件与系统原理使用与维护》
5.《液压与气动系统及维护》</td></tr>
<tr><td>注意事项</td><td colspan="7">1. 液压与气动元件有其规定的图形符号，符号的绘制要遵循相关国家标准
2. 气动件通过气管路连接，连接不可靠可能会损伤周围人员，发生安全事故
3. 在网孔板上安装元件务必牢固可靠
4. 气动系统连接与拆卸务必遵守操作规程，严禁在气动系统运行过程中拆卸连接管
5. 气动系统运行结束后清理工作台，对气动元件及连接软管进行有序归位</td></tr>
</table>

【知识准备】

7.1　液压系统的使用和维护

7.1.1　液压泵的使用和维护

液压泵是液压系统中的动力元件，可将电动机输出的机械能转换成液体的压力能，进而通过执行元件（液压缸或液压马达）对外做功，完成各液压设备所分配的工作。同时，液压泵也是液压系统的“心脏”，其性能对液压系统的工作安全性和可靠性有着至关重要的影响。

液压系统的点检及定期维护

1. 液压泵的使用

使用液压泵时应遵循如下原则。

1）起动液压泵前要通过油口注满液压油，防止在泵内无油的情况下起动，造成液压泵损坏。

2）避免带载起动液压泵，应先旋松系统溢流阀调压手柄，使溢流阀调至最低工作压力，空载起动液压泵，观察液压泵的转向，若反向应立即停泵纠正；若转向正确，至少进行5min 空载运转。

3）起动时，先稍微拧松液压泵出油口管接头进行排气，最好能在液压泵出油口装设排气阀。

4）避免在油温过低和偏高的情况下起动液压泵。油温过低时，油液黏度增大，会造成液压泵吸油困难；油温偏高时，油液黏度减小，会造成内部泄漏量增加，并导致不能很好形成润滑油膜，加剧液压泵内部相对运动件之间的磨损。

5）起动液压泵时，在正常运行前应先点动数次，当液流方向和声音都正常后，再低压下运转 5~10min，然后投入正常运行。起动柱塞泵前，必须通过壳上的泄油口向泵内注入清洁的工作油。

6）避免在长时间满负载（高压大流量）下运转液压泵，以免缩短液压泵的使用寿命。

7）由发动机带动的液压泵（如工程机械）要避免液压泵长时间高速或低速运行。液压泵进油口过滤器要定期清洗。

8）油液必须洁净，不得混有机械杂质和腐蚀物质。吸油管路上无过滤装置的液压系统，必须经滤油车（过滤精度小于 25μm）加油至油箱。

9）油液黏度受温度影响而变化，油温升高，黏度随之减小，因此油温要求保持在 60℃以下。为使液压泵在不同的工作温度下能够稳定工作，所选的油液应具有黏度受温度变化影响较小的油温特性，以及较好的化学稳定性和抗泡沫性能等。

10）低速起动液压泵时，对油液黏度有最大限制（表 7-3），否则液压泵无法正常吸油。

表7-3 低速起动液压泵时对油液黏度的要求

油液黏度和温度			低速起动时的最大黏度限制		
油液类型	油温/℃	黏度/(mm^2/s)	液压泵型号	起动转速/(r/min)	最大黏度/(mm^2/s)
石油系油	0~70	20~400	PVD1、PVD12、PVD13	750	100
磷酸酯液				950	200
水-乙二醇	0~50		PVD2、PVD23	600	100
油包水乳化液				950	200

2. 液压泵的维护

维护液压泵应注意以下事项。

1）液压泵支座的安装要牢固，刚性好，并能充分吸收振动。

2）液压泵进、出油口应安装牢固，密封装置要可靠，否则会出现吸入空气或漏油的现象，影响液压泵的性能。

3）液压泵自吸高度不超过500mm（或进油口真空度不超过0.03MPa），若采用补液压泵供油，供油压力不得超过0.5MPa。当供油压力超过0.5MPa时，要改用耐压密封圈。对于柱塞泵，应尽量采用倒灌自吸方式。

4）可预先做一系列检测，以判定液压泵是否需要维护。对于很重要的系统，必须单独准备一套泵-电动机组件，以便在系统运行中检测泵流量或泄漏量，进而掌握液压泵的运行效率及磨损情况。对于电磁阀，也应定期检测泄漏情况。如每6个月在试验台上对阀进行测试，以帮助决定是否需要更换。每套系统从调试起就应备有完整和充足的备件。

5）对大功率液压泵，泵-电动机组件不要安装在油箱上，而且安装台要选用刚性材料，液压泵和电动机应选用共同的基础和共同的基准支承，并下地脚固定牢靠。

6）每台液压泵的泄油管都应单独回油箱，不可与系统共用一条回油管，因为系统回油管经常会出现背压较高的情况，如果两管合一，将使液压泵内泄油压力因总回油管背压的增大而增大，易造成泵轴油封损坏。一般液压泵泄油管的背压不应超过0.3MPa。

7）液压泵的进油管不能与溢流阀的回油管连接，因为溢流阀的回油管排出的是热油，如果热油不经油箱冷却吸入泵内，会造成液压系统恶性循环的温升，从而导致故障增多。

8）尽量不使用传动带、链条和齿轮等带动液压泵，因为这样会使液压泵承受较大的径向载荷，造成泵内零件偏磨，缩短液压泵的使用寿命。不得已而为之时，要在轴上采取减轻径向力的措施，如使用图7-1所示的承力支架和承载大径向力的轴承。

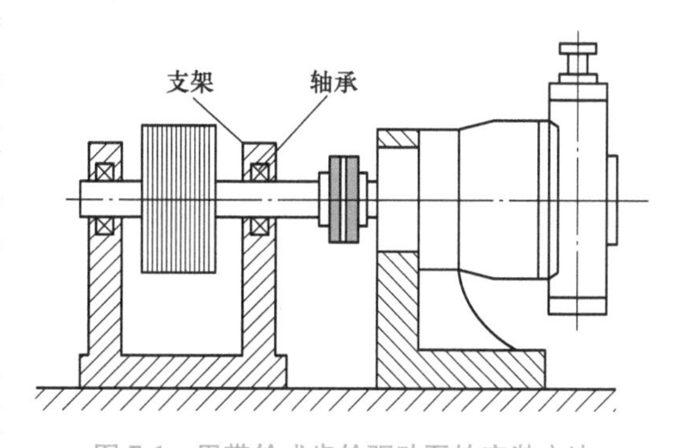

图7-1 用带轮或齿轮驱动泵的安装方法

9）液压泵的吸入管道通径应不小于泵入口通径，吸油过滤器的流量应不低于液压泵流量的两倍。

不断钻研，追求卓越，才能有效分析问题、解决问题

裴永斌是哈电集团哈尔滨电机厂有限责任公司的一名车工，他加工的“弹性油箱”是水电站使用的关键部件，其质量直接关系到整座水电站的安危。在年近50岁时，他开始学习数控机床编程，经过不断学习和反复研究，改变了数十年弹性油箱普通车床加工的传统，实现了数控机床的智能化生产。

从普通车床的车工到数控车工，裴永斌在数千件核心部件生产中磨炼出了“金手指”的本领，在中央电视台《大国工匠》专题片中被誉为“车工大王”和“金手指”。

“看着我亲手加工的一件件产品，装备在世界各地的水电站上，看着中国装备一步步走向世界，我明白了什么是使命，什么是奉献，什么是传承。”

进厂30多年来，裴永斌一直坚守在车工的岗位上。在他看来，工匠精神就是一句话：“一辈子只干一件事”。

7.1.2 液压执行元件的使用和维护

液压缸和液压马达是实现能量转换并对外做功的液压执行元件，其中产生直线往复运动的液压执行元件称为液压缸，产生连续旋转运动的液压执行元件称为液压马达。

1. 液压缸的使用与维护

1）连接液压缸之前，必须彻底冲洗液压系统。冲洗过程中，应关闭液压缸连接管，连续冲洗直至冲洗干净，然后才能将液压缸接入液压系统。

2）液压缸在工作之前必须用低压（大于起动压力）进行几次往复运动，交替打开两端单向阀排除缸内的气体后，才能进行正常工作。进、出油口接头之间必须加组合密封垫紧固好，以防漏油。

3）为了延长液压缸的寿命，使用的介质中不得混有杂质、固体颗粒，以免划伤缸筒内壁，使密封损伤，引起内外泄漏。

4）在冲击载荷大的情况下，应密切注意液压缸活塞杆的润滑，起动后，应反复检查液压缸的功能及泄漏情况，还应检查轴线是否对中，若不对中，则应重新调节液压缸体或机器元件中心线实现对中。

5）注油时，要用过滤网孔尺寸低于60μm的过滤器进行过滤。接在系统中的过滤器在开始运转阶段每工作100h至少清洗一次，然后每月清洗一次，至少每次换油时清洗一次。建议换油时全部更换新油，并彻底清洗油箱。

6）使用过程中，应注意做好液压缸的防松、防锈及防尘工作。长时间停用后重新使用时，注意用干净棉布擦净暴露在外的活塞杆表面，起动时先空载运转，待正常后再挂接机具。

7）作为备件的液压缸建议储存在干燥、隔潮的地方，储存处不能有腐蚀物质或气体。应加注适当的防护油，最好先以该油作为介质使液压缸运转几次，储存过程中液压缸进、出油口应严格密封，保护好活塞杆免受机械损伤或氧化腐蚀。

8）定期紧固液压缸的紧固螺钉和压盖螺钉，液压缸活塞杆止动调节螺钉应每月紧固一次，对每个螺钉的拧紧力要均匀，并达到相应的拧紧力矩。

9）定期更换密封件。建议每年更换一次液压缸的密封件。

10）定期清洗。液压缸每隔一年清洗一次，在清洗的同时更换密封件。

2. 液压马达的使用与维护

1）避免在系统有负载的情况下突然起动或停止。在系统有负载的情况下突然起动或停止，制动器会造成压力尖峰，泄压阀无法迅速反应，导致液压马达受到损害。

2）液压马达通常不允许同时在最大压力和最高转速下工作，但允许分别在最大压力或最高转速下短时间运行。

3）液压马达一般不允许在爬行转速下工作。

4）对经常在液压马达轴端引起径向力和轴向力的载荷，选用液压马达时，应核实液压马达在这种载荷作用下的使用寿命。

5）使用具有良好安全性能的润滑油，润滑油的牌号要适用于特定的系统。

6）尽可能使液压油保持清洁。大多数液压马达的故障都是因液压油质量下降所致。

7.1.3 液压控制阀的使用和维护

液压控制阀通过控制阀口的大小或控制阀口的通断，来控制和调节液压系统中油液流动的方向、压力以及流量等参数，因此液压控制阀在液压系统中起着非常重要的作用。

1. 单向阀的使用和维护

1）在具体选用单向阀时，要根据需要合理选择开启压力。开启压力越高，油液中含有的空气越多，越容易产生振动。

2）选用单向阀时，在油液反向出油口无背压的油路中可选用内泄式，否则选用外泄式，以降低控制油的压力。而外泄式的泄油口必须无压回油，否则会抵消一部分控制压力。

3）单向阀的工作流量应与阀的额定流量相匹配。当通过单向阀的流量远小于额定流量时，单向阀会产生振动。

4）安装单向阀时，要认清单向阀进出油口的方向，否则会影响液压系统的正常工作。特别是单向阀用在泵的出油口时，如反向安装，则可能会损坏泵或烧坏电动机。

2. 换向阀的使用和维护

1）油液流经阀口的压力损失要小。

2）各不相通的油口间的泄漏量要小。

3）换向要可靠，换向时要平稳迅速。

3. 溢流阀的使用和维护

1）避免将压力表接在溢流阀的远程控制口上。液压系统工作时，若将压力表接在溢流阀的远程控制口上，则压力表指针抖动，且溢流阀有一定声响。将压力表改接在溢流阀的进油口可解决问题。原因是压力表中的弹簧管和溢流阀先导阀的弹簧易产生共振。还需指出，把压力表接在溢流阀的远程控制口也不能正确反映溢流阀的进油口压力。

2）高压下，应避免突然使溢流阀卸荷。当高压时，如果突然使溢流阀卸荷，将导致油液压力远大于弹簧力而失衡，使弹簧损坏。溢流量过大会使液压缸产生冲击振动，造成溢流阀和缸体的损坏，从而严重影响正常工作。

3）溢流阀的远程控制口所串接的小型溢流阀和换向阀，应注意它们的先后顺序。

4）使用遥控卸荷溢流阀时，避免其遥控口所接液压元件的泄漏量过大。

4. 减压阀的使用和维护

1）螺纹及法兰连接的减压阀与单向减压阀有两个进油口和一个出油口，板式连接的减压阀与单向减压阀有一个进油口和一个出油口。安装时，必须注意将泄油口直接接回油箱，并保持泄油路的畅通，泄油孔有背压时，会造成减压阀及单向减压阀工作异常。

2）沿顺时针方向调节手柄为增大压力，沿逆时针方向调节手柄为减小压力。

3）当减压阀工作时，常因空气渗入使油液乳化而引起压力波动和产生噪声，应避免使空气进入油液内。

4）当液压泵和油路压力正常，而减压阀二次油路压力过低或压力等于零时，应将阀盖拆开，检查泄油管是否堵塞，调压锥阀、阻尼孔是否清洁。

5）减压阀的超调现象较严重，一次压力和二次压力相差越大，超调也越大，在设计系统时应注意。

6）单向减压阀由减压阀和单向元件组成，油液正向流动时，其作用与减压阀相同。

5. 顺序阀的使用和维护

1）顺序阀的规格主要根据通过该阀的最高压力和最大流量来选取。

2）在顺序动作时，顺序阀的调定压力应比先动作的执行元件的工作压力至少高0.5MPa，以免压力波动产生误动作。

3）顺序阀可分为内控式和外控式两种，前者用顺序阀进油口处的压力控制阀芯的启闭；后者用外来的控制液压油控制阀芯的启闭（也称液控顺序阀）；顺序阀有直动式和先导式两种，前者用于低压系统，后者用于中高压系统。

4）内控直动式顺序阀工作原理与直动式溢流阀相似，和直动式溢流阀的区别在于：二次油路即出油口液压油不接回油箱，因而泄漏油口必须单独接回油箱，为了减少调压弹簧刚度，设置了控制柱塞。

5）注意卸荷溢流阀与外控式顺序阀作卸荷阀的区别。

6）注意外控式（液动）顺序阀与直控式顺序阀的区别。

6. 节流阀的使用和维护

1）安装前应把管道和阀门内腔清理干净。

2）节流阀操作较频繁，应安装在便于操作的位置上，安装时介质流向要与阀体上的箭头方向一致。

3）产品安装后不应受较大外力。

4）沿顺时针方向旋转手轮为关闭，反之为开启，启闭过程不应增加任何辅助杠杆。

7. 调速阀的使用和维护

1）调节流量大小时，先松开手柄上的紧固螺钉，沿顺时针方向旋转手柄，流量增大；沿逆时针方向旋转手柄，流量减小。调节完毕后，必须再拧紧防松螺钉。

2）要在流量调节范围内使用调速阀。超过最大允许流量的流量通过该阀，则会产生大的压力损失，导致发热温升和故障；小于最小允许流量（最小稳定流量，每一种阀有相应规定）的流量通过该阀，则会出现所调流量不稳定甚至断流的现象。

3）对于定差减压阀作为压力补偿器的调速阀，为了确保获得满意的调节流量，调速阀进油口压力应不低于某一数值。

4）为了获得满意的流量调节，在调速阀的进、出油口两端一般应保持一定数值压差（例如0.9MPa，随阀的品种而定的定值），否则不能保持恒定的流量，并且要求调速阀出油口的压力不能低于0.6MPa。

7.2 液压系统故障分析及排除

由于液压系统故障不同于机械系统故障那样能够从外部直接观察，也不同于电气系统故障可利用各种检测仪器快速测定各节点数值，因此，在处理液压系统故障时切忌盲目对设备乱拆、乱动，必须在充分了解其故障症状的基础上，借助各种有效手段，找出故障根源，分析故障机理，高效排除故障，同时归纳总结各类失效形式和与之对应的故障机理，不断积累实践经验，为预防故障的发生提供有效的理论依据。

7.2.1 液压系统故障分析的方法

液压系统故障的感官诊断法

1. 液压系统原理图分析法

根据液压系统原理图分析液压传动系统出现的故障，找出故障产生的部位及原因，并提出排除故障的方法。液压系统图分析法是目前工程技术人员应用较为普遍的方法，它要求人们对液压知识具有一定基础并能看懂液压系统图，掌握各图形符号所代表元件的名称和功能，对元件的原理、结构及性能也应有一定的了解，有这样的基础，结合动作循环表对照分析、判断故障就很容易了。因此，认真学习液压基础知识，掌握液压系统原理，是故障诊断与排除最有力的助手，也是其他故障分析法的基础。

2. 直觉经验法

1）看。观察液压系统的工作状态。一般有六看：一看速度，即看执行元件运动速度有无变化；二看压力，即看液压系统各测量点的压力有无波动现象；三看油液，即观察油液是否清洁、是否变质，油量是否满足要求，油液的黏度是否合乎要求及表面有无泡沫等；四看泄漏，即看液压系统各接头是否有渗漏、滴漏和出现油垢现象；五看振动，即看活塞杆或工作台等运动部件运行时，有无跳动、冲击等异常现象；六看产品，即从加工出来的产品判断运动机构的工作状态，观察系统压力和流量的稳定性。

2）听。用听觉来判断液压系统的工作是否正常。一般有四听：一听噪声，即听液压泵和系统的噪声是否过大，液压阀等元件是否有尖叫声；二听冲击声，即听执行部件换向时冲击声是否过大；三听泄漏声，即听油路板内部有无细微而连续不断的声响；四听敲打声，即听液压泵和管路中是否有敲打撞击声。

3）摸。用手摸运动部件的温升和工作状况。一般有四摸：一摸温升，即用手摸泵、油箱和阀体等表面温度是否过高；二摸振动，即用手摸运动部件和管子有无振动；三摸爬行，即当工作台慢速运行时，用手摸其有无爬行现象；四摸松紧度，即用手试一试挡铁、微动开关等的松紧程度。

4）闻。闻主要是闻油液是否有异味。

5）查。查是查阅技术资料、有关故障分析、修理记录及维护保养记录等。

6）问。问是询问设备操作者，了解设备平时的工作状况。一般有六问：一问液压系统工作是否正常；二问液压油最近的更换日期、滤网的清洗或更换情况等；三问事故出现前调压阀或调速阀是否调节过，有无异常现象；四问事故出现之前液压件或密封件是否更换过；五问事故出现前后液压系统的工作差别；六问过去常出现的事故类型及排除经过。

以上的感官检测只是一个定性分析，必要时应对有关元件在实验台上进行定量分析测试。

3. 置换法

将同类型、同结构、同原理的液压设备上的相同元件，置换（互换）安装在同一位置上，以证明被换元件是否工作可靠。例如，将甲机元件置换到乙机上并开机观察，以证明此元件质量的好坏。

置换法的优点在于：即使修理人员的技术水平较低，也能应用此法对液压设备的故障做出准确的诊断。但是，运用此法必须以同类型、同结构、同液压原理和相同液压元件的液压设备为前提，因而此法有很大的局限性和一定的盲目性。

4. 辅助法

借助于简单的辅助零件，对液压设备的液压元件是否出现故障进行诊断。

1）堵油法。例如堵住阀类元件的油口和油缸油口，可以诊断出这些液压元件是否泄漏和失效。

2）人为换向法。用顶杆使阀类元件换向，可诊断出换向阀是否出现如卡死、阀芯不到位等故障。

辅助法可不解体部件来诊断液压元件是否有故障，减少了过多的拆卸工作量，缩短了故障诊断时间，便于快速诊断，特别是对于较大型油缸密封等，这一类故障的诊断方法具有很好的实用性。

5. 经验法

修理人员通过掌握液压设备的液压系统，熟悉了解各液压元件的结构和工作原理，并在积累丰富的液压设备修理经验的基础上，对液压设备出现的故障进行全面的分析和比较并且迅速地做出准确诊断。归纳起来，液压设备一般出现的故障部位及其原因大致包括以下内容。

1）液压元件调整不当，例如液压泵、液压马达、顺序阀、方向阀、溢流阀、卸荷阀、平衡阀的压力和流量调节不对。

2）密封元件损坏或杂质使液压元件不能正常工作。

3）液压元件磨损或损坏，例如阀类元件密封失灵、弹簧失灵、间隙过大等。

4）控制机构（电器）失灵，例如继电器失灵、按钮接触不良或损坏、电磁铁安装不正确、电动机相线误接等原因造成液压元件误动作或程序出错。

5）辅助机构失灵，例如限位开关位置调节不当或损坏、压力表损坏、压力开关损坏或误发信号、油箱过滤问题等。

6. 分析法

分析法是基于液压系统工作机理的故障诊断方法。采用分析法可以解决很多液压系统故障，但是对液压系统故障分析人员要求较高，必须充分了解和熟悉液压元件和回路工作原理。

在故障分析中，以下问题值得注意。

1）深入分析液压系统图，结合有关的电磁铁动作表及相关的电路图，理出回路完整的工作机理；同时，正确理解回路的设计意图与思路所采取的技术措施及相关的背景。

2）将工作原理图与实物对应起来，形成具体印象，液压回路中的管线原理图与实物往往有很大的差别。在可能的情况下，要将阀板上阀孔之间的串通与阻隔关系弄清，这些因素对以后回路检查有密切联系。

3）参阅有关书刊及资料，找出评判液压装置特征的判定依据，然后予以判断。

4）参阅有关书刊及设备使用说明书，探讨失效机理及相关的分析测试方法。

7. 应用铁谱技术

应用铁谱技术对液压系统的故障进行诊断和状态监控。铁谱技术是以机械摩擦副的磨损为基本出发点，借助于铁谱仪把液压油中的磨损颗粒和其他污染颗粒分离出来，并制成铁谱片，然后置于铁谱显微镜或扫描电子显微镜下进行观察，或是按尺寸大小依次沉积在玻璃管内应用光学方法进行定量检测。通过以上分析，可以准确地获得系统内有关磨损方面的重要信息。据此进一步研究磨损现象，监测磨损状态，诊断故障前兆，最后做出系统失效预报。铁谱技术能有效地应用于工程机械液压系统油液污染程度的检测、监控、磨损过程的分析和故障诊断，并且具有直观、准确、信息多等优点。因此，铁谱技术已成为对机械工程液压系统故障进行诊断分析的有力工具。

8. 专业仪器检测法

专用仪器检测法即采用专门的液压系统故障检测仪器来诊断系统故障，该仪器能够对液压系统故障做定量的检测。国内外有许多专用的便携式液压系统故障检测仪，用来测量流量、压力和温度，并能测量泵和液压马达的转速等。

9. 状态监测法

状态监测法使用的仪器种类很多，通常主要有压力传感器、流量传感器、位移传感器和油温监测仪等。把测试到的数据输入计算机系统，计算机根据输入的数据提供各种信息及技术参数，由此判别出某个液压元件和液压系统某个部位的工作状况，并可发出报警或自动停机等信号。因此，状态监测技术可解决仅靠人的感觉无法解决的疑难故障的诊断，并为预知维修提供信息。

状态监测法一般适用于以下几种液压设备：

1）发生故障后对整个生产影响较大的液压设备和自动线。

2）必须确保其安全性能的液压设备和控制系统。

3）价格昂贵的精密、大型、稀有、关键的液压系统。

4）故障停机修理费用过高或修理时间过长、损失过大的液压设备和液压控制系统。

液压系统典型故障分析

7.2.2 常用液压动力元件的故障分析及排除

液压泵是液压系统中的动力元件，其常见故障及排除方法见表7-4。

表 7-4 液压泵常见故障及排除方法

故障现象	故障机理		排除方法
泵不排油	泵不转	电动机轴未转动 未接通电源 电气线路及元件故障	检查电气线路及元件，排除故障
		电动机发热跳闸	
		电动机驱动功率不足	加大电动机功率
		系统溢流阀调定值高或阀芯卡阻堵塞导致超载闷泵	调节溢流阀压力并检修阀
		泵出油口单向阀装反或阀芯卡阻而闷泵	检修单向阀
		电动机故障	检修或更换电动机
		泵内部滑动部件卡死	拆开检修，按要求选配间隙
		配合间隙太小	
		零件精度差，装配质量差，齿轮与轴同轴度偏差太大；柱塞头部卡死；叶片垂直度差；转子摆差太大，转子槽有伤口或叶片有伤痕受力后断裂而卡死	更换零件，重新装配，使配合间隙达到要求
	泵反转	电动机转向错误 电气接线错误	纠正电气接线
	泵轴仍可转动	泵轴内部折断	检查原因，更换新轴
		轴质量差	拆开检修，按要求选配间隙
		泵内滑动副卡死	更换零件，重新装配，使配合间隙达到要求
	泵不吸油	油箱油位过低	加油至油位线
		吸油过滤器堵塞	清洗滤芯或更换
		泵吸油管上阀门未打开	检查并打开阀门
		泵或吸油管密封不严	检查和紧固接头处，紧固泵盖螺钉，在泵盖结合处和接头连接处涂上油脂，或先向泵吸油口注油
		泵吸油高度超标、吸油管细长且弯头太多	降低吸油高度，更换油管，减少弯头
		吸油过滤器过滤精度太高或通流截面面积太小	选择合适的过滤精度，加大过滤器规格
		油液的黏度太高	检查油液的黏度，更换适宜的油液，冬季应检查加热器的效果
		叶片泵叶片未伸出或卡死	拆开清洗，合理选配间隙，检查油质、过滤或更换油液
		叶片泵变量机构动作不灵或磨损，使定子与转子偏心量为零	修复、调整或更换变量机构
		叶片泵配油盘与泵体之间不密封	拆开清洗重新装配
泵出油量不足	容积效率低	泵内部滑动零件磨损严重	拆开清洗，修理和更换
		齿轮端面与侧板磨损严重	研磨修理或更换
		齿轮泵轴承损坏使泵体孔磨损严重	更换轴承并修理
		叶片泵配油盘端面磨损严重	研磨配油盘端面
		柱塞泵柱塞与缸体孔磨损严重	更换柱塞并配研，清洗后重装配
		柱塞泵配油盘与缸体端面磨损严重	研磨两端面达到要求，清洗后重新装配

（续）

故障现象	故障机理		排除方法
泵出油量不足	容积效率低	泵装配不良	
		齿轮与泵体、齿轮与侧板、定子与转子、柱塞与缸体之间的间隙太大	重新装配，按技术要求选配间隙
		齿轮泵、叶片泵的泵盖上螺钉拧紧力矩不匀或有松动	重新拧紧螺钉并达到受力均匀
		叶片和转子反装	纠正方向重新装配
		油液的黏度过低（如用错油或油温过高）	更换油液，检查油温过高原因，采取降温措施
	泵有吸气现象	吸油过滤器有部分堵塞，吸油阻力大	清洗或更换过滤器
		吸油管距液面较近	适当加长调整吸油管长度或位置
		吸油位置太高或油箱液位太低	降低泵的安装高度或提高液位高度
		泵和吸油管口密封不严	检查连接处和结合面的密封，并紧固
		油液的黏度过高	检查油质，按要求选用油液黏度
		泵的转速太高（使用不当）	控制在最高转速以下
		吸油过滤器通流截面积太小	更换通流截面积大的过滤器
		非自吸泵的辅助泵供油量不足或有故障	修理或更换辅助泵
		油箱上空气过滤器堵塞	清洗或更换空气过滤器
		泵轴油封失效	更换泵轴油封
		油液中溶解一定量的空气，在工作过程中又生成气泡	在油箱内增设隔板，将回油经过隔板消泡后再吸入，油液中加消泡剂
		回油涡流强烈，生成泡沫	吸油管与回油管要隔开一定距离，回油管口要插入油面以下
		管道内或泵壳内存有空气	空载运转，以排除空气
		吸油管浸入油面的深度不够	加长吸油管，向油箱中注油使其液面升高

7.2.3 常用液压执行元件的故障分析及排除

1. 液压缸常见故障及排除方法

液压缸常见故障及排除方法见表7-5。

表7-5 液压缸常见故障及排除方法

故障现象	故障机理	排除方法
爬行	外界空气进入缸内	设置排气装置或开动系统强迫排气
	密封得太紧	调整密封，但不能泄漏
	活塞与活塞杆不同轴，活塞杆不直	校正或更换，使同轴度小于 $\phi 0.04$mm
	缸内壁拉毛，局部磨损严重或腐蚀	适当修理，严重者重新磨缸内孔，按要求重配活塞
	安装位置有偏差	校正安装位置
	双杆两端螺母拧得太紧	调整螺母
冲击	采用间隙密封的活塞，与缸体间隙过大，节流阀失去作用	更换活塞，使间隙达到规定要求，检查节流阀
	端头缓冲的单向阀失灵，不起作用	修正、研配单向阀与阀座或更换

（续）

故障现象	故障机理	排除方法
推力不足，速度不够或逐渐下降	由于缸与活塞配合间隙过大或O形密封圈损坏，使高、低压侧互通 工作段不均匀，造成局部几何形状有误差，使高低压腔密封不严，产生泄漏 油温太高，油液黏度降低，泄漏量增加，使缸的速度减慢 液压泵流量不足，液压缸进油路油液泄漏	更换活塞或密封圈，调整到合适的间隙 镗、磨修复缸孔径，重配活塞放松密封，校直活塞杆 检查温升原因，采取散热措施，如果间隙过大，可单配活塞或增装密封环 排除管路泄漏，检查安全用溢流阀锥阀与阀座密封情况，如果密封不好而产生泄漏，使油液自动流回油箱
外泄漏	活塞杆表面损伤或密封圈损坏，使活塞杆处密封不严 管接头密封不严 缸盖处密封不良	检修活塞杆及密封圈 检修密封圈及接触面 检查并修整

2. 液压马达常见故障及排除方法

液压马达常见故障及排除方法见表7-6。

表7-6 液压马达常见故障及排除方法

故障现象	故障机理	排除方法
转速低输出转矩小	由于过滤器阻塞，油液黏度过大，泵间隙过大，效率低，供油不足 电动机转速低，功率不匹配 密封不严，空气进入 油污堵塞液压马达内部通道 油液黏度小，内泄漏量加大 油箱中油液不足或是管径过小或过长 齿轮马达侧板和两侧面，叶片马达配油盘和叶片等零件损伤 磨损造成内泄漏和外泄漏	清洗过滤器，更换适合的油液，保证供油量 更换电动机 紧固密封 拆卸、清洗液压马达，更换油液 更换黏度适合的油液 加油，加大吸油管管径 对零件进行修复 修理阀芯和阀座
噪声过大	进油口过滤器堵塞，管漏气 联轴器与液压马达轴不同心或松动 齿轮马达齿形精度低，接触不良，轴向间隙小，内部个别零件损坏，齿轮内孔与端面不垂直，端盖上两孔不平行，滚针轴承断裂，轴承架损坏 叶片和主配油盘接触的两侧面，叶片顶端或定子内表面磨损或刮伤，扭力弹簧变形或损坏 径向柱塞马达的径向尺寸严重磨损	清洗过滤器，紧固接头 重新安装调整或紧固 更换齿轮，或是研磨修整齿形，研磨有关零件重配轴向间隙，对损坏零件进行更换 根据磨损程度修复或更换 修磨缸孔，重配柱塞

7.2.4 常用液压控制元件的故障分析及排除

液压阀是系统的控制元件，通过控制阀口的开度或控制阀口的通断，来调节液压系统中油液流动的方向、压力以及流量等参数，在系统中扮演着重要的角色。

1. 单向阀常见故障及排除方法

单向阀常见故障及排除方法见表7-7。

表7-7 单向阀常见故障及排除方法

阀型	故障现象	故障机理	排除方法
普通单向阀	单向阀反向截止时，阀芯不能将液流严格封闭而产生泄漏	阀芯与阀座接触不紧密 阀体孔与阀芯的同轴度超差 阀座压入阀体孔有歪斜 油液污染严重	重新研配阀芯与阀座 检修或更换 拆下阀座重新压装 过滤或更换油液
	单向阀启闭不灵活，阀芯卡阻	阀体孔与阀芯的加工精度低，二者的配合间隙不当 弹簧断裂或过分弯曲 油液污染严重	修整 更换弹簧 过滤或更换油液
液控单向阀	反向截止时（即远程控制口不起作用时），阀芯不能将液流严格封闭而产生泄漏	阀芯与阀座接触不紧密 阀体孔与阀芯的同轴度超差 阀座压入阀体孔有歪斜 油液污染严重	重新研配阀芯与阀座 检修或更换 拆下阀座重新压装 过滤或更换油液
	复式液控单向阀不能反向卸载	阀芯孔与控制活塞孔的同轴度超差，控制活塞端部弯曲，导致控制活塞顶杆顶不到卸载阀芯，使卸载阀芯不能开启	修整或更换
	液控单向阀关闭时不能回复到初始封油位置	阀体孔与阀芯的加工精度低，二者的配合间隙不当 弹簧断裂或过分弯曲 油液污染严重	修整 更换弹簧 过滤或更换油液

2. 滑阀式换向阀常见故障及排除方法

滑阀式换向阀常见故障及排除方法见表7-8。

表7-8 滑阀式换向阀常见故障及排除方法

故障现象	故障机理	排除方法
阀芯不能移动	阀芯与阀体孔配合间隙不当 间隙过大，阀芯在阀体内歪斜，使阀芯卡住 间隙过小，摩擦阻力增加，阀芯移不动	检查配合间隙。阀芯直径小于20mm时，正常配合间隙在0.008~0.015mm范围内；阀芯直径大于20mm时，正常配合间隙在0.015~0.025mm范围内 间隙太大，重配阀芯，也可以采用电镀工艺 间隙太小，研磨砂阀芯，增大阀芯直径
	弹簧太软，阀芯不能自动复位；弹簧太硬，阀芯推不到位	更换弹簧
	手动换向阀的连杆磨损或失灵	更换或修复连杆
	电磁换向阀的电磁铁损坏	更换或修复电磁铁
	液动换向阀或电液动换向阀两端的单向节流器失灵	仔细检查节流器是否堵塞、单向阀是否泄漏，并进行修复
	液动或电液动换向阀的控制液压油压力过低	检查压力低的原因，对症解决
噪声过大	电磁铁推杆过长或过短	修整或更换推杆

3. 流量控制阀常见故障及排除方法

流量控制阀常见故障及排除方法见表7-9。

表7-9 流量控制阀常见故障及排除方法

阀型	故障现象	故障机理	排除方法
节流阀	流量调节失灵	密封失效 弹簧失效 油液污染致使阀芯卡阻	拆检或更换密封装置 拆检或更换弹簧 拆开并清洗阀或换油液
	流量不稳定	锁紧装置松动 节流口堵塞 内泄漏量过大 油温过高 负载压力变化过大	锁紧调节螺钉 拆洗节流阀 拆检或更换阀芯与密封 降低油温 尽可能使负载不变化或少变化
	行程节流阀不能压下或不能复位	阀芯卡阻 泄油口堵塞致使阀芯反力过大 弹簧失效	拆检或更换阀芯 泄油口接油箱并降低泄油背压 检查更换弹簧
调速阀	流量调节失灵	同上述流量调节失灵故障机理	同上述流量调节失灵排除方法
	流量不稳定	调速阀进出油口接反 补偿器不起作用 锁紧装置松动 节流口堵塞 内泄漏量过大 油温过高 负载压力变化过大	检查并正确连接进出油口 检查补偿器 锁紧调节螺钉 拆洗阀 拆检或更换阀芯与密封 降低油温 尽可能使负载不变化或少变化

4. 溢流阀常见故障及排除方法

溢流阀常见故障及排除方法见表7-10。

表7-10 溢流阀常见故障及排除方法

故障现象	故障机理	排除方法
调紧调压机构不能建立压力或压力不能达到额定值	进出油口装反 先导式溢流阀的先导阀芯与阀座密封不严，可能有异物存在于先导阀芯与阀座间 阻尼孔被堵塞 调压弹簧变形或折断 先导阀芯过度磨损，内泄漏量过大 远程控制口未封堵 三节同心式溢流阀的主阀芯三部分圆柱不同心	检查进出油口方向并更正 拆检并清洗先导阀，同时检查油液污染情况，如果污染严重，应更换油液 拆洗，同时检查油液污染情况，如果污染严重，则应更换油液 更换新的调压弹簧 研修或更换先导阀芯 封堵远程控制口 重新组装三节同心式溢流阀的主阀芯
噪声和振动	先导阀弹簧自振频率与调压过程中产生的压力-流量脉动合拍，产生共振	迅速转动调节螺杆，使之超过共振区，如果无效或实际上不允许这样做（例如压力值正在工作区，无法超过），则在先导阀高压油进油口处增加阻尼，例如在空腔内加一个松动的堵头，缓冲先导阀的先导压力-流量脉动

5. 减压阀常见故障及排除方法

减压阀常见故障及排除方法见表7-11。

表7-11 减压阀常见故障及排除方法

故障现象	故障机理	排除方法
不能减压或无二次压力	泄油口不通或泄油通道堵塞，使主阀芯卡阻在原始位置，不能关闭 无油源 主阀弹簧折断或弯曲变形	检查并拆洗泄油管路和泄油口，使其通畅，若油液污染，则应更换油液 检查油路，排除故障 更换弹簧
二次压力不能继续升高或压力不稳定	先导阀密封不严 主阀芯卡阻在某一位置，负载有机械干扰 单向减压阀中的单向阀泄漏量过大	修理或更换先导阀或阀座 检查拆洗泄油管路、泄油口使其通畅，若油液污染，则应换油；检查排除执行元件机械干扰 拆检、更换单向阀零件
噪声和振动	先导阀弹簧自振频率与调压过程中产生的压力-流量脉动合拍，产生共振	迅速转动调节螺杆，使之超过共振区，如果无效或实际上不允许这样做（例如压力值正在工作区，无法超过），则在先导阀高压油进油口处增加阻尼，例如在空腔内加一个松动的堵头，缓冲先导阀的先导压力-流量脉动

6. 顺序阀常见故障及排除方法

顺序阀常见故障及排除方法见表7-12。

表7-12 顺序阀常见故障及排除方法

故障现象	故障机理	排除方法
不能起顺序控制作用（子回路执行元件与主回路执行元件同时动作，非顺序动作）	先导阀泄漏严重 主阀芯卡阻在开启状态不能关闭 调压弹簧损坏或漏装	拆检、清洗与修理 拆检、清洗与修理，过滤或更换油液 更换损坏调压弹簧或补装
执行元件不动作	先导阀不能打开，先导管路堵塞 主阀芯卡阻在关闭状态不能开启，回位弹簧卡死	拆检、清洗与修理，过滤或更换油液 拆检、清洗与修理，过滤或更换油液、修复或更换回位弹簧
用作卸荷阀时液压泵一起动就卸荷	先导阀泄漏严重 主阀芯卡阻在开启状态不能关闭	拆检、清洗与修理 拆检、清洗与修理，过滤或更换油液
用作卸荷阀时不能卸荷	先导阀不能打开，先导管路堵塞 主阀芯卡阻在关闭状态不能开启，回位弹簧卡死	拆检、清洗与修理，过滤或更换油液 拆检、清洗与修理，过滤或更换油液，修复或更换回位弹簧

7.3 气动系统的使用和维护

7.3.1 气动系统的安装与调试

1. 气动系统的安装

气动系统的安装不仅是机械地将管子和阀连接，还必须确保其运行可靠，布局合理，安装工艺正确，维修及检测方便。

气动系统的日常维护

（1）管道的安装　在安装前需彻底清理管道内的粉尘及杂物；管子支架需要固定并避免振动；要保证气动系统的密封性，在管道接头处和焊接处需避免漏气，管道布置依据“平行布置，减少交叉，力求最短，转弯最少，能自由拆装”的原则。软管的安装需预留合适的转弯半径，避免管道打弯拧扭；软管应避免靠近热源，以防线路老化，必要时可安装隔热材料，例如隔热板。

（2）元件的安装　安装元件时应遵循阀的安装准则，在阀的推荐安装位置按照标明的安装方向进行安装施工；按照控制回路的需要将逻辑组件成组地安装在底板上，开出气路并用软管接出；将可移动副的中心线与负载作用力的中心线重合，避免产生侧向力，导致密封件加速磨损和活塞杆弯曲；在安装之前需对各个仪器进行校验，例如各种控制仪表、自动控制器、压力开关等。

2. 气动系统的调试

（1）调试前的准备　调试前须阅读并熟悉有关技术资料，例如说明书等，必须全面地了解系统的运行原理、机器结构性能和具体操作方法，提前准备好相应的调试工具。了解各组件在机械设备上的实际位置、各个组件调节相应的操作方法，例如调节按钮的旋向等。

（2）空载运行　空载运行检查的目的是排除机器的故障，防止负载运行时对机器造成严重损坏。空载运行时间要小于 2h，在此期间应当注意观察并记录压力、流量和温度的变化，当观察到有异常变化时应当立即停车检查，待查明故障原因并排除之后才能继续运转。

（3）负载试运转　负载试运转应分段加载，运转一般不少于 4h，分别测出有关数据，记入试运转记录。

7.3.2　气动系统的使用与日常维护

为防止设备频繁发生故障或因过早损坏导致设备的使用寿命缩短，必须对气动设备进行定期维护，对气动装置的维护主要是检查并排除有可能导致故障的因素。对已经发现的可导致事故的因素，及时采取措施，达到防止、减少或拖延故障发生的目的，以延长设备组件和系统的使用寿命。

气动系统维护工作的任务主要是：保证供给气动系统清洁、干燥的压缩空气；保证气动系统的气密性；保证使油雾润滑组件得到必要的润滑；保证气动组件和系统在规定的工作条件（例如使用压力和电压等）下工作和运转，以确保气动执行机构按预定的要求进行工作。

1. 气动系统使用时的注意事项

1）在起动气动系统之前，将系统中的冷凝水放掉，冷凝水的排放涉及整个气动系统，例如空气压缩机、后冷却器、储气罐、管道系统及各处的空气过滤器、干燥器和自动排水器等。在气动系统作业结束时，应及时将各个机器的冷凝水排放掉，原因是夜间管道内温度下降，温度过低会导致进一步析出冷凝水，温度低于 0℃ 还会导致冷凝水结冰，损害气动系统。每次起动前后，需要注意查看自动排水器的工作是否正常，查看水杯内的水是否过量，同时应检查各调节手柄的位置是否正确，控制阀行程开关挡块的位置是否在正确的位置，以及它们的固定是否牢固，还应当对导轨、活塞杆等外露部分的配合表面进行擦拭。

2）润滑油的检查。在维护中应定期给油雾器注油，在气动系统装置运转时应当检查油雾器的滴油量是否符合要求，若耗油量太少，应重新调整滴油量；若调整后的滴油量仍然过少或不滴油时，应当检查油雾器进、出油口是否装反，油道是否堵塞，或者所选油雾器的规格是否合适；还应当检查油色是否正常，防止油中混入灰尘和水分。

3）空气压缩机系统的管理。空气压缩机系统的日常管理工作包括检查空气压缩机系统是否向后冷却器供给了冷却水（指水冷式）；检查空气压缩机是否有异常声音和异常发热现象，检查润滑油位是否正常。

4）保持压缩空气的清洁度，对空气过滤器的滤芯定期进行清洁和更换。

5）设备长期不使用时，应将各手柄放松，以防弹簧永久变形甚至失效而影响组件的调节性能。

2. 气动系统的日常维护

气动系统的日常维护主要有以下内容：

1）定期进行漏气检查。漏气检查一般安排在白天车间休息的空闲时间或下班后，这个时间段内气动系统已停止工作，车间内噪声小，管道内还存在空气压力，根据漏气的声音可以判别漏气点所在位置。进行漏气检查是因为漏气会损失空气压力，压缩空气泄漏引起的能源消耗会造成较大的经济损失。造成压缩气体泄漏的原因有很多，例如软管破裂、连接处严重松动等，这种严重泄漏必须立即采取措施，以防引发安全事故。检测气体泄漏的方式还包括使用肥皂水和专门的喷雾试剂等，利用这些方法可以非常方便地检测出微小空气泄漏点。观察泄漏空气处产生的泡沫，对其精准定位，一旦发现泄漏点，必须立刻进行修补并做好记录。

2）定期对润滑情况及油雾器进行检查。通常是检查方向控制阀排气口，以判断润滑油是否适度，空气中是否含有冷凝水等。若发现润滑不良，须考虑油雾器规格是否应当调换、安装位置是否正确、滴油量的选取是否合适等；给油雾器补油时，重点观察油量减少情况是否正常，如果耗油量太少，必须重新调整滴油量；若调整之后无效，则应考虑油雾器的规格是否合适，油雾器进、出油口是否装反以及油道是否堵塞。若观察到排气口有大量冷凝水排出，首先考虑位置是否选择恰当，应考虑重新选择位置安装过滤器。若压缩空气泄漏发生在方向控制阀排气口关闭之后，则可证明此时是组件损伤的初期阶段，应考虑更换受损组件，防止发生动作不良，引发安全事故。

3）定期对换向阀进行检查。一是检查换向阀的排气口中油雾喷出量是否适度，有无冷凝水及有无漏气；二是检查换向阀的动作是否正常，使用电磁换向阀时要检查通电时的温升及声音，仔细聆听换向阀换向时发出的声音是否有异常，以此判断铁心与衔铁配合处是否有杂质。

4）定期对气缸进行检查。检查气缸时需反复开关换向阀，观察气缸反应动作是否灵敏，以判断气缸的活塞密封是否良好；同时检查活塞杆外露部分，以判断气缸前盖与活塞之间是否发生泄漏。

5）定期对安全部件进行检查。为保证设备和人身安全，需定期检查安全阀和紧急安全开关等，检查出问题要及时排除故障，以确保这些安全部件可靠。

3. 压缩空气的污染原因及防治方法

压缩空气的质量是影响气动系统性能的重大因素，气动系统的结构证明了压缩空气的污染不可避免，故应当在使用与维护时着重检查。被污染的压缩空气会导致管道和组件的锈蚀、密封件变形及喷嘴堵塞，致使系统不能正常工作。造成压缩空气污染的主要因素是水污染和油污染等，其污染原因及防治方法如下：

1）水污染。当富含水分的湿空气被空气压缩机吸入后，在极高的压力压缩和冷却下会析出冷凝水。这些冷凝水会随气压及温度变化在空气中融入和析出，会侵入到气动系统之中。若富含水分的空气在关键位置析出冷凝水，就会导致管道及组件的锈蚀，而损害设备性能。

防止冷凝水损害气动设备的方法是：定期检查并排除系统各排水阀中积存的冷凝水，检查自动排水器干燥器等仪器的工作是否正常，并定期清洗空气过滤器中自动排水器的内部组件。

2）油污染。在气动系统中，由于某些部位的润滑油受热导致变质，这些润滑油极易在受热后汽化，之后随压缩空气进入气动系统，这些变质的润滑油是油污染的主要来源。油污染会使得密封件变形进而造成空气泄漏、摩擦阻力增大，引起阀和执行组件动作不良。

清除压缩空气中油分的方法：通过除油器和空气过滤器的分离作用，将较大的油分颗粒从空气中分离，并在设备底部通过排污阀进行排除；使用活性炭吸收空气中较小的油分颗粒，利用活性炭的吸附作用将其清除。另外需定期更换活性炭。

3）灰尘。压缩空气中一般混有粉尘、管道内因锈蚀挥发的锈粉以及密封材料的碎屑。这些空气中的杂质在设备运行过程中会引起组件中的运动件卡死、动作失灵、堵塞喷嘴等故障，将加速组件损坏，缩短设备使用寿命，导致故障频发，使设备性能大打折扣。

防止粉尘进入空气压缩机的主要方法是：在日常使用维护中，经常清洁空气压缩机前的预过滤器，定期清洁空气过滤器的滤芯，并定期更换过滤组件。

对气动系统的日常维护工作应有记录，以利于以后的故障诊断和处理。

按标准执行，具备一颗责任心

做好气动系统的日常维护工作需要我们掌握气动系统的基本原理；

通过一定的实践磨炼，具备责任心，对日常维护不能流于形式，严格执行企业的标准并做好记录。

7.4 气动系统故障分析及排除

7.4.1 气动系统故障诊断的分析方法

1. 气动系统故障诊断的常用方法

（1）检查法　又称经验法，主要依靠工作经验以及借助简单仪表，诊断故障发生所在部位，寻找故障发生原因。观察执行组件有无异常、动作是否灵敏，观察各测压点压力仪表示数是否合理，检查换向阀排气口排出空气是否清洁，观察冷凝水是否能够正常排出、有无堵塞，用耳朵听气缸即换向阀换向声音是否异常以及有无漏气的声音；用鼻子闻电磁线圈和密封圈有无因过热而产生的特殊味道；与操作人员及维修人员做交接，询问情况，了解故障发生前的征兆，了解气动系统的故障历史及相应的维修历史；用手触摸系统各部件感受部件温度，感受电磁线圈处的温升，气缸及管道的振动情况，气缸有无爬升，各个接头及组件附近有无漏气的感觉。此种方法依赖于维修人员从业时间、个人感官和判断能力，故经验法存在较大的局限性。

（2）推理分析法　推理分析法是利用逻辑推理、步步逼近，找出故障的真实原因的方法。内容是：由简到繁、由易到难、由表及里地逐一进行分析，排除不可能的和非主要的故障原因。优先检查故障发生前曾调试或更换的组件和故障率高的组件。

1）仪表分析法。利用检测仪器仪表，例如压力表、差压计、电压表、温度计、电秒表及其他电子仪器等，检查系统或组件的技术参数是否符合要求。

2）部分停止法。暂时停止气动系统某部分的工作，观察其对故障征兆的影响。

3）试探反证法。试探性地改变气动系统中部分工作条件，观察对故障征兆的影响。

4）比较法。用标准的或合格的组件代替系统中相同的组件，通过工作情况的对比判断被更换的组件是否失效。

2. 故障诊断后的处理

一旦确认具体故障原因，就必须及时进行处理。当故障原因来自于系统内部时，需要对气动装置进行拆卸，以排除故障。拆卸前做好准备工作，最重要的就是要切断电源和气源，防止在拆卸过程中以及拆卸之后对维修人员造成伤害。在拆解气动组件之前，应当注意阀门关闭后，气路管道会有残余气压，必须优先调节电磁先导阀的手柄调节杆，将气路管道内的残余气压清零。对于拆卸完毕的气动组件，应先将各个零件按规范放置，防止丢失。逐个排查各个零件的损坏情况，查看金属组件是否锈蚀，密封件是否老化，各喷嘴节流孔是否堵塞，滤芯是否应当替换，电磁阀工作线圈是否有短路或断路的情况发生，气动弹簧是否失效，及失效的具体原因。对于排查出的已损坏的各组件，应当对其进行维修或更换。在将气动装置系统故障排除完毕并交付使用之前，要仔细、认真地检查出油量是否达到要求。对换向阀排气质量、各调节气阀的灵活性、仪表指示的正确性、电磁阀切换动作的可靠性、气缸动作的准确性，应当做明确的记录，有清晰的结论。并在组装气动装置时必须注意以下几点。

1）不能漏装密封组件。

2）不能把安装方向搞反，以免重复拆卸，增添新的问题，浪费时间和增加维修费用。

总之，只要在工作中做到冷静思考、认真求细，就能迅速、准确地发现情况，解决问题。

7.4.2　气动系统组件常见故障及排除方法

在气动系统的维护过程中，常见故障都有其产生原因和相应排除方法。了解和掌握这些故障现象及其原因和排除方法，可以协助维护人员快速地解决问题。下面给出气动系统主要组件常见的故障及其排除方法。

1. 减压阀常见故障及排除方法

减压阀常见故障及排除方法见表 7-13。

表 7-13　减压阀常见故障及排除方法

故障现象	故障原因	排除方法
二次压力升高	阀弹簧损坏 阀座有伤痕或阀座橡胶（密封圈）剥落 阀体中夹入灰尘，阀芯导向部分黏附异物 阀芯导向部分和阀体 O 形密封圈收缩、膨胀	更换阀弹簧 更换阀体 清洗、检查过滤器 更换 O 形密封圈
压力降过大（流量不足）	阀口通径小 阀下部积存冷凝水；阀内混有异物	使用大通径的减压阀 清洗、检查过滤器
溢流口总是漏气	溢流阀座有伤痕（溢流式） 膜片破裂 二次压力升高 二次侧背压增高	更换溢流阀座 更换膜片 参看“二次压力上升”栏 检查二次侧的装置、回路
阀体漏气	密封件损伤 弹簧松弛	更换密封件 张紧弹簧或更换弹簧

2. 溢流阀的常见故障及排除方法

溢流阀的常见故障及排除方法见表 7-14。

表 7-14　溢流阀常见故障及排除方法

故障现象	故障原因	排除方法
异常振动	弹簧的弹力减弱、弹簧错位 阀体的中心、阀杆的中心错位 因空气消耗量周期变化使阀不断开启和关闭，与减压阀引起共振	把弹簧调整到正常位置，更换弹力减弱的弹簧 检查并调整位置偏差 改变阀的固有频率
压力虽上升，但不溢流	阀内孔堵塞 阀芯导向部分进入异物	清洗 清洗
压力虽没有超过设定值，但在二次侧却溢出空气	阀内进异物 阀座损伤 调压弹簧损伤	清洗 更换阀座 更换调压弹簧
溢流时发生振动（主要发生在膜片式阀，启闭压力差减小）	压力上升速度缓慢，溢流阀放出流量多，引起阀振动 因从压力上升源到溢流阀之间被节流，阀前部压力上升慢而引起振动	二次侧安装针阀微调溢流量，使其与压力上升量匹配 增大压力上升源到溢流阀的管路通径
从阀体和阀盖向外漏气	膜片破裂（膜片式） 密封件损伤	更换膜片 更换密封件

3. 换向阀的常见故障及排除方法

换向阀的常见故障及排除方法见表 7-15。

表 7-15 换向阀常见故障及排除方法

故障现象	故障原因	排除方法
不能换向	阀的滑动阻力大，润滑不良 O 形密封圈变形 粉尘卡住滑动部分 弹簧损坏 阀操纵力小 活塞密封圈磨损	进行有效润滑 更换密封圈 清除粉尘 更换弹簧 检查阀操纵部分 更换密封圈
阀产生振动	空气压力小（先导阀） 电源电压低（电磁阀）	增大操纵压力或采用直动型 提高电源电压或使用低电压线圈
交流电磁铁有蜂鸣声	H 形活动铁心密封不良 粉尘进入 T 形铁心的滑动部分，使活动铁心不能密切接触 短路环损坏 电源电压低 外部导线拉得太紧	检查铁心接触和密封性，必要时更换铁心组件 清除粉尘 更换活动铁心 提高电源电压 引线应宽裕
电磁铁动作时间偏差大，或有时不能动作	活动铁心锈蚀不能移动；在湿度高的环境中使用气动元件时，由于密封不完善而向磁铁部分泄漏空气 电源电压低 粉尘进入活动铁心的滑动部分，使运动恶化	铁心除锈，修理好对外部的密封，更换坏的密封件 提高电源电压或使用符合电压的线圈 清除粉尘
线圈烧毁	环境温度高 快速循环使用时 因为吸引时电流大，单位时间耗电多，温度升高使绝缘损坏而短路 粉尘夹在阀和铁心之间不能吸引活动铁心 线圈上有残余电压	按产品规定温度范围使用 使用高级电磁阀 使用气动逻辑回路 清除粉尘 使用正常电源电压，使用符合电压的线圈
切断电源后，活动铁心不能退回	粉尘夹入活动铁心滑动部分	清除粉尘

4. 气缸的常见故障及排除方法

气缸的常见故障及排除方法见表 7-16。

表 7-16 气缸的常见故障及排除方法

故障现象	故障原因	排除方法
外泄漏（主要有：活塞杆与密封衬套间漏气；气缸体与端盖间漏气；从缓冲装置的调节螺钉处漏气）	衬套密封圈磨损 活塞杆偏心 活塞杆有伤痕 活塞杆与密封衬套的配合面有杂质 密封圈损坏	更换密封圈 重新安装使活塞杆不受偏心负荷 更换活塞杆 去除杂质 更换密封圈
内泄漏（活塞两端串气）	活塞密封圈损坏 润滑不良 活塞被卡住 活塞配合面有缺陷，杂质挤入密封面	更换活塞密封圈 改善润滑 重新安装，使活塞杆不受偏心负载的作用 缺陷严重者更换零件，除去杂质

（续）

故障现象	故障原因	排除方法
输出力不足，动作不平稳	润滑不良 活塞或活塞杆卡住 气缸体内表面有锈蚀或缺陷 进入了冷凝水	调节或更换油雾器 检查安装情况，消除偏心 视缺陷大小决定排除故障的办法 加强对空气过滤器和储油气的管理，定期排放污水
损伤（主要有：活塞杆折断端盖损坏）	有偏心负载 摆动气缸安装轴销的摆动面与负载摆动面不一致；摆动轴销的摆动角过大，负载大，摆动速度又快，有冲击装置加到活塞杆上；活塞杆承受负载的冲击；气缸的速度太快 缓冲机构不起作用	调整安装位置，消除偏心 使摆动面一致；确定合理的摆动速度；冲击不得加在活塞杆上；设置缓冲装置 在外部回路中设置缓冲机构
缓冲效果不好	缓冲部分的密封性能差 调节螺钉损坏 气缸速度太快	更换密封圈 更换调节螺钉 设置适合的缓冲机构

5. 空气过滤器的常见故障及排除方法

空气过滤器的常见故障及排除方法见表 7-17。

表 7-17　空气过滤器的常见故障及排除方法

故障现象	故障原因	排除方法
压力过大	使用过细的滤芯 过滤器的流量范围太小 流量超过过滤器的容量 过滤器滤芯网眼堵塞	更换合适的滤芯 更换流量范围大的过滤器 更换大容量的过滤器 使用净化液清洗滤芯
从输出端溢流出冷凝水	未及时排出冷凝水 自动排水器发生故障 超过过滤器的流量范围	养成定期排水习惯或安装自动排水器 修理，必要时更换 在适当流量范围内使用或者更换大容量的过滤器
输出端出现异物	过滤器滤芯破损 滤芯密封不严 用有机溶剂清洗塑料件	更换滤芯 更换滤芯密封件，紧固滤芯 用清洁的热水或煤油清洗
塑料水杯破损	在有有机溶剂的环境中使用 空气压缩机输出某种焦油 空气压缩机从空气中吸入对塑料有害的物质	使用不受有机溶剂侵蚀的材料，例如使用金属杯 更换空气压缩机的润滑油，使用无油空气压缩机 使用金属杯
漏气	密封不良 物理冲击，因化学原因使塑料杯产生裂痕 泄水阀，自动排水器失灵	更换密封件 采用金属杯 修理，必要时更换

6. 油雾器的常见故障及排除方法

油雾器的常见故障及排除方法见表 7-18。

表 7-18 油雾器的常见故障及排除方法

故障现象	故障原因	排除方法
油杯未加压	通往油杯的空气通道堵塞 油杯大，油雾器使用频繁	拆卸修理 加大通往油杯的空气通道，使用快速循环的油雾器
油不能滴下	使油滴下所需的压力差不够 油雾器反向安装 油道堵塞 油杯未加压	加上文丘里管或换成小的油雾器 改变安装方向 拆卸、检查、修理 因通往油杯的空气通道堵塞，故需拆卸修理
油滴数不能减少	油量调整螺栓失效	检修油量调整螺栓
空气向外泄漏	油杯破坏 密封不良 观察玻璃破损	更换油杯 检修密封 更换观察玻璃
油杯破损	用有机溶剂清洗 周围存在有机溶剂	更换油杯使用金属杯或耐有机溶剂的油杯 与有机溶剂隔离

【工程训练】

训练题目：剪板机液压系统故障分析

工程背景：剪板机（图 7-2）属于锻压机械中的一种，利用上、下刀片间的合理间隙，对各种厚度的金属板材施加剪切力，以实现金属板材的裁剪。其产品广泛应用于航空、轻工、冶金、化工、建筑、船舶、汽车、电力、电器、装潢等行业。目前多采用全液压的方式，中小型液压剪板机多采用常规开关式阀组成液压系统，中大型剪板机多采用插装阀组成液压系统。

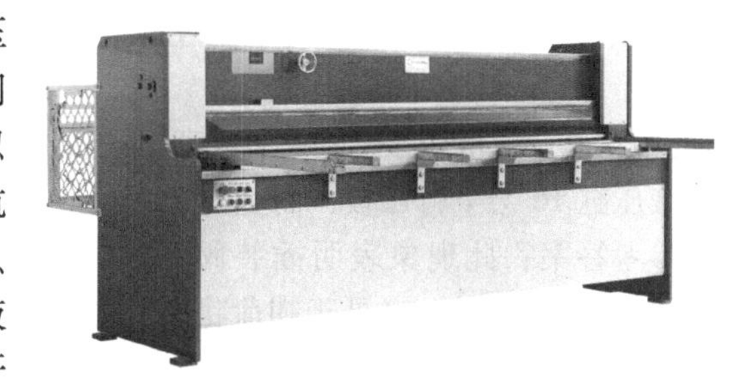

图 7-2 某生产线中所用液压剪板机

液压剪板机有许多机型，其液压原理均大同小异，现以 Q12Y-16×3200 型液压剪板机为例说明，其液压系统如图 7-3 所示。

工作原理：

（1）空运转 起动液压泵 1，1DT、2DT、3DT 均不通电，此时由插装阀 4、调压阀 3 与电磁阀 2 组成的插装式电磁溢流阀的插装阀 4 打开，泵出油口 P→T 通油箱，泵卸荷，作无负荷空运转。

（2）剪切 当 1DT 通电时，电磁阀 2 右位工作，此时插装式电磁溢流阀 Y 的插装阀 4 关闭，泵按调压阀 3 调定的压力输出压力油，打开插装式单向阀 6 进入压料脚液压缸 16 压料，另一条油路经插装式单向阀 7→插装式顺序阀（由插装阀 8 和调压阀 9 组成）→剪切液压缸 17，进行剪切。

顺序阀的预调压力为 7MPa，而插装式单向阀 6 的开启压力为 0. 4MPa，因此顺序阀开启时间滞后。由于有顺序阀存在，当 1DT 通电后，上刀架 19 下行前，压料脚必先下行压住钢板，当压力升高到7MPa以上时，顺序阀才开启，上刀架方下行开始剪板。

（3）返程　剪切完毕，1DT断电，2DT、3DT通电，液压缸17及压料脚液压缸16卸荷，它们分别在压缩氮气和弹簧的作用下返程，当到达上死点时，在行程开关23的作用下，停在预定位置。

训练内容：结合本项目知识点和Q12Y-16×3200型剪板机的液压系统图及其工作原理，试分析以下液压系统故障产生原因及其排除方法。

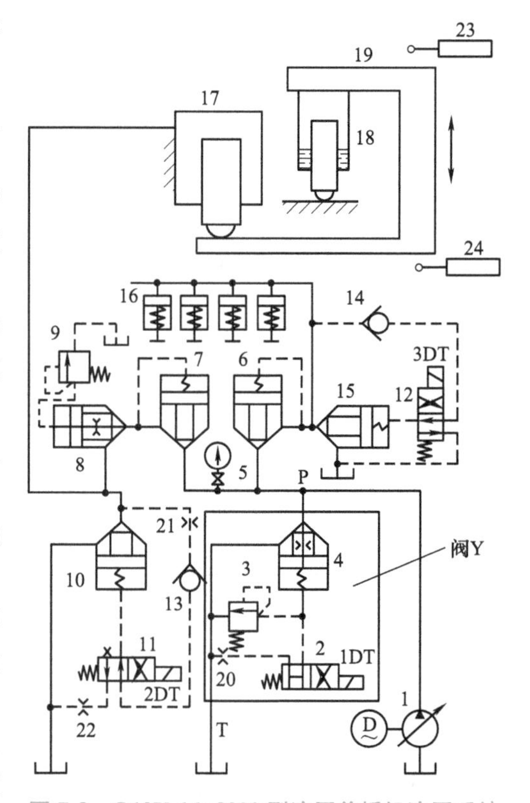

图7-3　Q12Y-16×3200型液压剪板机液压系统

1—液压泵电动机组　2、11、12—电磁阀　3、9—调压阀　4、6~8、10、15—插装阀　5—压力表　13、14—单向阀　16—压料脚液压缸　17—剪切液压缸　18—氮气缸　19—上刀架　20~22—阻尼塞　23、24—行程开关

【故障1】　液压泵起动后，1DT通电，上刀架19及压料脚液压缸16均无动作。

参考答案：此时应首先考虑插装阀4可能卸荷，检查阀的锥面有无异物、阀芯是否卡死，阀芯上的阻尼孔是否畅通，调压阀3、9的阀芯是否卡住；其次应考虑插装阀15可能卸荷，检查阀芯及电磁阀12是否失灵、有无异物卡住。若以上两处均无问题，则要由有经验的工人、技术人员检查液压泵是否损坏，考虑更换液压泵。

【故障2】　液压泵启动并使1DT通电，压料脚液压缸16会下行压板，而上刀架无反应。

参考答案：此现象表明插装阀6、7及15是正常的，而插装阀10处于卸荷状态。应检查该处有关部位：阻尼塞21、插装阀10的阀芯锥面有无异物、电磁阀11是否失灵不复位。

【故障3】　点动时上刀架不能稳定地停靠在任意位置，而会慢慢返程。

参考答案：此故障虽不影响剪板动作，但会造成无法调整和检测刀片间隙。

1）插装阀10锥面密封不良或顺序阀有内泄。可取出插装阀10及调压阀9，倒入煤油，检查其密封情况。

2）液压缸与柱塞间的密封面泄漏，应更换密封件。

【故障4】　压料脚液压缸与上刀架间无先后顺序动作。

参考答案：1DT通电后，压料脚液压缸16与上刀架19间无先后顺序动作且压料脚压下无力，以致剪板时板料移动。其原因是顺序阀压力调节太低或调节不当，应调整其开启压力至7MPa。

【故障5】　点动时，手松开按钮后压料脚液压缸自动返程。

参考答案：

1）电磁阀12的电磁铁3DT未能断电，或者3DT虽断电，但阀芯因污物卡死不复位，仍处于通电位置。

2）插装阀15的阀芯因污物卡死在开启位置。

查明原因后予以排除。

【故障 6】 上刀架返程速度太慢，而且达不到上止点。

参考答案：其原因为氮气缸中氮气压力不足或存在泄漏，应补充氮气或更换缸内密封件，并检查缸内有无密封润滑油。

【故障 7】 上刀架下行至下止点后换向返程瞬间有液压冲击声。

参考答案：其原因为上刀架下行时，管路中液压油呈高压状态，管路及油液中储存了大量的能量，当上刀架返程时，油液卸荷，该能量突然释放引起液压冲击。为使此能量缓慢释放，宜改小阻尼塞 22 孔径。

【故障 8】 点动时有冲击声。

参考答案：其原因为插装阀 10 关闭速度太快，应将其背压控制油路中的阻尼塞 21 减小。

【故障 9】 上刀架返程至上止点或任意位置停止时有冲击声。

参考答案：插装阀 10 突然关闭、插装阀 4 突然开启引起液压冲击。此时应减小阻尼塞 20、21 的孔径。相反，若上刀架返程至上止点后（即上刀架已碰上行程开关）仍会继续上行，产生撞缸现象，说明阻尼塞 21 的孔径太小，造成插装阀 10 反应不灵敏，应将阻尼塞 21 孔径加大些。因阻尼孔的大小与液压泵及整个液压系统的性能有关，故必须根据实际情况调节。

【故障 10】 液压泵空运转时，压料脚液压缸小范围上下波动。

参考答案：其原因是插装阀 6 内的复位弹簧开启压力小于 0.4MPa，应更换弹簧。

【故障 11】 剪切完毕，压料脚复位时并不完全到位。

参考答案：其原因是卸荷阻力过大，应更换插装阀 15 中的复位弹簧，使其刚度减小。若只是个别压料脚不复位，则说明该压料脚的弹簧刚度过小，此时只需更换该处弹簧即可。

【故障 12】 满负荷剪板时，上刀架无力、剪不断。

参考答案：

1）插装阀 4 失灵，应检修该阀或调整卸荷压力至规定值。

2）刀片间隙调节不当、太小，应按说明书或刀片间隙标牌规定值调整。

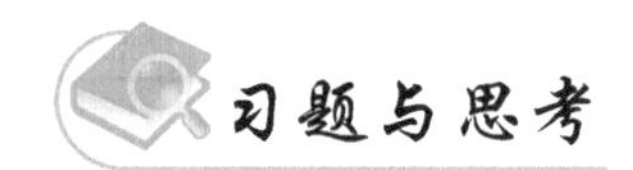

7-1 分析液压马达出现转速低输出转矩小的故障原因，并给出相应的排除方法。

7-2 分析气缸出现输出力不足，动作不平稳的故障原因，并给出相应的排除方法。

附　　录

附录A　常用液压与气动元件图形符号（摘自GB/T 786.1—2021）

表A-1　基本符号管路连接和管接头

名称	符　号	名称	符　号
工作管路	 0.1M	控制管路	 0.1M
组合元件框线	 0.1M	两个流体管路的连接	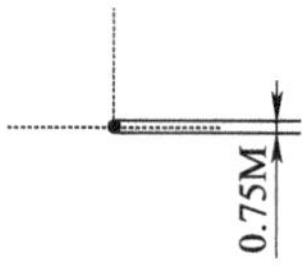 0.75M
两个流体管路的连接（在一个连接符号内）	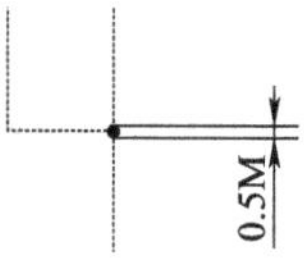 0.5M	软管	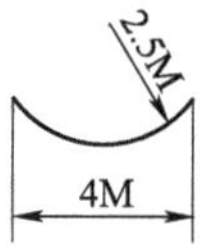 2.5M 4M
端口（油/气口）	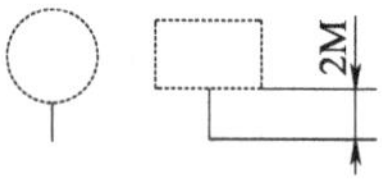 2M	带控制管路或泄油管路的端口	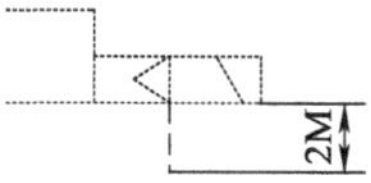 2M
流体流过阀的通道和方向	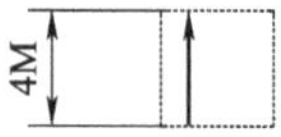 4M		

表A-2　泵、马达和缸

名称	符　号	名称	符　号
变量泵（顺时针单向旋转）		变量泵（双向流动，带有外泄油路，顺时针单向旋转）	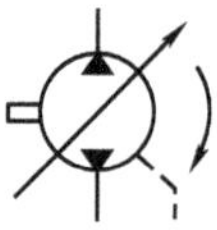
变量泵/马达（双向流动，带有外泄油路，双向旋转）	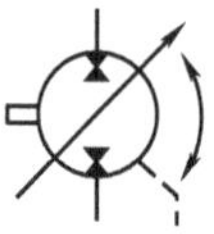	定量泵/马达（顺时针单向旋转）	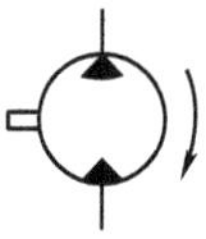
手动泵（限制旋转角度，手柄控制）	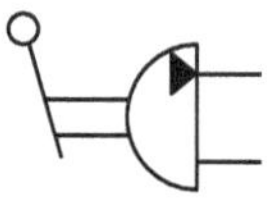	摆动执行器/旋转驱动装置（带有限制旋转角度功能，双作用）	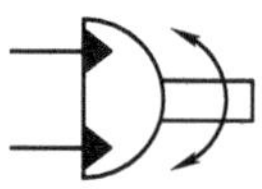

（续）

名称	符　号	名称	符　号
摆动执行器/旋转驱动装置（单作用）	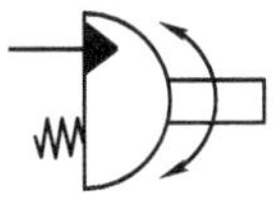	变量泵（先导控制，带有压力补偿功能，外泄油路，顺时针单向旋转）	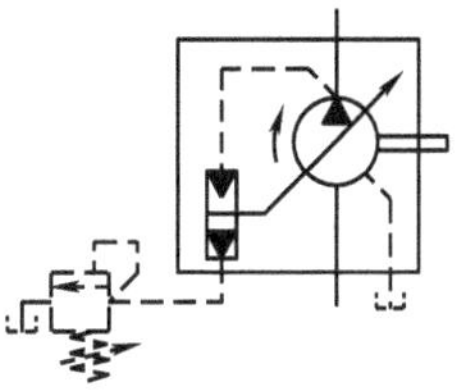
空气压缩机	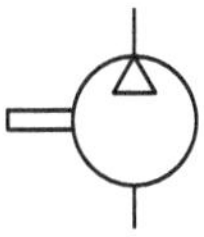	气马达	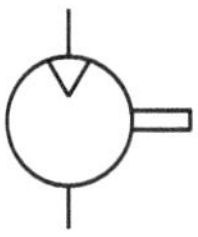
气马达（双向流通，固定排量，双向旋转）	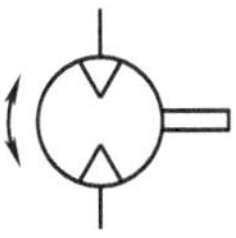	摆动执行器/旋转驱动装置（单作用）	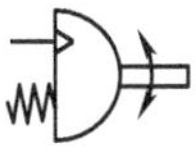
单作用单杆缸（靠弹簧力回程，弹簧腔带连接油口）	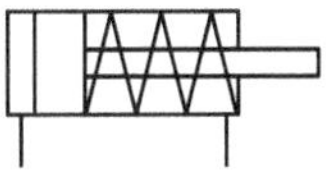	双作用单杆缸	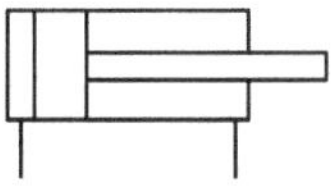
双作用双杆缸（活塞杆直径不同，双侧缓冲，右侧缓冲带调节）	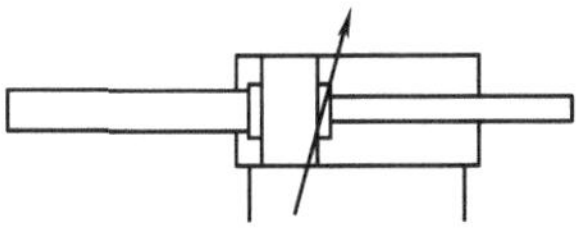	双作用膜片缸（带有预定行程限位器）	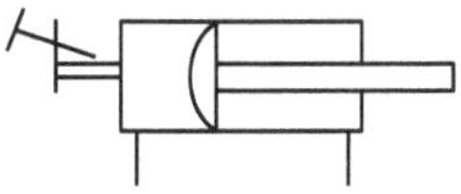
单作用膜片缸（活塞杆终端带有缓冲，带排气口）	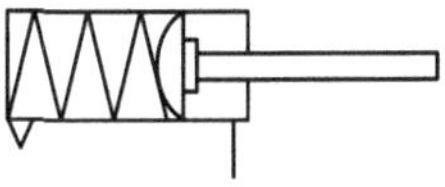	单作用柱塞缸	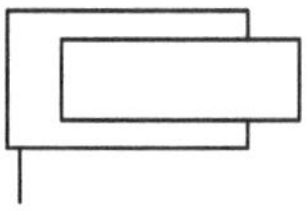
单作用多级缸	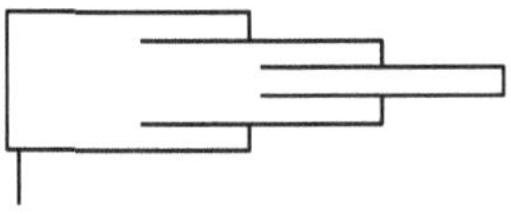	双作用多级缸	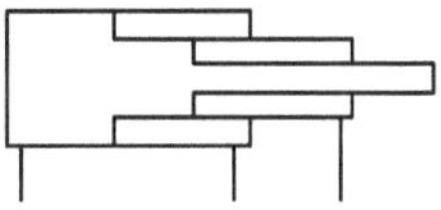
双作用带式无杆缸（活塞两端带有位置缓冲）	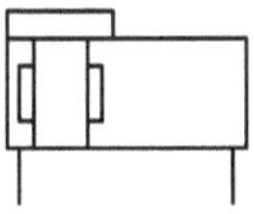	双作用绳索式无杆缸（活塞两端带有可调节位置缓冲）	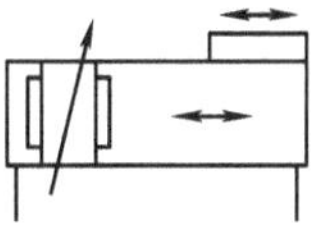
双作用磁性无杆缸（仅右边终端带有位置开关）	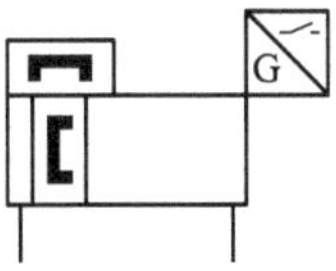	行程两端定位的双作用缸	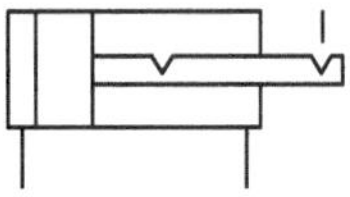
单作用气-液压力转换器	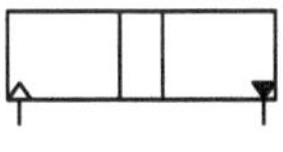	单作用增压器（将气体压力 p_1 转换为更高的液体压力 p_2）	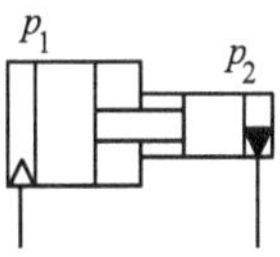

表 A-3　控制机构和控制方法

名称	符　号	名称	符　号
带有可拆卸把手和锁定要素的控制机构	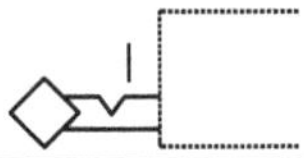	带有可调行程限位的推杆	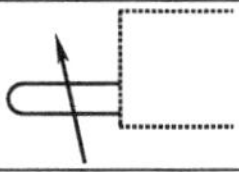
带有定位的推/拉控制机构	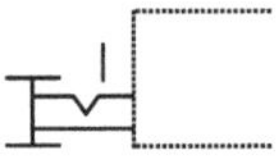	带有手动越权锁定的控制机构	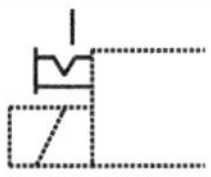
带有 5 个锁定位置的旋转控制机构	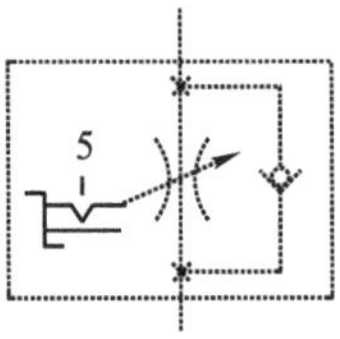	用于单向行程控制的滚轮杠杆	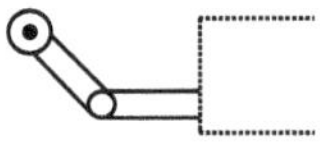
使用步进电动机的控制机构	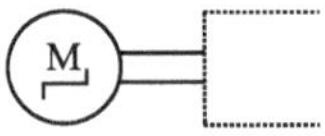	带有一个线圈的电磁铁（动作指向阀芯）	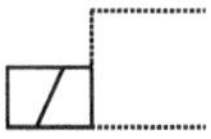
带有一个线圈的电磁铁（动作背离阀芯）	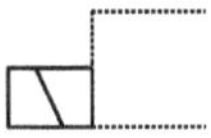	带两个线圈的电气控制装置（一个动作指向阀芯，另一个动作背离阀芯，连续控制）	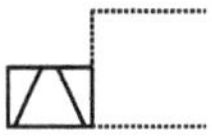
带有一个线圈的电磁铁（动作指向阀芯，连续控制）	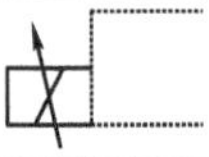	带有一个线圈的电磁铁（动作背离阀芯，连续控制）	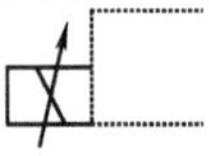
带两个线圈的电气控制装置（一个动作指向阀芯，另一个动作背离阀芯，连续控制）	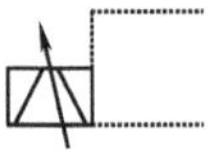	外部供油的电液先导控制机构	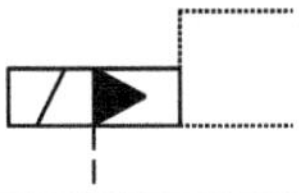

表 A-4　方向控制阀

名称	符　号	名称	符　号
二位二通方向控制阀（双向流动，推压控制，弹簧复位，常闭）	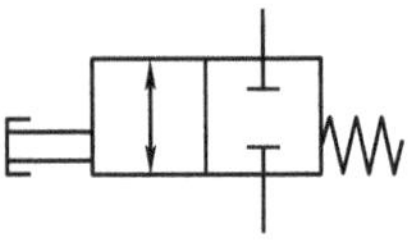	二位四通方向控制阀（双电磁铁控制，带有锁定机构，也称脉冲阀）	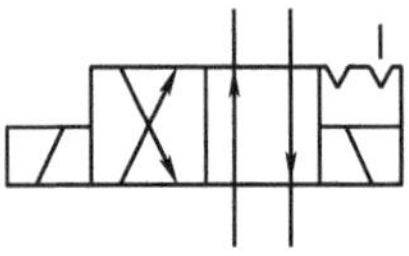
二位二通方向控制阀（电磁铁控制，弹簧复位，常开）	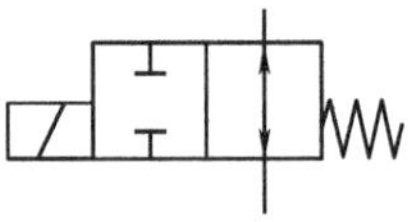	二位四通方向控制阀（电液先导控制，弹簧复位）	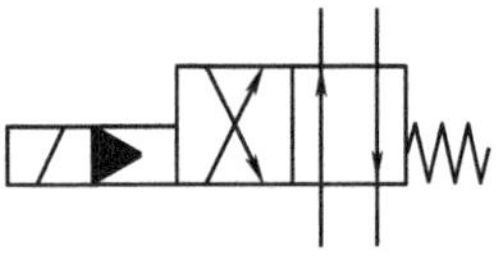
二位四通方向控制阀（电磁铁控制，弹簧复位）	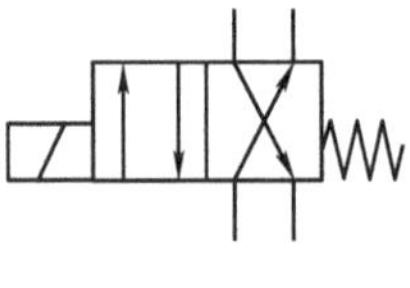	三位四通方向控制阀（电液先导控制，先导级电气控制，主级液压控制，先导级和主级弹簧对中，外部先导供油，外部先导回油）	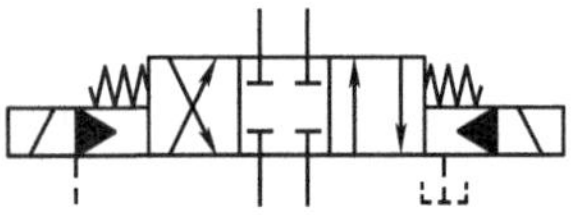
二位三通方向控制阀（带有挂锁）	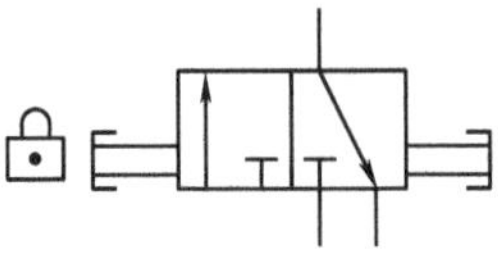	三位四通方向控制阀（双电磁铁控制，弹簧对中）	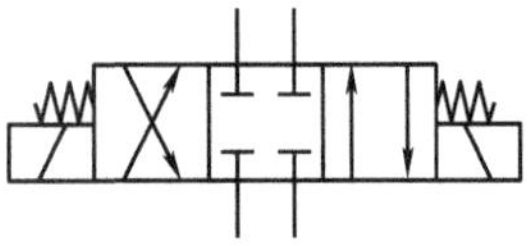

（续）

名称	符　号	名称	符　号
二位三通方向控制阀（单向行程的滚轮杠杆控制，弹簧复位）	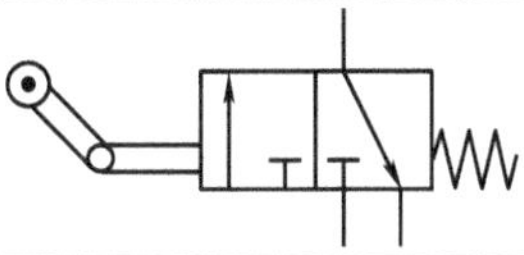	二位四通方向控制阀（液压控制，弹簧复位）	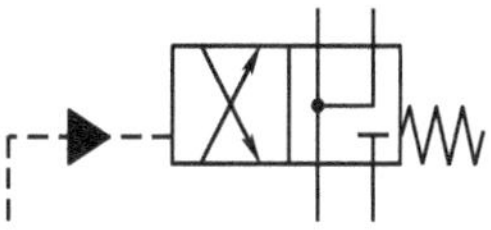
二位三通方向控制阀（单电磁铁控制，弹簧复位）	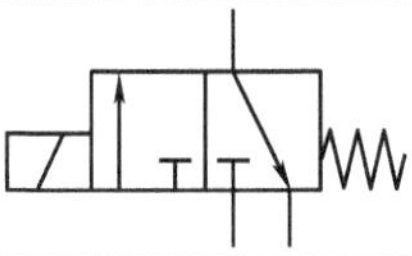	三位四通方向控制阀（液压控制，弹簧对中）	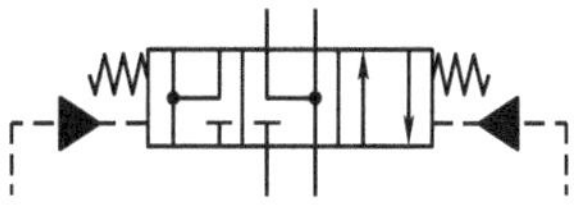
二位三通方向控制阀（单电磁铁控制，弹簧复位，手动越权锁定）	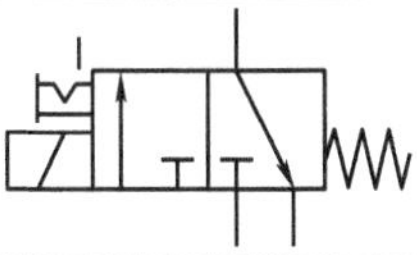	二位五通方向控制阀（双向踏板控制）	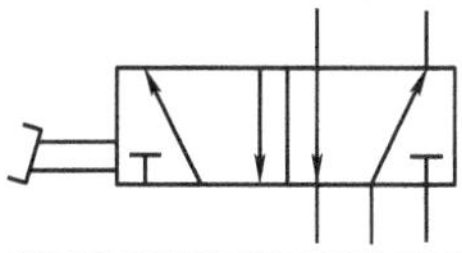
二位四通方向控制阀（单电磁铁控制，弹簧复位，手动越权锁定）	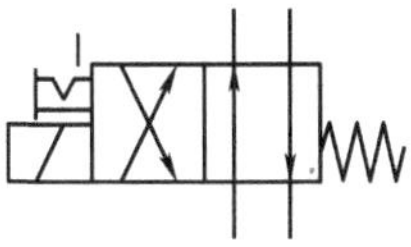	三位五通方向控制阀（手柄控制，带有定位机构）	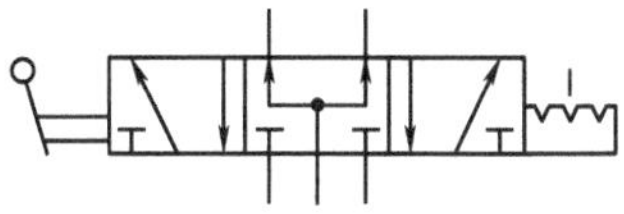
三位五通直动式气动方向控制阀（弹簧对中，中位时两出口都排气）	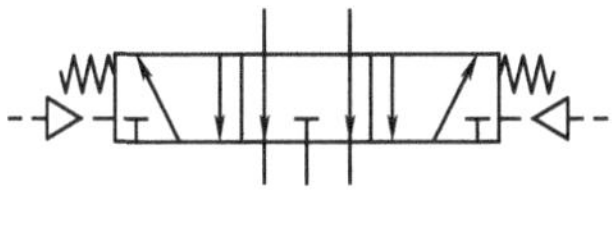	三位五通气动方向控制阀（在位断开，两侧电磁铁与内部气动先导和手动辅助控制，弹簧复位至中位）	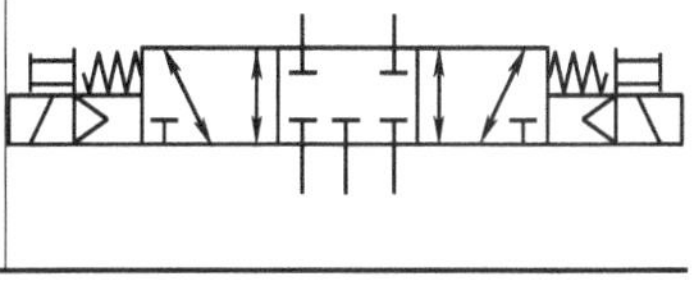

表 A-5　压力控制阀

名称	符　号	名称	符　号
溢流阀（直动式，开启压力由弹簧调节）	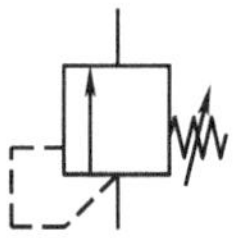	顺序阀（直动式，手动调节设定值）	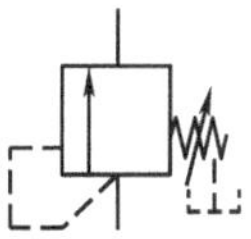
顺序阀（带有旁通单向阀）	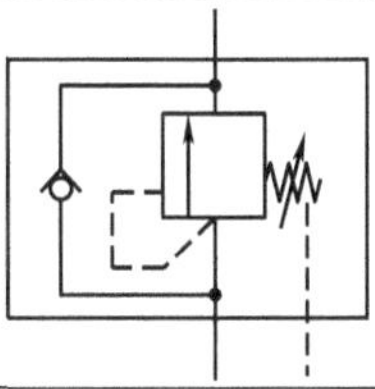	二通减压阀（直动式，外泄型）	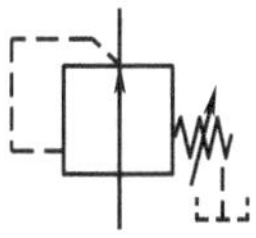
二通减压阀（先导式，外泄型）	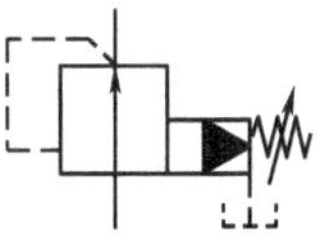	防气蚀溢流阀(用来保护两条供压管路)	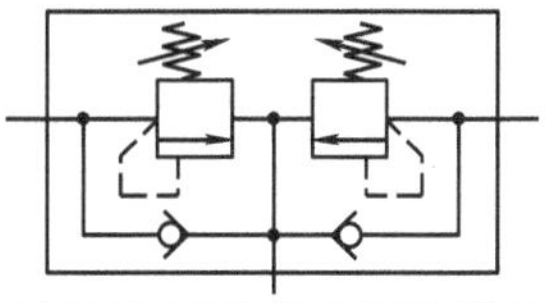
三通减压阀（超过设定压力时，通向油箱的出口开启）	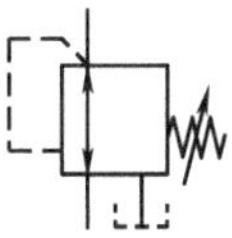	电磁溢流阀（由先导式溢流阀与电磁换向阀组成，通电建立压力，断电卸荷）	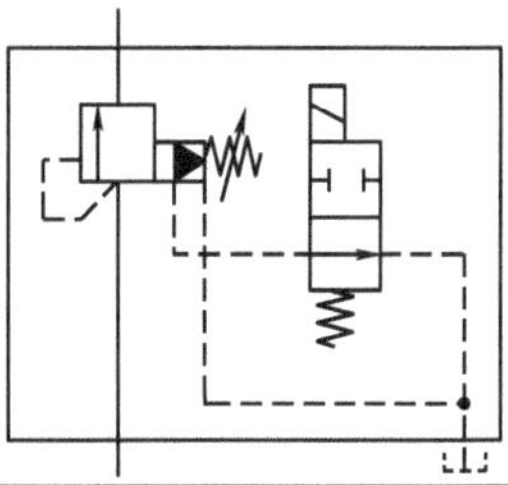

表 A-6　流量控制阀

名称	符　号	名称	符　号
节流阀		单向节流阀	
流量控制阀（滚轮连杆控制，弹簧复位）	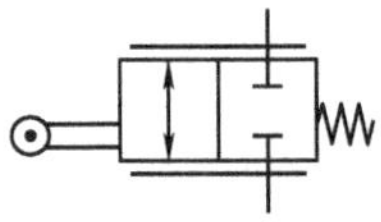	二通流量控制阀（开口度预设置，单向流动，带有旁路单向阀）	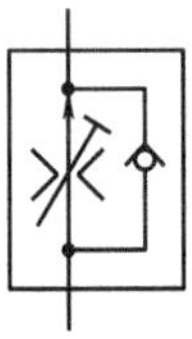
三通流量控制阀（开口度可调节，将输入流量分成固定流量和剩余流量）	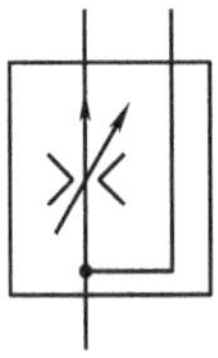	分流阀（将输入流量分成两路输出流量）	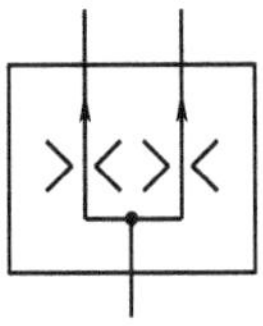
集流阀（将两路输入流量合成一路输出流量）	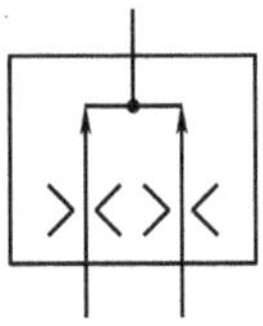		

表 A-7　单向阀和梭阀

名称	符　号	名称	符　号
单向阀（只能在一个方向自由流动）		单向阀（带有弹簧，只能在一个方向自由流动，常闭）	
液控单向阀（带有弹簧，先导压力控制，双向流动）	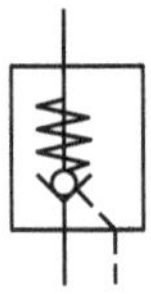	双液控单向阀	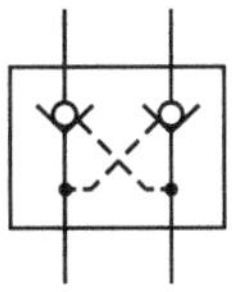
梭阀（逻辑为“或”，压力高的入口自动与出口接通）	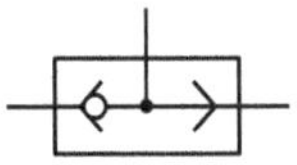	快速排气阀（带消音器）	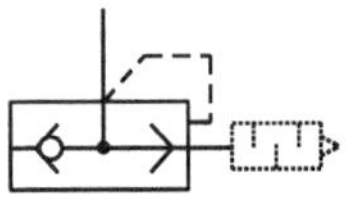
双压阀	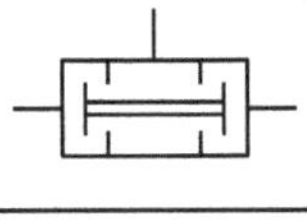		

表 A-8　比例阀

名称	符　号	名称	符　号
比例方向控制阀（直动式）	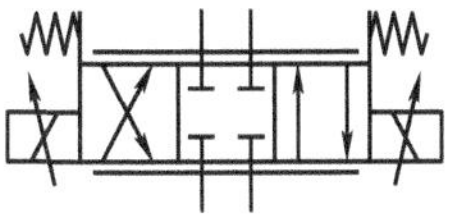	比例方向控制阀（主级和先导级位置闭环控制，集成电子器件）	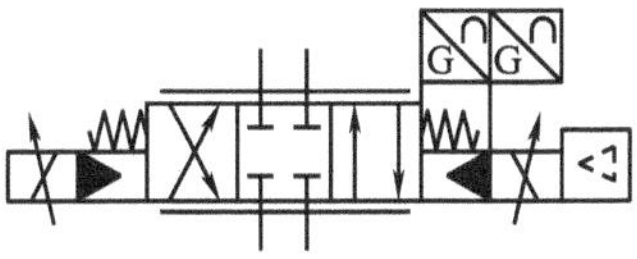 G G
伺服阀（先导级带双线圈电气控制机构，双向连续控制，阀芯位置机械反馈到先导级，集成电子器件）	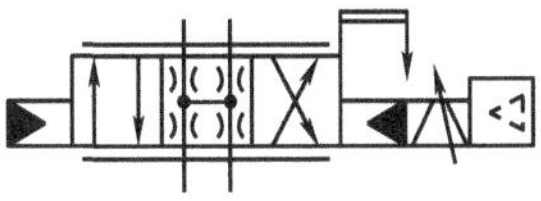	伺服阀控缸（伺服阀由步进电动机控制，液压缸带有机械位置反馈）	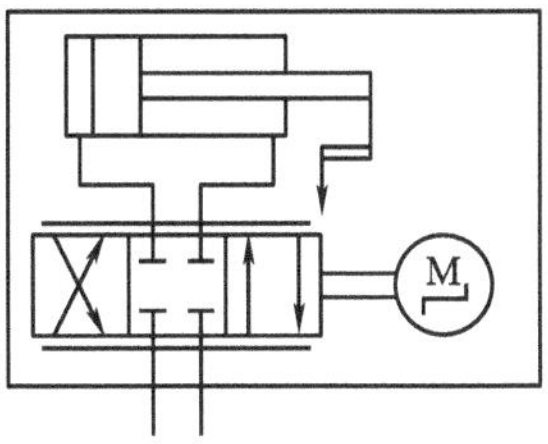 M
比例溢流阀（直动式，通过电磁铁控制弹簧来控制）	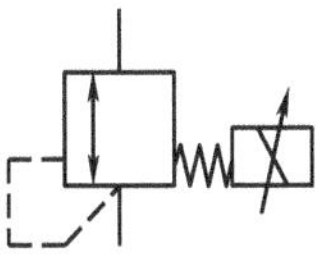	比例溢流阀（直动式，电磁铁直接控制，集成电子器件）	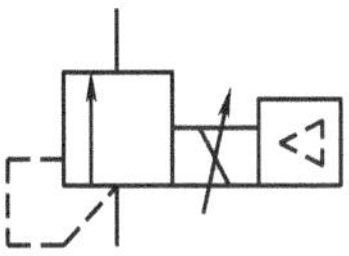
三通比例减压阀（带有电磁铁位置闭环控制，集成电子器件）	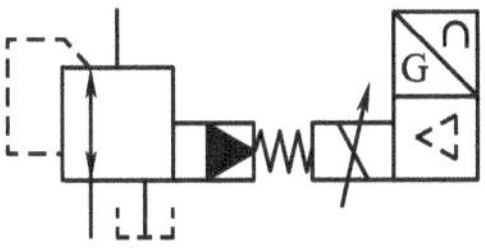 G	比例流量控制阀（直动式）	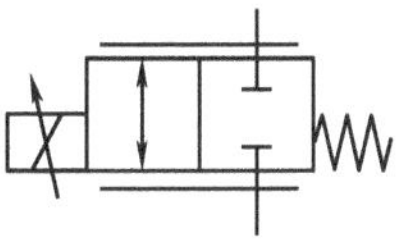

表 A-9　辅助元件

名称	符　号	名称	符　号
压力表		压差表	
带有选择功能的多点压力表	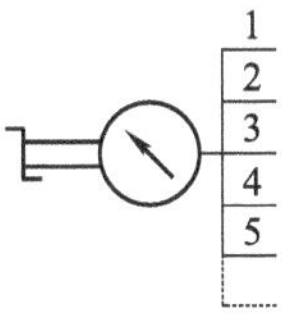 1 2 3 4 5	过滤器	
油雾器	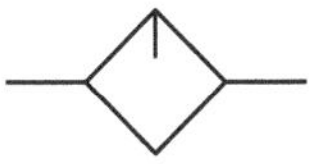	空气干燥器	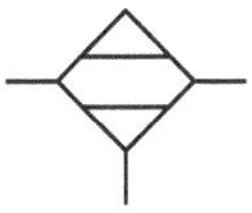
真空发生器	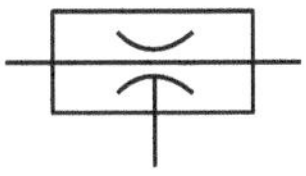	吸盘	

（续）

名称	符　号	名称	符　号
气罐		气瓶	 ▽
流量指示器		流量计	
采用液体冷却的冷却器	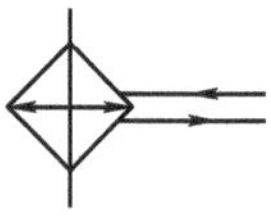	加热器	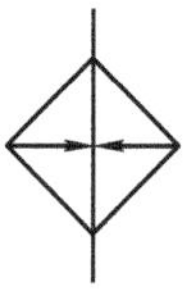
快换接头（不带有单向阀，断开状态）		快换接头（带有两个单向阀，断开状态）	

附录 B　液压元件产品样本

液压元件已实现了标准化、系列化和通用化，使用者可根据规格及性能指标要求选择一个系列的液压元件。生产液压元件的企业众多，其产品类型、型号也多达几十上百种，不同厂家各有其不同的特色产品，这里按照元件类型，选取一些国内外厂家的典型产品样本，以供读者学习。

一、动力元件及执行元件样本

1. 液压泵样本

(1) CB-B2.5~125 系列齿轮泵（阜新品胜液压有限公司产品）

CB-B 型齿轮泵是液压系统中的动力元件。该泵采用高精度齿轮、高强度铸铁壳体结构。通过相互啮合的齿轮将电动机输出的机械能转变为液压能。该泵结构简单、工作可靠、维护方便，对冲击负载的适应性好，在机床液压系统中被广泛采用，并可用于其他机械的液压系统中

型号说明

CB	-	B	□	□
齿轮泵		公称压力：2.5MPa	公称流量 L/min	旋转方向 无标记：顺时针旋转 X：逆时针旋转

性能参数

产品型号	排量/(L/min)	额定压力/MPa	额定转速/(r/min)	驱动功率/kW	容积效率(%)	质量/kg
CB-B2.5	2.5	2.5	1450	0.13	≥70	2.5
CB-B4	4	2.5	1450	0.21	≥80	2.8
CB-B6	6	2.5	1450	0.31	≥80	3.2
CB-B10	10	2.5	1450	0.51	≥90	3.5
CB-B16	16	2.5	1450	0.82	≥90	5.2
CB-B20	20	2.5	1450	1.02	≥90	5.3
CB-B25	25	2.5	1450	1.30	≥90	5.5
CB-B32	32	2.5	1450	1.65	≥94	5.7
CB-B40	40	2.5	1450	2.10	≥94	10.5
CB-B50	50	2.5	1450	2.60	≥94	11
CB-B63	63	2.5	1450	3.30	≥94	11.8
CB-B80	80	2.5	1450	4.10	≥94	17.6
CB-B100	100	2.5	1450	5.10	≥95	18.7
CB-B125	125	2.5	1450	6.50	≥95	19

（2）CB-B160~1000系列齿轮泵（阜新品胜液压有限公司产品）

CB-B型斜齿大排量泵是液压系统中的动力元件。该泵采用高精度齿轮、高强度铸铁壳体结构。该泵结构简单、排量大、效率高、噪声低、工作可靠，广泛应用于油田、矿山机械、农业机械等液压系统中

型号说明

CB	-	B	□	□
齿轮泵		公称压力：2.5MPa	公称流量L/min	旋转方向 无标记：顺时针旋转 X：逆时针旋转

性能参数

产品型号	排量/(L/min)	额定压力/MPa	额定转速/(r/min)	驱动功率/kW	容积效率(%)	质量/kg
CB-B160	160	2.5	1450	11.37	≥90	30
CB-B200	200	2.5	1450	14.22	≥90	34
CB-B250	250	2.5	1450	17.76	≥90	36
CB-B315	315	2.5	1450	22.39	≥90	38.5
CB-B350	350	2.5	1450	24.88	≥90	40
CB-B400	400	2.5	1450	28.43	≥90	42
CB-B500	500	2.5	1450	31.98	≥90	42
CB-B550	550	2.5	1450	35.54	≥90	43
CB-B600	600	2.5	1450	40	≥90	44
CB-B700	700	2.5	1450	49.75	≥90	57
CB-B1000	1000	2.5	1450	37	≥90	80

（3）CBF-E系列中高压齿轮泵（阜新品胜液压有限公司产品）

CBF-E系统齿轮泵属于中高压齿轮泵，是液压系统中的动力元件。该泵采用高精度齿轮、铝合金壳体、浮动侧板及DU轴承等结构，具有结构简单、重量轻、能长期保持较高的容积效率、使用可靠等特点，广泛用于工程机械、起重运输机械、矿山机械和农业机械等液压系统

型号说明

CB	F	-	E	□	□	□	□
齿轮泵	阜新系列		公称压力：16MPa	公称排量mL/r	安装形式 A：菱形 B：方形	轴伸型式 P：平键 H：矩形花键 K：公制渐开线 K1：寸制渐开线花键	旋转方向 无标记：顺时针旋转 X：逆时针旋转

（续）

（3）CBF-E 系列中高压齿轮泵（阜新品胜液压有限公司产品）

性能参数

产品型号	排量 /(L/min)	额定压力 /MPa	额定转速 /(r/min)	驱动功率 /kW	容积效率 (%)	质量/kg
CBF-E10	10	16	2500	8.5	≥91	3.6
CBF-E16	16	16	2500	13.0	≥91	3.8
CBF-E18	18	16	2500	14.5	≥91	3.8
CBF-E25	25	16	2500	19.5	≥92	4.0
CBF-E31.5	31.5	16	2500	25.0	≥93	4.3
CBF-E40	40	16	2000	25.0	≥93	4.7
CBF-E50	50	16	2000	32.0	≥91	8.5
CBF-E63	63	16	2000	40.0	≥91	8.8
CBF-E71	71	16	2000	44.5	≥92	9.0
CBF-E80	80	16	2000	50.0	≥92	9.3
CBF-E90	90	16	2000	56.0	≥92	9.6
CBF-E100	100	16	2000	61.0	≥93	9.8
CBF-E112	112	16	2000	68.0	≥93	10.1
CBF-E125	125	16	2000	76.0	≥93	10.5
CBF-E140	140	16	2000	85.5	≥93	11.0

（4）YB1 系列叶片泵（阜新品胜液压有限公司产品）

YB1 系列叶片泵是双作用式叶片泵，是定量泵，该泵加工精密、噪声低、脉动小、效率高、寿命长、工作可靠。该泵广泛应用在机床、塑料机械、工程机械、冶金设备、农业机械等液压系统中

型号说明

YB	1	-	E	□	□
叶片泵	结构代号		公称压力：16MPa	单泵或轴端泵排量 mL/r	盖端泵排量 mL/r

单泵性能参数

系列	产品型号	排量 /(L/min)	额定压力 /MPa	额定转速 /(r/min)	容积效率 (%)	总效率 (%)	噪声 db(A)≤	驱动功率 /kW	质量 /kg
C1	YB1-2.5	2.5	16	1500	80	50	64	0.7	5
	YB1-4	4	16	1500	82	60	64	0.9	5
	YB1-6.3	6.3	16	1500	84	65	64	1.3	5
	YB1-10	10	16	1500	86		64	2.0	5

（续）

（4）YB1系列叶片泵（阜新品胜液压有限公司产品）

单泵性能参数

系列	产品型号	排量 /(L/min)	额定压力 /MPa	额定转速 /(r/min)	容积效率 (%)	总效率 (%)	噪声 db(A)≤	驱动功率 /kW	质量 /kg
C2	YB1-12.5	12.5	16	1000	88	75	66	1.6	9
	YB1-16	16	16	1000	88	75	66	2.1	9
	YB1-20	20	16	1000	90	78	66	2.5	9
	YB1-25	25	16	1000	90	78	66	3.2	9
C3	YB1-31.5	31.5	16	1000	91	80	68	3.9	15.5
	YB1-40	40	16	1000	91	80	68	4.9	15.5
	YB1-50	50	16	1000	92	81	68	6.1	15.5
C4	YB1-63	63	16	1000	92	81	70	7.7	21.5
	YB1-80	80	16	1000	93	82	70	9.8	21.5
	YB1-100	100	16	1000	93	82	70	12.3	21.5

双联泵系列及型号

系列	型号	系列	型号
C11	YB1-2.5~10/2.5~10	C33	YB1-31.5~50/31.5~50
C21	YB1-12.5~25/2.5~10	C41	YB1-63~100/2.5~10
C22	YB1-12.5~25/12.5~25	C42	YB1-63~100/12.5~25
C31	YB1-31.5~50/2.5~10	C43	YB1-63~100/31.5~50
C32	YB1-31.5~50/12.5~25		

（5）YB-E系列高压叶片泵（阜新品胜液压有限公司产品）

YB-E型叶片泵是双作用定量叶片泵。该泵加工精密、噪声低、脉动小、效率高、寿命长、工作可靠。该泵广泛应用在机床、塑料机械、工程机械、冶金设备、农业机械等液压系统中

型号说明

YB	-	E	-	□	□
叶片泵		公称压力：16MPa		单泵或轴端泵排量 mL/r	盖端泵排量 mL/r

单泵性能参数

系列	产品型号	排量 /(L/min)	额定压力 /MPa	额定转速 /(r/min)	容积效率 (%)	总效率 (%)	噪声 db(A)≤	驱动功率 /kW	质量 /kg
E1	YB-E10	10	16	600~1800	73	56	72	5.2	10
	YB-E15	15	16	600~1800	80	68	73	7.5	10

（续）

（5）YB-E系列高压叶片泵（阜新品胜液压有限公司产品）

单泵性能参数

系列	产品型号	排量/(L/min)	额定压力/MPa	额定转速/(r/min)	容积效率(%)	总效率(%)	噪声db(A)≤	驱动功率/kW	质量/kg
E1	YB-E20	20	16	600~1800	80	68	73	9.4	10
	YB-E25	25	16	600~1800	84	69	73	12.2	10
	YB-E31.5	31.5	16	600~1800	84	69	74	15.4	10
E2	YB-E40	40	16	600~1800	84	69	74	19.5	15
	YB-E50	50	16	600~1800	86	73	74	23.6	15
	YB-E63	63	16	600~1800	86	73	74	29.7	15
E3	YB-E80	80	16	600~1800	86	73	78	37.7	28
	YB-E100	100	16	600~1800	86	73	78	47.1	28
	YB-E125	125	16	600~1800	90	80	78	56.3	28

双联泵系列及型号

系列	型号	系列	型号
E11	YB-E10~31.5/10~31.5	E31	YB-E80~125/10~31.5
E21	YB-E40~63/10~31.5	E32	YB-E80~125/40~63

2. 液压缸样本

（1）HSG系列液压缸（太重集团榆次液压工业有限公司产品）

HSG系列液压缸是双作用单杆活塞液压缸，是利用液压力推动活塞杆做正、反两个方向的运动，带动其他工作部件往复直线运动的执行机构。该液压缸具有结构简单、工作可靠、拆装方便、易于维修、可带缓冲装置及连接方式多样等特点

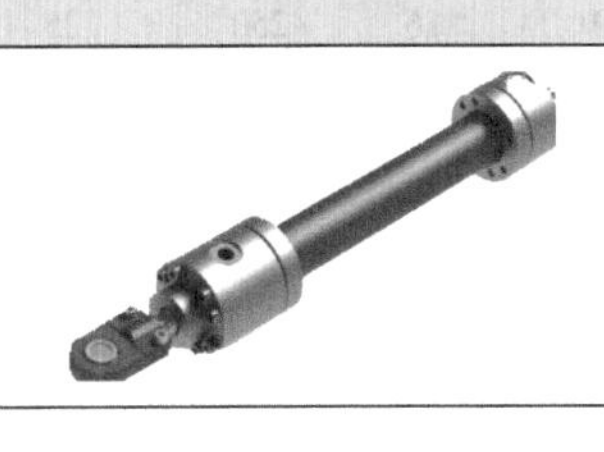

型号说明

HSG	□	01	D	/d	E	与主机连接方式			
						□	□	□	□
	缸盖连接方式	设计序号	缸径	活塞杆直径	压力等级MPa	缸头缸筒连接方式	活塞杆端口方式	缓冲部位	油口连接方式
双作用单杆活塞式液压缸	L：螺纹连接 K：卡键连接				16	1：缸头耳环带衬套 2：缸头耳环装关节轴承 3：铰轴（用于缸径 $D \geqslant \phi 80$mm） 4：端部法兰（用于缸径 $D \geqslant \phi 80$mm） 5：中部法兰（用于缸径 $D \geqslant \phi 80$mm）	1：杆端外螺纹 2：杆端内螺纹（用于缸 $D \geqslant \phi 63$mm） 3：杆端外螺纹杆头耳环带衬套 4：杆端内螺纹杆头耳环带衬套（用于缸 $D \geqslant \phi 63$mm） 5：杆端外螺纹杆头耳环装关节轴承 6：杆端内螺纹杆头耳环装关节轴承（用于缸 $D \geqslant \phi 63$mm） 7：整体式活塞杆耳环带衬套（仅用于缸 $D\phi 40$mm、$\phi 50$mm） 8：整体式活塞杆耳环装关节轴承（仅用于缸 $D\phi 40$mm、$\phi 50$mm）	0：不带缓冲 1：两端带缓冲 2：缸头带缓冲 3：杆头端带缓冲	1：内螺纹

（续）

（1）HSG 系列液压缸（太重集团榆次液压工业有限公司产品）

规格参数

型号	额定压力/MPa	缸径 D/mm	速比 φ						非铰轴连接的最小行程 s_1/mm
			1.33		1.46		2		
			杆径 d/mm	最大行程 s/mm	杆径 d/mm	最大行程 s/mm	杆径 d/mm	最大行程 s/mm	
HSGL * *-40/dE	16	40	20	320	22	400	25	480	
HSGL * *-50/dE	16	50	25	400	28	500	32	600	
HSGL * *-63/dE	16	63	32	500	35	630	45	750	
HSGL * *-80/dE	16	80	40	640	45	800	55	950	
HSGK * *-80/dE	16	80	40	640	45	800	—	—	30
HSGK * *-90/dE	16	90	45	720	50	900	63	1080	40
HSGK * *-100/dE	16	100	50	800	55	1000	70	1200	40
HSGK * *-110/dE	16	110	55	880	63	1100	80	1320	40
HSGK * *-120/dE	16	120	63	1000	70	1250	90	1500	35
HSGK * *-140/dE	16	140	70	1120	80	1400	100	1680	45
HSGK * *-150/dE	16	150	75	1200	85	1500	105	1800	50
HSGK * *-160/dE	16	160	80	1280	90	1600	110	1900	40
HSGK * *-180/dE	16	180	90	1450	100	1800	125	2150	45
HSGK * *-200/dE	16	200	100	1600	110	2000	140	2400	45
HSGK * *-220/dE	16	220	110	1760	125	2200	160	2640	50
HSGK * *-250/dE	16	250	125	2000	140	2500	180	3000	55

（2）DJT 型 JIS 标准液压缸（太重集团榆次液压工业有限公司产品）

DJT 型 JIS 标准液压缸，最初用于机床，现广泛用于一般工业机械，配有多种支承形式，特别对缓冲机构加以改良，获得良好和平稳的停止特性

型号说明

DJT35	□□	□	S	□	□	-□	□	□	-□
系列号	支承型式	缸内径 mm	杆径标记	行程 mm	缓冲型式	接口方向	缓冲调节阀方向	放气孔方向	任意结构
DJT35：35kg/cm² 系 CJT 型 JIS 液压缸	SD LA LB FA FB CA CB TA TC	32，40，50，63，80，100，125，160	S：特殊型	必要的行程（不超过最大允许行程）	B：两端有缓冲 R：杆侧有缓冲 H：缸头侧有缓冲 N：无缓冲	A：上（标准） B：右 C：下 D：左	B：右（标准） A：上 C：下 D：左 N：无调节阀（标准）	D：左（标准） A：上 B：右 C：下	F：带防尘罩（材质为尼龙帆布，耐热低于 80℃） C：带防尘罩（材质为氯丁橡胶，耐热低于 130℃） H：带防尘罩（材质为硅玻璃，耐热低于 250℃） K：带锁紧螺母 L：带单耳环零件 M：带双耳环零件

（续）

（2）DJT型JIS标准液压缸（太重集团榆次液压工业有限公司产品）

规格参数

杆径标记	缸内径/mm	杆径/mm	动作	有效面积/cm²	输出力/kN(kgf)		流量为10L/min时的速度mm/s	速度为10mm/s时的流量/(L/min)
					1MPa/(10.2kgf/cm²)	3.5MPa/(35.7kgf/cm²)		
S	32	16	压	8	0.8（81.6）	2.81(287)	208	0.5
			拉	6	0.6（61.2）	2.11（215）	277	0.4
	40	16	压	12.6	1.26（129）	4.40（449）	132	0.8
			拉	10.6	1.03（108）	3.69（376）	157	0.6
	50	22	压	19.6	1.96（200）	6.87（701）	85	1.2
			拉	15.8	1.58（161）	5.54（565）	105	0.9
	63	22	压	33.1	3.12（318）	10.91（1113）	53	1.9
			拉	27.4	2.74（279）	9.58（977）	61	1.6
	80	28	压	50.3	5.03（513）	17.59（1794）	33	3
			拉	44.1	4.41（450）	15.44（1575）	38	2.6
	100	36	压	78.5	7.85（801）	27.49（2804）	21	4.7
			拉	68.4	6.84（698）	23.93（2441）	24	4.1
	125	45	压	122.7	12.27（1252）	42.95（4381）	14	7.4
			拉	106.8	10.68（1089）	37.38（3813）	16	6.4
	160	56	压	201	20.1（2050）	70.37（7178）	8.3	12.1
			拉	176.4	17.64（1799）	61.75（6299）	9.4	10.6

二、控制阀类元件样本

1. 方向控制阀样本

（1）手动换向阀（博世力士乐（中国）有限公司产品样本）

手动换向阀是用手动杠杆操纵阀芯换位的换向阀，该阀结构简单，动作可靠，广泛应用在间歇动作而且要求工人操作的场合，例如推土机、汽车起重机、叉车等油路的控制都是采用了手动换向阀

型号说明

□	WMM	□	□	□□	/□
3：3个主油口 4：4个主油口	手动阀	5：通径为5mm 6：通径为6mm 10：通径为10mm	表示阀芯符号，例如C、D、E、G、H、M等	组件系列号，一个系列的安装和连接尺寸不变	无代码：标准型，带复位弹簧 O：不带复位弹簧，不带止动装置 F：带止动装置 OF：不带定位弹簧，带定位器

（续）

（1）手动换向阀（博世力士乐（中国）有限公司产品样本）

规格参数及图形符号

型号	质量/kg	最高温度/℃	通径/mm	最高工作压力/bar①	最大流量/(L/min)	图形符号
4WMM6C5X	2.3	70	6	100	15	
4WMM6G5X	2.3	70	6	100	15	
4WMM6E65X/F	2.3	70	6	100	15	
4WMM6J5X	2.3	70	6	100	15	
4WMM6H5X	2.3	70	6	100	15	

① bar 为非法定计量单位，1bar = 10^5Pa。

（2）电磁换向阀（博世力士乐（中国）有限公司产品样本）

电磁换向阀是利用电磁铁的吸力来控制阀芯的位置的。该阀操作方便、布置灵活，易于实现动作转换的自动化，应用广泛

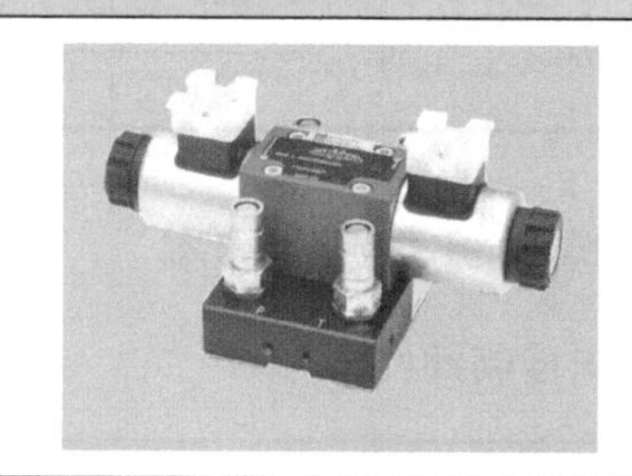

型号说明

□	WE	□	□	□□	/□	□	□	□	□
3：3个主油口 4：4个主油口	电磁阀	5：通径为5mm 6：通径为6mm 10：通径为10mm	表示阀芯符号，例如C、D、E、G、H、M等	组件系列，一个系列的安装和连接尺寸不变	无代码：标准型，带复位弹簧 O：不带复位弹簧，不带定位器 OF：不带定位弹簧，带定位器	E：带可拆卸线圈的高性能湿式插脚线圈	G24：直流电压24V W230：交流电压230V，50/60Hz	N9：带隐式手动应急操作 N：带手动应急操作 无代码：不带手动应急操作	单个连接： K4：无插入式插头，带密封套 Z4：标准插头 Z5：直角插头 Z5L：大号直角带灯插头 集中连接： DL：导线密封套接线盒和灯 DKL：带灯的集中连接

（续）

（2）电磁换向阀（博世力士乐（中国）有限公司产品样本）

规格参数及图形符号

型号	质量/kg	最高温度/℃	通径/mm	最高工作压力/bar	最大流量/(L/min)	电压/V(DC)	功率消耗/W	切换时间/ms	图形符号
3WE6A6X/EG24N9K4	2.65	50	6	100	15	24	30	通：25~45 断：10~25	A P T
3WE6B6X/EG24N9K4	2.65	50	6	100	15	24	30	通：25~45 断：10~25	A P T
4WE6C6X/EG24N9K4	2.65	50	6	100	15	24	30	通：25~45 断：10~25	A B P T
4WE6G6X/EG24N9K4	5.15	50	6	100	15	24	30	通：25~45 断：10~25	A B P T
4WE6J6X/EG24N9K4	2.65	50	6	100	15	24	30	通：25~45 断：10~25	A B P T
4WE6E6X/EG24N9K4	2.65	50	6	100	15	24	30	通：25~45 断：10~25	A B P T

2. 压力控制阀样本

（1）直动式溢流阀（博世力士乐（中国）有限公司产品样本）

DBD直动式溢流阀灵敏度高，阀芯体积小，惯性小，移动灵活，广泛应用于安全保压的场合	

（续）

（1）直动式溢流阀（博世力士乐（中国）有限公司产品样本）

型号说明

DBD	H	□	□	1X	/□	XC	□
限压阀，直接控制	手轮	6：规格 6mm 10：规格 10mm 20：规格 20mm 30：规格 30mm	K：拧入式 G：螺纹连接 P：底板安装	组件系列 10～19（一个系列安装和连接尺寸不变）	调定压力 bar	结构安全类型	V：FKM 密封件 无代码：NBR 密封件

规格参数及图形符号

型号	质量/kg	最高温度/℃	通径/mm	最高工作压力/bar	调定压力/bar	最大流量/(L/min)	图形符号
DBDH6G1X/100	2.1	70	6	100	至 100	约 15	P T

（2）先导式溢流阀（博世力士乐（中国）有限公司产品样本）

DB 先导式溢流阀是一种二级阀，其调压平稳、启闭特性好，宜作为调压定压阀使用

型号说明

DB	□	K	□	-	4X	/□	Y	V
先导式溢流阀	阀的通径 6：通径为 6mm 10：通径为 10mm	插装阀	调节类型 1：旋钮 2：六角套筒和保护帽 3：带刻度可锁定旋钮 7：带刻度旋钮		组件系列 40…49（40…49：安装和连接尺寸不变）	压力等级 50：调定压力最高为 50bar 100：调定压力最高为 100bar 200：调定压力最高为 200bar 315：调定压力最高为 315bar	Y：内部先导油供油、外部先导油回油	FKM 密封件

规格参数及图形符号

型号	质量/kg	最高温度℃	通径/mm	最高工作压力/bar	调定压力/bar	最大流量/(L/min)	图形符号
DB6K1-4X/50YV	1.8	70	6	100	至 50	约 15	T P

(3) 直动式减压阀（博世力士乐（中国）有限公司产品样本）

DR 6 DP 型阀门是三通式直动减压阀，具有二次回路的压力控制，用于降低系统的压力。该阀广泛应用于液压设备的夹紧系统、润滑系统和控制系统中

型号说明

DR 6 DP	□	-	5X	/□	Y	□	□	□	□
直动式减压阀，通径为6mm	调节类型 1：旋钮 2：六角套筒和保护帽 3：带刻度可锁定旋钮 7：带刻度旋钮		组件系列 50…59（50…59：安装和连接尺寸不变）	最大次级压力 75：75bar 150：150bar 210：210bar 315：315bar （仅限调整类型“2”且不带单向阀）	内部先导油供油，外部先导油回油	无代码：带单向阀 M：不带单向阀	无代码：无 J3：已提高防腐蚀性	无代码：NBR 密封件 V：FKM 密封件	无代码：不带定位孔 /60：带定位孔 /62：带符合 ISO8752-3x8-St 的定位孔和定位销

规格参数及图形符号

型号	质量/kg	最高温度/℃	通径/mm	最高工作压力/bar	出口压力/bar	最大流量/(L/min)	图形符号
DR6DP1-5X/75YM	2.1	70	6	100	75	约 15	A M P T (Y)

(4) 直动式顺序阀（博世力士乐（中国）有限公司产品样本）

DZ 6 DP 型直动式顺序阀用于与压力相关的次级系统连接，能够在某一压力时自动连通或切断油路，从而使液压机按一定的顺序动作，也广泛应用于背压、平衡、卸荷等的场合

型号说明

DZ 6 DP	□	-	5X	/□	□	□	□	□
直动式顺序阀，规格 6	调节类型 1：旋钮 2：六角套筒和保护帽 3：带刻度可锁定旋钮 7：带刻度旋钮		组件系列 50…59（50…59：安装和连接尺寸不变）	最大顺序压力 25：25bar 75：75bar 150：150bar 210：210bar 315：315bar （仅限调整类型“2”且不带单向阀）	无代码：内部先导油供油，内部先导油回油 X：外部先导油供油，内部先导油回油 Y：内部先导油供油，外部先导油回油 XY：外部先导油供油，外部先导油回油	无代码：带单向阀 M：不带单向阀	无代码：NBR 密封件 V：FKM 密封件	无代码：不带定位孔 /60：带定位孔

（续）

（4）直动式顺序阀（博世力士乐（中国）有限公司产品样本）

规格参数及图形符号

型号	质量/kg	最高温度/℃	通径/mm	最高工作压力/bar	出口压力/bar	最大流量/(L/min)	图形符号
DZ6DP1-5X/75YM	2.1	70	6	100	75	约 15	A M P T (Y)

3. 流量控制阀样本

（1）节流阀/单向节流阀（博世力士乐（中国）有限公司产品样本）

节流阀/单向节流阀，该阀结构简单，易于操作和维修，可以方便控制液压系统的流量，应用广泛

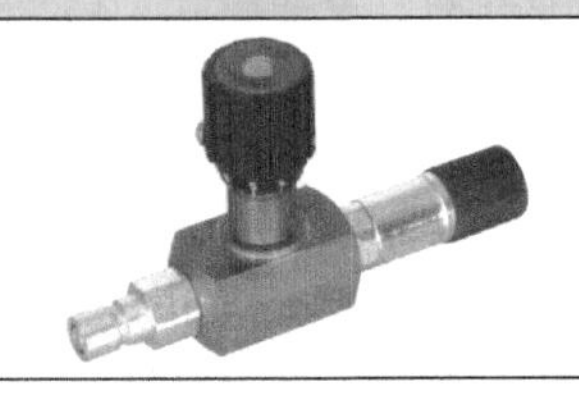

型号说明

□	□	□	-	□	-1X	□	□
DV：节流阀 DRV：单向节流阀 DVP：板式节流阀 DRVP：板式单向节流阀	通径（单位：mm） 6、8、10、12、16、20、25、30、40	无标记：管式连接 S：面板安装		1：钢 2：黄铜 3：不锈钢	组件系列 10…19（10…19：安装和连接尺寸不变）	无标记：矿物质液压油 V：磷酸酯液压油	无标记：管螺纹寸制 2：米制螺纹

规格参数及图形符号

型号	质量/kg	最高温度/℃	通径/mm	最高工作压力/bar	出口压力/bar	最大流量/(L/min)	单向阀开启压力/bar	调节范围/(L/min)	图形符号
DV06-1-1X/V	0.4	70	6	100	75	15	-	0~15	
DRV06-1-1X/V	0.41	70	6	100	15	15	0.5	0~15	

（2）调速阀（博世力士乐（中国）有限公司产品样本）

2FRM 调速阀可自动补偿负载变化对流量的影响，具有调速稳定的特点，广泛应用于负载变化大、速度平衡性要求较高的液压系统

（续）

（2）调速阀（博世力士乐（中国）有限公司产品样本）

型号说明

2FRM	6	□	□	6	–	3X	/□	□	V
调速阀	规格 6	B：不闭合压力补偿器	调速类型 3：带刻度可锁定旋钮 7：带刻度旋钮	油口 P 的标记零位		组件系列 30…39（30…39：安装和连接尺寸不变）	0.2Q：最高 0.2L/min 0.6Q：最高 0.6L/min 1.5Q：最高 1.5L/min 3Q：最高 3.0L/min 6Q：最高 6.0L/min 10Q：最高 10.0L/min 16Q：最高 16.0L/min 25Q：最高 25.0L/min 32Q：最高 32.0L/min	R：带单向阀 M：不带单向阀	V：FKM 密封件

规格参数及图形符号

型号	质量/kg	最高温度/℃	通径/mm	最高工作压力/bar	最大流量/(L/min)	单向阀开启压力/bar	调节范围/(L/min)	图形符号
2FRM6B36-3X/10QRV	2.13	70	6	100	15	0.7	0~10	

参考文献

［1］李新德．液压与气动技术［M］．北京：机械工业出版社，2022.

［2］陈宽．气动与液压技术［M］．北京：电子工业出版社，2016.

［3］周洋等．流体力学［M］．北京：北京理工大学出版社，2021.

［4］雍丽英．液压与气动技术［M］．哈尔滨：哈尔滨工程大学出版社，2007.

［5］高殿荣，王益群．液压工程师技术手册［M］．2版．北京：化学工业出版社，2016.

［6］张利平．液压气动技术速查手册［M］．2版．北京：化学工业出版社，2016.

［7］冯锦春．液压与气压传动技术［M］．3版．北京：人民邮电出版社，2021.

［8］刘延俊．液压与气压传动［M］．4版．北京：机械工业出版社，2020.

［9］单以才．气液传动技术与应用［M］．北京：机械工业出版社，2017.

［10］金英姬．基于FluidSIM软件的YT4543型机床动力滑台液压仿真系统的实现［J］．北京工业职业技术学院学报，2012，11（03）：13-19.

［11］张晓霞，柳堃．基于FluidSIM-H的组合机床动力滑台液压系统的设计与仿真［J］．河南科技，2020，39（29）：30-32.

［12］李新德．液压系统故障诊断与维修技术手册［M］．2版．北京：中国电力出版社，2012.

［13］陆望龙．液压系统使用与维修手册：回路和系统卷［M］．2版．北京：化学工业出版社，2017.

［14］陆望龙．液压系统使用与维修手册：基础和元件卷［M］．2版．北京：化学工业出版社，2017.

［15］张利平．液压传动系统设计与使用维护［M］．北京：化学工业出版社，2014.

［16］吴博．液压系统使用与维修手册［M］．北京：机械工业出版社，2012.

［17］杜国森．液压元件产品样本［M］．北京：机械工业出版社，2000.